"十三五"国家重点出版物出版规划项目

高性能高分子材料丛书

聚苯并噁嗪——原理·性能·应用

顾 宜 冉起超 等 著

科学出版社

北 京

内 容 简 介

本书为"高性能高分子材料丛书"之一。全书共 9 章,主要围绕聚苯并噁嗪相关的化学反应、结构与性能关系及高性能化的改性方法而展开。首先概述苯并噁嗪的结构、分类和命名以及聚苯并噁嗪的发展历史和性能特点,然后分章节分别介绍苯并噁嗪的合成反应、苯并噁嗪的聚合反应、聚苯并噁嗪的结构与性能、高耐热聚苯并噁嗪的分子设计与性能、聚苯并噁嗪的共混共聚改性、无机填料杂化/复合改性聚苯并噁嗪、纤维增强苯并噁嗪树脂基复合材料,第 9 章简要介绍聚苯并噁嗪在工业领域中已经取得的应用成果。

本书是国内第一部关于聚苯并噁嗪的专著,内容系统,提供了许多实用数据,可供从事高性能树脂及其制品的生产、加工、制造等的生产企业的管理和技术人员参考,也可供高等学校和科研院所高性能树脂及其复合材料相关领域的教学和科研人员参考。

图书在版编目(CIP)数据

聚苯并噁嗪——原理·性能·应用 / 顾宜等著.—北京:科学出版社,2019.10

(高性能高分子材料丛书 / 蹇锡高总主编)

"十三五"国家重点出版物出版规划项目

ISBN 978-7-03-062422-2

Ⅰ. ①聚… Ⅱ. ①顾… Ⅲ. ①苯并噁嗪–研究 Ⅳ. ①O626.4

中国版本图书馆CIP数据核字(2019)第214175号

丛书策划:翁靖一
责任编辑:翁靖一 孙 曼 / 责任校对:杜子昂
责任印制:师艳茹 / 封面设计:东方人华

科 学 出 版 社 出版
北京东黄城根北街 16 号
邮政编码:100717
http://www.sciencep.com

北京通州皇家印刷厂 印刷
科学出版社发行 各地新华书店经销
*
2019 年 10 月第 一 版 开本:720×1000 1/16
2019 年 10 月第一次印刷 印张:24
字数:462 000

定价:148.00 元
(如有印装质量问题,我社负责调换)

总　序

自 20 世纪初，高分子概念被提出以来，高分子材料越来越多地走进人们的生活，成为材料科学中最具代表性和发展前途的一类材料。我国是高分子材料生产和消费大国，每年在该领域获得的授权专利数量已经居世界第一，相关材料应用的研究与开发也如火如荼。高分子材料现已成为现代工业和高新技术产业的重要基石，与材料科学、信息科学、生命科学和环境科学等前瞻领域的交叉与结合，在推动国民经济建设、促进人类科技文明的进步、改善人们的生活质量等方面发挥着重要的作用。

国家"十三五"规划显示，高分子材料作为新兴产业重要组成部分已纳入国家战略性新兴产业发展规划，并将列入国家重点专项规划，可见国家已从政策层面为高分子材料行业的大力发展提供了有力保障。然而，随着尖端科学技术的发展，高速飞行、火箭、宇宙航行、无线电、能源动力、海洋工程技术等的飞跃，人们对高分子材料提出了越来越高的要求，高性能高分子材料应运而生，作为国际高分子科学发展的前沿，应用前景极为广阔。高性能高分子材料，可替代金属作为结构材料，或用作高级复合材料的基体树脂，具有优异的力学性能。这类材料是航空航天、电子电气、交通运输、能源动力、国防军工及国家重大工程等领域的重要材料基础，也是现代科技发展的关键材料，对国家支柱产业的发展，尤其是国家安全的保障起着重要或关键的作用，其蓬勃发展对国民经济水平的提高也具有极大的促进作用。我国经济社会发展尤其是面临的产业升级以及新产业的形成和发展，对高性能高分子功能材料的迫切需求日益突出。例如，人类对环境问题和石化资源枯竭日益严重的担忧，必将有力地促进高效分离功能的高分子材料、生态与环境高分子材料的研发；近 14 亿人口的健康保健水平的提升和人口老龄化，将对生物医用材料和制品有着内在的巨大需求；高性能柔性高分子薄膜使电子产品发生了颠覆性的变化；等等。不难发现，当今和未来社会发展对高分子材料提出了诸多新的要求，包括高性能、多功能、节能环保等，以上要求对传统材料提出了巨大的挑战。通过对传统的通用高分子材料高性能化，特别是设计制备新型高性能高分子材料，有望获得传统高分子材料不具备的特殊优异性质，进而有望满足未来社会对高分子材料高性能、多功能化的要求。正因为如此，高性能高分子材料的基础科学研究和应用技术发展受到全世界各国政府、学术界、工业界的高度重视，已成为国际高分子科学发展的前沿及热点。

因此，对高性能高分子材料这一国际高分子科学前沿领域的原理、最新研究进展及未来展望进行全面、系统地整理和思考，形成完整的知识体系，对推动我国高性能高分子材料的大力发展，促进其在新能源、航空航天、生命健康等战略新兴领域的应用发展，具有重要的现实意义。高性能高分子材料的大力发展，也代表着当代国际高分子科学发展的主流和前沿，对实现可持续发展具有重要的现实意义和深远的指导意义。

为此，我接受科学出版社的邀请，组织活跃在科研第一线的近三十位优秀科学家积极撰写"高性能高分子材料丛书"，内容涵盖了高性能高分子领域的主要研究内容，尽可能反映出该领域最新发展水平，特别是紧密围绕着"高性能高分子材料"这一主题，区别于以往那些从橡胶、塑料、纤维的角度所出版过的相关图书，内容新颖、原创性较高。丛书邀请了我国高性能高分子材料领域的知名院士、"973"项目首席科学家、教育部"长江学者"特聘教授、国家杰出青年科学基金获得者等专家亲自参与编著，致力于将高性能高分子材料领域的基本科学问题，以及在多领域多方面应用探索形成的原始创新成果进行一次全面总结、归纳和提炼，同时期望能促进其在相应领域尽快实现产业化和大规模应用。

本套丛书于 2018 年获批为"十三五"国家重点出版物出版规划项目，具有学术水平高、涵盖面广、时效性强、引领性和实用性突出等特点，希望经得起时间和行业的检验。并且，希望本套丛书的出版能够有效促进高性能高分子材料及产业的发展，引领对此领域感兴趣的广大读者深入学习和研究，实现科学理论的总结与传承，科技成果的推广与普及传播。

最后，我衷心感谢积极支持并参与本套丛书编审工作的陈祥宝院士、李仲平院士、瞿金平院士、王玉忠院士、张立群教授、李光宪教授、郑强教授、王笃金研究员、杨小牛研究员、余木火教授、解孝林教授、王锦艳教授、张守海教授等专家学者。希望本套丛书的出版对我国高性能高分子材料的基础科学研究和大规模产业化应用及其持续健康发展起到积极的引领和推动作用，并有利于提升我国在该学科前沿领域的学术水平和国际地位，创造新的经济增长点，并为我国产业升级、提升国家核心竞争力提供该学科的理论支撑。

中国工程院院士
大连理工大学教授

前　言

聚苯并噁嗪是高性能高分子材料大家庭中的一个年轻成员，是一种新型的高性能热固性树脂。苯并噁嗪化合物是 20 世纪 40 年代为人们所知的。但是，直至 20 世纪 90 年代，苯并噁嗪聚合反应的研究才取得实质性进展，并在苯并噁嗪树脂合成及其玻璃纤维复合材料的制备和工业应用方面取得突破。近 30 年来，随着研究工作在全球广泛深入开展，人们逐渐发现，在性能方面，除了树脂开环聚合无小分子物质释放及具有传统的高强度、高模量、耐高温特性外，聚苯并噁嗪还具有许多独特的优良性能，包括固化过程中近似零收缩、高热态强度、低热膨胀系数、阻燃性、低介电常数、低表面能、低吸水性等。在聚合反应方面，通过分子设计或调控苯并噁嗪树脂体系中的化学反应，可以改变聚合物的化学交联结构、氢键结构以及相分离结构，进一步实现材料的高性能化及功能化。在应用方面，作为高性能新材料，苯并噁嗪树脂基复合材料已作为耐高温电绝缘材料、无卤阻燃印制电路基板、高性能机器零件实现工业化应用。另外，它在航空、航天领域展现出广阔的应用前景，未来还有更多的领域可待开发。因此，加强聚苯并噁嗪的基础性研究，推动技术创新和新材料开发具有重要的现实意义。

作者课题组于 1993 年启动聚苯并噁嗪的研究，至今已有 26 年，在国内外该领域研究中具有较大的影响。26 年来，课题组先后有 10 名教师、18 名博士研究生、52 名硕士研究生、100 多名本科生参与了聚苯并噁嗪项目的研究；课题组先后承担了各种科研项目 30 余项，包括国家重点科技攻关专题 2 项，国家自然科学基金项目 8 项，其他纵向类项目、国际合作项目及企业合作开发和技术转让项目 20 余项。研究成果包括：发表中英文期刊论文 200 余篇，获授权中国发明专利 10 项，获部省级奖励 4 项，并且多项技术成果已实现工业应用。这些研究成果为本书的撰写积累了大量的素材，奠定了良好的基础。

本书是国内第一部关于聚苯并噁嗪的专著，是一部以原理、性能、应用为主题的聚苯并噁嗪专著，特征鲜明。本书强调基础性研究与应用紧密结合，在理论方面，从化学基本原理出发，以结构与性能的关系为主线，系统论述苯并噁嗪合成反应、开环聚合反应、共聚反应的机理和动力学问题，讨论影响因素和控制方法；详细论述聚苯并噁嗪的化学结构和氢键与聚合物性能之间的关系。在应用方面，详细论述聚苯并噁嗪高性能化的改性方法，讨论苯并噁嗪树脂基高性能复合材料的成型工艺，介绍在工业领域中已经取得的应用成果。本书大部分内容源自作者所在课题组研究生的学位论文和已发表的期刊论文，部分素材来源于国内外公开发表的期刊论文以及作者在这一领域多年的研究积累。

本书是作者课题组的集体研究成果的总结，8 名博士研究生参与了本书的撰写工作。全书由顾宜策划，拟定编写思路和详细编写大纲并统稿和定稿，由冉起超协助编辑加工及全面审校。其中，第 1 章和第 9 章由顾宜主笔，第 3 章和第 8 章由冉起超主笔，第 2 章由邓玉媛主笔，第 4 章由杨坡主笔，第 5 章由徐艺主笔，第 6 章由王智主笔，第 7 章由李晓丹主笔；此外，赵培撰写了 6.1.2 节、6.2.2 节和 6.2.3 的第 2 小节，李晓丹撰写了 6.1.4 节、6.1.5 节和 6.2.3 的第 3 小节，杨坡撰写了 3.4 节、5.3.1～5.3.3 节和 6.3 节，冉起超撰写了 4.4.2 节和 4.4.3 节，王宏远撰写了 3.3 节。

本书撰写过程中得到了"高性能高分子材料丛书"总主编塞锡高院士及编委会专家的鼓励和指导，在此深表感谢；责任编辑翁靖一女士在本书的组织和编写过程中付出了巨大的努力，在此特别致谢。此外，感谢科学出版社的相关领导和编辑对本书出版的支持和帮助。感谢课题组老师和同学们多年来的辛苦付出，以及同行和朋友们长期以来的关心和支持。

最后，诚挚感谢 "九五"国家重点科技攻关专题(编号 96-120-05-01 和 96-120-05-02)、国家自然科学基金面上项目(编号 59573008，1996 年；编号 20774060，2008 年；编号 50873062，2009 年；编号 21174093，2012 年；编号 51273119，2013 年)、国家自然科学基金重大研究计划面上项目(编号 90405001，2005 年)、国家自然科学基金青年基金项目(编号 21104048，2012 年；编号 21204053，2013 年)对作者长期从事聚苯并噁嗪基础研究和应用技术开发的支持。正是因为有这些项目的支持，本书成果才得以形成并出版发行。

将二十多年的研究工作提炼总结，无疑是一件十分困难的事情，加之作者水平有限，书中难免存在疏漏或不妥之处，敬请广大读者批评指正。

顾宜

2019 年 8 月于四川大学

目　录

第1章

概　　述

1.1　苯并噁嗪的定义、结构及表征

1.1.1　苯并噁嗪的定义及化学结构

苯并噁嗪是一类含有氮、氧六元杂环的苯并稠环化合物，氮原子、氧原子位置及取代基个数不同，苯并噁嗪表现出的性质和作用不同。1,3-苯并噁嗪中氧原子在 1 位，氮原子在 3 位；1,4-苯并噁嗪中氧原子在 1 位，氮原子在 4 位。在 1,3-苯并噁嗪中，按照噁嗪环上取代基所处位置和数量不同，主要有 3,4-二氢-3-取代-2*H*-1,3-苯并噁嗪(简称 3-取代苯并噁嗪)[1]、3,4-二取代-2*H*-1,3-苯并噁嗪(简称 3,4-二取代苯并噁嗪)[2]和 3,4-二氢-2,3-二取代-2*H*-1,3-苯并噁嗪(简称 2,3-二取代苯并噁嗪)[3]三类(图 1.1)。其中，3-取代苯并噁嗪已获得较为广泛和深入的研究和应用，并被人们直接简称为苯并噁嗪。在加热和/或催化剂的作用下，3-取代苯并噁嗪发生开环聚合反应，生成含氮且类似酚醛树脂的网状结构——聚苯并噁嗪，也称为开环聚合酚醛树脂。其合成及开环聚合的反应路线见图 1.2[1]。

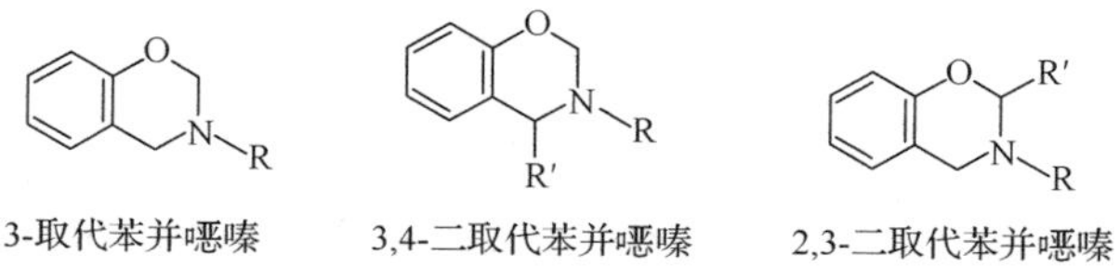

3-取代苯并噁嗪　　3,4-二取代苯并噁嗪　　2,3-二取代苯并噁嗪

图 1.1　1,3-苯并噁嗪的化学结构

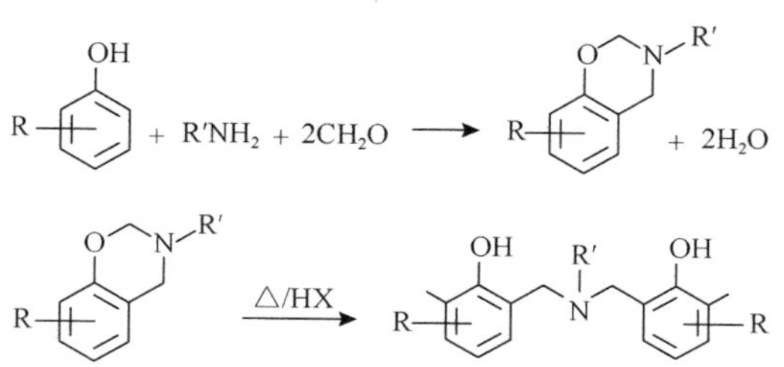

图 1.2　苯并噁嗪合成和开环聚合反应路线

1.1.2　苯并噁嗪分子的空间结构

苯并噁嗪分子中含有 N 和 O 两个杂原子。N 和 O 在元素周期表中的位置接近，电负性较大，这种含有杂原子的噁嗪环结构具有较大的环张力，其六个原子不处于一个平面(其中：C5、C6、C8 和 O 四个原子在一个平面内，而 C7 和 N 两个原子分别位于平面的上下两侧)，空间呈畸形的椅式构象，这一点已从 6,8-二氯-3-苯基-1,3-苯并噁嗪单晶的 X 射线衍射结果和分子模拟的结果得到了证实[4]，如图 1.3 所示。正是由于存在较大的环张力，噁嗪环在一定条件下开环，进而发生聚合反应。

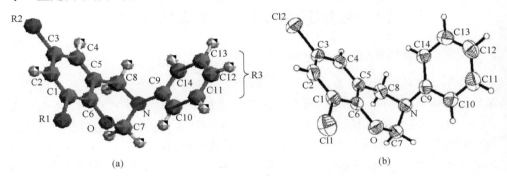

图 1.3　苯并噁嗪分子模拟结构(a)和单晶的 X 射线衍射结构(b)[4]

1.1.3　苯并噁嗪的化学结构表征

苯并噁嗪单体化学结构的表征手段主要有傅里叶变换红外光谱(FTIR)、核磁共振氢谱(^{1}H NMR)、差示扫描量热分析(DSC)、质谱(MS)、元素分析等。以双酚 A/苯胺型苯并噁嗪为例，图 1.4 和图 1.5[5]分别是其红外吸收光谱和核磁共振氢谱。表 1.1 列出了该苯并噁嗪结构中主要特征官能团的红外吸收峰位置。

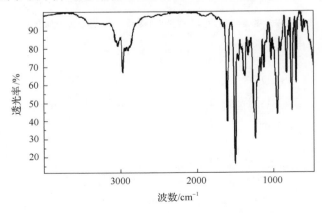

图 1.4　双酚 A-苯胺型苯并噁嗪化合物的红外吸收光谱图

表 1.1 双酚 A-苯胺型苯并噁嗪化合物的红外吸收峰归属

红外特征吸收峰位置/cm^{-1}	归属
1498,1598	苯环的骨架振动
816,758	苯环上 C—H 弯曲振动
945	噁嗪环的特征振动
1031,1228	噁嗪环上醚键的对称和反对称伸缩振动
1155,1367	C—N—C 的对称和反对称伸缩振动

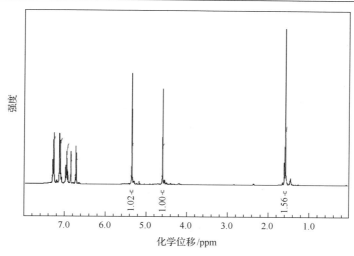

图 1.5 双酚 A-苯胺型苯并噁嗪化合物的核磁共振氢谱

图 1.4 中位于红外光谱中波数 945cm^{-1} 附近的吸收峰是噁嗪环的特征吸收峰。图 1.5 中，由于噁嗪环结构中两类亚甲基质子（—CH$_2$—）所处的化学环境不同，因而产生不同的化学位移，与 N、O 原子相连的亚甲基质子的核磁共振峰出现在 δ=5.3ppm（1ppm=1×10^{-6}）处，与 N、苯环相连的亚甲基质子的核磁共振峰出现在 δ=4.57ppm 处。另外，δ=1.6ppm 处为双酚 A 上异丙基的甲基质子峰，δ=6.7～7.8ppm 处为苯环上的质子吸收峰。利用核磁共振氢谱可以计算苯并噁嗪的环化率。

1.2 苯并噁嗪的分类和命名

自 20 世纪 90 年代初苯并噁嗪的研究和应用迅速发展以来，相关苯并噁嗪单体和聚合物出现了多种形式的命名和缩写。为了避免不必要的混乱，本书按照近年来国际上的相关规则和习惯分类，统一了命名方式。

1.2.1 按照单体的化学结构命名

这是采用国际纯粹与应用化学联合会（IUPAC）所制定的方法，按照化合物的化学结构对苯并噁嗪单体进行命名。

例如，苯并噁嗪基本结构命名为

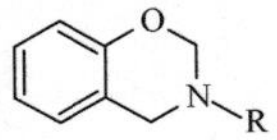

3,4-二氢-3-取代-2*H*-1,3-苯并噁嗪
(3,4-dihydro-3-substituted-2*H*-1,3-benzoxazine)

当酚核上连有其他取代基时，在命名中需注明其类型和位置，例如

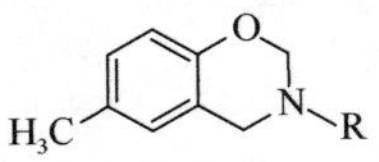

6-甲基-3,4-二氢-3-取代-2*H*-1,3-苯并噁嗪
(6-methly-3,4-dihydro-3-substituted-2*H*-1,3-benzoxazine)

对于由具有对称结构的二元酚(也称双酚)或二元胺分别与一元胺或一元酚合成的苯并噁嗪，通常命名为

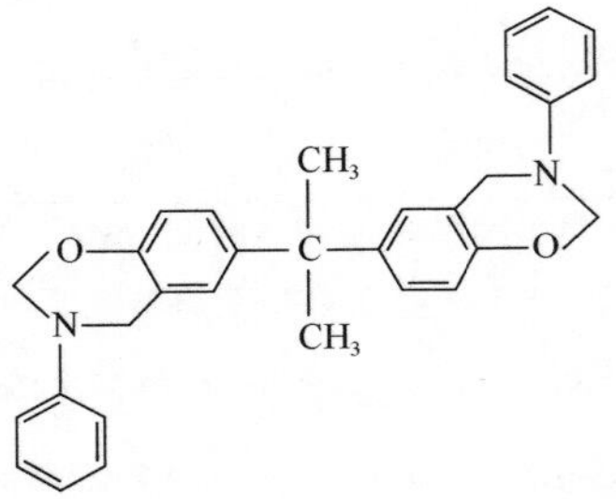

双-(3,4-二氢-3-苯基-2*H*-1,3-苯并噁嗪)异丙烷
[bis-(3,4-dihydro-3-phenyl-2*H*-1,3-benzoxazine) isopropane]

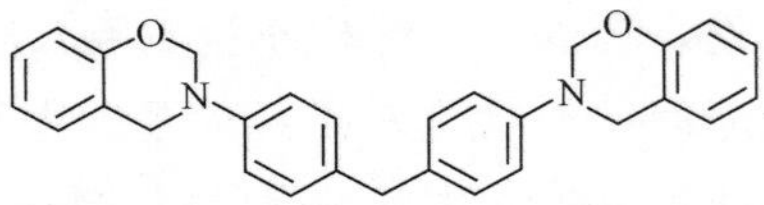

4,4′-双-(3,4-二氢-2*H*-1,3-苯并噁嗪-3-基)苯基甲烷
[4,4′-bis-(3,4-dihydro-2*H*-1,3-benzoxazin-3-yl)phenyl methane]

在本书中，合成后纯化的产物统称为苯并噁嗪单体，简称苯并噁嗪(benzoxazine)，缩写为 BZ。另外，合成后未纯化的产物统称为苯并噁嗪树脂(benzoxazine resin)，简称 BZ 树脂。

1.2.2　按照合成原料化学结构命名

在实际应用中，常常采用合成所用原料酚类化合物和伯胺化合物的化学名称来命名产物苯并噁嗪单体，并采用酚类化合物英文名称缩写的大写字母和伯胺类化合物英文名称缩写的小写字母组合，构成产物苯并噁嗪的名称缩写。例如

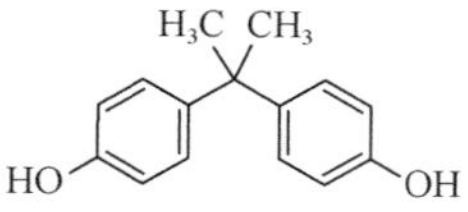

双酚A
(bisphenol A)
(缩写为BA)

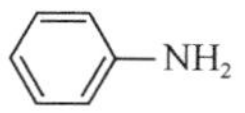

苯胺
(aniline)
(缩写为a)

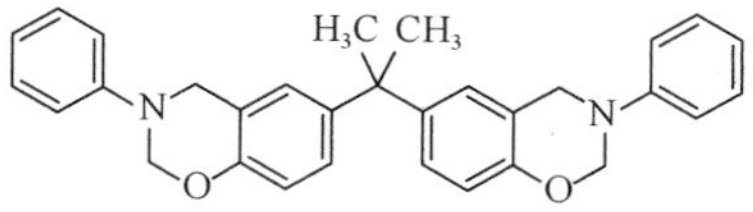

双酚A/苯胺型苯并噁嗪
(bisphenol A/aniline type benzoxazine)
(缩写为BA-a)

有时也采用某一种原料的化学名称来命名一类苯并噁嗪单体，但没有缩写。例如

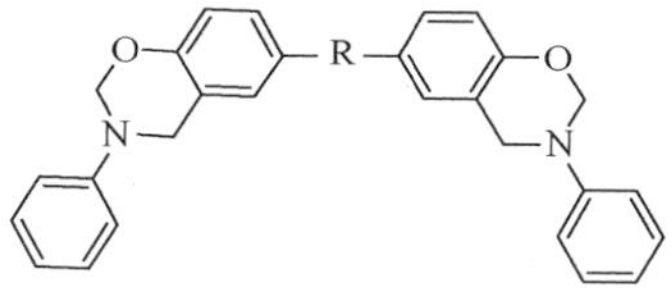

双酚型苯并噁嗪
(bisphenols-based benzoxazine)

1.2.3　按照单体中特殊组成结构分类命名

这里是按照苯并噁嗪单体化学结构中官能团、特殊结构或特殊元素进行分类命名，例如

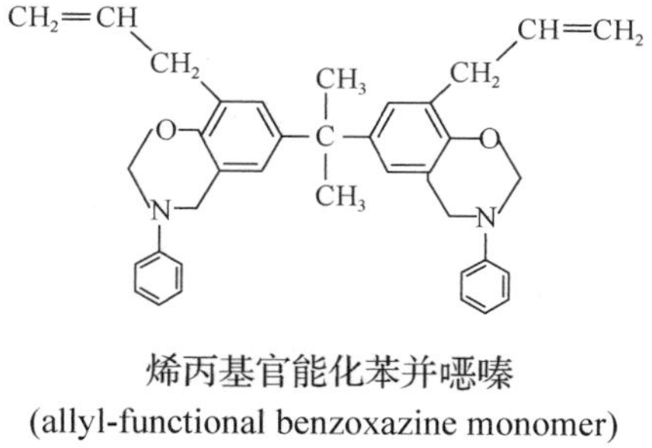

烯丙基官能化苯并噁嗪
(allyl-functional benzoxazine monomer)

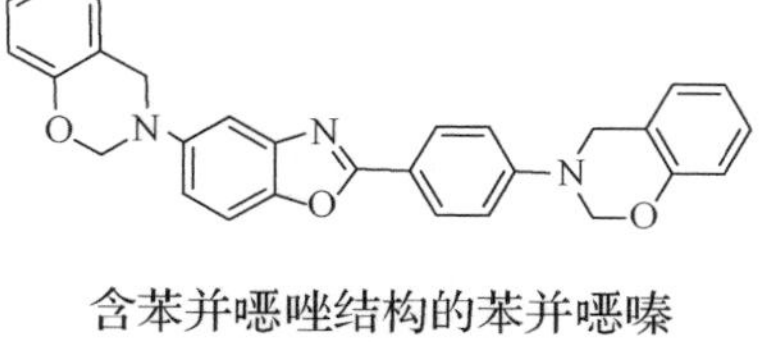

含苯并噁唑结构的苯并噁嗪
(benzoxazole-based benzoxazine)

1.2.4　按噁嗪环的数目分类命名

由于化学结构的差异，在一个苯并噁嗪单体结构中可能含有数量不等的噁嗪环，故有单环苯并噁嗪、双环苯并噁嗪、多环苯并噁嗪等命名方式。例如

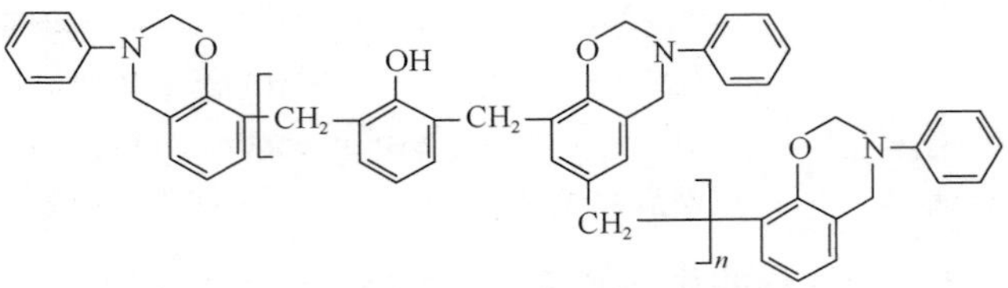

多元酚型苯并噁嗪或多环苯并噁嗪

1.2.5　按苯并噁嗪聚合物链形态分类命名

苯并噁嗪聚合物是一类由多个苯并噁嗪环构成的聚合物，在成型过程中，噁嗪环发生开环聚合，形成三维交联的网状结构。

1. 主链型苯并噁嗪聚合物

这是一类多环苯并噁嗪聚合物，噁嗪环构成大分子链的骨架，通常由等摩尔（物质的量）比的原料二元酚和二元胺合成得到。缩写按照 1.2.2 节的命名规则，但在圆括弧前置"poly"，圆括弧后置下角标"main"。例如

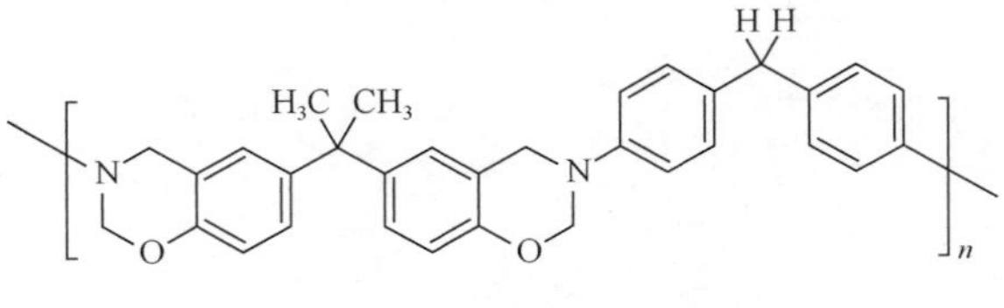

双酚A/二氨基二苯甲烷-主链型苯并噁嗪聚合物

(bisphenol A/diaminodiphenylmethane-main chain type benzoxazine polymer)

[缩写：poly(BA-ddm)$_{main}$]

2. 侧链型苯并噁嗪聚合物

这是一类多环苯并噁嗪聚合物，噁嗪环悬挂在大分子链的侧面。缩写与主链型相似，但圆括弧后置下角标"side"。例如

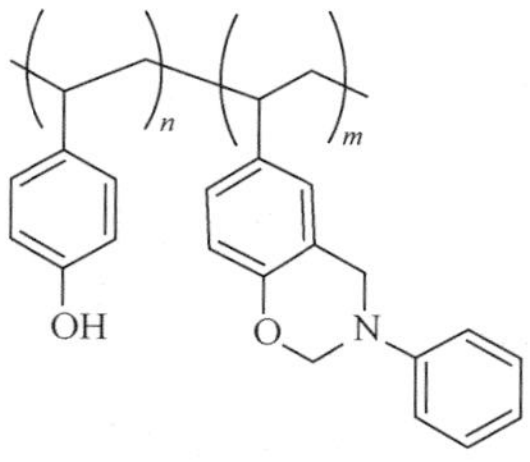

乙烯基苯酚/苯胺-侧链型苯并噁嗪聚合物

(vinylphenol/aniline-side chain type benzoxazine polymer)

[缩写：poly(VP-a)$_{side}$]

3. 其他类型苯并噁嗪聚合物

还有三种具有不同分子形态的多环苯并噁嗪聚合物，包括远螯型(telechelic)、树枝状型(dendritic)和超支化型(hyperbranched)。缩写与主链型相似，但圆括弧后置下角标，分别为"tele"、"dend"、"hype"。

poly(酚的缩写-伯胺的缩写)$_{tele}$

poly(酚的缩写-伯胺的缩写)$_{dend}$

poly(酚的缩写-伯胺的缩写)$_{hype}$

1.2.6　苯并噁嗪交联聚合物的命名

苯并噁嗪交联聚合物是苯并噁嗪通过开环聚合反应生成的高度交联的聚合物。

对于单环和双环结构，通常命名为"×××聚苯并噁嗪"，×××为原料酚和胺的名称，缩写为 poly(酚的缩写-胺的缩写)或简化为 P 酚的缩写-胺的缩写。例如

双酚 A/苯胺型聚苯并噁嗪

(bisphenol A/ aniline type-polybenzoxazine)

[缩写 poly(BA-a)，简写 PBA-a]

对于多环苯并噁嗪聚合物，可命名为×××-聚**型苯并噁嗪，×××为原料酚和胺的名称，**为链形态。缩写为 poly(酚的缩写-胺的缩写)$_y^x$，其中，圆括弧后下角标 y 分别为 main、side、tele、dend、hype；圆括弧后上角标 x，表示为聚苯并噁嗪。例如

双酚 A/二氨基二苯甲烷-聚主链型苯并噁嗪

(bisphenol A/ diaminodiphenylmethane-poly-main chain type benzoxazine)

[缩写：poly(BA-ddm)$_{main}^x$]

1.2.7　典型结构苯并噁嗪的化学结构、命名和缩写

表 1.2 列出了部分典型结构苯并噁嗪的化学结构、命名和缩写，以便于读者在阅读本书时进行查询。

表 1.2　部分典型结构苯并噁嗪的化学结构、命名和缩写

类型	化学结构	命名	简称	缩写
单环	(化学结构)	3,4-二氢-3-甲基-2H-1,3-苯并噁嗪	苯酚/甲胺型苯并噁嗪	PH-m
	(化学结构)	3,4-二氢-3-正丙基-2H-1,3-苯并噁嗪	苯酚/正丙胺型苯并噁嗪	PH-np
	(化学结构)	3,4-二氢-3-环己基-2H-1,3-苯并噁嗪	苯酚/环己胺型苯并噁嗪	PH-c
	(化学结构)	3,4-二氢-3-苄基-2H-1,3-苯并噁嗪	苯酚/苄胺型苯并噁嗪	PH-b
	(化学结构)	3,4-二氢-3-苯基-2H-1,3-苯并噁嗪	苯酚/苯胺型苯并噁嗪	PH-a
	(化学结构)	3,4-二氢-3-苯基-6-甲基-2H-1,3-苯并噁嗪	对甲酚/苯胺型苯并噁嗪	pC-a
	(化学结构)	3,4-二氢-3-环己基-6-甲基-2H-1,3-苯并噁嗪	对甲酚/环己胺型苯并噁嗪	pC-c
	(化学结构)	3,4-二氢-3-苄基-6-甲基-2H-1,3-苯并噁嗪	对甲酚/苄胺型苯并噁嗪	pC-b
	(化学结构)	3,4-二氢-3-苯基-6,8-二甲基-2H-1,3-苯并噁嗪	2,4-二甲基苯酚/苯胺型苯并噁嗪	24DMP-a
	(化学结构)	3,4-二氢-3-苯基-6,8-二氯-2H-1,3-苯并噁嗪	2,4-二氯苯酚/苯胺型苯并噁嗪	24DCP-a

续表

类型	化学结构	命名	简称	缩写
单环		3,4-二氢-3-(4-甲基苯基)-2H-1,3-苯并噁嗪	苯酚/对甲基苯胺型苯并噁嗪	PH-pt
		3,4-二氢-3-(4-氯苯基)-2H-1,3-苯并噁嗪	苯酚/对氯苯胺型苯并噁嗪	PH-pca
		3,4-二氢-3-(4-硝基苯基)-2H-1,3-苯并噁嗪	苯酚/对硝基苯胺型苯并噁嗪	PH-4na
双酚型		2,2-二(3,4-二氢-3-甲基-2H-1,3-苯并噁嗪)丙烷	双酚 A/甲胺型苯并噁嗪	BA-m
		2,2-二(3,4-二氢-3-乙基-2H-1,3-苯并噁嗪)丙烷	双酚 A/乙胺型苯并噁嗪	BA-e
		2,2-二(3,4-二氢-3-正丙基-2H-1,3-苯并噁嗪)丙烷	双酚 A/正丙胺型苯并噁嗪	BA-np
		2,2-二(3,4-二氢-3-异丙基-2H-1,3-苯并噁嗪)丙烷	双酚 A/异丙胺型苯并噁嗪	BA-ip
		2,2-二(3,4-二氢-3-正丁基-2H-1,3-苯并噁嗪)丙烷	双酚 A/正丁胺型苯并噁嗪	BA-nbu
		2,2-二(3,4-二氢-3-叔丁基-2H-1,3-苯并噁嗪)丙烷	双酚 A/叔丁胺型苯并噁嗪	BA-tbu
		2,2-二(3,4-二氢-3-苯基-2H-1,3-苯并噁嗪)丙烷	双酚 A/苯胺型苯并噁嗪	BA-a

类型	化学结构	命名	简称	缩写
双酚型		2,2-二[3,4-二氢-3-(2-甲基苯基)-2H-1,3-苯并噁嗪]丙烷	双酚 A/邻甲苯胺型苯并噁嗪	BA-ot
		2,2-二[3,4-二氢-3-(3-甲基苯基)-2H-1,3-苯并噁嗪]丙烷	双酚 A/间甲苯胺型苯并噁嗪	BA-mt
		2,2-二[3,4-二氢-3-(4-甲基苯基)-2H-1,3-苯并噁嗪]丙烷	双酚 A/对甲苯胺型苯并噁嗪	BA-pt
		2,2-二[3,4-二氢-3-(3,5-二甲基苯基)-2H-1,3-苯并噁嗪]丙烷	双酚 A/3,5-二甲基苯胺型苯并噁嗪	BA-35x
		2,2-二[3,4-二氢-3-(3-氯苯基)-2H-1,3-苯并噁嗪]丙烷	双酚 A/间氯苯胺型苯并噁嗪	BA-mca
		二(3,4-二氢-3-苯基-2H-1,3-苯并噁嗪)醚	二羟基二苯醚/苯胺型苯并噁嗪	BO-a
		二(3,4-二氢-3-苯基-2H-1,3-苯并噁嗪)甲酮	二羟基二苯甲酮/苯胺型苯并噁嗪	BZ-a

续表

类型	化学结构	命名	简称	缩写
双酚型	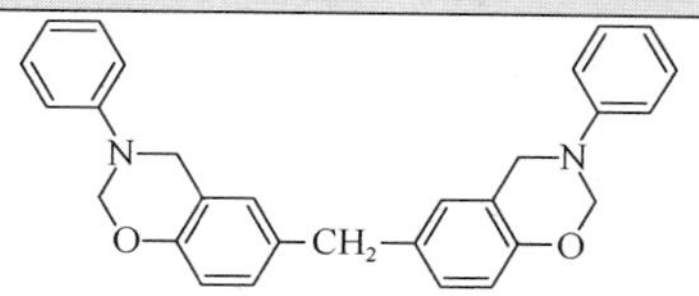	二(3,4-二氢-3-苯基-2H-1,3-苯并噁嗪)甲烷	双酚 F/苯胺型苯并噁嗪	BF-a
	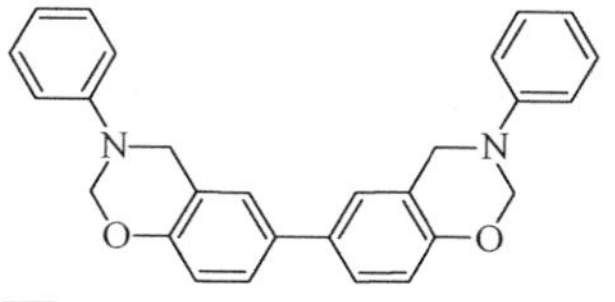	二(3,4-二氢-3-苯基-2H-1,3-苯并噁嗪)	二羟基联苯/苯胺型苯并噁嗪	BP-a
	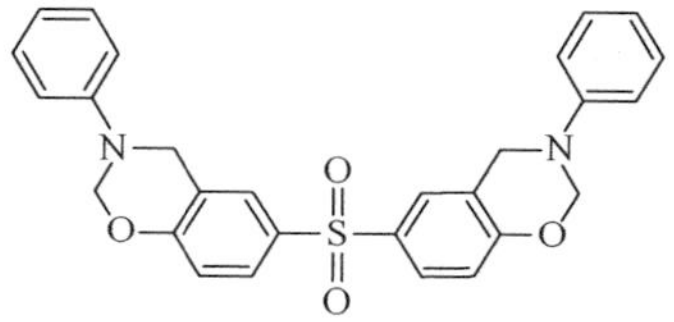	二(3,4-二氢-3-苯基-2H-1,3-苯并噁嗪)砜	双酚 S/苯胺型苯并噁嗪	BS-a
二胺型	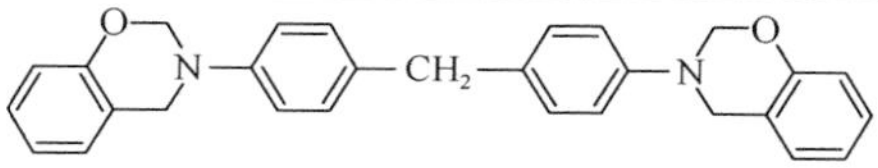	4,4′-二(3,4-二氢-2H-1,3-苯并噁嗪-3-yl)苯基甲烷	苯酚/二氨基二苯甲烷型苯并噁嗪	PH-ddm
	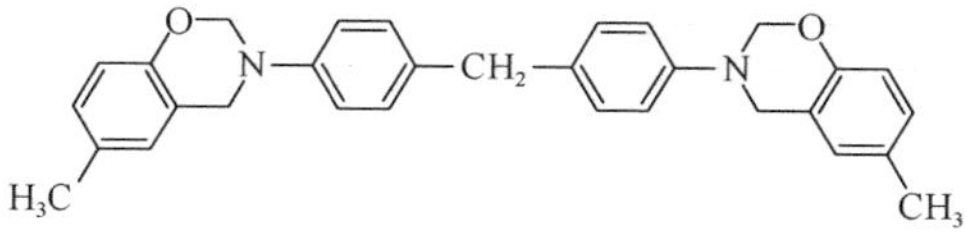	4,4′-二(3,4-二氢-6-甲基-2H-1,3-苯并噁嗪-3-基)苯基甲烷	对甲酚/二氨基二苯甲烷型苯并噁嗪	pC-ddm
	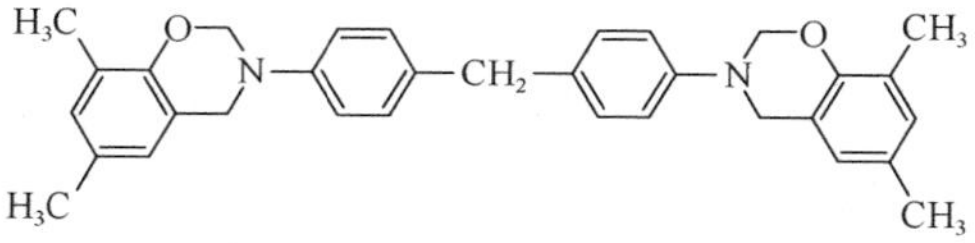	4,4′-二(3,4-二氢-6,8-二甲基-2H-1,3-苯并噁嗪-3-基)苯基甲烷	2,4-二甲基苯酚/二氨基二苯甲烷型苯并噁嗪	24DMP-ddm
	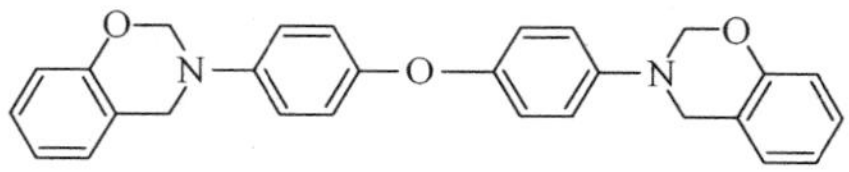	4,4′-二(3,4-二氢-2H-1,3-苯并噁嗪-3-基)苯醚	苯酚/二氨基二苯醚型苯并噁嗪	PH-oda
	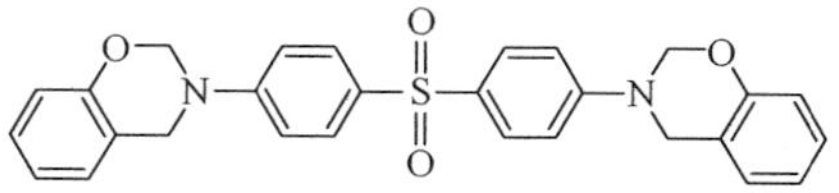	4,4′-二(3,4-二氢-2H-1,3-苯并噁嗪-3-基)苯砜	苯酚/二氨基二苯砜型苯并噁嗪	PH-dds
	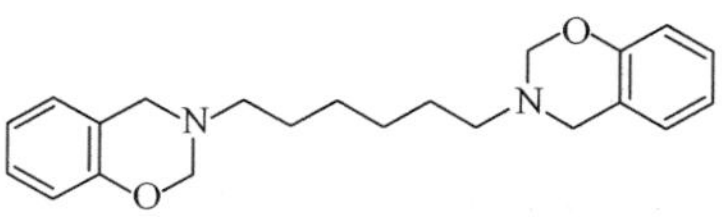	1,6-二(3,4-二氢-2H-1,3-苯并噁嗪-3-基)己烷	苯酚/己二胺型苯并噁嗪	PH-hda

1.3　聚苯并噁嗪的发展历史

苯并噁嗪化合物最早是在 1944 年由 Holly 和 Cope 意外发现的[6]。当时它是以邻羟基苯甲胺和甲醛为原料进行 Mannich(曼尼希)反应产物合成时，分离出的一种白色晶体，收率 72%，熔点为 154～155℃，并用元素分析方法对其进行了结构鉴定。

自 1949 年开始，Burke 等[7-10]对苯并噁嗪化合物的合成进行了较系统的研究，合成出一系列单环苯并噁嗪化合物。采用对位取代苯酚与伯胺和甲醛(多聚甲醛)在二氧六环中进行反应，并讨论了水解反应。Burke 等发现，反应物的配比直接影响到产物的化学结构，使用取代苯酚、甲醛和伯胺三者反应(图 1.6)，除了按照摩尔比 1∶2∶1 反应生成苯并噁嗪外，还可以按照 1∶1∶1 反应生成 Mannich 碱，也可以按照 2∶2∶1 反应，生成 *N*,*N*-二(2-羟基苄基)胺(酚 Mannich 桥二聚体)。碱性条件下，Mannich 碱与甲醛反应可以生成苯并噁嗪，在酸性条件下反应逆向进行；Mannich 碱与酚类化合物及甲醛可以继续发生反应，生成二聚体；苯并噁嗪与酚类化合物也可以发生开环反应生成二聚体。

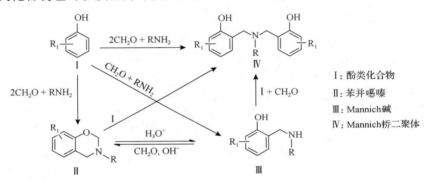

图 1.6   Burke 提出的苯并噁嗪化合物的合成反应机理

1973 年，Schreiber[11]首次报道了经苯并噁嗪开环聚合制备酚醛塑料的研究工作。1985 年，Higginbottom 根据苯并噁嗪开环反应，将双官能团苯并噁嗪与多元胺类化合物混合后作为涂料使用申请了两个专利[12,13]，并且对苯并噁嗪中间体合成反应的影响因素以及胺类化合物的碱性对苯并噁嗪中间体固化行为的影响进行了初步研究。同期，Riess 等研究了单官能团苯并噁嗪的固化反应[14]，结果发现，热聚合产物平均分子量只有 1000 左右，在链增长的同时，存在着单体的热分解反应，因而难以得到高分子量的线型聚合物。

然而，直至 20 世纪 90 年代初，苯并噁嗪化合物都没有实现生产应用，除了少量的专利外，基本上没有相关内容的学术论文发表。这种沉寂的状况被美国凯斯西储大学(Case Western Reserve University) Ishida 教授所打破。

1990 年以来，Ishida 课题组[15-31]展开了对苯并噁嗪及其聚合物的系统研究。采用多种不同结构的酚类化合物和伯胺类化合物与甲醛或多聚甲醛反应，合成了多种单环、双环或取代基官能化的苯并噁嗪化合物，并对苯并噁嗪的聚合反应机理、物理和力学性能、耐湿热性能、热分解性质、介电性质等进行了详细的研究，发现并证明了苯并噁嗪聚合过程中的体积膨胀效应，采用 [13]C 固体核磁研究了聚苯并噁嗪的氢键结构，提出了螯合氢键的结构模型，成功解释了苯并噁嗪的低固化收缩率及聚合物高模量和低吸水率等独特的性能特征，把苯并噁嗪的基础研究和应用研究推向了一个新的阶段。Ishida 在聚苯并噁嗪的研究领域一直十分活跃，发表了大量的相关学术论文，有力地推动着全球聚苯并噁嗪的研究不断发展。

四川大学顾宜课题组[32-40]于 1993 年率先在中国开展苯并噁嗪的研究和应用开发。采用工业原料，以甲苯为溶剂合成了苯并噁嗪树脂溶液；以水为介质采用悬浮法工艺合成出粒状苯并噁嗪中间体；以苯酚、甲醛、苯胺为原料，首先合成了高对位酚醛树脂，再与甲醛、苯胺发生 Mannich 反应生成多环苯并噁嗪中间体。课题组在苯并噁嗪树脂/玻璃纤维复合材料的制备和工业应用方面的研究取得突破，该复合材料作为真空泵旋片材料和耐高温电绝缘材料获得工业化应用。同时，首次通过模型化合物结构表征与计算机分子模拟技术相结合，研究了苯并噁嗪的开环聚合行为，提出了阳离子开环反应机理，对苯并噁嗪热聚合、有机弱酸引发聚合、Lewis 酸引发聚合的开环聚合反应机理开展了较全面的研究。此外，从原理上对苯并噁嗪的合成反应机理和反应动力学，以及苯并噁嗪共混树脂体系中的共聚与自聚反应、化学交联结构、相分离形态结构等进行了系统研究，发表了数十篇相关学术论文[41-74]。

进入 21 世纪，苯并噁嗪的研究和应用开发在全球迅速扩展。在国外有日本、印度、土耳其、西班牙、泰国、韩国等几十个国家和地区的学者[75-93]，在国内有北京化工大学、山东大学、华东理工大学、哈尔滨工程大学、中北大学、湖南大学、国防科技大学、浙江大学、大连理工大学、西北工业大学、西安交通大学、中国科学院化学研究所、湖北省化学研究院、中国航发北京航空材料研究院、中航复合材料有限责任公司、航天材料及工艺研究所、西安航天复合材料研究所、黑龙江省科学院石油化学研究院等几十个单位的研究人员不同程度地开展了理论研究和应用研究[94-112]。在国际上，由美国化学会主办，于 2010 年 3 月、2013 年 9 月、2018 年 4 月在美国相继召开了三届"聚苯并噁嗪国际学术研讨会"，并由 Ishida 教授主编出版了 *Handbook of Benzoxazine Resins*（2011）和 *Advanced and Emerging Polybenzoxazine Science and Technology*（2017）两本专著[113,114]。在中国，由四川大学主办，分别于 2011 年 5 月和 2016 年 6 月在成都召开了两届"全国苯并噁嗪树脂学术及应用研讨会"。此外，一些国际知名公司如亨斯曼、日立化成、汉高、3M、三星、科隆等已开展了苯并噁嗪树脂的合成和应用推广工作，工业化的树脂产品已进入国际市场。以苯并噁嗪树脂为基体的无卤阻燃印制电路基板和耐高温电绝缘层压板已批量生产应用。苯并噁嗪的研究和应用进入蓬勃发展的新时期。

1.4 聚苯并噁嗪的性能特点

高性能聚合物在电子信息、航空航天、交通运输等高新科学技术领域占有极其重要的地位，耐高温、高强度、高模量是其基本特征。这些聚合物通常在高温下具有高的尺寸稳定性、优异的热氧化稳定性、低吸湿性、高耐磨性以及优异的电绝缘性、耐腐蚀性和综合力学性能。高性能聚合物一般分为热塑性和热固性两种类型，为了获得更好的力学性能，常常在聚合物中加入纤维进行增强。热塑性高性能聚合物的典型结构特征是具有刚性链和芳杂环，包括聚醚醚酮(PEEK)、聚酰胺(PA)、聚醚砜(PES)、聚醚酰亚胺(PEI)、缩聚型聚酰亚胺(PI)和聚苯并咪唑(PBI)等聚合物品种。但这些聚合物一般具有高的熔点和熔体黏度，溶解性差，使得成型工艺较差，限制了它们的发展和大规模工业应用。热固性高性能聚合物是由反应性的低分子量单体或低聚物树脂通过成型过程中交联固化得到的聚合物制品，其主要特点是预聚物树脂的黏度相对较小，易于成型加工。因此这类树脂的应用较广，主要类别包括高性能酚醛树脂、高性能环氧树脂、双马来酰亚胺树脂、热固性聚酰亚胺树脂、氰酸酯树脂等及各种改性品种。然而，在应用过程中，这些树脂依然存在着一些缺点，如预聚体储存期较短、使用强酸催化剂、固化时放出小分子、固化时伴有体积收缩、固化物含有微孔、材料脆性较大或耐热、阻燃和力学性能有待进一步提高等。其中，固化时的体积收缩是影响这些树脂应用的一个共同性问题。而这些由树脂结构和固化特征所决定的缺点和不足很难通过材料改性的途径解决。

与其他热固性树脂相比，苯并噁嗪树脂具有许多不可比拟的特点[1]：

(1) 分子设计灵活，原料来源广泛，合成工艺多样；

(2) 固化时无小分子放出和近似零收缩，制品孔隙率低；

(3) 固化产物耐热性较好，具有较高的玻璃化转变温度(T_g)和热稳定性；

(4) 固化物具有阻燃性和较高的残炭率；

(5) 固化物具有优异的机械性能，高的模量，低的吸水率、热膨胀系数、介质损耗和摩擦系数。

其中，成型固化过程中无小分子释放和低固化收缩，以及阻燃性、高模量、低吸水率、低热膨胀系数、低介质损耗和低摩擦系数等是两类最突出的性能特征，因而苯并噁嗪树脂受到人们的高度重视。迄今，苯并噁嗪树脂基纤维增强复合材料已迅速在电子信息、电工绝缘、机械、航空航天等领域中作为耐高温无卤无磷阻燃绝缘材料、无卤阻燃印制电路基板、轻质高性能机器零件(如真空泵旋片)、耐烧蚀材料、树脂传递模塑(resin transfer molding，RTM)成型制品等获得生产应用。

然而，正如各种各样的高性能树脂均存在着各种问题、在实际应用中需要进行改性一样，苯并噁嗪树脂及其聚合物在加工成型和使用性能方面也存在着较多问题。为此，本书以四川大学的研究工作为主要内容，在详细介绍苯并噁嗪树脂合成和聚合反应原理及结构与性能关系的基础上，围绕着苯并噁嗪聚合物的高性能化，从新型高耐热苯并噁嗪树脂的分子设计与制备，调控苯并噁嗪与其他高性能热固性或热塑性树脂共混体系中的共聚反应或反应诱导相分离，微纳米无机填料和高性能纤维对聚苯并噁嗪复合增强等三方面重点进行了讨论，并介绍了部分高性能聚苯并噁嗪材料的应用情况。

参 考 文 献

[1] 顾宜. 苯并噁嗪树脂——一类新型热固性工程塑料. 热固性树脂, 2002, 17(2): 33-34.

[2] Chang H C, Lin C H, Lin H T, et al. Deprotection-free preparation of propargyl ether-containing phosphinated benzoxazine and the structure-property relationship of the resulting thermosets. Journal of Polymer Science Part A: Polymer Chemistry, 2012, 50(5): 1008-1017.

[3] Tang Z, Zhu Z, Xia Z, et al. Synthesis and fungicidal activity of novel 2,3-disubstituted-1,3-benzoxazines. Molecules, 2012, 17(7): 8174-8185.

[4] Xin L, Yi G. Effects of molecular structure parameters on ring-opening reaction of benzoxazines. Science in China, 2001, 44(5): 552-560.

[5] 刘富双, 凌鸿, 张华, 等. 双酚 A 型苯并噁嗪与酚醛型环氧树脂共混体系的固化反应与热性能. 高分子材料科学与工程, 2009, (10): 84-86.

[6] Holly F W, Cope A C. Condensation products of aldehydes and ketones with o-aminobenzyl alcohol and o-hydroxybenzylamine. Journal of the American Chemical Society, 1944, 66(11): 1875-1879.

[7] Burke W. 3, 4-Dihydro-1, 3, 2H-benzoxazines. Reaction of p-substituted phenols with N, N-dimethylolamines. Journal of the American Chemical Society, 1949, 71(2): 609-612.

[8] Burke W, Smith R P, Weatherbee C. N, N-bis-(hydroxybenzyl)-amines: synthesis from phenols, formaldehyde and primary amines1. Journal of the American Chemical Society, 1952, 74(3): 602-605.

[9] Burke W J, Kolbezen M J, Stephens C W. Condensation of naphthols with formaldehyde and primary amines1. Journal of the American Chemical Society, 1952, 74(14): 3601-3605.

[10] Burke W J, Nasutavicus W A, Weatherbee C. Synthesis and study of mannich bases from 2-naphthol and primary amines1. Journal of Organic Chemistry, 1964, 29(2): 407-410.

[11] Schreiber H. Verfahren zur Herstellung von Kunststoffen: Deutschland, 2255504.1973.

[12] Higginbottom H P. Polymerizable compositions comprising polyamines and poly(dihydrobenzoxazines): USA, US4501864. 1985.

[13] Higginbottom H P, Drumm M F. Process for deposition of resin dispersions on metal substrates: USA, US4557979. 1985.

[14] Riess G, Schwob J, Guth G, et al. Ring opening polymerization of benzoxazines—a new route to phenolic resins// Culbertson B M, McGrath J E. Advances in Polymer Synthesis. New York, London: Plenum Press, 1985: 27-49.

[15] Ning X, Ishida H. Phenolic materials via ring-opening polymerization: synthesis and characterization of bisphenol a based benzoxazine and their polymers. Journal of Polymer Science Part A: Polymer Chemistry, 1994, 32(6): 1121-1129.

[16] Dunkers J, Ishida H. Vibrational assignments of N,N-bis(3,5-dimethyl-2-hydroxybenzyl)methylamine in the fingerprint region. Spectrochimica Acta Part A: Molecular & Biomolecular Spectroscopy, 1995, 51(5): 855-867.

[17] Ishida H, Rodriguez Y. Curing kinetics of a new benzoxazine-based phenolic resin by differential scanning calorimetry. Polymer, 1995, 36(16): 3151-3158.

[18] Ishida H, Allen D J. Mechanical characterization of copolymers based on benzoxazine and epoxy. Polymer, 1996, 37(20): 4487-4495.

[19] Ishida H, Hong Y L. A study on the volumetric expansion of benzoxazine-based phenolic resin. Macromolecules, 1997, 30(4): 1099-1106.

[20] Ishida H, Rimdusit S. Very high thermal conductivity obtained by boron nitride-filled polybenzoxazine. Thermochimica Acta, 1998, 320(1-2): 177-186.

[21] Bob Shen S, Ishida H. Dynamic mechanical and thermal characterization of high-performance polybenzoxazines. Journal of Polymer Science Part B: Polymer Physics, 1999, 37(23): 3257-3268.

[22] Low H Y, Ishida H. An investigation of the thermal and thermo-oxidative degradation of polybenzoxazines with a reactive functional group, 1999, 37: 647-659.

[23] Ishida H, Sanders D P. Improved thermal and mechanical properties of polybenzoxazines based on alkyl-substituted aromatic amines. Journal of Polymer Science Part B: Polymer Physics, 2000, 38(24): 3289-3301.

[24] Ishida H, Sanders D P. Regioselectivity and network structure of difunctional alkyl-substituted aromatic amine-based polybenzoxazines. Macromolecules, 2000, 33(22): 8149-8157.

[25] Ishida H, Ohba S. Synthesis and characterization of maleimide and norbornene functionalized benzoxazines. Polymer, 2005, 46(15): 5588-5595.

[26] Chernykh A, Liu J, Ishida H. Synthesis and properties of a new crosslinkable polymer containing benzoxazine moiety in the main chain. Polymer, 2006, 47(22): 7664-7669.

[27] Velez-Herrera P, Doyama K, Abe H, et al. Synthesis and characterization of highly fluorinated polymer with the benzoxazine moiety in the main chain. Macromolecules, 2008, 41 (24): 9704-9714.

[28] Agag T, Jin L, Ishida H. A new synthetic approach for difficult benzoxazines: preparation and polymerization of 4,4′-diaminodiphenyl sulfone-based benzoxazine monomer. Polymer, 2009, 50 (25): 5940-5944.

[29] Chutayothin P, Ishida H. Cationic ring-opening polymerization of 1,3-benzoxazines: mechanistic study using model compounds. Macromolecules, 2010, 43 (10): 4562-4572.

[30] Liu J, Agag T, Ishida H. Main-chain benzoxazine oligomers: a new approach for resin transfer moldable neat benzoxazines for high performance applications. Polymer, 2010, 51 (24): 5688-5694.

[31] Van A, Chiou K, Ishida H. Use of renewable resource vanillin for the preparation of benzoxazine resin and reactive monomeric surfactant containing oxazine ring. Polymer, 2014, 55 (6): 1443-1451.

[32] 顾宜, 鲁在君, 谢美丽, 等. 开环聚合酚醛树脂基复合材料的研究-MDAPF1-EGF 玻璃布层压板的研制. 工程塑料应用, 1995, (2): 1-5.

[33] 顾宜, 鲁在君, 谢美丽, 等. 开环聚合酚醛树脂与纤维增强复合材料: 中国, ZL94111852.5. 1994.

[34] 顾宜, 裴顶峰, 谢美丽, 等. 粒状多苯并噁嗪中间体及其制备方法: 中国, ZL 95111413.1. 1995.

[35] Gu Y, P D, Cai X X. Thermal polymrization mechanism of benzoxazine. 36th IUPAC International Symposium on Macrolecules, Seoul. 1996.

[36] 郑靖, 顾宜, 谢美丽, 等. 草酸引发苯并噁嗪开环聚合反应的研究. 1997 年全国高分子学术论文报告会论文集, 1997: 216-217.

[37] 顾宜, 郑靖, 裴顶峰, 等. 三氯化铝引发苯并噁嗪开环聚合反应的研究. 1997 年全国高分子学术论文报告会论文集, 1997: 218-219.

[38] 裴顶峰, 顾宜, 蔡兴贤. 二烯丙基二苯并噁嗪中间体的结构与固化行为. 高分子学报, 1998, (5): 595-598.

[39] Liu X, Gu Y. Study on the volumetric expansion of benzoxazine curing with different catalysts. Journal of Applied Polymer Science, 2002, 84 (6): 1107-1113.

[40] Liu X, Gu Y. Molecular modeling of the chain structures of polybenzoxazines. Chemical Research in Chinese Universities, 2002, 18 (3): 367-369.

[41] Xiang H, Ling H, Wang J, et al. A novel high performance RTM resin based on benzoxazine. Polymer Composites, 2005, 26 (5): 563-571.

[42] Ran Q, Li P, Zhang C, et al. Chemorheology and curing kinetics of a new RTM benzoxazine resin. Journal of Macromolecular Science Part A: Pure and Applied Chemistry, 2009, 46（7）: 674-681.

[43] Yang P, Gu Y. Synthesis of a novel benzoxazine-containing benzoxazole structure and its high performance thermoset. Journal of Applied Polymer Science, 2012, 124（3）: 2415-2422.

[44] Li X, Xia Y, Xu W, et al. The curing procedure for a benzoxazine-cyanate-epoxy system and the properties of the terpolymer. Polymer Chemistry, 2012, 3（6）: 1629-1633.

[45] Zhu Y, Gu Y. Effect of interaction between transition metal oxides and nitrogen atoms on thermal stability of polybenzoxazine. Journal of Macromolecular Science Part B: Physics, 2011, 50（6）: 1130-1143.

[46] Ling H, Gu Y. Improving the flame retardancy of polybenzoxazines with a reactive phosphorus-containing compound. Journal of Macromolecular Science Part B: Physics, 2011, 50（12）: 2393-2404.

[47] Wang X, Gu Y. Preparation, characterization, and properties of resol-based benzoxazine intermediates and glass cloth reinforced laminates based on their polymers. Journal of Macromolecular Science Part B: Physics, 2011, 50（11）: 2214-2226.

[48] Zhao P, Zhou Q, Deng Y Y, et al. Reaction induced phase separation in thermosetting/thermosetting blends: effects of imidazole content on the phase separation of benzoxazine/epoxy blends. RSC Advances, 2014, 4（106）: 61634-61642.

[49] Zhang H, Gu W, Zhu R, et al. Study on the thermal degradation behavior of sulfone-containing polybenzoxazines via Py-GC-MS. Polymer Degradation and Stability, 2015, 111: 38-45.

[50] Wang H, Zhu R, Yang P, et al. A study on the chain propagation of benzoxazine. Polymer Chemistry, 2016, 7（4）: 860-866.

[51] Wang Z, Li L, Fu Y, et al. Reaction-induced phase separation in benzoxazine/bismaleimide/imidazole blend: effects of different chemical structures on phase morphology. Materials & Design, 2016, 107: 230-237.

[52] Zhang S, Ran Q, Fu Q, et al. Preparation of transparent and flexible shape memory polybenzoxazine film through chemical structure manipulation and hydrogen bonding control. Macromolecules, 2018, 51（17）: 6561-6570.

[53] Deng Y, Zhang Q, Zhou Q, et al. Influence of substituent on equilibrium of benzoxazine synthesis from Mannich base and formaldehyde. Physical Chemistry Chemical Physics, 2014, 16（34）: 18341-18348.

[54] Zhang C, Zhang Y, Zhou Q, et al. Processability and mechanical properties of bisbenzoxazine modified by the cardanol-based aromatic diamine benzoxazine. Journal of Polymer Engineering, 2014, 34（6）: 561-568.

[55] Xia Y, Yang P, Zhu R, et al. Blends of 4,4′-diaminodiphenyl methane-based benzoxazine and polysulfone: morphologies and properties. Journal of Polymer Research, 2014, 21（3）: 387.

[56] Xu Y, Ran Q, Li C, et al. Study on the catalytic prepolymerization of an acetylene-functional benzoxazine and the thermal degradation of its cured product. RSC Advances, 2015, 5（100）: 82429-82437.

[57] 鲁在君. 苯并噁嗪中间体及其与环氧树脂共聚体系的研究. 成都: 四川大学, 1995.

[58] 裴顶峰. 新型酚醛树脂中间体——苯并噁嗪的合成及开环聚合反应的研究. 成都: 四川大学, 1996.

[59] 刘欣. 苯并噁嗪开环聚合反应机理及体积膨胀效应的研究. 成都: 四川大学, 2000.

[60] 向海. RTM 成型用高性能苯并噁嗪树脂的分子设计、制备及性能研究. 成都: 四川大学, 2005.

[61] 冉起超. 含醛基苯并噁嗪的合成、性能及其在 RTM 工艺中的性能研究. 成都: 四川大学, 2009.

[62] 凌红. 改性苯并噁嗪阻燃性及阻燃机理的研究. 成都: 四川大学, 2009.

[63] 朱永飞. 过渡金属氧化物与聚苯并噁嗪的相互作用及其对聚苯并噁嗪的热稳定性影响研究. 成都: 四川大学, 2010.

[64] 杨坡. 芳杂环骨架型苯并噁嗪的合成、表征及其聚合物结构与性能的研究. 成都: 四川大学, 2010.

[65] 王晓颖. 多元酚-苯胺型苯并噁嗪的合成、固化及其结构与性能的研究. 成都: 四川大学, 2011.

[66] 李晓丹. 苯并噁嗪/氰酸酯树脂共混体系的固化机理及结构与性能的研究. 成都: 四川大学, 2012.

[67] 赵培. 苯并噁嗪/聚醚酰亚胺与苯并噁嗪/环氧树脂共混体系的反应诱导相分离及结构与性能的研究. 成都: 四川大学, 2012.

[68] 王智. 苯并噁嗪/双马来酰亚胺共混体系的反应诱导相分离及结构与性能的研究. 成都: 四川大学, 2013.

[69] 邓玉媛. 伯胺路线合成 3,4-二氢-3-取代-2H-1,3 苯并噁嗪的反应过程及动力学研究. 成都: 四川大学, 2014.

[70] 张程夕. 伯胺路线苯并噁嗪的合成反应及腰果酚苯并噁嗪增韧改性研究. 成都: 四川大学, 2014.

[71] 张华川. 聚苯并噁嗪热解机理探讨及新型高残碳苯并噁嗪的设计与合成表征. 成都: 四川大学, 2014.

[72] 王宏远. 苯并噁嗪的链增长机理及其环氧树脂共混体系固化反应和结构与性能调控. 成都: 四川大学, 2016.

[73] 徐艺. 低黏度高残碳苯并噁嗪的设计、制备、表征及热解机理的研究. 成都: 四川大学, 2016.

[74] 夏益青. 双环苯并噁嗪与二元酚的扩链反应及结构与性能的研究. 成都: 四川大学, 2017.

[75] Takeichi T, Guo Y, Rimdusit S. Performance improvement of polybenzoxazine by alloying with polyimide: effect of preparation method on the properties. Polymer, 2005, 46 (13): 4909-4916.

[76] Sudo A, Kudoh R, Nakayama H, et al. Selective formation of poly(N,O-acetal) by polymerization of 1,3-benzoxazine and its main chain rearrangement. Macromolecules, 2008, 41 (23): 9030-9034.

[77] Rao B S, Rajavardhana Reddy K, Pathak S K, et al. Benzoxazine-epoxy copolymers: effect of molecular weight and crosslinking on thermal and viscoelastic properties. Polymer International, 2005, 54 (10): 1371-1376.

[78] Yagci Y, Kiskan B, Ghosh N N. Recent advancement on polybenzoxazine-a newly developed high performance thermoset. Journal of Polymer Science Part A: Polymer Chemistry, 2009, 47 (21): 5565-5576.

[79] Kimura H, Matsumoto A, Sugito H, et al. New thermosetting resin from poly (p-vinylphenol) based benzoxazine and epoxy resin. Journal of Applied Polymer Science, 2001, 79 (3): 555-565.

[80] Kimura H, Matsumoto A, Ohtsuka K. Studies on new type of phenolic resin-curing reaction of bisphenol-A-based benzoxazine with epoxy resin using latent curing agent and the properties of the cured resin. Journal of Applied Polymer Science, 2008, 109 (2): 1248-1256.

[81] Laobuthee A, Chirachanchai S, Ishida H, et al. Asymmetric mono-oxazine: an inevitable product from Mannich reaction of benzoxazine dimers. Journal of the American Chemical Society, 2001, 123 (41): 9947-9955.

[82] Su Y C, Chang F C. Synthesis and characterization of fluorinated polybenzoxazine material with low dielectric constant. Polymer, 2003, 44 (26): 7989-7996.

[83] Wang C F, Wang Y T, Tung P H, et al. Stable superhydrophobic polybenzoxazine surfaces over a wide pH range. Langmuir: the ACS Journal of Surfaces & Colloids, 2006, 22 (20): 8289-8292.

[84] Agag T, Taepaisitphongse V, Takeichi T. Reinforcement of polybenzoxazine matrix with organically modified mica. Polymer Composites, 2007, 28 (5): 680-687.

[85] Chirachanchai S, Laobuthee A, Phongtamrug S. Self termination of ring opening reaction of p-substituted phenol-based benzoxazines: an obstructive effect via intramolecular hydrogen bond. Journal of Heterocyclic Chemistry, 2009, 46 (4): 714-721.

[86] Rajput A B, Ghosh N N. Preparation and characterization of novel polybenzoxazine-polyester resin blends. International Journal of Polymeric Materials & Polymeric Biomaterials, 2011, 60 (1): 27-39.

[87] Kaleemullah M, Khan S U, Kim J K. Effect of surfactant treatment on thermal stability and mechanical properties of CNT/polybenzoxazine nanocomposites. Composites Science & Technology, 2012, 72 (16): 1968-1976.

[88] Lin C H, Huang S J, Wang P J, et al. Miscibility, microstructure, and thermal and dielectric properties of reactive blends of dicyanate ester and diamine-based benzoxazine. Macromolecules, 2012, 45 (18): 7461-7466.

[89] Demir K D, Kiskan B, Aydogan B, et al. Thermally curable main-chain benzoxazine prepolymers via polycondensation route. Reactive and Functional Polymers, 2013, 73 (2): 346-359.

[90] Hamerton I, McNamara L T, Howlin B J, et al. Examining the initiation of the polymerization mechanism and network development in aromatic polybenzoxazines. Macromolecules, 2013, 46 (13): 5117-5132.

[91] Rimdusit S, Lohwerathama M, Hemvichian K, et al. Shape memory polymers from benzoxazine-modified epoxy. Smart Materials and Structures, 2013, 22 (7): 075033.

[92] Selvi M, Prabunathan P, Song J K, et al. High dielectric multiwalled carbon nanotube-polybenzoxazine nanocomposites for printed circuit board applications. Applied Physics Letters, 2013, 103 (15): 539-648.

[93] Thirukumaran P, Shakila A, Muthusamy S. Synthesis and characterization of novel bio-based benzoxazines from eugenol. RSC Advances, 2014, 4 (16): 7959-7966.

[94] Yu D, Chen H, Shi Z, et al. Curing kinetics of benzoxazine resin by torsional braid analysis. Polymer, 2002, 43 (11): 3163-3168.

[95] Liu Y L, Chou C I. High performance benzoxazine monomers and polymers containing furan groups. Journal of Polymer Science Part A: Polymer Chemistry, 2005, 43 (21): 5267-5282.

[96] Chen Q, Xu R, Zhang J, et al. Polyhedral oligomeric silsesquioxane (POSS) nanoscale reinforcement of thermosetting resin from benzoxazine and bisoxazoline. Macromolecular Rapid Communications, 2005, 26 (23): 1878-1882.

[97] Wang J, Xue F, Wu M Q, et al. Synthesis, curing kinetics and thermal properties of bisphenol-AP-based benzoxazine. European Polymer Journal, 2011, 47 (11): 2158-2168.

[98] Cao G, Chen W, Wei J, et al. Synthesis and characterization of a novel bisphthalonitrile containing benzoxazine. Express Polymer Letters, 2007, 1 (8): 512-518.

[99] Liu Y, Yue Z, Gao J. Synthesis, characterization, and thermally activated polymerization behavior of bisphenol-S/aniline based benzoxazine. Polymer, 2010, 51 (16): 3722-3729.

[100] Wang S, Li W C, Hao G P, et al. Temperature-programmed precise control over the sizes of carbon nanospheres based on benzoxazine chemistry. Journal of the American Chemical Society, 2011, 133 (39): 15304-15307.

[101] Kan Z, Zhuang Q, Liu X, et al. A new benzoxazine containing benzoxazole-functionalized polyhedral oligomeric silsesquioxane and the corresponding polybenzoxazine nanocomposites. Macromolecules, 2013, 46 (7): 2696-2704.

[102] Zhou C, Lu X, Xin Z, et al. Hydrophobic benzoxazine-cured epoxy coatings for corrosion protection. Progress in Organic Coatings, 2013, 76 (9): 1178-1183.

[103] Sun J, Wei W, Xu Y, et al. A curing system of benzoxazine with amine: reactivity, reaction mechanism and material properties. RSC Advances, 2015, 5 (25): 19048-19057.

[104] 尹昌平, 肖加余, 李建伟, 等. RTM 成型石英/苯并噁嗪复合材料的孔隙率研究. 航空材料学报, 2010(2): 82-88.

[105] 孙明宙, 顾兆栴, 张薇薇, 等. 苯并噁嗪/酚醛共混树脂反应特性的研究. 宇航材料工艺, 2004, 34 (6): 33-37.

[106] 刘锋, 赵西娜, 陈轶华. 酚醛改性苯并噁嗪树脂及其复合材料性能. 复合材料学报, 2008, (5): 57-63.

[107] 卢彦兵, 陈俊任, 钟海林, 等. 末端带苯并噁嗪环的树枝状高分子的合成. 湖南大学学报(自然科学版), 2010, 37 (8): 62-65.

[108] Li L, Chen J. Study on curing reaction and kinetics of modified BMI/benzoxazine resin. China Adhesives, 2008.

[109] Huang J, Jian Z, Fan W, et al. The curing reactions of ethynyl-functional benzoxazine. Reactive & Functional Polymers, 2006, 66 (12): 1395-1403.

[110] Yan X L, Liu X B. Study on curing reaction of 4-aminophenoxyphthalonitrile/bisphthalonitrile. Chinese Chemical Letters, 2010, 21 (6): 744-748.

[111] 赵恩顺, 唐安斌. 低介电常数苯并噁嗪树脂的合成. 化工新型材料, 2007, 35 (1): 41-42.

[112] Li G, Luo Z, Han W, et al. Preparation and properties of novel hybrid resins based on acetylene-functional benzoxazine and polyvinylsilazane. Journal of Applied Polymer Science, 2014, 130 (5): 3794-3799.

[113] Ishida H, Agag T. Handbook of Benzoxazine Resins. Amsterdam: Elsevier, 2011.

[114] Ishida H, Froimowicz P. Advanced and Emerging Polybenzoxazine Science and Technology. Amsterdam: Elsevier, 2017.

第 2 章

苯并噁嗪的合成反应

苯并噁嗪单体的合成和制备是苯并噁嗪树脂理论研究和应用发展的基础。根据起始原料和反应路径不同，合成苯并噁嗪的路线主要有伯胺路线、三嗪路线和水杨醛路线，其中伯胺路线，即伯胺、酚类和甲醛或多聚甲醛经缩合反应制备苯并噁嗪的路线，应用范围最广，并已实现工业生产。本章概括了苯并噁嗪的合成路线和合成方法，介绍了伯胺路线合成苯并噁嗪的反应机理和动力学的最新研究进展，总结了伯胺路线合成苯并噁嗪的影响因素，最后列举了典型苯并噁嗪的合成实例，以期对苯并噁嗪的合成和制备提供参考。

2.1 苯并噁嗪的合成和表征

2.1.1 苯并噁嗪的合成路线

苯并噁嗪单体由 F. W. Holly 和 A. C. Cope 于 1944 年在研究 Mannich 反应中意外发现，他们使用邻羟基苄胺和甲醛水溶液在苯中反应，得到分子式为 $C_{17}H_{18}N_2O_2$ 的白色晶体，并证明其为亚甲基-二(3,4-二氢-2H-1,3-苯并噁嗪)[1]，这是第一次成功合成的苯并噁嗪化合物。经过七十多年的发展，至今苯并噁嗪的合成路线主要有三种，即伯胺路线、三嗪路线和水杨醛路线，也分别称为"一步法"、"两步法"和"三步法"。

1. 伯胺路线合成苯并噁嗪

伯胺路线合成苯并噁嗪是伯胺、甲醛(或多聚甲醛)与酚类化合物按照摩尔比 1∶2∶1 经 Mannich 缩合反应生成苯并噁嗪[2]，其反应如图 2.1 所示。反应通常在 80～110℃下进行，可在溶剂或无溶剂体系中操作，由于可一次投料，该路线也称为"一步法"。

$$R' \text{ —} \overset{OH}{\bigcirc} + RNH_2 + 2CH_2O \xrightarrow[\text{溶剂/无溶剂}]{\triangle} R' \text{—} \overset{O}{\underset{N}{\bigcirc}}\text{—}R + 2H_2O$$

图 2.1　伯胺路线合成苯并噁嗪

伯胺路线具有反应路程短、操作简单、反应条件温和等优点，是合成苯并噁嗪中使用最广泛的路线。应用此路线，以各种取代酚、取代伯胺为原料，已有效制备出多种单环、双环、多环、主链型以及含有反应性官能团的苯并噁嗪。

使用伯胺路线合成含吡啶基的苯并噁嗪反应如图 2.2 所示。具体操作为：将 0.2mol 的 2-氨基-6-甲基吡啶与 0.41mol 多聚甲醛加入 80mL 甲苯中，30℃搅拌 30min 后，加入 0.2mol 对羟基苯甲醛，80℃反应 4h，冷却、碱洗、水洗、旋蒸除溶剂，得到浅红色的黏稠产物，产率 87.9%[3]。

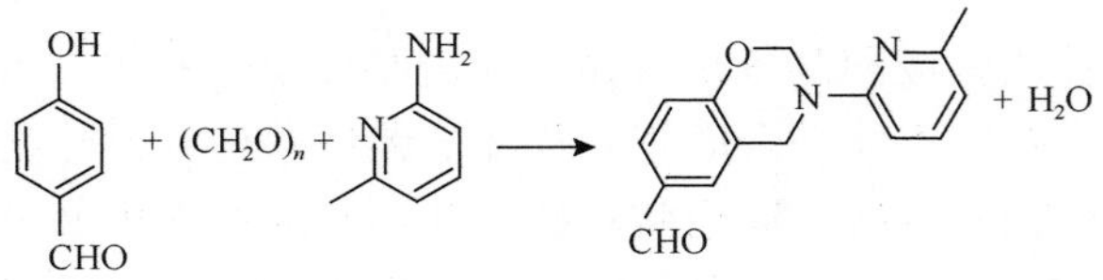

图 2.2   伯胺路线合成含吡啶基苯并噁嗪

将 0.1mol 酚酞、0.44mol 多聚甲醛、60mL 甲苯和 20mL 乙醇在三口瓶中 80℃搅拌 30min，滴加溶解于 15mL 甲苯中的 0.2mol 苯胺，之后在 80℃反应 24h，反应如图 2.3 所示。反应结束后减压除溶剂，得到浅黄色产物，在甲苯/丁酮中重结晶，得到白色粉末，产率 78%[4]。

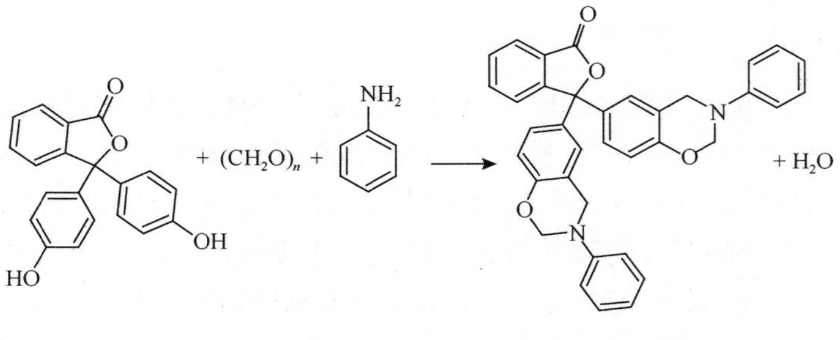

图 2.3   伯胺路线合成酚酞/苯胺型苯并噁嗪

按照图 2.4 中的反应，将 5mmol 1,3,5-三(4-羟基苯基)苯、30mmol 多聚甲醛、15mmol 烯丙基胺、0.5mL 三乙胺和 50mL 甲苯在搅拌下逐渐升温至 90℃，反应 4h，得到橘黄色的溶液，旋蒸除溶剂得到粗产物，将粗产物溶于二氯甲烷中，用甲醇沉淀，过滤，得到淡黄色固体三酚型苯并噁嗪树脂，产率 80%[5]。

由于反应实施简单、适用范围广，伯胺路线合成苯并噁嗪使用最为广泛并已在工业上获得应用。然而，伯胺路线合成苯并噁嗪的体系中反应复杂，同时存在着多种竞争反应，提高产物的产率和环化率并控制副反应进行是研究苯并噁嗪合成反应的重要任务。

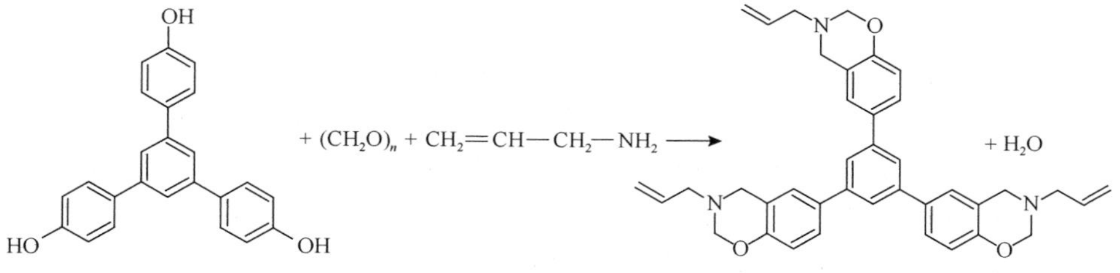

图 2.4　伯胺路线合成三元酚型苯并噁嗪

2. 三嗪路线合成苯并噁嗪

三嗪路线合成苯并噁嗪中，首先伯胺与多聚甲醛反应生成 1,3,5-三取代-六氢-1,3,5-三嗪（简称三嗪），三嗪为活性中间体，经分离提纯后可继续与酚类化合物和多聚甲醛反应生成苯并噁嗪[6]，反应过程如图 2.5 所示。由于中间体三嗪需要分离提纯，整个制备过程需两步操作，该路线又称为"两步法"。

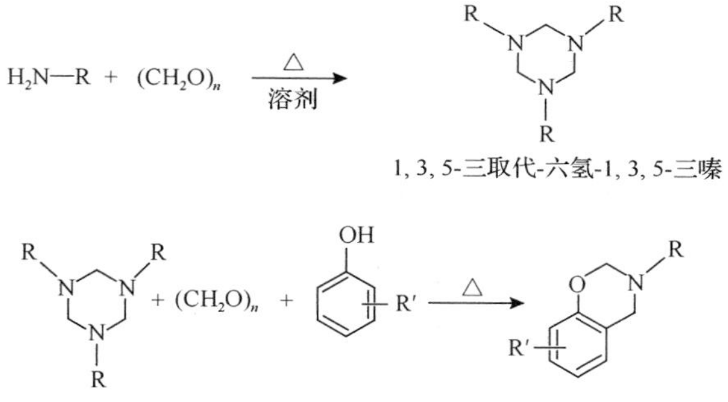

1, 3, 5-三取代-六氢-1, 3, 5-三嗪

图 2.5　三嗪路线合成苯并噁嗪

以 *N*-对羟基-偏苯三酸酰亚胺与苯胺、多聚甲醛为起始原料，使用三嗪路线合成含羧基的苯并噁嗪，如图 2.6 所示。首先由苯胺与多聚甲醛反应制备中间体 1,3,5-

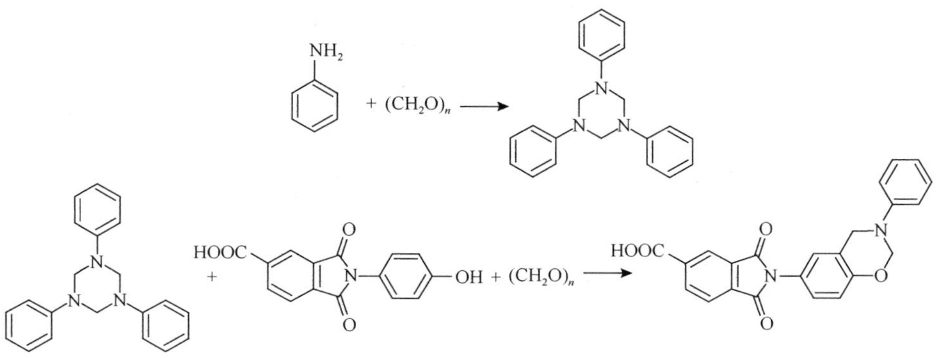

图 2.6　三嗪路线合成含羧基苯并噁嗪

三苯基-六氢-1,3,5-三嗪(苯基三嗪),苯基三嗪经分离提纯后,与 N-对羟基-偏苯三酸酰亚胺、多聚甲醛在 100℃反应 10h。经冷却、减压旋蒸除去部分溶剂,加入乙醚搅拌、过滤,并用乙醚多次洗涤后,真空干燥,得到淡黄色粉末状苯并噁嗪[7]。

三嗪路线合成含马来酰亚胺基的 3-(4-N-马来酰亚胺)苯基-3,4-二氢-1,3-苯并噁嗪反应路线如图 2.7 所示。第一步由 4-氨基苯基马来酰亚胺与甲醛水溶液反应,生成中间体 1,3,5-三[4-(马来酰亚胺)苯基]-1,3,5-三嗪;第二步将三嗪中间体与多聚甲醛和苯酚反应生成含马来酰亚胺基的苯并噁嗪。具体条件为:将中间体三嗪、多聚甲醛、苯酚升温搅拌,在 100℃反应 6.5h,得棕色不透明固体,经乙酸乙酯溶解、洗涤、无水 MgSO₄干燥、过滤、旋蒸,得金黄色疏松状固体,产率 47%[8]。

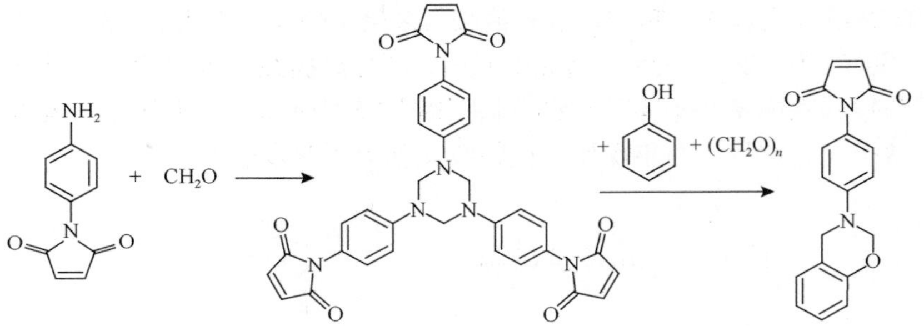

图 2.7　三嗪路线合成含马来酰亚胺基苯并噁嗪

三嗪路线合成苯并噁嗪,中间体三嗪需要分离,操作较为复杂,因此不利于工业应用;并且三嗪与酚类化合物和多聚甲醛的反应温度较高,通常在 100℃以上进行。

3. 水杨醛路线合成苯并噁嗪

水杨醛路线合成苯并噁嗪又称为"三步法",其反应如图 2.8 所示。首先,将水杨醛与伯胺反应,生成 Schiff 碱;之后,使用硼氢化钠加氢还原 Schiff 碱,生

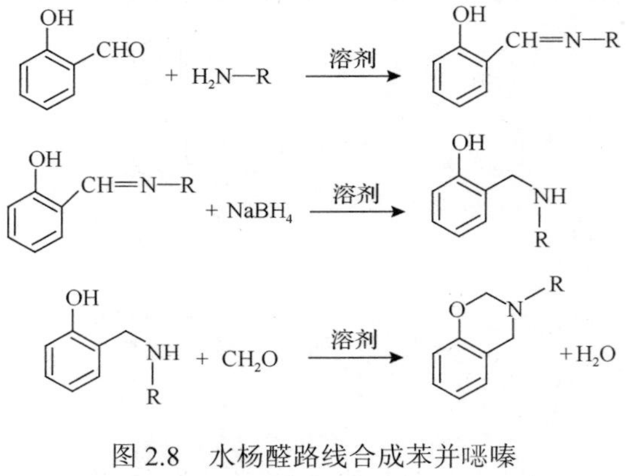

图 2.8　水杨醛路线合成苯并噁嗪

成 2-(*N*-取代氨甲基)酚，此结构为一种 Mannich 碱；最后，对应结构的 Mannich 碱与甲醛反应闭环生成苯并噁嗪[9,10]。

　　某些特殊结构苯并噁嗪无法直接由酚类化合物、甲醛和伯胺反应制备，使用水杨醛路线可以解决这一问题，得到纯度较高的苯并噁嗪单体。例如，在含有咪唑结构的二胺型苯并噁嗪合成中，由于 2-(4-氨基苯基)-苯并咪唑-5-胺与多聚甲醛混合后形成凝胶，无法使用伯胺路线合成此结构的苯并噁嗪，需使用水杨醛路线，反应如图 2.9 所示。第一步将 0.2mol 的水杨醛、0.1mol 含有咪唑的二胺与 120mL DMF 在 50℃搅拌 4h，冷却、过滤，得到棕色粉末状亚胺中间体，产率 99%；第二步将 0.05mol 亚胺中间体与 150mL 乙醇在冰浴冷却下混合，在 10℃下 12h 内分批加入 NaBH₄ 0.255mol，反应后混合物倒入水中，过滤、干燥，得到黄色粉末状中间体 Mannich 碱，产率 92%；第三步将 0.05mol 中间体 Mannich 碱、0.11mol 多聚甲醛、100mL 氯仿和 10mL DMF 加热回流 4h，旋蒸除溶剂，再溶于丁酮/乙醇混合溶剂中重结晶，得到白色粉末状含咪唑结构的二胺型苯并噁嗪，产率 63%[11]。

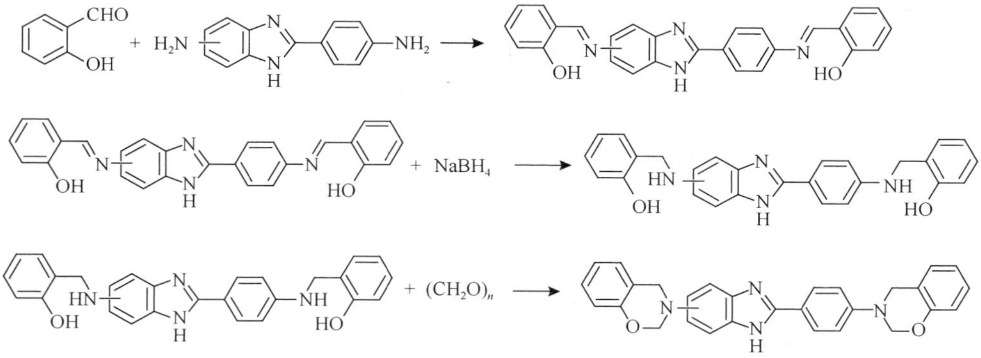

图 2.9　水杨醛路线合成含咪唑结构的二胺型苯并噁嗪

　　使用水杨醛路线可以制备高纯度的苯并噁嗪单体，但是其存在路线较长、加氢还原一步需控制在低温下进行且需分批加入硼氢化钠、原料成本较高等问题，难以批量生产，目前仅限于实验室研究时使用。

4. 其他路线合成苯并噁嗪

　　除了上述三条常用的合成路线外，在一些有机反应中，苯并噁嗪也作为中间体或者最终产物生成。例如，邻羟基苄胺与甲醛水溶液在苯中反应，得到亚甲基-二(3,4-二氢-2*H*-1,3-苯并噁嗪)，如图 2.10 所示[1]；2,4-二取代苯酚与乌洛托品反应，控制反应条件可生成苯并噁嗪，反应式如图 2.11 所示[12]。

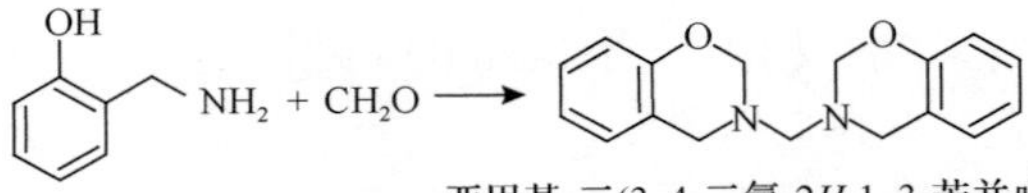

亚甲基-二(3, 4-二氢-2*H*-1, 3-苯并噁嗪)

图 2.10 邻羟基苄胺与甲醛反应生成苯并噁嗪

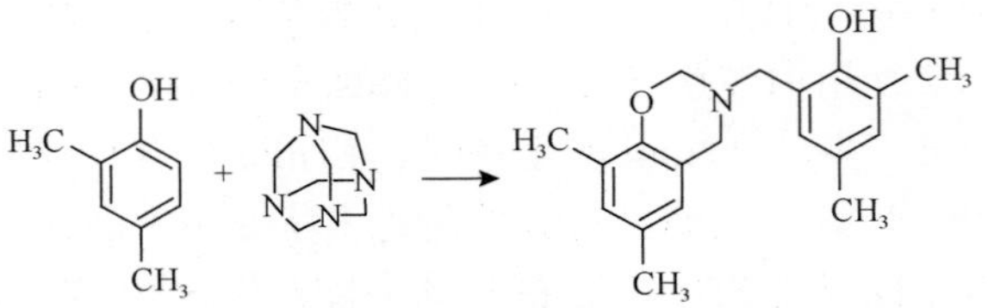

3-(2-羟基-3, 5-二甲基苄基)-6, 8-二甲基-3, 4-二氢-2*H*-1, 3-苯并噁嗪

图 2.11 2,4-二甲基苯酚与乌洛托品反应生成苯并噁嗪

2.1.2 苯并噁嗪的合成方法

在苯并噁嗪的合成路线中，伯胺路线具有操作工艺相对简单、可以使用多种结构的酚类化合物和伯胺化合物为原料等众多优点，因而得到广泛研究和应用。根据反应介质不同，伯胺路线合成苯并噁嗪可分为溶液法、无溶剂法和悬浮法。

1. *溶液法制备苯并噁嗪*

溶液法制备苯并噁嗪，反应在溶剂介质中进行，常用的溶剂有甲苯、二氧六环、二甲苯、氯仿、二甲基甲酰胺等。

将苯酚、甲醛、间氨基苯甲腈在溶剂甲苯中反应合成含氰基的苯并噁嗪，反应如图 2.12 所示。将 0.1mol 多聚甲醛和 5.14g 水在 80℃溶解后加入 0.05mol 苯酚和 3.87g 甲苯，再加入 0.05mol 间氨基苯甲腈，升温至 90℃，反应 7h。经碱洗、水洗、旋蒸除溶剂，得到浅黄色苯并噁嗪树脂，产率 72.6%[13]。

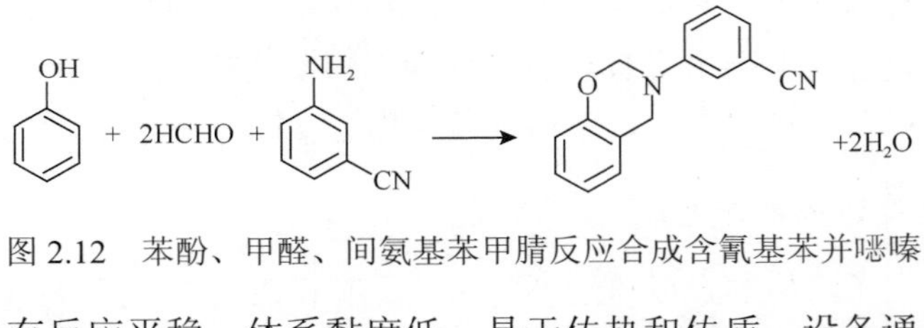

图 2.12 苯酚、甲醛、间氨基苯甲腈反应合成含氰基苯并噁嗪

溶液法具有反应平稳、体系黏度低、易于传热和传质、设备通用、操作简便等优点，是目前合成苯并噁嗪的常用方法。但是，溶剂法制备苯并噁嗪存在着设备生产能力和利用率低、溶剂分离回收费用高等问题。

2. 无溶剂法制备苯并噁嗪

无溶剂法也称为熔融法，该方法制备苯并噁嗪是将伯胺类化合物、多聚甲醛和酚类化合物混合，加热到至少一种反应物为液态时进行反应[14,15]，一般用于低分子量单环苯并噁嗪的合成。

如图 2.12 所示的合成含氰基单环苯并噁嗪，当采用无溶剂法合成时，即将液体原料苯酚和间氨基苯甲腈与固体原料多聚甲醛加入反应釜中混合，然后升温至 120℃反应 4h，得到黄色透明黏稠液体，经碱洗、水洗、旋蒸，得到浅黄色苯并噁嗪树脂，产率 96.2%。无溶剂法得到产物产率明显高于溶液法，但是检测结果表明，无溶剂法制备的产物环化率略低[13]。

无溶剂法制备苯并噁嗪，简化了操作步骤，反应时间较短，效率较高，尤其是避免了大量溶剂后处理，具有环境友好特征。但是该反应体系需保持至少一种反应物为液态，通常需要较高温度，副反应较多。另外，由于没有溶剂的分散作用，此方法不适合反应物或生成物熔点较高或者熔融黏度较大的体系。

3. 悬浮法制备苯并噁嗪

悬浮法制备苯并噁嗪是以水为分散介质，在悬浮剂的作用下，将伯胺类化合物、多聚甲醛和酚类化合物进行反应。使用悬浮法得到的产品为高软化点的粒状苯并噁嗪，可以直接用于制造各种高性能结构材料、电绝缘材料以及制动材料等[16]。

悬浮法生产苯并噁嗪以水为分散介质，反应平稳，降低了生产成本，避免了溶剂带来的环境污染，尤其适用于产物为高分子量、高黏度的树脂体系。但是，体系中有大量废水需要处理后才能排放，同时产物需要采用复杂的设备进行干燥。

伯胺路线合成苯并噁嗪的三种方法各有利弊，需根据反应物和生成物的理化特性、产品质量要求和应用要求等具体情况进行选择。

2.1.3　苯并噁嗪合成产物的表征

1. 苯并噁嗪单体的化学结构表征

苯并噁嗪单体的化学结构可以使用傅里叶变换红外光谱（FTIR）、核磁共振氢谱（^{1}H NMR）、核磁共振碳谱（^{13}C NMR）、质谱（MS）等手段表征和确认。

在苯并噁嗪单体的 FTIR 谱图中，在波数为 900～960cm^{-1} 范围内有明显的噁嗪环特征吸收峰，在 1020～1040cm^{-1} 和 1220～1230cm^{-1} 对应着噁嗪环中 C—O—C 的对称伸缩振动和反对称伸缩振动[17]。若样品中含有开环副产物，则在 3400cm^{-1} 附近出现酚羟基的特征吸收峰。另外，根据苯并噁嗪化学结构的不同，还存在着不同取代苯环对应的特征吸收峰。以双酚 A/苯胺型苯并噁嗪为例，其在 952cm^{-1} 处出现噁嗪环的特征吸收峰，在 1028cm^{-1} 和 1231cm^{-1} 处分别出现 C—O—C 的对称伸缩振动和反对称伸缩振动，在 1498cm^{-1} 处对应 1,2,4-三取代苯[18]。

核磁共振是确定苯并噁嗪单体化学结构的有效手段。在 ^{1}H NMR 中，以芳香族伯胺为胺源的苯并噁嗪单体，其噁嗪环中 O—CH$_2$—N 和 N—CH$_2$—Ar 两处亚甲基上氢的化学位移分别在 5.4ppm 和 4.6ppm 左右；而在脂肪族伯胺为胺源的苯并噁嗪中，两种化学环境氢的化学位移分别出现在 4.8ppm 和 3.9ppm 左右。两处信号均为单峰，积分比值为 1。在 ^{13}C NMR 中，O—CH$_2$—N 和 N—CH$_2$—Ar 两处亚甲基上碳的化学位移分别出现在 80ppm 和 50ppm 左右。以苯酚/苯胺型苯并噁嗪为例，O—CH$_2$—N 和 N—CH$_2$—Ar 的氢在 ^{1}H NMR 中化学位移分别为 5.44ppm 和 4.65ppm，两种类型碳原子在 ^{13}C NMR 中的化学位移分别为 79.11ppm 和 49.36ppm[19]。在苯酚/正丙胺型苯并噁嗪中，O—CH$_2$—N 和 N—CH$_2$—Ar 的氢的化学位移分别为 4.81ppm 和 3.92ppm，碳的化学位移分别为 82.54ppm 和 49.67ppm[20]。

除上述方法外，还可以使用质谱确定苯并噁嗪单体的分子量，使用元素分析确认苯并噁嗪单体的元素组成。

2. 苯并噁嗪合成产物组分分析

由于苯并噁嗪合成过程中存在复杂的副反应和竞争反应，苯并噁嗪合成产物中含有多种副产物，可使用凝胶渗透色谱(GPC)、高效液相色谱(HPLC)进行产物组分分析。

使用 GPC 可分析苯并噁嗪合成产物中单体和副产物的相对含量。例如，使用 GPC 分析双酚 A/甲胺型苯并噁嗪的合成产物，除了苯并噁嗪单体以外，还含有二聚体和多聚体[21]。

HPLC 是测试苯并噁嗪单体纯度、分析苯并噁嗪合成产物组分、跟踪合成反应过程的有效手段。使用 HPLC 分析苯酚/苯胺型苯并噁嗪合成产物，结果表明，产物中包含苯并噁嗪在内共有 9 种组分，在反应过程中取样分析，可得到各组分含量随时间的变化，对于分析苯并噁嗪合成反应机理和反应动力学有重要意义[19, 22]。

3. 苯并噁嗪合成产物环化率分析

^{1}H NMR 可用于评价和定量分析苯并噁嗪合成产物的环化率，其方法为在苯并噁嗪结构中选择适当的氢作为内标，利用 O—CH$_2$—N 上氢的信号积分 $S_{(O—CH_2—N)}$ 与内标峰积分之比得到环化率。例如，在双酚 A/苯胺型苯并噁嗪中，可选择异丙基中甲基上氢信号积分 $S_{(—CH_3)}$ 为内标，按照 $3S_{(O—CH_2—N)}/2S_{(—CH_3)}$ 计算，定量分析苯并噁嗪合成产物环化率[23]。

　　苯并噁嗪合成副产物主要是含有酚羟基的化合物，酚羟基对苯并噁嗪的开环-聚合反应有催化作用，环化率低的苯并噁嗪树脂固化反应较快，并且反应热焓较小，因此凝胶化时间(t_{gel})及差示扫描量热分析(DSC)中固化峰值温度、固化热焓可以反映合成产物的环化率。环化率低的苯并噁嗪产物，凝胶化时间较短，DSC固化峰值温度低、固化热焓小[24]。

2.2　伯胺路线合成苯并噁嗪的反应机理

2.2.1　伯胺路线合成苯并噁嗪中的组成、结构及含量变化

1. 合成产物的组成和结构分析

　　伯胺路线合成苯并噁嗪过程中反应复杂，涉及多种中间体和副产物，研究最终产物的组成和结构是认识整个反应历程及竞争反应的关键环节。

　　以苯酚、苯胺、甲醛水溶液为原料，以二氧六环为溶剂合成苯酚/苯胺型苯并噁嗪，在 80℃反应 5h 后，滤除少量不溶物(醛胺缩聚物)，采用 HPLC 分析产物溶液的组成，结果见图 2.13。合成产物是包含多种组分的混合物，主要有 9 种不同组分，除了目标产物苯并噁嗪单体的主峰(11.41min)和原料苯酚的小峰(3.14min)外，在保留时间 5.5~20min 范围内存在 7 个含量相对较大的洗脱峰，对应多种中间体及副产物。采用层析柱和制备色谱等分离手段对产物溶液中化合物进行分离纯化，获得 7 种固体化合物。通过核磁共振氢谱、碳谱、核磁共振二维相关谱及高分辨率质谱等方法，确定这 7 种化合物分别是目标产物苯酚/苯胺型苯并噁嗪，中间体 2-苯基氨甲基苯酚(简称邻位 Mannich 碱)和 1,3,5-三苯基-六氢-1,3,5-三嗪(简称苯基三嗪)，副产物 N,N-二(2-羟基苄基)苯胺(简称酚二聚体)、4-苯基氨甲基苯酚(简称对位 Mannich 碱)、2,6-二(苯基氨甲基)苯酚(简称双 Mannich 碱)和 2-(3-苯基-3,4-二氢-喹唑啉-1-亚甲基)-苯酚(简称喹唑啉)。通过测试这 7 种化合物和原料的 HPLC 保留时间并与图 2.13 中合成产物的 HPLC 数据分析对比，确定合成产物 HPLC 谱图中各洗脱峰对应的组分，结果见表 2.1。在分离得到的固体化合物中，双 Mannich 碱的 HPLC 洗脱峰保留时间为 13.49min，但在合成产物的 HPLC 谱图中没有观察到对应的洗脱峰，这可能是由于该化合物在合成产物中含量较少，在分离过程中含量累积增加。通过将图 2.13 与甲醛和苯胺(摩尔比 1∶1)反应产物的 HPLC 结果进行对比，确认合成产物中洗脱峰位于 10.31min 的组分是一种醛胺缩合物，而洗脱峰位于 15.16min 的组分含有酚核结构[19,25]。

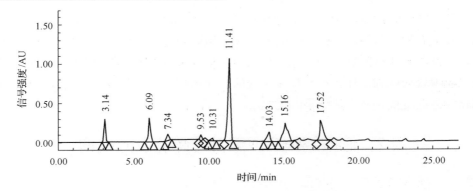

图 2.13　苯酚/苯胺型苯并噁嗪合成产物的 HPLC 图

表 2.1　苯酚/苯胺型苯并噁嗪合成产物的组成和结构

编号	HPLC 中保留时间/min		化学结构	化学名称	简称	备注
	合成产物	纯组分				
1	3.14	3.16		苯酚	苯酚	原料
2	6.09	5.81		4-苯基氨甲基苯酚	对位 Mannich 碱	副产物[19]
3	7.34	7.34		2-苯基氨甲基苯酚	邻位 Mannich 碱	中间体[19]
4	9.53	9.48		N,N-二（2-羟基苄基）苯胺	酚二聚体	副产物[19]
5	10.31	—	—	—	—	醛胺衍生物[25]
6	11.41	11.56		3,4-二氢-3-苯基-2H-1,3-苯并噁嗪	苯酚/苯胺型苯并噁嗪	目标产物
7	14.03	13.93		2-(3-苯基-3,4-二氢-喹唑啉-1-亚甲基)-苯酚	喹唑啉	副产物[19]
8	15.16	—	—	—	—	酚类副产物[25]
9	17.52	17.54		1,3,5-三苯基-六氢-1,3,5-三嗪	苯基三嗪	中间体[19]

续表

编号	HPLC 中保留时间/min		化学结构	化学名称	简称	备注
	合成产物	纯组分				
10	—	13.49		2,6-二(苯基氨甲基)苯酚	双 Mannich 碱	副产物[19]

2. 合成反应过程中体系各组分相对含量的变化

苯并噁嗪合成反应过程中各组分含量的变化是认识反应过程和机理、研究反应动力学的重要依据。图 2.14 是 HPLC 跟踪检测 80℃合成苯酚/苯胺型苯并噁嗪反应过程中各组分含量变化结果。由于苯胺与甲醛的反应非常迅速，苯胺在反应初始阶段就消耗殆尽，从反应 5min 的第一个取样点至反应结束，均没有观察到原料苯胺的存在。反应 5min 时，出现多个洗脱峰，保留时间为 3.0min 和 17.7min 的两个洗脱峰分别对应苯酚和苯基三嗪，10.2min 和 19.1min 对应两种醛胺衍生物；在 11.3min 处开始出现苯并噁嗪的洗脱峰。反应进行到 40min 时，出现了对位 Mannich 碱（6.0min）、邻位 Mannich 碱（7.2min）和保留时间为 15.3min 的副产物。

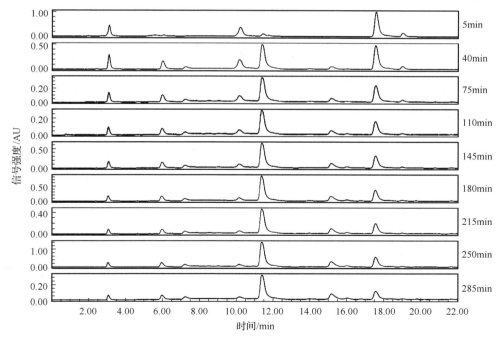

图 2.14　80℃下苯酚/苯胺型苯并噁嗪合成过程中实时取样的 HPLC 图

随着反应进行，苯酚含量降低，苯并噁嗪含量增加，醛胺衍生物的含量均逐渐降低。当反应至 285min 时，保留时间为 19.1min 的醛胺衍生物基本消失，产物中主要为目标产物苯并噁嗪，以及少量的原料、中间体和副产物[25]。

图 2.15 是在 60℃、70℃、80℃、90℃四个温度下苯酚/苯胺型苯并噁嗪合成过程中各种含酚化合物相对含量(该化合物占全部酚类化合物的摩尔比)与反应时间的关系曲线。从图中明显观察到，在不同温度下，原料苯酚和目标产物苯并噁嗪的相对含量随着反应进行表现出对称性的变化趋势，反应过程中苯酚的消耗量和苯并噁嗪的生成量是近似相同的，并随着反应温度的升高同步变化，当反应温度高于 80℃时，两条曲线发生交叉，交叉点出现在相对含量 50%附近。另外，两种酚类化合物中间体邻位 Mannich 碱和副产物对位 Mannich 碱在反应过程中相对含量均较小且变化不明显，反应过程中两者含量的总和低于酚类化合物总量的2%。这表明反应过程中消耗的苯酚几乎全部转化成为苯并噁嗪，参与生成其他酚类副产物的苯酚非常少，可以认为在反应过程中苯酚的消耗直接对应了苯并噁嗪的生成[25]。

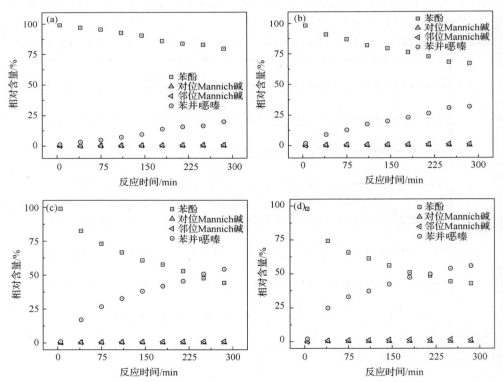

图 2.15   苯酚/苯胺型苯并噁嗪合成过程中各组分相对含量-反应时间关系曲线

(a) 60℃；(b) 70℃；(c) 80℃；(d) 90℃

在脂肪族伯胺、苯酚、甲醛合成苯并噁嗪的反应中，苯酚的消耗量与苯并噁嗪的生成量呈现与苯胺体系中相同的对应关系[20,26]。

2.2.2　伯胺路线合成苯并噁嗪的主反应历程和竞争反应

W. J. Burke 于 1949 年首次使用伯胺路线合成苯并噁嗪[2]，随后提出了生成苯并噁嗪的反应历程（图 2.16）：首先，伯胺与甲醛反应生成 N,N-二羟甲基胺；之后，N-羟甲基与酚羟基邻位反应生成 2-(N-羟甲基-N-取代氨甲基)酚；最后，酚羟基与羟甲基脱水成环得到苯并噁嗪[27]。多年来，该历程一直为广大研究者所引用[28,29]。然而，伯胺路线苯并噁嗪的合成反应比较复杂，该机理仅仅是依据相关的化学反应原理推测的，缺乏必要的实验数据支撑。

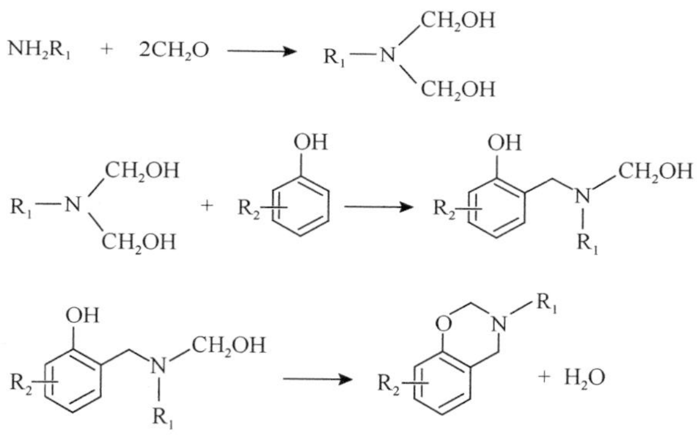

图 2.16　W. J. Burke 提出的伯胺路线合成苯并噁嗪反应历程

近年来，四川大学按照 2.2.1 节中介绍的合成产物的组分分析及合成过程中的组成变化，结合酚、胺、甲醛的化学反应原理，确认苯并噁嗪合成过程中并没有形成 N,N-二羟甲基胺化合物中间体，而是甲醛与苯胺反应生成 N-羟甲基苯胺后，N-羟甲基苯胺即作为高活性中间体参与了主反应和竞争反应。如图 2.17 所示，首先，甲醛与苯胺反应生成中间体 N-羟甲基苯胺，之后分为两条路径：路径一为 N-羟甲基苯胺与苯酚反应生成中间体邻位 Mannich 碱，后者再与甲醛反应生成目标产物苯并噁嗪；路径二为 N-羟甲基苯胺与苯胺、甲醛反应生成中间体三嗪、N,N'-二苯基甲二胺或其他醛胺衍生物，再与苯酚和甲醛进行反应，生成苯并噁嗪。在几种中间体中，N-羟甲基苯胺活性最高，既可以相互间反应或与苯胺反应生成三嗪或各种结构的醛胺衍生物，也可与苯酚或各种酚类化合物反应生成中间体邻位 Mannich 碱或多种含酚核结构的副产物。另外，目标产物苯并噁嗪也可与苯酚反应生成副产物酚二聚体。

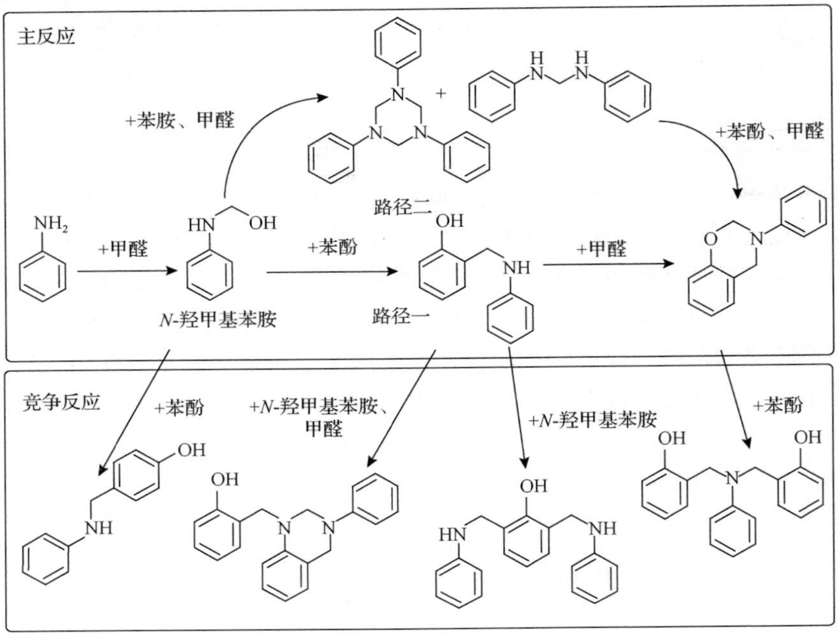

图 2.17　苯酚/苯胺型苯并噁嗪合成过程中的主反应历程和竞争反应

　　在苯酚/脂肪族伯胺型苯并噁嗪的合成过程中，由于脂肪族伯胺(正丙胺、环己胺、苄胺)的碱性强、活性高，伯胺与甲醛的反应十分迅速，并且生成稳定的三嗪化合物，三嗪化合物与苯酚反应生成 Mannich 碱，Mannich 碱一旦生成，则与甲醛迅速发生闭环反应生成最终产物苯并噁嗪(图 2.18)[30]。

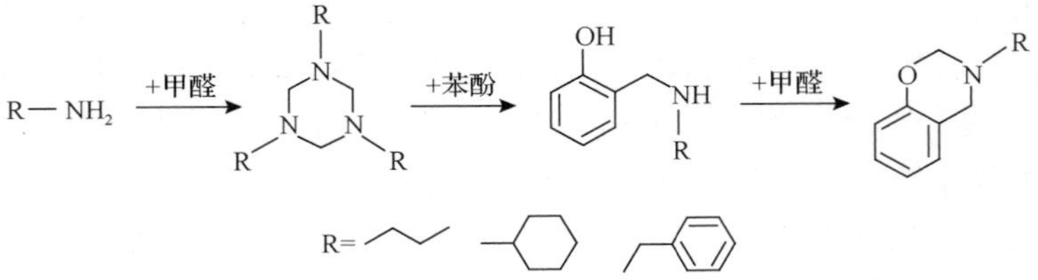

图 2.18　苯酚/脂肪族伯胺型苯并噁嗪合成过程的主反应历程

　　综上所述，伯胺路线合成苯并噁嗪的反应历程可归纳为三步：首先，伯胺与甲醛反应生成醛胺衍生物；之后，醛胺衍生物与酚羟基邻位反应生成 Mannich 碱；最后，Mannich 碱与甲醛反应并闭环生成苯并噁嗪。其中，苯酚的消耗直接对应了苯并噁嗪的生成，醛胺衍生物与酚类化合物的反应是控速步。

2.2.3　伯胺路线合成苯并噁嗪的基元反应

　　按照伯胺路线合成苯并噁嗪的主反应历程，总反应由三步反应构成：伯胺与甲醛生成醛胺衍生物的反应，醛胺衍生物与苯酚的反应，Mannich 碱与甲醛生成苯并噁嗪的反应。研究每一步反应，有利于认识反应之间的竞争关系，从而控制反应进行。

1. 伯胺与甲醛生成醛胺衍生物的反应

在伯胺路线合成苯并噁嗪中，伯胺与甲醛两者之间反应活性高，首先发生反应，生成多种结构的醛胺衍生物，生成物的结构受伯胺种类和反应条件的影响。

苯胺与甲醛反应如图 2.19 所示，在极稀的水溶液中生成 N-羟甲基苯胺（Ⅰ）和 N,N-二羟甲基苯胺（Ⅱ）[31,32]。将苯胺与甲醛在溶剂二氧六环中反应，中性条件下反应快速进行，甲醛与苯胺反应的摩尔比为 0.9 左右，反应后体系浑浊，主要生成苯基三嗪（Ⅳ）和缩合程度较高的醛胺衍生物（Ⅴ）和（Ⅵ）；碱性条件可以有效控制甲醛与苯胺的反应速率，抑制缩合反应，最终甲醛与苯胺的反应摩尔比较低，仅为 0.6 左右，有 N,N'-二苯基甲二胺（Ⅲ）和端基为仲胺且缩合程度较低的醛胺衍生物（Ⅴ）生成[33]。在产物中，易分离纯化的化合物是 N,N'-二苯基甲二胺（Ⅲ）和苯基三嗪（Ⅳ）。

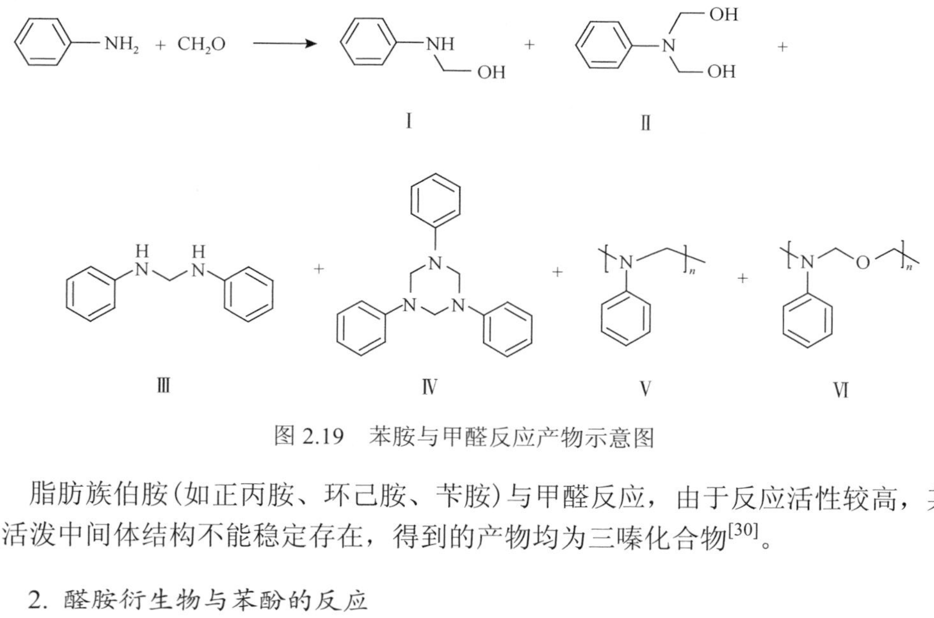

图 2.19　苯胺与甲醛反应产物示意图

脂肪族伯胺（如正丙胺、环己胺、苄胺）与甲醛反应，由于反应活性较高，某些活泼中间体结构不能稳定存在，得到的产物均为三嗪化合物[30]。

2. 醛胺衍生物与苯酚的反应

伯胺与甲醛反应生成多种结构的醛胺衍生物，各种结构的醛胺衍生物均可与酚类化合物反应，然而，不同结构的醛胺衍生物的反应活性不同。在醛胺衍生物中，易分离纯化的结构有三嗪和 N,N'-二取代甲二胺，以此两种结构为模型化合物，它们与苯酚的反应被研究。

1)三嗪与苯酚的反应

三嗪是伯胺与甲醛反应生成醛胺衍生物中的一种典型结构，也是伯胺路线合成苯并噁嗪的中间体，其与酚类化合物的反应是苯并噁嗪合成过程中十分重要的一步。

将芳香族的苯基三嗪与苯酚在二氧六环中温度为 70～100℃的条件下反应，生成物为苯并噁嗪和 N,N'-二苯基甲二胺(图 2.20)。随着反应温度升高，反应程度增加，剩余三嗪量减少，苯并噁嗪量和 N,N'-二苯基甲二胺量增加，在反应温度达到 80℃之后，Mannich 碱出现，并且随着反应温度升高，Mannich 碱生成量增加，体系中各组分相对含量(产物中各组分的摩尔浓度与初始苯酚摩尔浓度之比)变化见图 2.21[33]。

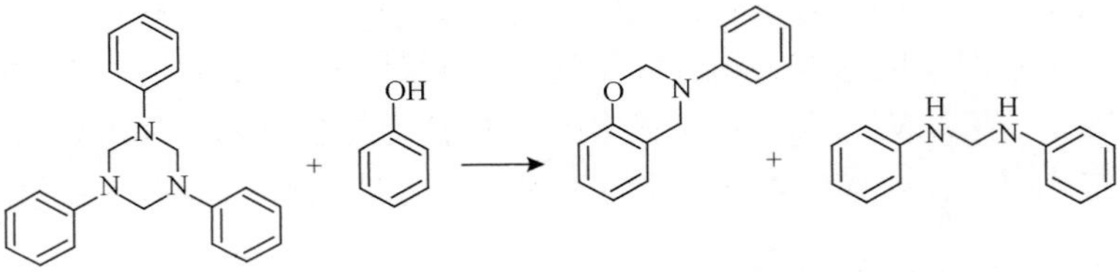

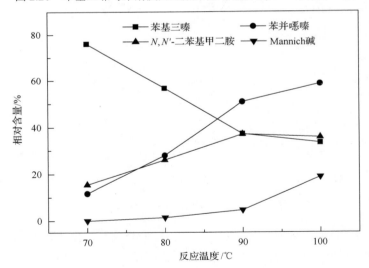

图 2.20   苯基三嗪与苯酚反应生成苯并噁嗪和 N,N'-二苯基甲二胺

图 2.21   反应温度对苯基三嗪与苯酚反应的影响

苯基三嗪与苯酚的反应受到反应物浓度和体系 pH 的影响。苯基三嗪和苯酚的初始浓度升高，反应程度增加。酸性条件有利于反应进行，反应程度高于中性；在碱性条件下，三嗪环稳定，苯基三嗪与苯酚不反应[33]。

与芳香族三嗪相比，脂肪族三嗪与苯酚的反应生成物结构有很大差别。脂肪族三嗪与苯酚反应的主要产物是 Mannich 碱，基本无苯并噁嗪生成。提高反应温度，增加反应物初始浓度、酸性条件可加速反应的进行[30]。

2）N,N'-二苯基甲二胺与苯酚的反应

在芳香族伯胺苯胺与甲醛的反应中，碱性条件下，N,N'-二苯基甲二胺是醛胺衍生物中的重要组成。

N,N'-二苯基甲二胺与苯酚在 80℃反应 4h 后，生成物主要有 Mannich 碱、苯并噁嗪、三嗪及苯胺。碱性条件下两者反应比例较高，生成物为 Mannich 碱和苯并噁嗪，没有三嗪生成。

3. Mannich 碱与甲醛生成苯并噁嗪的反应

1）Mannich 碱与甲醛水溶液生成苯并噁嗪的反应历程

Mannich 碱是伯胺路线合成苯并噁嗪中的重要中间体，与甲醛反应发生闭环反应，生成苯并噁嗪，此反应在较低的温度下即可发生。

甲醛分子在水溶液中主要以甲二醇和聚（甲氧基）二醇形式存在，甲醛分子的含量很少，甲醛水合生成甲二醇的平衡常数大于 10^3[34]。甲醛发生亲核反应时，未水解的羰基即甲醛分子形式是活性反应物[32,35]。因此，Mannich 碱与甲醛水溶液中的反应主要包括聚（甲氧基）二醇解聚（Ⅰ），甲二醇脱水生成甲醛分子（Ⅱ），Mannich 碱与甲醛分子反应生成苯并噁嗪（Ⅲ和Ⅳ），反应历程如图 2.22 所示。经动力学研究发现，甲二醇脱水生成甲醛分子一步（Ⅱ）为反应控速步骤，而 Mannich 碱与甲醛分子生成苯并噁嗪的反应非常迅速，远大于甲二醇脱水生成甲醛分子的反应速率。酸性条件下，反应速率略有增加，酸的用量对苯并噁嗪生成速率影响很小；碱性条件下反应速率明显增加，并且增加程度与碱用量有关[36]。

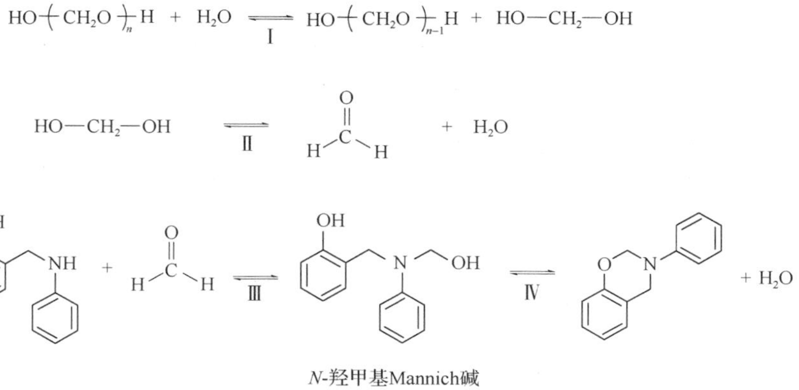

图 2.22　Mannich 碱与甲醛反应生成苯并噁嗪的反应历程

Mannich 碱与甲醛分子生成苯并噁嗪的反应，通常认为首先甲醛分子与 Mannich

碱反应生成 N-羟甲基 Mannich 碱，然后 N-羟甲基 Mannich 碱脱水生成苯并噁嗪
(图 2.22)。使用苯酚/苯胺型 Mannich 碱与甲醛反应，可表征到的生成物为苯并噁
嗪；将苯并噁嗪与水/重水反应，苯并噁嗪开环生成 Mannich 碱；在两个反应中均
没有观察到中间体 N-羟甲基 Mannich 碱结构，这主要是由于 N-羟甲基活性高，反
应迅速，难以稳定存在。通过计算机模拟计算，甲醛分子与 Mannich 碱反应生成
N-羟甲基 Mannich 碱(III)和 N-羟甲基 Mannich 碱脱水生成苯并噁嗪(IV)的反应能
垒分别为 31.79kcal/mol(1kcal=4.184kJ)和 19.85kcal/mol，后者远低于前者，说明
N-羟甲基与酚羟基快速反应，迅速生成苯并噁嗪，因此在实验中观察不到 N-羟甲
基 Mannich 碱[33,37]。

2) 取代基对 Mannich 碱与甲醛水溶液反应平衡的影响

酚上和胺上取代基对 Mannich 碱与甲醛的反应平衡有重要影响。将对位取代
苯酚和对位取代苯胺合成了对应结构的 Mannich 碱，再令其与甲醛反应生成苯并
噁嗪，其结构及缩写如图 2.23 所示。

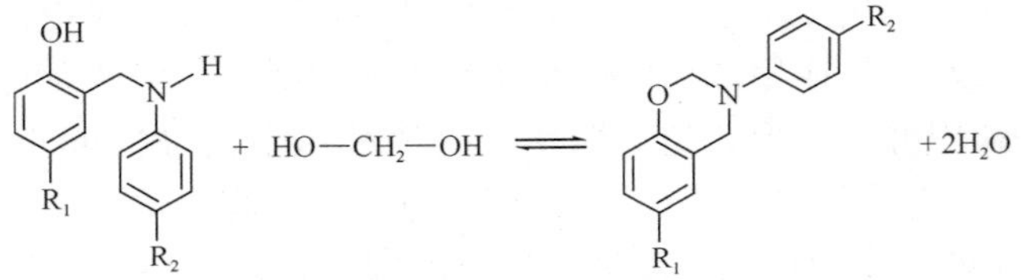

Mannich碱	苯并噁嗪	R_1	酚的pK_a	R_2	伯胺的pK_a
MB(PH-a)	PH-a	H	10.00	H	4.62
MB(pC-a)	pC-a	CH$_3$	10.26	H	4.62
MB(pCP-a)	pCP-a	Cl	9.38	H	4.62
MB(PH-pt)	PH-pt	H	10.00	CH$_3$	5.00
MB(PH-pca)	PH-pca	H	10.00	Cl	3.93

图 2.23   不同取代基的 Mannich 碱和苯并噁嗪的结构和简称

根据甲醛的化学性质，在水溶液中甲醛分子极少，主要以甲二醇和聚(甲氧基)
二醇的形式存在，并且在浓度较低时，主要以甲二醇的形式存在，因此计算化学
平衡的反应方程式按照图 2.23 中形式表达，平衡常数按照式(2-1)计算。

$$K = \frac{[\text{BZ}] \cdot [\text{H}_2\text{O}]^2}{[\text{MB}] \cdot [\text{F}]} \tag{2-1}$$

式中：[BZ]为反应平衡后苯并噁嗪浓度(mol/kg)；[H$_2$O]为反应平衡后水的浓度
(mol/kg)；[MB]为反应平衡后剩余的 Mannich 碱的浓度(mol/kg)；[F]为反应平衡
后剩余的甲醛(甲二醇)的浓度(mol/kg)。

表 2.2 中列出了 50～80℃不同结构的 Mannich 碱与甲醛反应生成苯并噁嗪和

水的平衡常数。苯酚对位被甲基取代的 Mannich 碱 MB(pC-a)与甲醛反应的平衡
常数明显高于 MB(PH-a)，而 MB(pCP-a)体系的平衡常数远小于 MB(PH-a)；当
取代基在苯胺上时，其对平衡常数的影响相反，对甲苯胺 Mannich 碱 MB(PH-pt)
体系平衡常数较小，而对氯苯胺 Mannich 碱 MB(PH-$p$ca)体系平衡常数明显高于
MB(PH-a)[38]。

表 2.2　不同结构 Mannich 碱与甲醛反应的平衡常数

Mannich 碱	反应温度/℃	产率/%	K/(mol/kg)
MB(PH-a)	50	90	3540±43
	60	89	3095±108
	70	89	2760±51
	80	87	2105±89
MB(pC-a)	50	93	6653±188
	60	92	5763±26
	70	92	5210±85
	80	92	4827±11
MB(pCP-a)	50	60	129±1
	60	57	111±6
	70	56	102±4
	80	54	86±2
MB(PH-pt)	50	82	936±39
	60	81	821±78
	70	80	773±12
	80	79	624±11
MB(PH-$p$ca)	50	93	7621±556
	60	93	6249±334
	70	92	5672±253
	80	91	4970±303

Mannich 碱与甲醛反应生成苯并噁嗪的产率 Y 按照式(2-2)计算，其结果列于
表 2.2。将式(2-1)与式(2-2)整理可将平衡时产率用平衡常数、甲醛剩余浓度和水
浓度表示，见式(2-3)。

$$Y = \frac{[\text{BZ}]}{[\text{MB}]_0} \tag{2-2}$$

式中：$[\text{MB}]_0$ 为 Mannich 碱起始反应浓度(mol/kg)。

$$Y = \frac{K[\text{F}]}{[\text{H}_2\text{O}]^2 + K[\text{F}]} \tag{2-3}$$

根据式(2-3)，在苯并噁嗪合成中，通过甲醛过量、降低水用量，或者使用憎水溶剂如甲苯、氯仿等可以提高产率。对于酚上含有吸电子取代基或者胺上含有供电子取代基的体系，由于平衡常数小，可提高甲醛用量以提高苯并噁嗪产率。

2.3　伯胺路线合成苯并噁嗪的反应动力学

2.3.1　Mannich 碱与甲醛的反应动力学

伯胺路线合成苯并噁嗪的反应复杂，反应分多步进行。在三步基元反应中，Mannich 碱与甲醛生成苯并噁嗪的反应是重要的一步，也是唯一可以量化分析的一步，其反应动力学是认识整个伯胺路线中酚类化合物、甲醛与伯胺反应生成苯并噁嗪的动力学基础。

将苯酚/苯胺型 Mannich 碱与甲醛水溶液在二氧六环中反应，Mannich 碱与甲醛作为反应起始物，苯并噁嗪与水作为生成物，研究反应动力学。固定甲醛起始浓度、改变 Mannich 碱起始浓度，以及固定 Mannich 碱起始浓度、改变甲醛起始浓度，测试在反应初始阶段苯并噁嗪生成速率 r_i。

对于反应初始阶段，可以忽略逆反应，则有式(2-4)。

$$r = -\frac{\text{d}[\text{MB}]}{\text{d}t} = \frac{\text{d}[\text{BZ}]}{\text{d}t} = k[\text{MB}]^\alpha \cdot [\text{F}]^\beta \tag{2-4}$$

式中：r 为反应速率[mol/(kg·s)]；[MB]为反应过程中 Mannich 碱的浓度(mol/kg)；[BZ]为反应过程中苯并噁嗪的浓度(mol/kg)；t 为反应时间(s)；k 为表观反应速率常数(s^{-1})；α 为反应对 Mannich 碱的级数；β 为反应对甲醛的级数。

固定甲醛起始浓度，根据式(2-4)可得到式(2-5)和式(2-6)。

$$r_i = k'[\text{MB}]_0^\alpha \tag{2-5}$$

$$\ln r_i = \ln k' + \alpha \ln[\text{MB}]_0 \tag{2-6}$$

式中：r_i 为初始反应速率[mol/(kg·s)]；$[\text{MB}]_0$ 为 Mannich 碱的起始浓度(mol/kg)；k' 为常数。

同理，固定 Mannich 碱起始浓度，可得式(2-7)和式(2-8)。

$$r_i = k''[\text{F}]_0^\beta \tag{2-7}$$

$$\ln r_i = \ln k'' + \beta \ln[\text{F}]_0 \tag{2-8}$$

式中：$[F]_0$ 为甲醛的起始浓度（mol/kg）；k'' 为常数。

在反应初始阶段，苯并噁嗪生成量和时间保持线性关系，由斜率得到初始反应速率 r_i。如图 2.24 所示，反应温度升高，反应速率增加；在不同反应温度下，固定甲醛起始浓度，Mannich 碱起始浓度的变化对反应速率影响很小，Mannich 碱的起始浓度大范围地改变，反应速率 r_i 基本不变；然而，甲醛浓度对反应影响很明显，固定 Mannich 碱的起始浓度，改变甲醛的起始浓度，反应速率 r_i 发生明显变化。

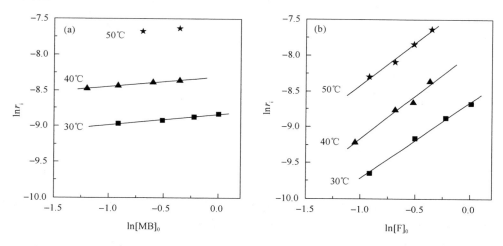

图 2.24　不同温度下 $\ln r_i$ 与 $\ln[MB]_0$(a) 和 $\ln[F]_0$(b) 的关系

按照式(2-6)和式(2-8)，将 $\ln r_i$-$\ln[MB]_0$ 和 $\ln r_i$-$\ln[F]_0$ 分别作图，线性拟合斜率分别为反应级数 α 和 β，Mannich 碱浓度对反应速率的影响很小，反应级数约为 0；甲醛的反应级数 $\beta=1.05\sim1.20$，反应对于甲醛是一级反应，反应速率 r 只和甲醛的浓度有关。根据反应级数可以确定，甲二醇脱水生成甲醛分子一步为反应控速步，而 Mannich 碱与甲醛反应生成苯并噁嗪的反应非常迅速，远大于甲二醇脱水生成甲醛的反应速率[36]。

根据 Mannich 碱和甲醛的反应级数，可得反应速率方程，即式(2-9)。

$$r = -\frac{d[MB]}{dt} = \frac{d[BZ]}{dt} = k[F] \tag{2-9}$$

将式(2-9)积分整理，即得到反应过程中苯并噁嗪浓度随时间的变化关系式式(2-10)。

$$[BZ] = [F]_0(1 - e^{-kt}) \tag{2-10}$$

按照式(2-9)将甲醛起始浓度$[F]_0$对初始反应速率 r_i 作线性拟合（图 2.25），斜率为对应温度下的表观反应速率常数 k，30℃、40℃和50℃下表观反应速率常数分别为 $1.7458\times10^{-4}\mathrm{s}^{-1}$、$3.7291\times10^{-4}\mathrm{s}^{-1}$ 和 $7.7991\times10^{-4}\mathrm{s}^{-1}$。将60℃下苯并噁嗪浓度随时间变化数据按照式(2-10)拟合，见图2.26，可得表观反应速率常数 k 为 $14.5133\times10^{-4}\mathrm{s}^{-1}$；使用相同方法得到22℃下表观反应速率常数 k 为 $1.0150\times10^{-4}\mathrm{s}^{-1}$。

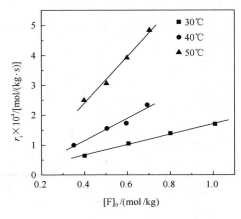

图2.25　在不同温度下 r_i-$[F]_0$ 关系曲线　　图2.26　在60℃下[BZ]-t 关系曲线

不同温度下 Mannich 碱与甲醛反应的表观反应速率常数列于表2.3，根据 Arrhenius 方程，将 $\ln k$ 对 $1/T$ 作图，得到反应表观活化能为57.97kJ/mol，此数值与甲二醇脱水生成甲醛分子的活化能基本一致[39]，进一步说明 Mannich 碱与甲醛的反应受甲二醇脱水这一步骤控制。

表2.3　苯酚/苯胺型 Mannich 碱与甲醛反应表观反应速率常数和活化能

温度/℃	$(k\times10^4)/\mathrm{s}^{-1}$	$E_a/(\mathrm{kJ/mol})$
22	1.0150	
30	1.7458	
40	3.7291	57.97
50	7.7991	
60	14.5133	

2.3.2　伯胺/苯酚/甲醛水溶液体系中的反应动力学

根据伯胺路线合成苯并噁嗪的反应过程、基元反应特点及反应过程中各组分的变化情况可知，伯胺与甲醛反应迅速，在反应初始阶段就已生成三嗪等醛胺衍生物；中间体 Mannich 碱活性很高，与甲醛迅速反应生成苯并噁嗪；苯酚与醛胺衍生物的反应为苯并噁嗪合成反应的控速步，基于此可做下列三点假设[20, 25 ,26,30]。

(1)苯酚、甲醛、伯胺按照摩尔比 $1:2:1$ 的反应体系中，在反应初始阶段，伯胺就已消耗殆尽并转化为醛胺衍生物,因此醛胺衍生物(以含有胺的单元为当量)的初始浓度与苯酚的初始浓度相同, 即式(2-11)。

$$[AFD]_0 = [P]_0 \qquad (2-11)$$

式中: $[AFD]_0$ 为醛胺衍生物的初始浓度(mol/kg);$[P]_0$ 为苯酚的初始浓度(mol/kg)。

(2)在反应过程中,苯酚的消耗量与苯并噁嗪的生成量为对应关系,并且含有酚核的副产物含量低于酚类化合物总量的 2%,因此,假设苯酚的消耗速率与苯并噁嗪的生成速率一致, 计算反应动力学时忽略苯酚参与副反应的影响, 则可得到式(2-12), 反应过程中醛胺衍生物浓度满足式(2-13)。

$$[P] = [P]_0 - [BZ] \qquad (2-12)$$

$$[AFD] = [AFD]_0 - [BZ] = [P]_0 - [BZ] \qquad (2-13)$$

式中: $[P]$ 为反应过程中苯酚的浓度(mol/kg);$[BZ]$ 为反应过程中苯并噁嗪的浓度(mol/kg);$[AFD]$ 为反应过程中的醛胺衍生物的浓度(mol/kg)。

(3)根据经典的 n 级反应模型对合成反应的动力学方程进行推导,则苯并噁嗪生成的表观动力学方程可表示为式(2-14)。

$$\frac{d[BZ]}{dt} = -\frac{d[P]}{dt} = k[P]^{\delta} \cdot [AFD]^{\sigma} \qquad (2-14)$$

式中: t 为反应时间(s);k 为表观反应速率常数(s^{-1});δ 为反应对苯酚的级数;σ 为反应对醛胺衍生物的级数。

将式(2-12)和式(2-13)代入式(2-14)可得式(2-15)。

$$\frac{d[BZ]}{dt} = k([P]_0 - [BZ])^{\delta+\sigma} = k([P]_0 - [BZ])^{\chi} \qquad (2-15)$$

式中: χ 为反应级数, $\chi = \delta + \sigma$。

将式(2-15)积分后, 得到苯并噁嗪浓度与反应时间的关系, 即式(2-16)。

$$[BZ] = [P]_0 - ([P]_0^{1-\chi} - (1-\chi)kt)^{\frac{1}{1-\chi}} \qquad (2-16)$$

利用式(2-12)将式(2-16)中苯并噁嗪浓度替换,可得苯酚浓度随时间的变化, 即式(2-17)。

$$[P] = ([P]_0^{1-\chi} - (1-\chi)kt)^{\frac{1}{1-\chi}} \qquad (2-17)$$

将苯酚、甲醛水溶液、苯胺加入二氧六环中，分别在温度为 60℃、70℃、80℃、90℃条件下反应，苯酚、甲醛和苯胺的初始浓度分别为 1mol/kg、2mol/kg 和 1mol/kg，使用 HPLC 分析产物苯并噁嗪浓度随时间的变化，按照式(2-16)拟合，在不同温度下拟合得到的反应级数 χ 均在 3 左右，因此苯并噁嗪生成的表观反应级数为 3。将苯并噁嗪浓度随时间的变化按照表观反应级数为 3 进行拟合(图 2.27)，可得到不同温度下的表观反应速率常数，通过 Arrhenius 方程将 $\ln k$ 对 $1/T$ 作图，计算得到的表观反应速率常数和表观活化能(E_a)数据列于表 2.4[25]。

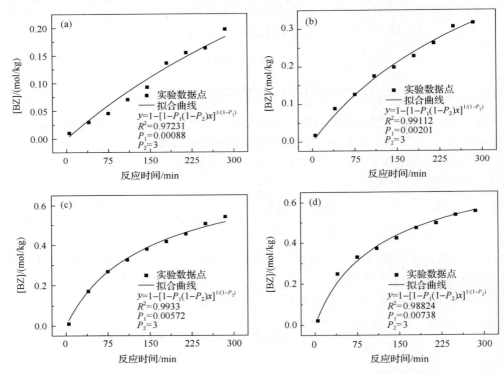

图 2.27　苯酚/苯胺型苯并噁嗪合成反应中苯并噁嗪浓度随时间变化和拟合结果
(a)60℃；(b)70℃；(c)80℃；(d)90℃

表 2.4　苯酚/苯胺型苯并噁嗪合成中不同温度下的表观反应速率常数和活化能

反应温度/℃	$(k×10^4)/s^{-1}$	$E_a/(kJ/mol)$
60	0.015	
70	0.335	
80	0.953	74.91
90	1.230	

随着反应温度提高，生成苯并噁嗪的表观反应速率常数增加，醛胺衍生物与苯酚生成苯并噁嗪的表观活化能为 74.91kJ/mol。60℃生成苯并噁嗪表观反应速率常数为 0.015×10^{-4} s^{-1}，而 Mannich 碱与甲醛生成苯并噁嗪时的表观反应速率常数为 14.5133×10^{-4} s^{-1}；同时，生成苯并噁嗪的表观活化能高于 Mannich 碱与甲醛反应的表观活化能。这进一步说明了苯酚与醛胺衍生物的反应是生成苯并噁嗪的控速步骤。

以正丙胺、苯酚、甲醛水溶液为起始原料，二氧六环为溶剂，采用气相色谱的方法定量检测不同反应温度下合成苯酚/正丙胺型苯并噁嗪过程中苯酚的消耗量及苯并噁嗪的生成量，拟合同样得到反应级数 χ 为 3。按照反应级数为 3 拟合苯并噁嗪的生成量与时间的关系，得到不同温度下表观反应速率常数，并计算反应表观活化能，结果见表 2.5[20]。

表 2.5　苯酚/正丙胺型苯并噁嗪合成中不同温度下表观反应速率常数和活化能

反应温度/℃	$(k \times 10^4)$/s^{-1}	E_a/(kJ/mol)
60	0.64	
70	1.46	
80	2.68	64.04
90	4.34	

苯酚/正丙胺型苯并噁嗪合成的反应级数与苯酚/苯胺型苯并噁嗪合成体系相同，表观反应速率常数高于苯胺体系，活化能较低。

不同种类的伯胺（苯胺、苄胺、正丙胺、环己胺）在 70℃与苯酚、甲醛反应，跟踪反应过程中苯酚的消耗随反应时间的变化，取反应级数 χ 为 3，按照式(2-17)拟合，得到表观反应速率常数，见表 2.6。

表 2.6　不同种类伯胺与苯酚、甲醛反应生成苯并噁嗪的表观反应速率常数(70℃)

伯胺种类	pK_b	$(k \times 10^4)$/s^{-1}
苯胺	9.4	0.218
苄胺	4.7	0.550
正丙胺	3.39	1.482
环己胺	3.36	6.307

碱性较弱的苯胺体系的表观反应速率常数最小，反应最慢；碱性较强的正丙胺体系和环己胺体系的表观反应速率常数远大于芳香族苯胺体系，脂肪族伯胺合成苯并噁嗪的反应速率大于芳香族伯胺合成苯并噁嗪的反应速率。

2.3.3　伯胺/苯酚/多聚甲醛体系中的反应动力学

在伯胺路线合成苯并噁嗪的过程中，使用甲醛水溶液为原料进行反应，甲二醇脱水生成甲醛分子参加反应；若使用多聚甲醛代替甲醛水溶液为起始原料，整个反应与使用甲醛水溶液相比有很大差别，多聚甲醛需在受热的作用下分解为甲醛分子参与反应。

无溶剂状态下合成双酚 A/对甲苯胺型苯并噁嗪的反应中，反应温度为 59℃时，多聚甲醛的分解是整个反应的控速步骤；75℃反应时，多聚甲醛消耗趋势与 59℃相似，对甲苯胺和双酚 A 的消耗速率升高。当反应温度为 100℃时，多聚甲醛的分解非常快，不再是整个反应的控速步骤，整个反应速率由 Mannich 碱的生成控制[40]。

以多聚甲醛、苯酚及间氨基苯乙炔为原料，甲苯作溶剂，在不同的温度下合成苯酚/间氨基苯乙炔型苯并噁嗪。随着反应温度的提高，多聚甲醛的解离速率加快，一经解离，便立即与胺源反应生成各类醛胺衍生物；苯酚的消耗速率随反应温度的升高而加快。苯并噁嗪的生成速率和苯酚的消耗速率可以按照式(2-14)表示，随着反应温度的升高，一方面多聚甲醛的解离速率加快，醛胺衍生物的浓度([AFD])提高；另一方面，温度升高，醛胺衍生物与苯酚反应活性升高，表观反应速率常数 k 提高，两者共同作用导致苯酚消耗速率加快，提升了苯并噁嗪的生成速率[22]。

2.4　伯胺路线合成苯并噁嗪的影响因素

2.4.1　酚类化合物结构的影响

伯胺路线合成苯并噁嗪中，酚类化合物中酚羟基邻位上的电荷密度影响其与醛胺衍生物的反应活性，酚羟基的活性影响闭环反应；另外，酚类化合物的结构影响噁嗪环稳定性，影响噁嗪环生成的平衡常数。

将羟基对位分别由叔丁基、苯环和溴取代的苯酚与环己胺、甲醛反应制备苯并噁嗪，产率分别为 92%、68%和 54%，说明酚上含有强吸电子基不利于苯并噁嗪生成[2]。

使用不同桥接基团的双酚化合物，包括 4,4′-二羟基二苯丙烷(双酚 A，BA)、4,4′-二羟基二苯甲烷(双酚 F，BF)、4,4′-二羟基二苯醚(BO)、4,4′-二羟基联苯(BP)、4,4′-二羟基二苯甲酮(BZ)、4,4′-二羟基二苯砜(双酚 S，BS)，与苯胺、甲醛反应合成苯并噁嗪，其反应如图 2.28 所示。

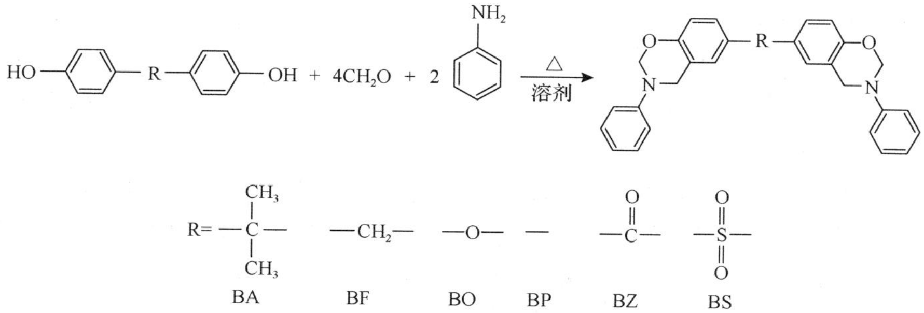
HO
R
OH + $4CH_2O$ + 2
NH_2
△
溶剂
O
N
R
O
N
R=
CH_3
C
CH_3
CH_2
O
O
C
O
S
O
BA
BF
BO
BP
BZ
BS

图 2.28　不同桥接基团的双酚化合物与苯胺、甲醛反应合成苯并噁嗪示意图

双酚上桥接基团为供电子基的体系，供电子桥接基团使 α-C 电荷密度升高，醛胺衍生物与酚的反应更容易进行，苯并噁嗪产率较高，双酚 A/苯胺型苯并噁嗪的产率为 86%；而酚上吸电子基使 α-C 电荷密度下降，醛胺衍生物与酚反应困难，苯并噁嗪产率下降，含强吸电子桥接基团的双酚 S/苯胺型苯并噁嗪的产率仅为 47%，具体数据列于表 2.7[18]。

表 2.7　双酚中桥接基团对双酚/苯胺型苯并噁嗪合成的影响

双酚结构	苯并噁嗪产率/%	双酚中 α-C 电荷密度	双酚中 O—H 键长/Å
BA	86	–0.0735	0.9740
BF	83	–0.0721	0.9740
BO	75	–0.0686	0.9740
BP	65	–0.0715	0.9742
BZ	63	–0.0672	0.9749
BS	47	–0.0644	0.9749

酚羟基邻位的取代基直接影响噁嗪环的生成。如图 2.29 所示，由 2,4-二叔丁基-5-甲基苯酚与甲胺、甲醛反应，只能得到 *N,N*-二(3,5-二叔丁基-2-羟基-6-甲基-苄基)甲胺(产率 59%)；使用对叔丁基苯酚与 *N,N*-二羟甲基环己胺反应，即使按照摩尔比为 2∶1 加入，也只能分离出苯并噁嗪(产率 86%)，几乎不生成 *N,N*-二取代胺。邻位含有较大的叔丁基的酚，由于空间位阻，酚羟基反应活性降低，不能制备苯并噁嗪[27,41]。

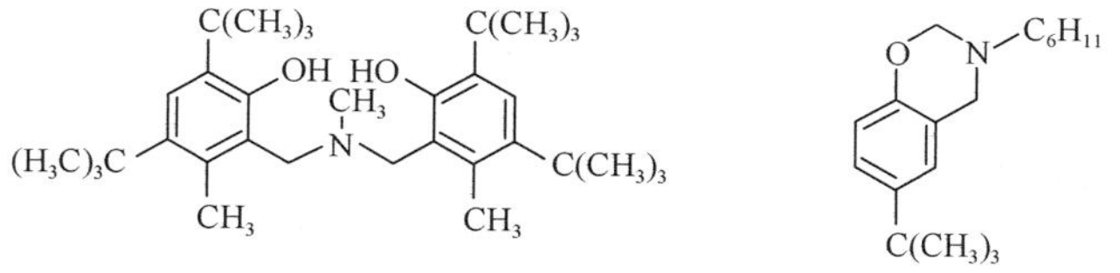
$C(CH_3)_3$
OH
HO
CH_3
N
$(H_3C)_3C$
$C(CH_3)_3$
CH_3
CH_3
$C(CH_3)_3$
O
N
C_6H_{11}
$C(CH_3)_3$

N, *N*-二-(3, 5-二叔丁基-2-羟基-6-甲基-苄基)- 甲胺

3, 4-二氢-3-环己基-6-叔丁基-2*H*-1, 3-苯并噁嗪

图 2.29　取代酚、伯胺、甲醛反应生成物结构

　　酚类化合物的结构影响噁嗪环的稳定性和生成苯并噁嗪平衡常数，见表 2.2，苯酚对位被供电子甲基取代的体系，噁嗪环稳定性增加，平衡常数较高；而苯酚对位被吸电子的氯原子取代，平衡常数较小。对于酚上含有强吸电子基的体系，可提高甲醛用量以提高苯并噁嗪产率。

　　综上所述，酚类化合物中，酚羟基邻位电荷密度和酚羟基活性均影响苯并噁嗪的合成，吸电子取代基使酚羟基邻位电荷密度降低，与醛胺衍生物反应困难，苯并噁嗪产率较低；取代基在酚羟基的邻位对闭环反应影响显著，较大的叔丁基由于空间位阻效应，不能制备苯并噁嗪；对于酚上含有强吸电子基的体系，噁嗪环稳定性降低，生成苯并噁嗪的平衡常数较小，可提高甲醛用量，以提高苯并噁嗪产率。

2.4.2　伯胺化合物结构的影响

　　伯胺化合物对反应的影响更加复杂，既影响合成苯并噁嗪的反应过程、生成物结构和产率，又对反应条件提出要求。

　　伯胺化合物碱性对苯并噁嗪合成反应过程和反应速率的影响分别见 2.2.3 节和 2.3.2 节。在反应过程方面，芳香族苯胺与甲醛缩合生成苯基三嗪、N,N'-二苯基甲二胺等多种缩合物；而脂肪伯胺与甲醛反应主要生成三嗪。在反应速率方面，随着伯胺碱性增强，反应速率加快，生成苯并噁嗪的表观反应速率常数提高（表 2.6），脂肪胺的表观反应速率常数大于苯胺，正丙胺与苯酚、甲醛合成苯并噁嗪的表观活化能为 64.04kJ/mol，低于苯胺体系的 74.91kJ/mol。

　　伯胺的结构影响产物苯并噁嗪的结构。将对苯二酚与甲醛、伯胺按照摩尔比 1∶4∶2 反应制备双官能团苯并噁嗪，使用苄胺和 α-甲基苄胺时可得到两种结构的苯并噁嗪（对称和非对称结构），如图 2.30 所示，使用其他结构伯胺(包括甲胺、环己胺、烯丙胺、2-羟基乙胺、叔丁胺)只能得到对称结构的苯并噁嗪[42]。

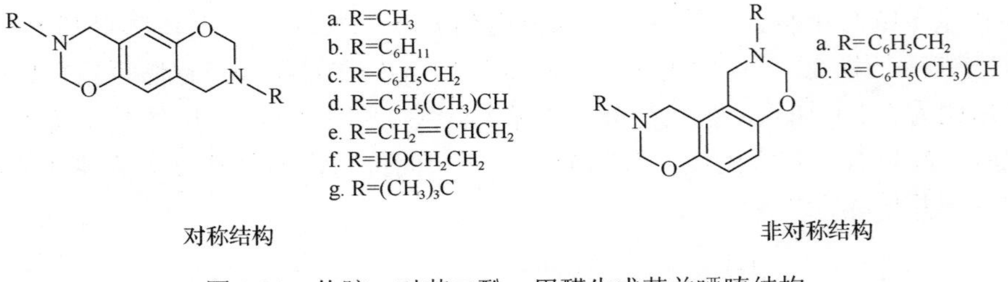

a. R=CH$_3$
b. R=C$_6$H$_{11}$
c. R=C$_6$H$_5$CH$_2$
d. R=C$_6$H$_5$(CH$_3$)CH
e. R=CH$_2$=CHCH$_2$
f. R=HOCH$_2$CH$_2$
g. R=(CH$_3$)$_3$C

a. R=C$_6$H$_5$CH$_2$
b. R=C$_6$H$_5$(CH$_3$)CH

对称结构　　　　　　　　　　　　　　　　　　　　非对称结构

图 2.30　伯胺、对苯二酚、甲醛生成苯并噁嗪结构

　　伯胺的活性对合成苯并噁嗪的产率有很大影响。使用不同结构芳香胺与甲醛、2-萘酚反应制备萘并噁嗪，其产率见表 2.8。将对甲苯胺、甲醛和 2-萘酚按照摩尔比 1∶2∶1 在甲醇中 5℃反应，生成 91%的萘并噁嗪，使用苯胺、对溴苯胺或邻甲苯胺得到相似结果。当使用邻硝基苯胺时，在热的二氧六环中反应生成 27%的

萘并噁嗪和 17% 的 Mannich 碱；而间硝基苯胺和对硝基苯胺生成噁嗪的产率较高。使用活性较弱的 *s*-三溴苯胺制备苯并噁嗪时，需要在二氧六环中回流制备[43]。

表 2.8　由 2-萘酚、甲醛和取代苯胺反应制备萘并噁嗪产率

伯胺结构	产率/%	伯胺结构	产率/%
苯胺	78	*p*-溴苯胺	91
o-甲基苯胺	83	*s*-三溴苯胺	39
p-甲基苯胺	91	*o*-硝基苯胺	27
p-苯二胺	88	*m*-硝基苯胺	81
p-氨基苯甲酸	59	*p*-硝基苯胺	61

4,4′-二氨基二苯甲烷、4,4′-二氨基二苯醚和 4,4′-二氨基二苯砜三种芳香族二胺，随着桥接基团由供电性到吸电性，氨基中 N—H 键键长减小，N 原子的电荷密度下降，反应活性降低，具体数据列于表 2.9。4,4′-二氨基二苯甲烷与腰果酚、甲醛反应合成苯并噁嗪的产率为 90%；而 4,4′-二氨基二苯醚由于溶解性较差，合成苯并噁嗪的产率略低；4,4′-二氨基二苯砜由于砜基的强吸电性，反应活性最低，并且在溶剂中溶解性较差，导致其合成苯并噁嗪的产率最低，仅为 78%[25]。

表 2.9　二胺中桥接基团对腰果酚/二胺型苯并噁嗪合成的影响

二胺结构	N—H 键键长/Å	N 原子电荷密度	产率/%
4,4′-二氨基二苯甲烷	1.017	−0.182	90
4,4′-二氨基二苯醚	1.017	−0.183	85
4,4′-二氨基二苯砜	1.015	−0.168	78

伯胺化合物的结构对合成苯并噁嗪的条件提出要求。碱性很弱的伯胺($pK_a<3$)如三氟苯胺、五氟苯胺等，在中性条件下不能合成苯并噁嗪，反应需在强酸条件下(pH=1.2)进行[40]。

综上，伯胺的结构不同，合成苯并噁嗪的反应过程、反应速率、所需合成条件、生成苯并噁嗪的产率等方面均有较大差别，需根据伯胺的结构选择适当的合成条件，以获得高产率的目标产物。

2.4.3　反应温度和反应时间的影响

伯胺路线合成苯并噁嗪中，适当提高反应温度能够加快反应进行、缩短反应时间并提高苯并噁嗪的环化率和产率；温度过高，副反应增加，苯并噁嗪环化率和产率下降；对于不同结构的酚类化合物和伯胺类化合物，反应物活性不同，所需反应温度和时间也不同。

在间氨基苯乙炔、苯酚、多聚甲醛合成苯并噁嗪的反应中，反应温度从 75℃

升高至 95℃，苯并噁嗪的产率从 71.2%提高至 85.4%，三嗪的含量从 4.64%降低至 1.86%[22]。

将双酚 A、苯胺、多聚甲醛在二甲苯中反应，在 80～140℃选取不同温度合成苯并噁嗪，结果列于表 2.10。随着反应温度的提高，产物的环化率、凝胶化时间（t_{gel}）以及升温 DSC 中固化峰值温度（T_{peak}）均呈现先升高后降低的趋势，并且在 120℃时达到最大值。在反应体系中，甲醛与苯胺首先反应生成醛胺衍生物，随反应温度升高，一方面，酚类化合物与醛胺衍生物反应的活性增加，促使反应更大程度地进行；另一方面，酚类化合物的溶解性改善，增加了反应物之间的碰撞概率，提高了反应速率，因此，适当提高温度有利于反应的进行。当反应温度进一步增加时，醛胺衍生物之间容易发生进一步的缩合反应，同时，已生成的噁嗪环发生开环反应的概率增加，环化率又呈下降趋势[44]。

表 2.10　温度对双酚 A/苯胺型苯并噁嗪合成的影响

反应温度/℃	环化率/%	t_{gel} (210℃)/s	升温 DSC 中 T_{peak}/℃
80	93.2	602	234.9
90	93.8	720	235.2
100	95.4	1108	247.8
110	96.2	1125	248.0
120	96.8	1125	249.5
130	96.6	998	245.5
140	94.9	310	229.6

温度对双酚 S、苯胺、多聚甲醛在二甲苯/乙二醇中反应的影响显示出相似的趋势（表 2.11）。然而，环化率和凝胶化时间的最大值均出现在反应温度为 110℃，低于双酚 A 体系的 120℃，并且结果对温度更敏感，当反应温度升高至 120℃时，产物环化率仅为 51%。这是由于与双酚 A 体系相比，双酚 S 中砜基的强吸电性导致苯并噁嗪结构中噁嗪环的稳定性较低，更容易发生开环反应，而且随着反应温度的升高，开环反应更加显著，导致环化率大幅度下降。

表 2.11　温度对双酚 S/苯胺型苯并噁嗪合成的影响

反应温度/℃	环化率/%	t_{gel} (210℃)/s	升温 DSC 中 T_{peak}/℃
80	71	204	184.5
90	74	192	195.9
100	78	472	201.8
110	83	512	204.3
120	51	380	208.4

苯并噁嗪合成产物的环化率随反应时间呈现先升高后降低的趋势，并且环化

率最高所需时间与反应温度相关。随着反应温度的升高，双酚 A/苯胺型苯并噁嗪合成产物环化率达到最大时对应的反应时间缩短，在 80℃下反应需进行 4h，而当反应温度提高至 120℃时，反应的最优时间仅为 2h。

对于活性低的反应物，需提高反应温度或延长反应时间，以促进反应进行。例如，对于 4,4′-二氨基二苯砜合成苯并噁嗪的反应，需要在温度为 150℃、时间为 6h 的条件下进行，以促使三嗪衍生物与苯酚充分反应而得到较高产率的苯并噁嗪[45]。

2.4.4　反应介质的影响

在伯胺路线合成苯并噁嗪的过程中，多种有机溶剂可作为反应介质，通常用于合成苯并噁嗪的溶剂有二氧六环、甲苯、二甲苯、二甲基甲酰胺、乙醇、氯仿、乙酸乙酯等。反应介质从极性、对原料的溶解性和对产物的溶解性等方面影响苯并噁嗪的产率和环化率。

随着溶剂极性增加，伯胺路线合成苯并噁嗪中副反应和苯并噁嗪的开环反应增多，生成物中低聚体含量增加，苯并噁嗪含量降低。双酚 A、甲胺和甲醛分别在二氧六环、四氢呋喃、甲醇中反应，以非极性的二氧六环为溶剂，生成物主要为苯并噁嗪；在极性溶剂甲醇中，苯并噁嗪和酚的反应更容易进行，最终的生成物中，苯并噁嗪含量较低[21]。将双酚 S、多聚甲醛和苯胺在二甲苯/乙二醇的混合溶剂中反应，随着溶剂中乙二醇的比例提高，混合溶剂的极性增大，合成产物的环化率降低，凝胶化时间缩短[44]。

溶剂极性对苯并噁嗪合成中的反应过程和副反应产生影响。分别以二甲苯和二甲基亚砜为溶剂，使用 4,4′-二氨基二苯砜与苯酚、多聚甲醛在 150℃反应合成苯并噁嗪，在强极性溶剂二甲基亚砜中，三嗪分解快，在反应 60min 时噁嗪环含量最高，最后苯并噁嗪产率为 72%；在二甲苯中，4,4′-二氨基二苯砜溶解性差，反应较慢，三嗪全部分解需要 3h，之后继续反应 3h，体系中副反应少，最后苯并噁嗪产率可达 82%[45]。

溶剂对原料和产物的溶解性影响伯胺路线合成苯并噁嗪反应体系的状态和最终的合成结果。使用甲苯、二氧六环、乙酸乙酯、四氢呋喃、丁酮、乙醇、甲醇、N,N-二甲基甲酰胺八种溶剂合成双酚 A/苯胺型苯并噁嗪，溶剂的介电常数、对原料双酚 A 的溶解性及对目标产物苯并噁嗪的溶解性见表 2.12。由于溶剂对原料双酚 A 和产物苯并噁嗪的溶解性不同，合成反应的始末状态存在很大差异。从对原料的溶解性角度来看，乙醇、甲醇和 N,N-二甲基甲酰胺三种易溶解双酚 A 的溶剂，能将双酚 A 完全溶解后再参与反应；对于不溶解或可溶解双酚 A 的溶剂，在反应条件下，双酚 A 以固体颗粒形式存在。从对产物苯并噁嗪溶解性的角度来看，苯并噁嗪易溶于甲苯和丁酮，反应后期体系黏度较小；而对于不溶解或可溶解苯并噁嗪的溶剂，反应后期体系黏度较大。

表 2.12 溶剂对双酚 A/苯胺型苯并噁嗪合成的影响

溶剂	介电常数	溶解性		环化率/%	升温 DSC 中 T_{peak}/℃	t_{gel} (210℃)/s
		双酚 A	苯并噁嗪			
甲苯	2.38	可溶	易溶	91.5	235.3	480
二氧六环	2.235	可溶	可溶	85.5	228.9	350
乙酸乙酯	6.4	可溶	可溶	84.0	226.7	360
四氢呋喃	7.35	可溶	可溶	78.0	223.2	220
丁酮	18.51	可溶	易溶	82.5	225.4	290
乙醇	25.7	易溶	不溶	88.5	240.8	611
甲醇	32.7	易溶	不溶	87.0	240.0	542
N,N-二甲基甲酰胺	36.7	易溶	不溶	88.5	231.6	401

表 2.12 中，甲苯和二氧六环两种溶剂的介电常数基本相同，且对原料双酚 A 的溶解性相似，而甲苯对产物苯并噁嗪的溶解性优于二氧六环，在甲苯中制得的苯并噁嗪的环化率、凝胶化时间、升温 DSC 中固化峰值温度均高于二氧六环体系，说明溶剂对产物溶解性越好，合成产物的环化率越高。甲苯和丁酮两种溶剂对原料双酚 A 和对产物苯并噁嗪的溶解性相似，而丁酮的介电常数远大于甲苯，在甲苯中合成苯并噁嗪的结果优于丁酮体系，说明在对原料和产物溶解性相同的情况下，介电常数较低的溶剂有利于苯并噁嗪环化率的提高。乙醇、甲醇和 N,N-二甲基甲酰胺三种溶剂，虽然介电常数较高，但由于能够充分溶解双酚 A，有利于双酚 A 充分参与反应，合成苯并噁嗪的结果优于丁酮等体系。溶剂的介电常数低、对原料或产物的溶解性好有利于苯并噁嗪的合成[23]。

2.4.5 体系 pH 的影响

在伯胺路线合成苯并噁嗪中，体系的 pH 影响产物的环化率和产率，并且对于不同结构的伯胺化合物，pH 的影响不同。

大多数合成苯并噁嗪的反应在碱性或中性条件下进行。在以双酚 A、苯胺和甲醛水溶液为原料，以甲苯为溶剂合成苯并噁嗪的体系中，碱性条件下合成苯并噁嗪的结果优于中性，噁嗪环含量、凝胶化时间以及升温 DSC 中固化峰值温度均随氢氧化钠用量呈先升高后降低的趋势，其结果见表 2.13，在不加 NaOH 的条件下，环化率和 210℃凝胶化时间分别为 88.5%和 326s，当 NaOH 含量为 0.26%时，产物的环化率为 93.0%，而凝胶化时间延长至 720s[23]。在合成双酚 S/苯胺型苯并噁嗪的体系中，碱用量的影响与双酚 A 体系相似[46]。

表 2.13　碱用量对双酚 A/苯胺型苯并噁嗪合成的影响

$w(\text{NaOH})/\%$	环化率/%	$t_{gel}(210℃)/s$	升温 DSC 中 $T_{peak}/℃$
0	88.5	326	226.5
0.09	91.5	480	235.3
0.18	91.5	572	239.4
0.26	93.0	720	243.1
0.35	90.0	672	241.1
0.44	88.5	678	238.2

在苯并噁嗪合成体系中，加入酸可以促进醛胺衍生物分解，提高其与酚类化合物的反应活性。例如，在使用 4,4′-二氨基二苯甲烷和邻羟基苯甲醇、多聚甲醛合成苯并噁嗪的反应中，加入少量乙酸，可促进醛胺衍生物的分解[47]。

对于碱性很弱的伯胺类化合物，在碱性条件下不能合成苯并噁嗪，反应需要在酸性条件下进行。对于双酚 A、五氟苯胺(pK_a= −2.2)体系，只有在强酸条件(pH=1.2)下可以得到产率较高的苯并噁嗪[40]。

2.4.6　加料方式的影响

使用不同的加料方式，如以多聚甲醛替代甲醛水溶液、伯胺滴加等，是控制反应、提高苯并噁嗪环化率和产率的有效手段。

甲醛的使用形式包括甲醛水溶液、多聚甲醛等。伯胺路线合成苯并噁嗪中，早期大多使用甲醛水溶液为原料；近年也有将酚类化合物和伯胺溶解至溶剂中，之后直接加入多聚甲醛反应。在双酚 A/苯胺型苯并噁嗪的合成中，使用多聚甲醛代替甲醛水溶液进行反应，产物环化率、凝胶化时间及升温 DSC 中固化峰值温度均提高(表 2.14)，这是由于使用多聚甲醛反应首先是多聚甲醛分解释放出甲醛分子，降低体系中直接参加反应的甲醛分子的浓度，控制了甲醛与苯胺反应的速率，减少了副反应的发生[48]。双酚 S/苯胺型苯并噁嗪合成中结果相似，使用甲醛水溶液合成的苯并噁嗪产物 180℃凝胶化时间为 267s，而使用多聚甲醛合成苯并噁嗪，凝胶化时间可达 433s[46]。

表 2.14　加料方式对双酚 A/苯胺型苯并噁嗪合成的影响

苯胺加入方式	甲醛加入方式	环化率/%	$t_{gel}(210℃)/s$	升温 DSC 中 $T_{peak}/℃$
一次加入	甲醛水溶液	91.5	480	235.3
一次加入	多聚甲醛	93.0	648	239.3
苯胺滴加	甲醛水溶液	91.5	511	236.5
苯胺滴加	多聚甲醛	93.0	679	249.4

　　伯胺分批加入或滴加的方式，是控制伯胺与甲醛缩合的一种有效手段。对于酚类化合物反应活性较低或醛胺缩合物稳定性较高的苯并噁嗪合成体系，常有稳定的醛胺缩合物剩余，将伯胺以滴加的方式代替一次加入，可以控制醛胺衍生物缩合，提高其与酚类化合物的反应活性，有利于苯并噁嗪的合成。在合成酚上含吸电子基的双酚 S/苯胺型苯并噁嗪的反应中，苯胺一次加入的合成产物中有大量白色不溶物，表征为苯基三嗪等醛胺缩合物。将苯胺在 80℃滴加到双酚 S 和甲醛体系中，延长滴加时间为 5h，抑制苯胺与甲醛的缩合反应，可成功制备高纯度的双酚 S/苯胺型苯并噁嗪[49]。

　　使用苯酚、间氨基苯乙炔和多聚甲醛在甲苯中合成苯并噁嗪，将苯酚和多聚甲醛加入甲苯中，在 80℃以分批的方式或滴加的方式加入间氨基苯乙烯，升温至95℃反应，见表 2.15，间氨基苯乙炔分批投料，增加投料批次，延长投料时间，减少了醛胺衍生物的缩合和累积，反应后产物中三嗪的残留量减少，目标产物产率增高。采用滴加方式，基本控制了三嗪的生成，产物中无三嗪，目标产物苯并噁嗪的产率可高达 98%[50]。

表 2.15　加料方式对苯酚/间氨基苯乙炔型苯并噁嗪合成的影响

间氨基苯乙炔加入方式	三嗪化合物残留量/%	产率/%
间隔 0.5h 四次加入	2.10	85
间隔 0.5h 五次加入	1.70	87
间隔 0.5h 六次加入	1.02	92
2.5～3.0h 滴加	0	98

2.5　苯并噁嗪合成实例

　　伯胺路线合成苯并噁嗪中包含了复杂的竞争反应，酚类和伯胺的化学结构以及反应温度、反应介质、体系 pH 等宏观反应条件均对最终合成产物环化率、纯度、产率等产生影响，需根据原料的性质、成本、可操作性、目标产物的用途等方面综合分析，选择适宜的工艺条件，进行苯并噁嗪的合成。

1. 合成实例一：苯酚/苯胺型苯并噁嗪(PH-a)的合成

　　在冰浴条件下将甲醛水溶液(1mol 当量)加入三口瓶中，用 1mol/L 的 NaOH溶液将体系的 pH 调节至 9。加入 0.5mol 苯胺和 60g 甲苯，搅拌 30min 后加入 0.5mol苯酚和 60g 甲苯。将体系升温至 80℃，反应 5h。反应结束后，将体系冷却至 40℃，经碱洗、水洗，将油相在 80℃下用旋转蒸发仪减压除去溶剂，得到浅黄色液体状苯并噁嗪 PH-a 树脂，产率 85%。将合成产物直接放置于 0℃下静置，一周后至固体不再析出，将析出固体用乙醇洗至白色，抽滤，得到白色固体，经 40℃ 2h 真空除残留溶剂，得到纯化的 PH-a 单体。

苯酚/苯胺型苯并噁嗪（PH-a）：熔点 58.0℃（DSC）；^{1}H NMR（400MHz，DMSO-d6，ppm）：5.44（O—CH$_2$—N）、4.66（N—CH$_2$—Ar）；FTIR（cm^{-1}）：1226、1030（Ar—O—CH$_2$）、937（噁嗪环）[51]。

2. 合成实例二：二元酚/苯胺型苯并噁嗪的合成[49]

以甲苯为分散介质，将等当量的二元酚（双酚 A、双酚 F 或 4,4′-二羟基二苯醚）和甲醛水溶液加入三口瓶中，80℃下滴加苯胺，30min 左右滴加完毕，之后在 80℃反应 5h，以 1mol/L NaOH 洗涤后水洗至 pH=7，待其冷却并放置过夜，体系中析出白色固体，过滤、水洗、烘干后得到白色晶体。

4,4′-二羟基联苯/苯胺型和 4,4′-二羟基二苯甲酮/苯胺型苯并噁嗪的合成方法为：将甲苯、二元酚和甲醛水溶液加入三口瓶中，80℃下滴加苯胺，30min 左右滴加完毕，在 80℃反应 5h，体系中有固体析出，过滤、水洗、烘干后得到白色晶体。

使用双酚 S 合成苯并噁嗪：将双酚 S 和二氧六环加入三口瓶中，搅拌至透明后加入甲醛水溶液。在 80℃恒温滴加苯胺，5h 左右滴加完毕，滴加完毕后继续反应 5h，体系变为黄色黏稠液体，以 1mol/L NaOH 洗涤后水洗至 pH=7，待其冷却并放置过夜，体系中有淡黄色固体析出，过滤后烘干得到淡黄色晶体。

双酚 A/苯胺型苯并噁嗪（BA-a）：产率86%；纯度99%（HPLC）；熔点123℃（DSC）；^{1}H NMR（CDCl$_3$，ppm）：5.30（N—CH$_2$—O）、4.55（N—CH$_2$—Ar）、1.57（—CH$_3$）；FTIR（cm^{-1}）：1231、1028（C—O—C），952（噁嗪环）。

双酚 F/苯胺型苯并噁嗪（BF-a）：产率 83%；纯度 99%（HPLC）；熔点 122℃（DSC）；^{1}H NMR（CDCl$_3$，ppm）：5.35（N—CH$_2$—O）、4.60（N—CH$_2$—Ar）、3.97（Ar—CH$_2$—Ar）；FTIR（cm^{-1}）：1227、1027（C—O—C），948（噁嗪环）。

4,4′-二羟基二苯醚/苯胺型苯并噁嗪（BO-a）：产率 75%；纯度 99%（HPLC）；熔点 122℃（DSC）；^{1}H NMR（CDCl$_3$，ppm）：5.35（N—CH$_2$—O）、4.59（N—CH$_2$—Ar）。FTIR（cm^{-1}）：1221、1028（C—O—C），937（噁嗪环）。

4,4′-二羟基联苯/苯胺型苯并噁嗪（BP-a）：产率 65%；熔点 205/216℃（DSC）；^{1}H NMR（CDCl$_3$，ppm）：5.39（N—CH$_2$—O）、4.63（N—CH$_2$—Ar）；FTIR（cm^{-1}）：1232、1026（C—O—C），919（噁嗪环）。

4,4′-二羟基二苯甲酮/苯胺型苯并噁嗪（BZ-a）：产率 63%；熔点 206℃（DSC）；^{1}H NMR（CDCl$_3$，ppm）：5.43（N—CH$_2$—O）、4.67（N—CH$_2$—Ar）。FTIR（cm^{-1}）：1206、1026（C—O—C），917（噁嗪环）。

双酚 S/苯胺型苯并噁嗪（BS-a）：产率 47%；纯度 99%（HPLC）；熔点 183℃（DSC）；^{1}H NMR（CDCl$_3$，ppm）：5.45（N—CH$_2$—O）、4.70（N—CH$_2$—Ar）。

FTIR(cm^{-1})：1239、1028（C—O—C），915（噁嗪环）。

3. 合成实例三：二元酚/烯丙胺型苯并噁嗪的合成[52]

室温下将 0.2mol 烯丙基胺加入含有 0.1mol 联苯二酚的 200mL 乙醇溶液中，搅拌至体系透明均一。冰浴 5min 后，分批加入 0.4mol 多聚甲醛，继续搅拌 10min。逐渐升温至 80℃ 回流反应，2h 后停止反应，得到黄色溶液。减压蒸馏除去乙醇，将所得固体产物溶于 300mL 无水乙醚中，得到浅黄色溶液。经碱洗、水洗至中性，真空干燥，得到白色固体。

使用双酚 A 合成苯并噁嗪方法与联苯二酚类似，产物为浅黄色晶体。

联苯二酚/烯丙胺型苯并噁嗪(BP-ala)：产率 64.4%；熔点范围为 88～94℃（熔点仪）；^{1}H NMR$(CDCl_3$，ppm)：4.91（N—CH_2—O）、4.17（N—CH_2—Ar）。FTIR(cm^{-1})：922（噁嗪环）。

双酚 A/烯丙胺型苯并噁嗪(BA-ala)：产率 75.2%；熔点范围为 57～62℃（熔点仪）；^{1}H NMR$(CDCl_3$，ppm)：4.87（N—CH_2—O）、3.97（N—CH_2—Ar）。FTIR(cm^{-1})：922（噁嗪环）。

4. 合成实例四：苯酚/4,4′-二氨基二苯甲烷型苯并噁嗪(PH-ddm)的合成

在室温下将一定量的无水乙醇和去离子水加入配有搅拌器、冷凝管和温度计的三口瓶中，用质量分数 4% 的 NaOH 溶液调整体系的 pH，加入多聚甲醛并使其完全溶解，再加入定量的苯酚、甲苯和二氨基二苯甲烷，原料二氨基二苯甲烷、苯酚、多聚甲醛的摩尔比为 1：2：4.4，升温至 80℃ 反应 5h。反应后经洗涤、减压蒸发除去溶剂，得到黄色黏稠状苯并噁嗪树脂。^{1}H NMR$(CDCl_3$，ppm)：5.36（N—CH_2—O）、4.60（N—CH_2—Ar）、3.78（Ar—CH_2—Ar）；FTIR(cm^{-1})：940（噁嗪环）[24]。

5. 合成实例五：腰果酚/二胺型苯并噁嗪的合成

将甲醛水溶液(66.5g，0.82mol)在 40℃ 加入反应容器中，使用 1mol/L NaOH 溶液调节 pH 为 7～8，随后加入腰果酚(120g，0.4mol)及甲苯(96g)，搅拌均匀；将二氨基二苯甲烷(39.6g，0.2mol)和 20g 乙醇加入反应容器中，40℃ 下反应 30min，升温至 80℃ 反应 4h，得到反应物粗产品溶液。采用去离子水将上述溶液洗涤 4 次，加入无水硫酸钠干燥 6h，溶液过滤后静置 24h，过滤、干燥，得到浅黄色粉状的腰果酚/二氨基二苯甲烷型苯并噁嗪。产率 95%，熔点 95℃ (DSC)，^{1}H NMR$(CDCl_3$，ppm)：5.30（N—CH_2—O）、4.56（N—CH_2—Ar）、3.80（Ar—CH_2—Ar）、0.98～2.86（脂肪族长链—CH_2—）、5.43～5.87（脂肪族长链—CH=CH—）；FTIR(cm^{-1})：967（噁嗪环）、1080（Ar—O—C 对称伸缩振动）、1254（Ar—O—C 反对称伸缩振动）。产物能够作为增韧剂与环氧树脂、酚醛树脂或其他结构苯并噁嗪

树脂混合，通过层压、模压及 RTM 工艺制备高性能结构材料、电绝缘材料或电子封装材料[53]。

2.6 总 结

苯并噁嗪作为一种高性能树脂，近年来发展迅猛。在研究、应用和发展的过程中，苯并噁嗪的合成是基础，苯并噁嗪单体的性质决定了树脂的成型工艺条件、适用范围以及最终材料的性能，因此，合成产物结构可控、高产率、高环化率的单体是苯并噁嗪高性能化和工业化中的一个关键问题。在苯并噁嗪合成路线中，伯胺路线应用得最为广泛，然而，酚类化合物、伯胺和甲醛之间竞争反应较多，涉及问题复杂。当前的研究对伯胺路线合成苯并噁嗪中的竞争反应、基元反应、反应机理、反应动力学等基础问题有了一定的认识和深入理解，对原料的性质和宏观反应条件的影响有了较为系统的研究，对合成反应过程的控制初步建立了方法。但是，还需不断研究更深入的微观反应机理和动力学数据等合成过程中的基础问题，完善苯并噁嗪的合成化学理论，开发更高效、可控、高环化率的合成工艺，以指导苯并噁嗪树脂的工业生产、推动苯并噁嗪树脂的应用和发展。

参 考 文 献

[1] Holly F W, Cope A C. Condensation products of aldehydes and ketones with *o*-aminobenzyl alcohol and *o*-hydroxybenzylamine. Journal of the American Chemical Society, 1944, 66(11): 1875-1879.

[2] Burke W J. 3,4-Dihydro-1,3-2*H*-benzoxazines. Reaction of *p*-substituted phenols with *N,N*-dimethylolamines. Journal of the American Chemical Society, 1949, 71: 609-612.

[3] Zhang H, Li M, Deng Y, et al. A novel polybenzoxazine containing styrylpyridine structure via the Knoevenagel reaction. Journal of Applied Polymer Science, 2014, 131(19): 5829-5836.

[4] Yang P, Gu Y. Synthesis and curing behavior of a benzoxazine based on phenolphthalein and its high performance polymer. Journal of Polymer Research, 2011, 18(6): 1725-1733.

[5] 朱春莉, 柏海见, 耿鹏飞, 等. 含烯丙基的三元酚型苯并噁嗪的合成及性能. 高等学校化学学报, 2014, 35(11): 2494-2498.

[6] Brunovska Z, Liu J P, Ishida H. 1,3,5-triphenylhexahydro-1,3,5-triazine-active intermediate and precursor in the novel synthesis of benzoxazine monomers and oligomers. Macromolecular Chemistry & Physics, 1999, 200(7): 1745-1752.

[7] 李楚新, 庄一鸣, 夏新年. 含羧基苯并噁嗪单体的合成及固化物的固化温度研究. 精细化工中间体, 2014, 44(2): 57-59.

[8] 陶果, 杨刚. 一种含马来酰亚胺苯并噁嗪的合成及性能. 高分子材料科学与工程, 2010, 26(9): 16-19.

[9] Lin C H, Chang C L, Hsieh C W, et al. Aromatic diamine-based benzoxazines and their high performance thermosets. Polymer, 2008, 49: 1220-1229.

[10] Lin C H, Chang S L, Lee H H, et al. Fluorinated benzoxazines and the structure-property relationship of resulting polybenzoxazines. Journal of Polymer Science Part A: Polymer Chemistry, 2008, 46(15): 4970-4983.

[11] Yang P, Gu Y. A novel benzimidazole moiety-containing benzoxazine: synthesis, polymerization, and thermal properties. Journal of Polymer Science Part A: Polymer Chemistry, 2012, 50(7): 1261-1271.

[12] Zhang X Q, Looney M G, Solomon D. The chemistry of novolac resins: 3.^{13}C and ^{15}N NMR, studies of curing with hexamethylenetetramine. Polymer, 1997, 38(23): 5835-5848.

[13] 孟凡盛, 冉起超, 顾宜. 含氰基单环苯并噁嗪的合成方法研究. 热固性树脂, 2017, 32(2): 20-25.

[14] Ishida H. Process for preparation of benzoxazine compounds in solventless systems: USA, US 5543516. 1996.

[15] Kim H J, Brunovska Z, Ishida H. Synthesis and thermal characterization of polybenzoxazines based on acetylene-functional monomers. Polymer, 1999, 40(23): 6565-6573.

[16] 顾宜, 裴顶峰, 谢美丽, 等. 粒状多苯并噁嗪中间体及制备方法: 中国, ZL95111413.1.1995.

[17] Han L, Iguchi D, Gil P S, et al. Oxazine ring-related vibrational modes of benzoxazine monomers using fully aromatically substituted, deuterated, ^{15}N isotope exchanged and oxazine-ring-substituted compounds and theoretical calculation. Journal of Physical Chemistry A, 2017, 121 (33): 6269-6282.

[18] Wang X, Chen F, Gu Y. Influence of electronic effects from bridging groups on synthetic reaction and thermally activated polymerization of bisphenol-based benzoxazines. Journal of Polymer Science Part A: Polymer Chemistry, 2011, 49(6): 1443-1452.

[19] Zhang C X, Deng Y Y, Zhang Y Y, et al. Study on products and reaction paths for synthesis of 3,4-dihydro-2*H*-3-phenyl- 1,3- benzoxazine from phenol, aniline and formaldehyde. Chinese Chemical Letters, 2015, 26(3): 348-352.

[20] Zhang Q, Yang P, Deng Y, et al. Effect of phenol on the synthesis of benzoxazine. RSC Advances, 2015, 5(125): 103203-103209.

[21] Ishida H, Ning X. Phenolic materials via ring-opening polymerization: synthesis and characterization of bisphenol a based benzoxazine and their polymers. Journal of Polymer Science Part A: Polymer Chemistry, 1994, 32: 1121-1129.

[22] 李建川, 冉起超, 朱蓉琪, 等. 间氨基苯乙炔/苯酚型苯并噁嗪的合成研究. 热固性树脂, 2017, 32(3): 1-5.

[23] 陈凤, 朱蓉琪, 凌红, 等. 反应介质对合成双酚A-苯胺型苯并噁嗪的影响. 石油化工, 2013, 42(8): 907-911.

[24] 曹艳肖, 朱蓉琪, 顾宜. 甲醛用量对苯并噁嗪树脂合成反应的影响. 石油化工, 2009, 38(8): 866-869.

[25] 张程夕. 伯胺路线苯并噁嗪的合成反应及腰果酚苯并噁嗪增韧改性研究. 成都: 四川大学, 2014.

[26] 张勤, 杨坡, 朱蓉琪, 等. 伯胺的碱性对苯并噁嗪合成的影响. 热固性树脂, 2015, (4): 19-23.

[27] Burke W J, Smith R P, Weatherbee C. *N,N*-bis-(hydroxybenzyl)-amines:synthesis from phenols, formaldehyde and primary amines. Journal of the American Chemical Society, 1952, 74: 602-605.

[28] Ishida H, Agag T. Handbook of Benzoxazine Resins. Amsterdam: Elsevier, 2011: 85.

[29] Ghosh N N, Kiskan B, Yagci Y. Polybenzoxazines—new high performance thermosetting resins: synthesis and properties. Progress in Polymer Science, 2007, 32(11): 1344-1391.

[30] 张勤. 脂肪族伯胺、苯酚和甲醛合成1,3-苯并噁嗪的反应历程及动力学研究. 成都: 四川大学, 2015.

[31] Ogata Y, Okano M, Sugawara M. Kinetics of the condensation of anilines with formaldehyde. Journal of the American Chemical Society, 1951, 73(4): 1715-1717.

[32] Abrams W R, Kallen R G. Equilibriums and kinetics of *N*-hydroxymethylamine formation from aromatic exocyclic amines and formaldehyde. Effects of nucleophilicity and catalyst strength upon mechanisms of catalysis of carbinolamine formation. Journal of the American Chemical Society, 1976, 98(24): 7777-7789.

[33] 邓玉媛. 伯胺路线合成3,4-二氢-3-取代-1,3-苯并噁嗪的反应过程、机理及动力学研究. 成都: 四川大学, 2014.

[34] Vollhardt K P C, Schore N E. Organic Chemistry: Structure and Function.6th. New York: WH Freeman, 2011: 891.

[35] Lienhard G E, Jencks W P. Thiol addition to the carbonyl group. Equilibria and kinetics. Journal of the American Chemical Society, 1966, 88: 3982-3995.

[36] Deng Y, Zhang Q, Zhang H, et al. Kinetics of 3,4-dihydro-2*H*-3-phenyl-1,3-benzoxazine synthesis from mannich base and formaldehyde. Industrial & Engineering Chemistry Research, 2014, 53(5): 1933-1939.

[37] 周千皓. 分子模拟在苯并噁嗪合成反应和聚合物氢键与性能关系研究中的应用. 成都: 四川大学, 2014.

[38] Deng Y, Zhang Q, Zhou Q, et al. Influence of substituent on equilibrium of benzoxazine synthesis from Mannich base and formaldehyde. Physical Chemistry Chemical Physics, 2014, 16(34): 18341-18348.

[39] Winkelman J G M, Ottens M. The kinetics of the dehydration of methylene glycol. Chemical Engineering Science, 2000, 55(11): 2065-2071.

[40] Liu J. Synthesis, Characterization, Reaction Mechanism and Kinetics of 3, 4-Dihydro-2*H*-1, 3-benzoxazine and its Polymer. Cleveland: Case Western Reserve University, 1995.

[41] Burke W J, Mortenson Glennie E L, Weatherbee C. Condensation of halophenols with formaldehyde and primary amines. Journal of Organic Chemistry, 1964, 29: 909-912.

[42] Burke W J, Hammer C R, Weatherbee C. Bis-*m*-oxazines from hydroquinone. Journal of Organic Chemistry, 1961, 26: 4403-4407.

[43] Burke W J, Murdock K C. Condensation of hydroxyaromatic compounds with formaldehyde and primary aromatic amines. Journal of the American Chemical Society, 1954, 76: 1677-1679.

[44] 刘文萃, 冉起超, 邓玉媛, 等. 高温条件下双酚型苯并噁嗪合成反应的研究. 热固性树脂, 2015, 30(5): 1-6.

[45] Agag T, Jin L, Ishida H. A new synthetic approach for difficult benzoxazines preparation and polymerization of 4,4′-diamino diphenyl sulfone-based benzoxazine monomer. Polymer, 2009, 50: 5940-5944.

[46] 赵嘉成. 含砜基多元酚/苯胺型苯并噁嗪合成及性能研究. 成都: 四川大学, 2013.

[47] Baqar M, Agag T, Ishida H, et al. Methylol-functional benzoxazines as precursors for high-performance thermoset polymers: unique simultaneous addition and condensation polymerization behavior. Journal of Polymer Science Part A: Polymer Chemistry, 2012, 50(11): 2275-2285.

[48] 陈凤. 双酚 A-苯胺型苯并噁嗪合成反应的研究. 成都: 四川大学, 2013.

[49] 王晓颖. 多元酚-苯胺型苯并噁嗪合成、固化及其结构与性能的研究. 成都: 四川大学, 2011.

[50] 李建川. 间氨基苯乙炔/苯酚型苯并噁嗪的合成反应研究. 成都: 四川大学, 2013.

[51] 李培源. 适用于中低温注射成型的改性苯并噁嗪树脂的研究. 成都: 四川大学, 2011.

[52] 张炳伟, 徐日炜, 丁雪佳, 等. 新型烯丙基苯并噁嗪的合成及其固化过程的研究. 北京化工大学学报(自然科学版), 2003, 31(2): 41-44.

[53] 顾宜, 张程爽, 冉起超, 等. 一种腰果酚-芳香二胺型苯并噁嗪增韧剂及其制备方法和用途: 中国, CN 103012841A. 2013.

第3章

苯并噁嗪的聚合反应

苯并噁嗪环为含有 N 和 O 的六元杂环结构，N 和 O 均为电负性较大的元素，它们的存在迫使噁嗪环结构采取畸形的椅式构象，从而使噁嗪环存在环张力，这是噁嗪环能够开环的决定性因素。与环氧树脂不同，苯并噁嗪在加热情况下就能够发生开环聚合(固化)反应。为了降低其固化温度、缩短固化时间，可以加入酸性或碱性催化剂加速苯并噁嗪的开环聚合反应。苯并噁嗪在特定条件下首先发生开环进而进行聚合反应。苯并噁嗪的开环反应机理主要为阳离子开环机理，而聚合反应受单体结构、环境条件、催化剂类型等影响，最终形成不同的交联网络结构。

3.1　苯并噁嗪的热聚合反应

3.1.1　苯并噁嗪热聚合行为及表征

DSC 是表征热固性树脂聚合行为最常用的方法，基于 DSC 测试，可以得到树脂的起始反应温度 T_{onset}(℃)、固化峰值温度 T_{peak}(℃)以及热焓 ΔH(J/g 或 kJ/mol)。苯并噁嗪单体的热聚合 DSC 曲线一般只有一个放热峰，放热比较集中，起始反应温度通常在 200℃以上。当胺源为芳香胺(如 PH-a、DPH-a、BA-a、PH-ddm)时，放热峰形窄而尖，当胺源为脂肪胺时(如 BA-tbu、DPH-ca、BA-ca)，峰形较宽且强度较低。此外，胺源分别为芳香胺、脂环胺、脂肪胺时，聚合反应的放热量依次减少。图 3.1 和表 3.1 给出了几种典型结构苯并噁嗪单体的 DSC 测试结果(升温速率为 10℃/min，N$_2$ 气氛)。

单体纯度会对 DSC 的放热峰值温度产生较大的影响。同一结构的苯并噁嗪单体，纯度越高，放热峰值温度越高。这是因为，苯并噁嗪单体中的杂质主要是合成过程中生成的含酚羟基的副产物，而酚羟基结构可以催化苯并噁嗪的开环反应，因此，单体纯度越低，含有的酚羟基结构就越多，导致噁嗪环的固化反应移向低温。图 3.2 和表 3.2 显示了 BA-a 与 PH-ddm 两种单体纯化前后的 DSC 测试结果，可以看出，纯化后的结晶体的放热峰值温度明显升高，且热焓也有增加。基于这个事实，可以通过 DSC 曲线中放热峰值温度的比较来定性评价苯并噁嗪单体的相对纯度。

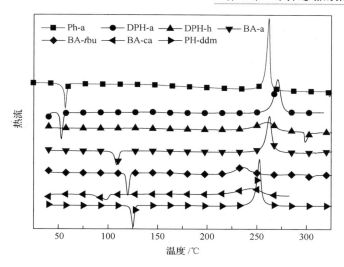

图 3.1　几种典型结构苯并噁嗪单体的 DSC 曲线

表 3.1　典型结构苯并噁嗪单体的 DSC 结果

单体	熔融峰值/℃	T_{onset}/℃	T_{peak}/℃	ΔH/(J/g)	ΔH/(kJ/mol)
PH-a	56.8	257.8	262.2	419.8	88.6
DPH-a	52.8	264.0	271.0	360.6	81.1
DPH-ca	—	238.2	261.3	247.3	57.1
BA-a	108.5	256.7	262.7	355.4	164.2
BA-tbu	120.2	220.6	236.9	175.6	70.9
BA-ca	98.1	218.4	245.8	227.8	114.8
PH-ddm	125.4	247.5	252.6	381.8	165.7

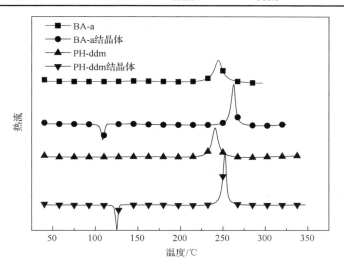

图 3.2　苯并噁嗪单体与结晶体的 DSC 曲线

表 3.2　苯并噁嗪单体与结晶体的 DSC 测试结果

样品	T_{onset}/℃	T_{peak}/℃	ΔH/(J/g)	ΔH/(kJ/mol)
BA-a	234.7	244.9	295.5	136.52
BA-a 结晶体	256.7	262.7	355.4	164.2
PH-ddm	233.6	241.0	354.9	153.9
PH-ddm 结晶体	247.5	252.6	381.8	165.7

　　凝胶化时间的测定也是一种考察苯并噁嗪单体固化行为的方法。凝胶化时间的测定是将 1g 左右树脂样品置于设定温度的样品池内，开始计时，并使用牙签不断搅拌，树脂从液态逐渐开始黏稠，然后出现拉丝现象，持续实验直至样品不再拉丝时记录时间，这个时间就是树脂的凝胶化时间。作为热固性树脂，当在高温下进行加热时，随着时间的推移，苯并噁嗪开始逐渐发生开环固化反应，体系分子量和交联密度逐渐增加，致使体系黏度上升。当样品被加热到足够长的时间时，三维网络结构生成，体系交联密度迅速增加，最终形成不溶（不熔）的凝胶体系。测试温度越高，体系的凝胶化时间就会越短。这里需要说明的是，凝胶化是固化过程的一个阶段，发生凝胶并不代表树脂已经固化完全。凝胶化时间的测定结果与 DSC 测试的结果具有一定的一致性。一般情况下，凝胶化时间越长，DSC 的放热峰值温度会越高。表 3.3 给出了 BA-a 和 PH-a 两种苯并噁嗪单体在 180℃和 200℃下的凝胶化时间。基于凝胶原理，也常用凝胶化时间来定性描述苯并噁嗪单体的纯度。纯度越高，相同温度下的凝胶化时间越长。

表 3.3　苯并噁嗪的凝胶化时间

苯并噁嗪	180℃下凝胶化时间/min	200℃下凝胶化时间/min
BA-a	133	50
PH-a	127	49

　　在苯并噁嗪树脂固化过程中，体系的黏度会随固化程度及温度的变化而变化。图 3.3 给出了苯并噁嗪树脂 PH-ddm 的固化流变曲线。在苯并噁嗪树脂固化前期，其黏度变化不大；在高温下恒温一段时间后，体系的黏度迅速增加，黏度随时间的延长呈"倒 S"形增长。并且，固化温度越高，黏度增加的时间拐点越早[1]。

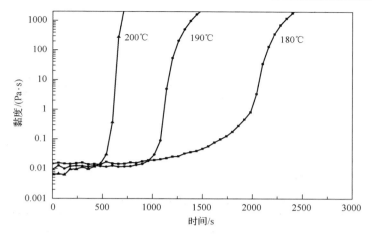

图 3.3　苯并噁嗪树脂 PH-ddm 的黏度-时间曲线[1]

3.1.2　苯并噁嗪的热聚合反应机理

1. 开环点的确定

苯并噁嗪能够发生开环聚合反应，本质上是由其自身的苯并六元环结构所决定的。苯并噁嗪单体结构中的噁嗪环是以扭曲的椅式构象存在，其中，与苯环直接相连的 O 原子和亚甲基 C 原子同苯环在一个平面内，N 原子位于苯环平面的上方，而 N 与 O 原子之间的亚甲基 C 原子位于苯环平面的下方。由于环张力的存在，此六元环在一定外界条件下能够发生开环反应。

噁嗪环结构中的 O 和 N 原子均为电负性较大的原子，它们的存在使得噁嗪环的开环点存在多种可能性[2]。以 2,4-二氯苯酚/苯胺型苯并噁嗪(24ClPH-a)、2,4-二甲基苯酚/苯胺型苯并噁嗪(24MePH-a) 和 4-甲基苯酚/苯胺型苯并噁嗪(4MePH-a)三种苯并噁嗪单体为例，借助计算机模拟采用半经验量子化学方法对它们的开环点进行确定。图 3.4 是三种苯并噁嗪单体的结构示意图。三种苯并噁嗪单体的结构差异在于苯环上的取代基电负性的不同，24ClPH-a 中含有电负性较强的 Cl 原子，而 24MePH-a 和 4MePH-a 中含有供电性的 CH_3。通过计算机模拟可以得到三种苯并噁嗪的键长、键角以及二面角的数值，见表 3.4～表 3.6。从键长来看，三种苯并噁嗪单体中，Cl 原子的吸电子作用使 24ClPH-a 中的 C13—N 的键长小于其他两种单体，而 C13—O 的键长相差不大。从键角来看，C18—C19—N 和 N—C13—O 的键角均大于正常的 sp^3 杂化的键角(109°)，说明存在环张力。此外，24ClPH-a 中的 C7—N—C13、C7—N—C19 和 C13—N—C19 的键角要大于其他两种单体。从结果来看，噁嗪环结构具有畸形椅式构象，各原子靠近一个面，因而存在一定的张力。

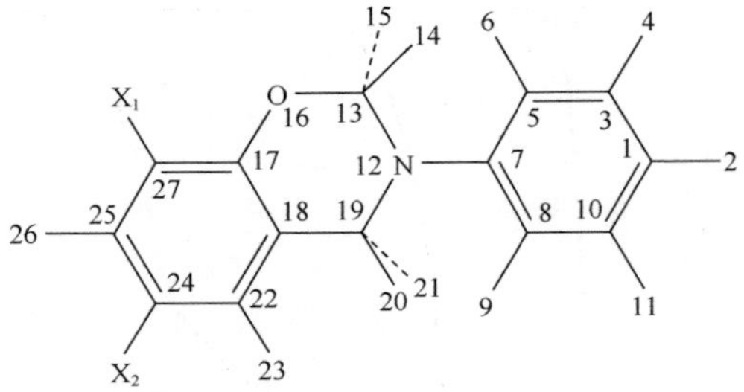

24ClPH-a: X₁=X₂=Cl; 24MePH-a: X₁=X₂=CH₃; 4MePH-a: X₁=H, X₂=CH₃

图 3.4　苯并噁嗪单体 24ClPH-a、24MePH-a 和 4MePH-a 的分子结构图

表 3.4　几种苯并噁嗪单体的键长 (nm) [3]

化学键	24ClPH-a	24MePH-a	4MePH-a
C7—N	1.412	1.435	1.435
C19—N	1.450	1.460	1.460
C13—N	1.453	1.459	1.460
C13—O	1.438	1.437	1.437
O—C17	1.380	1.383	1.382
C17—C18	1.404	1.402	1.402
C18—C19	1.479	1.479	1.479

表 3.5　几种苯并噁嗪单体的键角 (°) [3]

键角	24ClPH-a	24MePH-a	4MePH-a
C7—N—C13	116.84	112.20	111.31
C7—N—C19	116.19	113.36	113.14
C13—N—C19	116.63	113.15	123.52
N—C13—O	113.84	113.43	113.55
C13—O—C17	114.31	114.74	114.84
O—C17—C18	120.47	121.65	122.01
C17—C18—C19	120.38	120.64	120.48
C18—C19—N	114.83	113.37	113.14

表 3.6　几种苯并噁嗪单体的二面角 (°) [3]

二面角	24ClPH-a	24MePH-a	4MePH-a
C5—C7—N—C13	−5.62	−111.85	−114.61
C5—N—C19—O	171.19	174.12	174.22
N—C13—O—C17	51.32	47.43	46.05
C13—O—C17—C18	−28.26	−19.91	−18.63
O—C17—C18—C19	−0.41	0.25	0.36
C18—C19—N—C7	−13.23	−7.96	−9.42
C18—C19—N—C13	159.61	164.22	165.58
C19—N—C13—O	15.56	31.66	36.07

　　进一步得到三种单体结构中各原子的电负性，见表 3.7。从表中可以看到，与普通认知相反，噁嗪环中 N 上的电荷密度要大于 O 上的电荷密度。产生这个结构的原因，主要是 O 原子与取代苯环形成有效的电子云重叠，在一定程度上抵消了 O 原子的吸电子能力，导致 O 原子的电荷密度降低。同时，由于吸电子的 N 和 O 原子的共同作用，C13 具有电正性，这为噁嗪环进行离子开环提供了可能。

表 3.7　几种苯并噁嗪单体中各原子的电负性[3]

原子	24ClPH-a	24MePH-a	4MePH-a
H2	0.1345	0.1340	0.1341
C1	−0.1618	−0.1269	−0.1266
C3	−0.0957	−0.1313	0.1049
H4	0.1324	0.1851	0.1336
C5	−0.1879	−0.1010	−0.1539
H6	0.1312	0.1496	0.1336
C7	0.0756	0.0047	0.0041
C8	−0.1739	−0.1540	−0.1005
H9	0.1347	0.1337	0.1497
C10	−0.0977	−0.1251	−0.1315
H11	0.1325	0.1335	0.1352
N12	−0.2823	−0.2514	−0.2511
C13	0.0904	0.0672	0.0675
H14	0.1345	0.1273	0.1279
H15	0.0746	0.0613	0.0614
O16	−0.1868	−0.2016	−0.2029
C17	0.0840	0.0763	0.0801
C18	−0.1292	−0.1364	−0.1406
C19	0.007	−0.0228	−0.0227
H20	0.0888	0.0717	0.0716
H21	0.1112	0.1120	0.1119
C22	−0.0926	−0.1018	−0.0956
H23	0.1535	0.1329	0.1332
C24	−0.0787	−0.0929	−0.0981
C25	−0.0979	−0.1077	−0.1035
H26	0.1646	0.1339	0.1339
C27	−0.0733	−0.0810	−0.1464

注：随着计算机模拟技术的发展，键长、键角、电负性的计算结果略有变化，但总的规律仍然相同。

键级是评判化学键强弱的一个重要指标，键级数值越大，化学键越稳定。三种苯并噁嗪单体的键级数值见表 3.8。其中，C19—N、C13—N 和 C13—O 的键级相对较小，属于弱键，是潜在的开环点。

表 3.8   几种苯并噁嗪单体的键级[3]

化学键	24ClPH-a	24MePH-a	4MePH-a
C7—N	1.030	0.976	0.976
C19—N	0.944	0.959	0.958
C13—N	0.937	0.946	0.947
C13—O	0.961	0.963	0.962
O—C17	1.043	1.030	1.031
C17—C18	1.341	1.355	1.350
C18—C19	0.978	0.978	0.978

通过质谱可以进一步预测苯并噁嗪的热开环点。表 3.9 给出了 24ClPH-a 在 140℃和 240℃下的质谱测试结果，存在大量—O—Ar 结构，说明噁嗪环结构的开环点主要发生在—CH$_2$—O—Ar 中的 C—O 键上以及部分 C—N 键上[3]。此外，在对二胺型双环苯并噁嗪单体的热重分析-红外(TGA-IR)实验中发现，含不同酚核取代基的双环型苯并噁嗪化合物在 250℃附近分解出的碎片存在大量酚羟基结构，表明高温下苯并噁嗪环中的 C—O 键相对更易断裂。因此，在苯并噁嗪的高温聚合反应中，Ar—O—CH$_2$ 结构中的 C—O 键首先发生异裂生成分子内离子对[4]。

表 3.9   苯并噁嗪 24ClPH-a 在不同温度下的质谱结果[3]

m/z	碎片结构	
	140℃	240℃
30	—	—CH$_2$O—
105	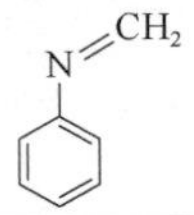	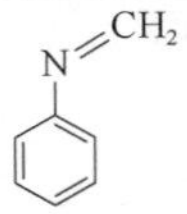
175	—	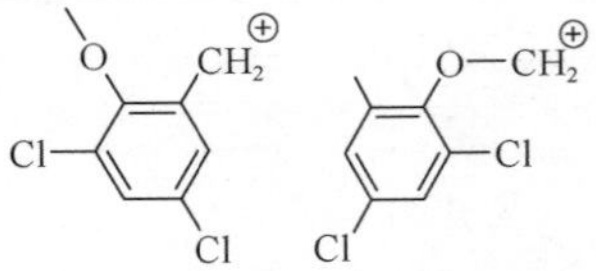
280	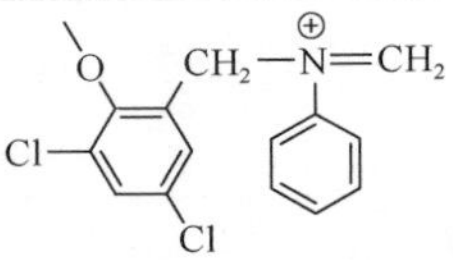	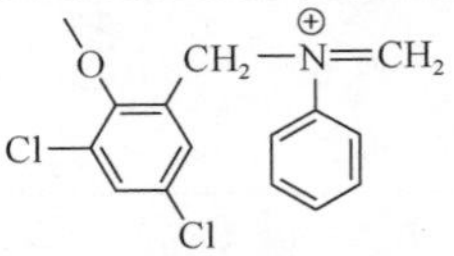

续表

m/z	碎片结构	
	140℃	240℃
294	—	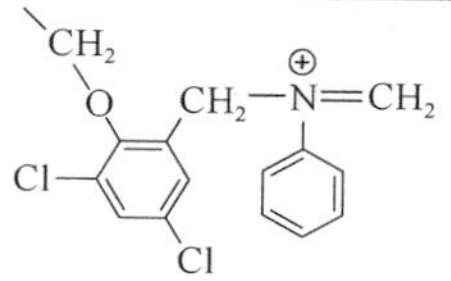
385	—	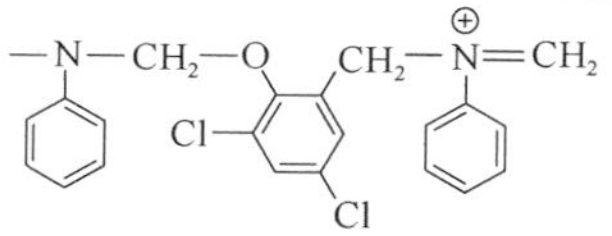

2. 中间体共振结构及稳定性

苯并噁嗪单体在加热情况下会发生阳离子开环聚合反应，开环与聚合反应并不是同时发生的，开环反应发生在聚合反应之前。首先，在高温下噁嗪环 Ar—O—CH$_2$ 结构中的 C—O 键发生异裂生成苯氧基负离子 O$^-$ 和碳正离子 $^+$CH$_2$ (图 3.5b)，$^+$CH$_2$ 上的正电荷会迁移到 N 原子上，产生亚胺正离子(图 3.5a)，结构 **a** 和 **b** 是以共振的形式作为苯并噁嗪固化反应的中间体同时存在的。随后，通过结构 **b** 中的 $^+$CH$_2$ 进行苯并噁嗪的聚合链增长反应，此时，结构 **a** 中的亚胺正离子是不能发生进一步聚合反应的。也就是说，对苯并噁嗪聚合反应起决定作用的是结构 **b** 的稳定性与相对含量。若中间体 **b** 的化学稳定性优于中间体 **a**，此时共振平衡将移向 **b**，会有更多的结构 **a** 转变为能够发生交联反应的 **b**，致使 **b** 的相对含量增加，进而导致由其主导的聚合链增长速率增加。

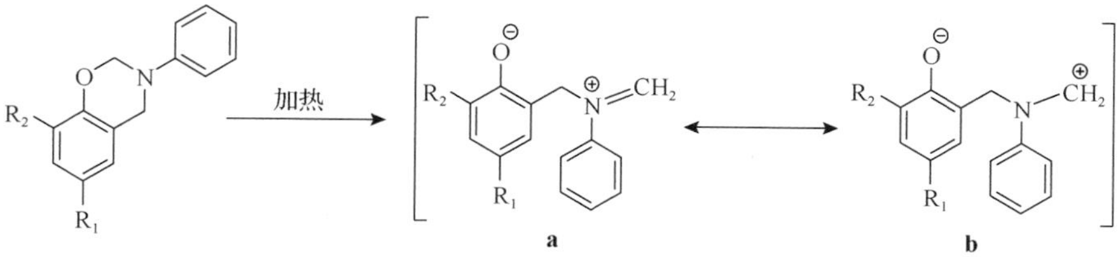

4ClPH-a: R$_1$=Cl, R$_2$=H; 4MePH-a: R$_1$=CH$_3$, R$_2$=H; 24ClPH-a: R$_1$=R$_2$=Cl; 24MePH-a: R$_1$=R$_2$=CH$_3$

图 3.5　苯并噁嗪单体的热开环中间体共振结构

苯并噁嗪结构中的取代基对中间体的稳定性有一定的影响。按照量子化学的研究结果，苯并噁嗪中连接在 N 原子上的苯环受酚核取代基的影响而采取不同的取向：供电性基团可使苯环采取近似垂直于噁嗪面的取向，吸电子基团使苯环与噁嗪面采取共面的取向。在过渡态中间体结构中，N 原子上带部分正电荷，当连接在 N 原子上的苯环与噁嗪面共面时，有利于 N 上的 p 空轨道与苯环电子云重叠。

此外，酚核上的吸电性基团还有利于提高氧负离子的稳定性。因此，图 3.5 中的中间体的稳定性顺序为 24ClPH-a＞4ClPH-a＞4MePH-a，当 $R_1=R_2=CH_3$ 时，过渡态中间体的稳定性极差，高温下难以存在[4]。

通过对比苯并噁嗪固化过程中的失重现象可以对中间体共振结构的稳定性进行研究。表 3.10 给出了 BA-a 在不同固化温度下的失重率以及通过 DSC 测试热焓得到的固化程度。BA-a 单体在固化过程中的质量损失主要集中在固化初期和中期，即噁嗪环大量开环阶段，此时体系中存在大量中间体，可裂解部分多，质量损失较为明显。对挥发物收集后进行表征和分析可知，各阶段的挥发物如下：160℃固化过程中的挥发物为三嗪、Schiff 碱和亚胺盐，180℃的挥发物主要为三嗪，200℃的挥发物主要为苯胺。

表 3.10   BA-a 在不同固化温度下的失重率及固化程度[5]

样品	失重率/%	ΔH/(J/g)	固化程度/%
BA-a	0	356.3	0
BA-a(160℃，5h)	0.75	297.9	16.4
BA-a(180℃，2h)	0.64	123.9	65.2
BA-a(200℃，2h)	0.40	31.3	91.2

苯并噁嗪在固化过程中的中间体结构变化与质量损失存在直接关系。图 3.6 是 BA-a 在各阶段固化样品的红外光谱图。在 160℃固化 5h 后，苯并噁嗪发生了轻微的开环反应，同时存在噁嗪环开环后产生的 C＝N⁺—亚胺正离子结构（1680cm⁻¹ 处）和亚胺结构断裂产生的 C＝N—结构（1655cm⁻¹ 处）。180℃固化 2h 后，亚胺含量减小；3h 后噁嗪环及中间体亚胺结构完全消失并出现少量苯胺，同时，Mannich 桥结构明显增多。

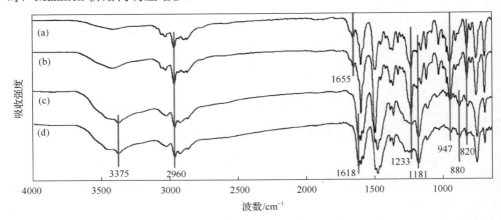

图 3.6   BA-a 在不同固化阶段的 FTIR 谱图
(a)160℃，5h; (b)180℃，2h; (c)180℃，3h; (d)200℃，2.5h

BA-a 在固化过程中的中间体 C═N—结构和 C═N⁺—亚胺正离子结构的变化如图 3.7 所示。在固化反应初期阶段，苯并噁嗪单体发生热开环反应，形成碳正离子和亚胺正离子中间体共振结构，此时噁嗪环的开环反应速率远大于链增长反应，导致部分含有亚胺正离子结构的中间体存在，这类中间体难以参与聚合反应，其中部分 C—N 键发生断裂，一部分生成分子量较小的 Schiff 碱结构，该结构或残留在聚合物中或逸出造成质量损失，逸出的部分或在高温下与水汽作用形成亚胺盐结构或三聚成环形成三嗪。随着固化温度的逐渐升高，亚胺盐结构遭到破坏，脱水成 Schiff 碱并进一步三聚成三嗪化合物。在固化中后期，中间体迅速消耗，Mannich 桥结构开始大量形成，聚合反应集中发生。

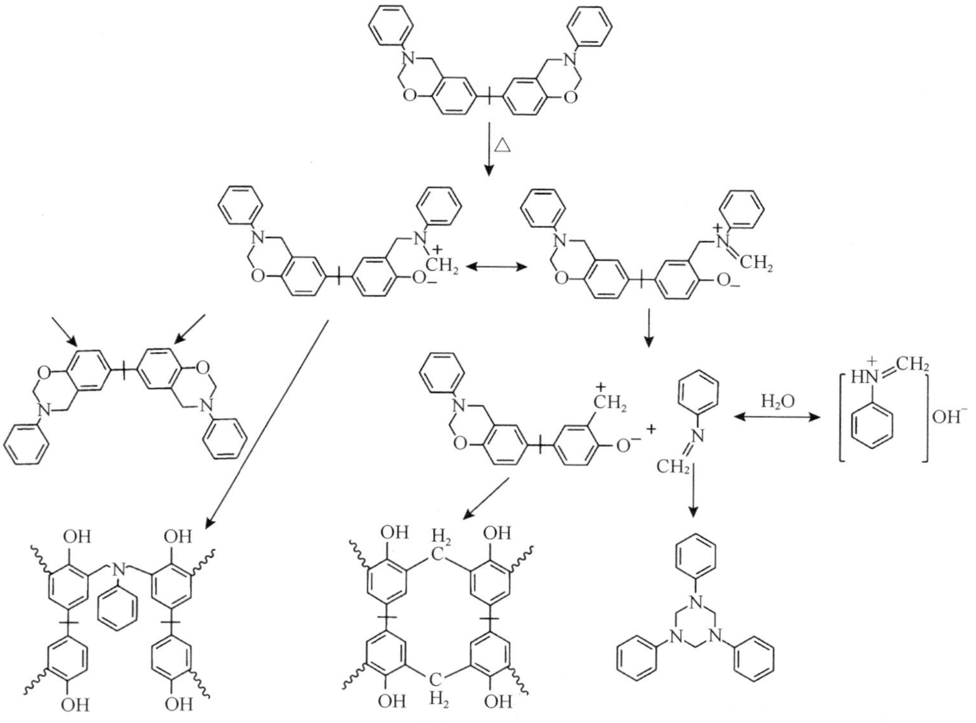

图 3.7　BA-a 固化过程中的中间体的变化

3. 热聚合阳离子机理及产物结构

苯并噁嗪由于 O 原子的存在，其热聚合是阳离子开环反应。苯胺型苯并噁嗪开环后的结构中含有包括 O、酚羟基邻位、苯胺基对位等多个具有电负性的潜在交联点，导致固化反应中间体中的碳正离子⁺CH₂可能会进攻以上三类交联位点，最终形成苯氧 Mannich 桥结构（Ⅰ）、酚邻位 Mannich 桥结构（Ⅱ）以及芳香胺对位 Mannich 桥结构（Ⅲ）。已有研究表明，一般情况下，Ⅱ为聚苯并噁嗪的主要交联结构。需要说明的是，如果酚的对位没有被占据，则还有可能在酚的对位形成交联结构。

这里，以 4ClPH-a、4MePH-a、24ClPH-a 和 4MePH-a 四种苯并噁嗪为对象，对苯并噁嗪的热聚合阳离子反应机理进行阐述，其聚合反应可能的反应路径如图 3.8 所示[4]。

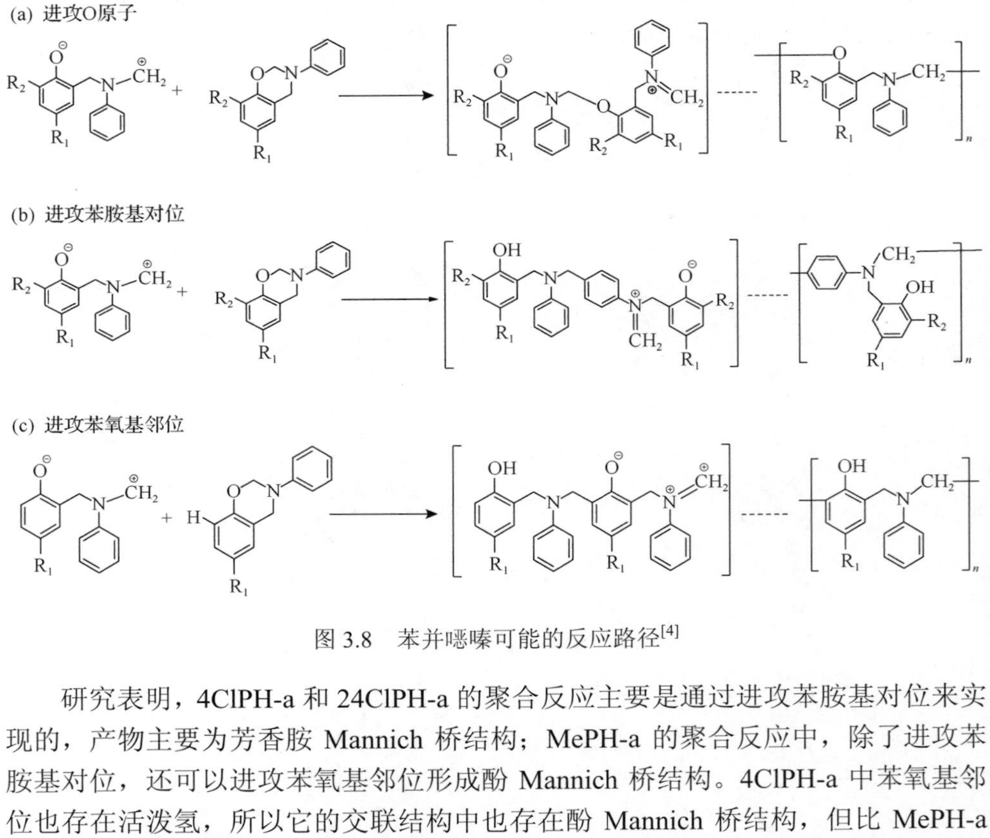

(a) 进攻O原子

(b) 进攻苯胺基对位

(c) 进攻苯氧基邻位

图 3.8　苯并噁嗪可能的反应路径[4]

研究表明，4ClPH-a 和 24ClPH-a 的聚合反应主要是通过进攻苯胺基对位来实现的，产物主要为芳香胺 Mannich 桥结构；MePH-a 的聚合反应中，除了进攻苯胺基对位，还可以进攻苯氧基邻位形成酚 Mannich 桥结构。4ClPH-a 中苯氧基邻位也存在活泼氢，所以它的交联结构中也存在酚 Mannich 桥结构，但比 MePH-a 的反应程度要低一些，其主要原因在于酚核取代基的影响，4ClPH-a 中苯氧基对位被吸电子取代基 Cl 取代，由于吸电子取代基的诱导效应，苯氧基邻位电子云密度下降，不利于碳正离子进行亲电取代反应；而在 MePH-a 中，由于苯氧基对位供电性取代基—CH₃ 的影响，邻位上电子云密度增大，使得碳正离子进攻苯氧基邻位的亲电取代反应更容易发生。而对于 24MePH-a，由于酚核上两个甲基的供电性及位阻的影响，其聚合程度很低。

3.1.3　苯并噁嗪的热聚合反应动力学

1. 凝胶反应动力学

反应活化能是指一个化学反应发生所需要的能量。凝胶反应是热固性树脂发生固化反应过程中的一个重要节点，凝胶反应活化能与固化反应活性直接相关。凝胶反应活化能小，表明树脂体系的反应活性较大，反之亦然。研究苯并噁嗪的凝胶反应动力学对认识其聚合反应历程是很有必要的。凝胶反应动力学是基于 Arrhenius 方程[式 (3-1)]建立起来的。

$$t_{\text{gel}} = A \exp\left(-\frac{E_{\text{a}}}{RT}\right) \tag{3-1}$$

式中：t_{gel} 为凝胶化时间；A 为指前因子；E_{a} 为凝胶反应活化能；R 为摩尔气体常量；T 为测定凝胶化时间的热力学温度。通过测定不同温度下苯并噁嗪树脂的凝胶化时间，基于式 (3-1) 作图并进行线性拟合，即可得到斜率，进而计算得到树脂的凝胶反应活化能。基于此方法，可得到双环苯并噁嗪 PH-ddm 的凝胶反应活化能为 120.0kJ/mol[1]。

2. 固化反应动力学

研究固化反应动力学对认识其固化过程、设定固化工艺有着重要的意义。目前，DSC 是用于研究苯并噁嗪固化反应动力学的主要方法。DSC 测试假定体系在固化过程中释放的热量与反应速率成正比，其表达式为

$$\frac{\text{d}\alpha}{\text{d}t} = \frac{1}{Q_{\text{cure}}} \frac{\text{d}Q}{\text{d}t} \tag{3-2}$$

式中：$\text{d}\alpha/\text{d}t$ 为聚合反应速率；α 为转化率；$\text{d}Q/\text{d}t$ 为热流；Q_{cure} 为反应的总热焓。对于非等温固化体系，其动力学分析的表达式为

$$\frac{\text{d}\alpha}{\text{d}t} = \beta\frac{\text{d}\alpha}{\text{d}T} = k(T)f(\alpha) \tag{3-3}$$

式中：$f(\alpha)$ 为反应机理函数（一般分为 n 级反应和自催化反应机理，其特征是最大聚合反应速率分别在固化程度为 0 和固化程度为 20%～40% 之间，其表达式分别为 $f(\alpha)=(1-\alpha)^n$ 和 $f(\alpha)=(1-\alpha)^m\alpha^n$）；$\beta=\text{d}T/\text{d}t$ 为升温速率；$k(T)$ 为反应速率常数，其表达式为

$$k(T) = A \exp\left(-\frac{E_a}{RT}\right) \tag{3-4}$$

式中：A 为指前因子；E_a 为表观反应活化能；R 为摩尔气体常量；T 为热力学温度。将式(3-4)代入式(3-3)中可得

$$\frac{\mathrm{d}\alpha}{\mathrm{d}t} = \beta \frac{\mathrm{d}\alpha}{\mathrm{d}T} = A \exp\left(-\frac{E_a}{RT}\right) f(\alpha) \tag{3-5}$$

目前常用于非等温动力学计算的方法主要有 Kissinger 法、Ozawa 法、Flynn-Wall-Ozawa 法、Málek 法等。

1）Kissinger 法

Kissinger 法是通过 $\ln\beta/T_p^2$ 对 $1/T_p$ 作图，根据所得拟合直线的斜率来计算体系的表观活化能的一种方法。其表达式为

$$\ln\left(\frac{\beta}{T_p^2}\right) = \ln\left(Q_p \frac{AR}{E_a}\right) - \frac{E_a}{RT_p} \tag{3-6}$$

式中：β 为升温速率；T_p 为 DSC 曲线上的峰值温度；E_a 为表观活化能；R 为摩尔气体常量。通过 $\ln(\beta/T_p^2)$ 对 $1/T_p$ 作图，根据所得直线的斜率可求得体系的表观活化能。

2）Ozawa 法

与 Kissinger 法类似，Ozawa 法[式(3-7)]是通过 $\ln\beta$ 对 $1/T_p$ 作图，根据所得斜率求得体系的表观活化能。

$$\ln\beta = \ln\left(\frac{AE_a}{RG(\alpha)}\right) - 5.331 - 1.052 \frac{E_a}{RT_p} \tag{3-7}$$

3）Flynn-Wall-Ozawa 法

Flynn-Wall-Ozawa 法是一种计算等转化率活化能的常用方程，等转化率法假定体系的表观活化能和指前因子是随固化程度变化的函数，因此采用等转化率法可以消除等温和非等温实验之间的误差。Flynn-Wall-Ozawa 法表达式如式(3-8)所示。

$$\ln\beta = \ln\left(\frac{AE_a}{RG(\alpha)}\right) - 5.331 - 1.052 \frac{E_a}{RT_\alpha} \tag{3-8}$$

式中：E_a 为转化率为 α 时的表观活化能；T_α 为不同升温速率下，转化率为 α 时的热力学温度；$G(\alpha)$ 为一积分函数。通过 $\ln\beta$ 对不同转化率时的温度进行线性拟合，可得到体系在不同转化率时的表观活化能。

4) Málek 法

Málek 法是根据两个定义函数 $y(\alpha)$ 和 $z(\alpha)$ 来确定动力学模型函数 $f(\alpha)$，即式 (3-9) 和式 (3-10)，之后据此计算相关的动力学参数。

$$y(\alpha) = \frac{\mathrm{d}\alpha}{\mathrm{d}t}\mathrm{e}^{\mu} \tag{3-9}$$

$$z(\alpha) = \pi(\mu)\frac{\mathrm{d}\alpha}{\mathrm{d}t}\frac{T}{\beta} \tag{3-10}$$

式中：μ 为 E_a/RT；β 为升温速率；$\pi(\mu)$ 是温度积分式。

基于恒温 DSC 测试也可对热固性树脂的固化反应动力学进行研究。反应速率 $\mathrm{d}\alpha/\mathrm{d}t$ 与在时间 t 内达到的转化率 α 可通过式 (3-11) 和式 (3-12) 表示。

$$\mathrm{d}\alpha/\mathrm{d}t = (\mathrm{d}H/\mathrm{d}t)_{\mathrm{iso}}/\Delta H_{\mathrm{tot}} \tag{3-11}$$

$$\alpha = \Delta H_t/(\Delta H_{\mathrm{iso}} + \Delta H_{\mathrm{resid}}) \tag{3-12}$$

式中：$(\mathrm{d}H/\mathrm{d}t)_{\mathrm{iso}}$ 由恒温 DSC 测试曲线获得；ΔH_{tot} 为反应总热焓；ΔH_t 为到测试时间 t 时的反应热焓，通过到时间 t 的恒温 DSC 曲线积分获得；ΔH_{iso} 为在每个恒温实验温度下的总热焓。综合式 (3-11) 和式 (3-12) 可得到反应速率与反应程度的关系图，然后使用适用于自催化和扩散控制机理的 Kamal 模型对上述关系图进行非线性拟合，即可得到反应级数 m 和 n。Kamal 模型表达式为

$$\mathrm{d}\alpha/\mathrm{d}t = (f_1 + f_2\alpha^m)(\alpha_{\max} - \alpha)^n \tag{3-13}$$

式中：f_1 和 f_2 为模型参数。

动力学研究方法的优势在于无须详细了解体系的固化反应机理即可对其体系的固化反应动力学进行研究，这些方法已经被用于苯并噁嗪树脂固化反应动力学的研究。

3. 典型结构苯并噁嗪树脂的固化反应动力学

BA-a 是典型苯并噁嗪树脂之一，也是苯并噁嗪树脂的固化动力学最早的研究对象。采用 Kissinger 和 Ozawa 法对 BA-a 的固化反应动力学进行研究得到的表观活化能分别为 98.1kJ/mol 和 101.7kJ/mol。采用 Flynn-Wall-Ozawa 法对 BA-a 的等

转化率活化能(E_{ai})进行归一化，见图 3.9，即可得到不同转化率下的活化能，如图 3.10 所示。在聚合反应初期(转化率较低时)，BA-a 开环聚合产生的酚羟基能够进一步催化苯并噁嗪的开环聚合反应，使得体系活化能随转化率的增加而降低，之后随着固化反应的进行，体系黏度均逐渐增加，分子链运动困难，体系的固化反应由化学反应控制变为扩散控制，活化能在固化反应后期随转化率的增加而逐渐升高[6]。

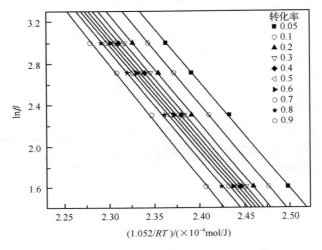

图 3.9　BA-a 的 Flynn-Wall-Ozawa 曲线[6]

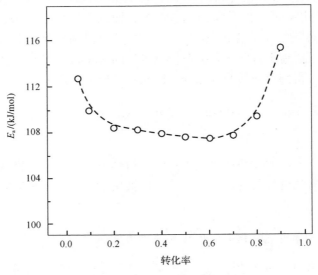

图 3.10　BA-a 的活化能与转化率的关系[6]

采用升温 DSC 方法，基于 Málek 法可得到 BA-a 的动力学参数，见表 3.11，BA-a 的总反应级数 $m+n$ 为 3.84。反应级数与体系中化学反应的复杂性相关，也与苯并噁嗪的链增长模式相关。BA-a 在热聚合过程中的链增长模式为逐步聚合，体系中存在单体与单体、单体与低聚体或低聚体与低聚体之间的化学反应以及酚羟基催化苯并噁嗪的聚合反应，使得整个过程中的化学反应相对复杂。此外，基于 Freeman-Carroll 方法和 Kay-Westwood 方法得到 BA-a 的反应级数分别为 1.96 和 1.90，接近于 2。不同的研究方法采用的动力学方程不同，前置条件不同，得到的动力学参数也是不同的。

表 3.11 基于 Málek 法得到的 BA-a 的动力学参数[6]

升温速率/(℃/min)	m	n	$m+n$
5	2.10	2.36	4.46
10	2.03	2.06	4.09
15	1.67	1.79	3.46
20	1.62	1.72	3.34
平均值	1.86	1.98	3.84

苯并噁嗪结构中苯环上取代基的类型、数量和位置都会影响到苯并噁嗪的动力学参数。表 3.12 是几种含有不同取代基的二胺型苯并噁嗪基于 Freeman-Carroll 方法得到的动力学参数。当苯氧基邻、对位连有吸电子基团 Cl 时，24ClPH-ddm 的热开环聚合反应级数接近于 1，其他结构单体的反应级数在 2 左右。

表 3.12 几种苯并噁嗪单体的动力学参数[4]

苯并噁嗪单体	4ClPH-ddm	4MePH-ddm	24ClPH-ddm	24MePH-ddm
反应级数	1.84	1.93	1.02	2.05

3.1.4 取代基电子效应对苯并噁嗪热聚合反应的影响

苯并噁嗪的热聚合反应主要发生噁嗪环上的 C—O 键的断裂以及中间体的进一步交联，当酚核或芳香胺上连有取代基时，取代基的电子效应和空间位阻效应会直接影响到苯并噁嗪的开环与交联反应。

1. 芳香环上取代基对苯并噁嗪热聚合反应的影响

对于苯酚/苯胺型苯并噁嗪单体，当酚核的对位存在—NO_2、—CHO、Cl 等吸电子取代基时，取代基的吸电子能力越强，单体的聚合反应温度越低，这是因为吸电子取代基一方面会降低噁嗪环 O 上的电子云密度，使 C—O 键更易断裂，另一方面会使开环后酚羟基的酸性提高，使得酚羟基的自催化效果更强。当芳香胺的对位有吸电子取代基时，会破坏固化中间体亚胺离子的稳定性，使链增长难以进行，导致聚合反应温度升高。而当酚核的对位或芳香胺的对位有—CH_3、—OCH_3

等供电子基团时，它们对苯并噁嗪的热聚合反应的影响不大。对于酚类/二胺型苯并噁嗪单体，当酚上连有吸电性取代基如 Cl 时，单体的聚合起始反应温度降低，当连有供电性取代基如—CH$_3$ 时，单体的聚合反应温度相对较高[7]。

2. 双酚的桥接基团对苯并噁嗪热聚合反应的影响

对于双酚/苯胺型苯并噁嗪单体，双酚的桥接基团对苯并噁嗪热聚合反应的影响是很大的。图 3.11 是双酚桥接基团分别为—C(CH$_3$)$_2$—（BA-a）、—CH$_2$—（BF-a）、—O—（BO-a）、—CO—（BZ-a）、—SO$_2$—（BS-a）和单键（BP-a）的六种苯并噁嗪单体。从结构可以看出，以桥接基团为单键的 BP-a 为参比，供电子桥接基团的供电子能力大小顺序为：—C(CH$_3$)$_2$—＞—CH$_2$—＞—O—，而吸电子桥接基团的吸电子能力大小顺序为：—SO$_2$—＞—CO—。

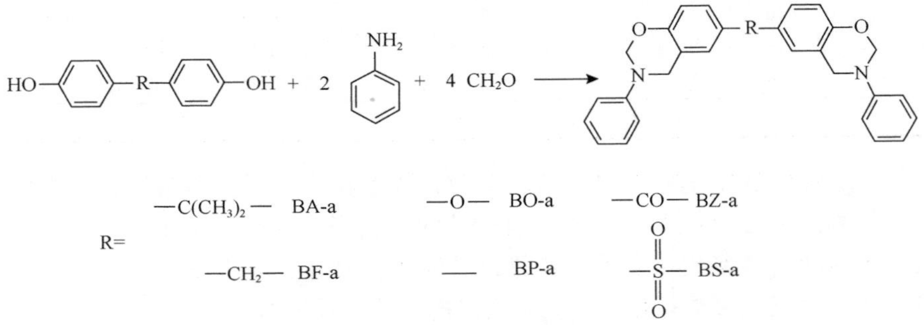

图 3.11   不同桥接基团的双酚/苯胺型苯并噁嗪单体

1) 对固化反应温度的影响

对于双酚体系，桥接基团为供电子基团的体系的固化反应放热峰值温度会向高温移动，桥接基团为吸电子基团的体系的固化反应放热峰值温度向低温移动。六种不同桥接基团的苯并噁嗪单体的 DSC 结果见表 3.13。当桥接基团为供电子基团时，对应的苯并噁嗪单体热开环聚合的峰值温度高低顺序为：BA-a＞BF-a＞BO-a；而 BZ-a 和 BS-a 体系由于桥接基团为吸电子基团，其放热峰值温度向低温移动，且 BS-a 的峰值温度要低于 BZ-a[8]。

表 3.13   双酚型苯并噁嗪单体的 DSC 数据

苯并噁嗪	T_{onset}/℃	T_{peak}/℃	ΔH/(kJ/mol)
BA-a	261	267	144.0
BF-a	257	264	140.2
BO-a	254	260	144.8
BP-a	251	257	143.9
BZ-a	234	239	160.7
BS-a	206	215	157.3

2) 对反应速率的影响

在恒定的温度下，供电子桥接基团会使单体的固化反应变慢，而吸电子桥接基团则相反。转化率与时间的关系能够更加直观地反映出反应速率的大小，各单体的转化率随时间变化的曲线如图 3.12 所示。可以看到，含有吸电子桥接基团($-SO_2-$)的 BS-a 仅仅反应 10min 后的转化率已达到 90% 以上，而含有供电子桥接基团[$-C(CH_3)_2-$]的 BA-a 在反应 30min 后的转化率还不到 20%[8]。

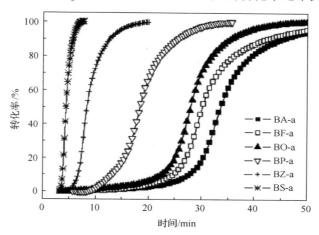

图 3.12　不同桥接基团的双酚型苯并噁嗪单体在 210℃ 的转化率-时间曲线

3) 对反应表观活化能的影响

不同桥接基团的双酚型苯并噁嗪单体的表观活化能的结果列于表 3.14 中。相对于 BP-a，含有供电子桥接基团的单体 BA-a、BF-a 和 BO-a 的表观活化能小幅增大，且其大小顺序与苯并噁嗪单体桥接基团的供电子能力大小顺序相一致；而含有吸电子桥接基团的单体 BZ-a 和 BS-a 的表观活化能大幅度减小，表明固化反应更容易进行[9]。

表 3.14　不同桥接基团的双酚型苯并噁嗪单体的表观活化能(kJ/mol)

计算方法	BA-a	BF-a	BO-a	BP-a	BZ-a	BS-a
Kissinger 法	102.0	101.1	100.6	98.4	68.5	65.8
Ozawa 法	105.5	104.6	104.1	101.9	73.2	70.2

通过 Flynn-Wall-Ozawa 方程得到聚合反应表观活化能随转化率变化的关系，如图 3.13 所示。在整个固化过程中，含有供电子桥接基团的体系 BA-a、BF-a、BO-a 的固化反应表观活化能比 BP-a 高，而含有吸电子桥接基团的 BZ-a 和 BS-a 的表观活化能比 BP-a 低。此外，BS-a 体系在转化率仅为 30% 时表观活化能就迅速增大，而其他体系在转化率高于 70% 后表观活化能才迅速增大，这说明 BZ-a

和 BS-a 体系在转化率较低的时候反应已经进入扩散控制的阶段[8]。

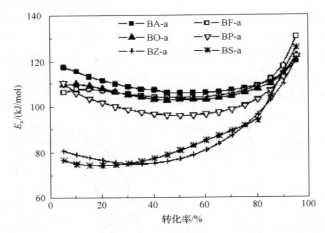

图 3.13   双酚型苯并噁嗪单体的表观活化能与转化率的关系曲线

4）对反应级数的影响

基于恒温 DSC 测试以及 Arrhenius 方程和自催化方程得到六种苯并噁嗪单体的动力学参数，见表 3.15。含有供电子桥接基团的单体频率因子 A 较小，而含有吸电子桥接基团的单体频率因子较大，这表明桥接基团的电子效应影响了固化反应有效碰撞的概率。各个体系反应级数 n 相差不大，但含有供电子桥接基团的单体的反应级数 m 较大，含有吸电子桥接基团的单体的 m 较小[9]。

表 3.15   双酚型苯并噁嗪单体的反应动力学参数

苯并噁嗪	$A/(\times 10^9\ \mathrm{s}^{-1})$	$E_a\ /(\mathrm{kJ/mol})$	m	n
BA-a	3.37	112	1.49	1.96
BF-a	3.56	109	1.46	2.03
BO-a	3.69	103	1.54	1.85
BP-a	4.43	100	1.39	1.87
BZ-a	5.23	82	1.02	1.90
BS-a	5.77	73	0.91	1.80

5）分子模拟分析

对双酚型苯并噁嗪进行分子模拟分析，结果见图 3.14。供电子桥接基团使 C—O 键键长减小，供电子能力越强，C—O 键键长越短，越难断裂，热开环聚合反应较难发生。相反，吸电子桥接基团使 C—O 键键长增大，热开环聚合反应较易发生。此外，BA-a、BF-a、BO-a 和 BP-a 体系中 C1 的电荷密度高于 C2，当开环中间体碳正离子进攻 C1 和 C2 时，C1 的反应活性高于 C2；而在 BZ-a 和 BS-a 体系中，C2 的电荷密度高于 C1，碳正离子更易进攻 C2[8]。

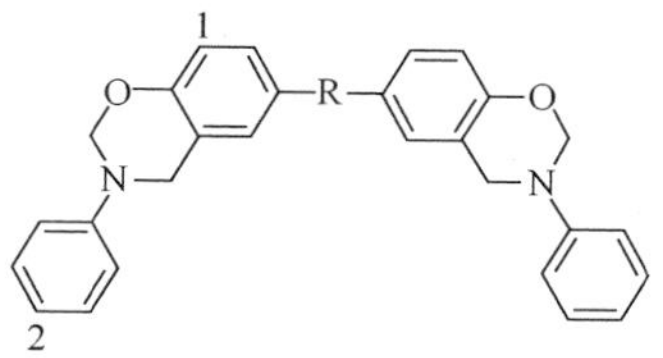

苯并噁嗪	C—O键键长/Å	电荷密度		
		C1	C2	N
BA-a	1.4303	−0.0666	−0.0644	−0.0646
BF-a	1.4308	−0.0653	−0.0634	−0.0646
BO-a	1.4311	−0.0618	−0.0608	−0.0621
BP-a	1.4310	−0.0651	−0.0635	−0.0642
BZ-a	1.4401	−0.0601	−0.0616	−0.0643
BS-a	1.4436	−0.0570	−0.0666	−0.0539

图 3.14　双酚型苯并噁嗪中 C—O 键的键长与部分原子的电荷密度

3. 二胺的桥接基团对苯并噁嗪热聚合反应的影响

二胺的桥接基团同样会对苯并噁嗪的聚合反应产生影响。以桥接基团分别为亚甲基的 4,4′-二氨基二苯甲烷、为醚键的 4,4′-二氨基二苯醚和为砜基的 4,4′-二氨基二苯砜为例，含有强吸电性 4,4′-二氨基二苯砜的苯并噁嗪单体的 DSC 峰值温度为284℃，要高于含供电性4,4′-二氨基二苯甲烷的苯并噁嗪单体的峰值温度(272℃)。此外，分子模拟分析结果表明，砜基的强吸电性使电子向桥接基团靠拢，致使离桥接基团较近的 N 原子和 C 原子的电荷密度增加，远端的 O 原子的电荷密度减小；同时，C—O 键的键长减小，需要更高的热量才能发生异裂。而供电子桥接基团表现出相反的作用。因此，当二胺的桥接基团具有吸电性时，苯并噁嗪单体的固化温度会有所增加，具有供电性时，单体的固化温度相对较低[10]。

3.1.5　氢键对苯并噁嗪热聚合反应的影响

1. 氢键与苯并噁嗪热聚合

聚苯并噁嗪交联密度相对较低。有报道推测氢键可能影响聚合反应，导致产物交联密度较低。利用红外光谱定量功能，采用高斯方程对对甲酚/苯胺型苯并噁嗪(pC-a)、对甲酚/苄胺型苯并噁嗪 (pC-ba) 和对甲酚/环己胺型苯并噁嗪 (pC-c) 在160℃下聚合不同时间后的 FTIR 谱图(3800~2000cm^{-1})进行分峰，计算得到样品中各种氢键的相对含量[11,12]。经计算后发现，随着聚合时间的增加，聚合物 poly(pC-a)、poly(pC-ba) 和 poly(pC-c) 中 OH···N 氢键均占主导。聚合 24h 后，poly(pC-a)、 poly(pC-ba)和 poly(pC-c)中 OH···N 氢键的含量分别为 86.2%、86.9%和 93.0%（图 3.15）。用分子动力学模拟方法计算苯并噁嗪聚合过程中的氢键变化，也证实 poly(pC-a)、poly(pC-ba)和 poly(pC-c)在交联过程中主要形成 OH···N 氢键。

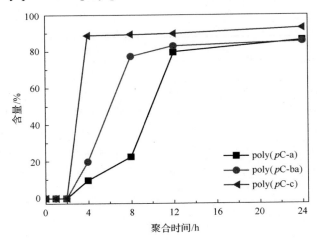

图 3.15   poly(pC-a)、poly(pC-ba)和 poly(pC-c)的 OH···N 氢键含量-聚合时间关系图

苯并噁嗪主要的聚合反应位点为酚羟基邻位。采用计算机模拟技术计算 poly(pC-a)、poly(pC-ba)和 poly(pC-c)形成 OH···N 氢键后酚羟基邻位的电荷密度。结果表明，若未形成氢键，poly(pC-a)、poly(pC-ba)和 poly(pC-c)中酚羟基邻位碳原子的电荷密度分别为–0.064、–0.057 和–0.063。而当形成 OH···N 氢键后，碳原子的电荷密度依次减小为–0.056、–0.051 和–0.050，即当形成 OH···N 氢键后，聚苯并噁嗪酚羟基邻位碳原子的电荷密度均有所降低。由于酚羟基邻位反应属于亲电取代反应，因此酚羟基邻位电荷密度降低将会导致反应活性降低，即 OH···N 氢键降低了酚羟基邻位碳原子的电荷密度进而阻碍苯并噁嗪聚合。

实验结果说明，在 160℃下聚合 24h 后，pC-a、pC-ba 和 pC-c 的转化率分别为 96.2%、90.1%和 93.3%，而聚合物分子量分别为 1093、770 和 725。这说明几乎所有的苯并噁嗪在该聚合条件下已参与反应，但是仅获得低聚物。

2. 双酚 A/苯胺型苯并噁嗪聚合过程中的氢键变化

研究苯并噁嗪聚合过程中氢键的变化有助于理解聚苯并噁嗪氢键及苯并噁嗪结构与性能之间的关系。本小节以典型结构双酚 A/苯胺型苯并噁嗪（BA-a）为例[13]，采用红外光谱对 BA-a 固化过程中的氢键变化情况进行分析。随着固化的进行，BA-a 固化产物中酚羟基吸收峰[图 3.16(a)，3600～2000cm^{-1}]强度随固化度增加而增强，且经 160℃固化后显著增强。Ⅰ、Ⅱ、Ⅲ和Ⅳ区分别为 OH···π 氢键（3550cm^{-1} 附近）、OH···O 氢键（3417cm^{-1} 附近）、OH···N 氢键（3171cm^{-1} 附近）和 O$^-$···H$^+$N

氢键(2830cm^{-1}附近)键合酚羟基的红外吸收区域。

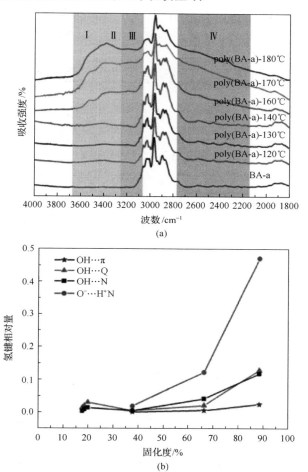

图 3.16　双酚 A/苯胺型苯并噁嗪固化过程中 4000～1800cm^{-1} 范围
内的 FTIR 谱图(a)及氢键相对量与固化度的关系(b)

由于上述酚羟基特征吸收峰互相重叠,采用分峰技术对图 3.16(a)中各红外光谱谱图进行分峰。经计算得到各氢键的相对量,如图 3.16(b)所示。

文献报道,聚苯并噁嗪氢键主要为 OH⋯N 氢键(OH⋯N 和 O$^-$⋯H$^+$N),但从图 3.16(b)可以看出,当固化度较低时(低于 40%),产物仅存在 OH⋯N 和 OH⋯O 形式氢键,且 OH⋯O 氢键占主导。例如,当固化度为 19.6%时,OH⋯O 氢键的含量为 68%。但当固化度高于 40%时,出现了 OH⋯π 和 O$^-$⋯H$^+$N(OH⋯N ⟷ O$^-$⋯H$^+$N)形式氢键,此时 OH⋯N 氢键才变为占主导。又如,固化度为 66% 时,OH⋯N 氢键的含量为 86%。这说明主要氢键会在 BA-a 热固化过程中发生变化，且转变点出现在固化度约为 40%时，这与热固化过程中发生凝胶化时的固化度接近。由于 OH···N 氢键阻碍苯并噁嗪发生聚合反应，占主导地位氢键的改变可能是苯并噁嗪容易发生开环反应，但交联密度不高的原因。

3.2　苯并噁嗪树脂的催化聚合反应

苯并噁嗪的热聚合反应通常需要在 200℃以上长时间进行，较高的固化温度与长的固化周期限制了苯并噁嗪树脂应用的推广。同其他热固性树脂一样，通过加入催化剂也可以降低苯并噁嗪树脂的固化反应温度、缩短固化时间。苯并噁嗪固化反应的实质是噁嗪环上 CH_2—O 键的断裂，因此，只要能够影响 C、O 上的电荷密度，促进此键断裂的化合物都能够作为苯并噁嗪树脂的催化剂。能够作为苯并噁嗪催化剂的物质很多，按照酸碱性可以将其分为酸性催化剂和碱性催化剂两大类。酸性催化剂包括有机酸、Lewis 酸等，碱性催化剂包括咪唑、胺类化合物等。

3.2.1　酸性催化剂及催化聚合反应机理

1. 有机酸催化

三氟乙酸、对甲苯磺酸、乙酸、己二酸、癸二酸、酚类化合物等有机酸的加入，均能有效地催化苯并噁嗪树脂的聚合反应。

1) 有机强酸

三氟乙酸、对甲苯磺酸等有机强酸对苯并噁嗪的聚合反应的催化作用十分明显。有机强酸可以在相对较低的温度下催化苯并噁嗪的开环，同时形成的中间体以碳正离子结构为主，因此可以在开环的同时迅速发生交联聚合反应[14]。此外，动力学研究表明，对甲苯磺酸的加入使得苯并噁嗪在整个固化过程中的表观活化能都降低，这也是催化作用较强的体现[15]。

2) 有机弱酸

乙酸、己二酸、癸二酸等有机弱酸也能对苯并噁嗪的聚合反应起到明显的催化效应。表 3.16 是加入不同含量己二酸的苯并噁嗪的 DSC 测试相关数据。随着己二酸含量的增加，苯并噁嗪树脂聚合反应初始温度及峰值温度均出现明显降低。当己二酸含量为 5%时，反应初始温度以及反应峰值温度分别从 242℃和 252℃降到 156℃和 190℃。此外，己二酸的加入还会使苯并噁嗪聚合反应放热峰变宽，固化放热变缓，这对于树脂的热固化成型是有利的。

表 3.16　不同己二酸含量的苯并噁嗪的 DSC 测试数据[16]

含量/%	T_{onset}/℃	T_{peak}/℃	ΔH/(J/g)
0	242	252	248
0.5	198	212	264
1	187	208	269
2	178	202	263
5	156	190	264

　　有机酸催化苯并噁嗪聚合反应的机理及最终聚苯并噁嗪的结构均与热聚合反应不同。下面以乙二酸为例，给出了有机弱酸催化苯并噁嗪的开环聚合反应机理，如图 3.17 所示。首先，乙二酸的 H$^+$引发噁嗪环开环，生成亚胺离子化合物和碳正离子化合物中间体。接着，碳正离子优先与苯氧基邻位反应形成酚邻位 Mannich 桥结构[链增长 (1)]；或者，当苯氧基邻位有取代基时，碳正离子还可进攻苯胺的对位形成胺 Mannich 桥结构[链增长 (2)]。最后，中间体亚胺离子进攻分子链的末端中心，形成无张力的开链铵离子 (铵盐) 而终止[4,17]。另有研究表明，酸性较弱的羧酸对苯并噁嗪的催化反应会经历自加速过程，在发生开环反应以后首先形成氨甲基酯结构 (—NCH$_2$OCO—)，反应初期的链增长反应速率较慢，在反应中后期才开始加速[14]。

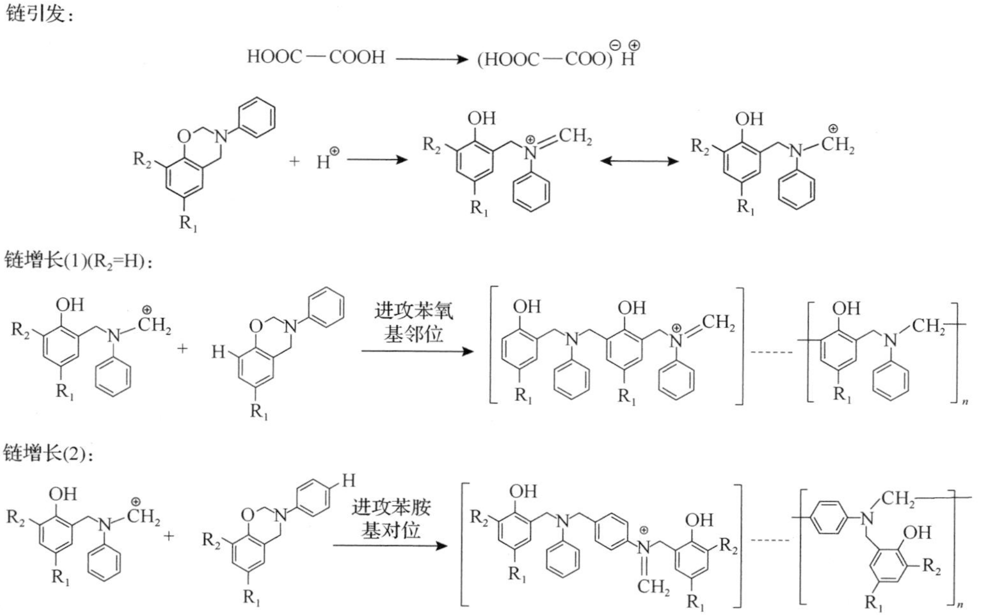

链引发：

链增长 (1)(R_2=H)：

链增长 (2)：

图 3.17　乙二酸催化苯并噁嗪的聚合反应机理[4]

3)酚类化合物

酚类化合物对苯并噁嗪的聚合反应存在催化和共聚的双重作用。在苯并噁嗪的单体合成中，残留的未闭环的酚羟基会使苯并噁嗪的 DSC 峰值温度降低以及凝胶化时间缩短，并且酚羟基化合物的含量越多催化作用就越明显。动力学研究表明，重结晶后高纯度的 BA-a 的表观活化能为 107.11kJ/mol，而未重结晶的、含有部分酚羟基化合物的 BA-a 的表观活化能为 94.08kJ/mol，明显较低[15]。此外，酚羟基化合物对苯并噁嗪的催化作用使得噁嗪环开环反应迅速[14,18]。

酚羟基化合物对苯并噁嗪的催化影响，也可通过分子模拟结构中的键级和键长来研究。当有酚羟基结构存在时，酚羟基与噁嗪环中的 N 原子形成氢键，如图 3.18 所示，由此产生的新的键长和键级见表 3.17。可见，在氢键的作用下，C13—N 的键长减小，C13—O 的键长增加，同时，C13—O 的键级大幅降低，使得 C13—O 变得不稳定，发生断链从而导致噁嗪环打开，而 C13—N 键级增加至 1.772，表现出双键性质[3]。

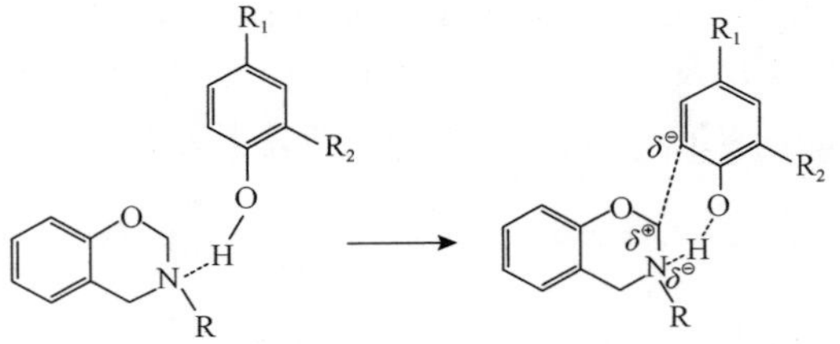

图 3.18   苯并噁嗪在酚羟基作用下的开环过程

表 3.17   苯并噁嗪单体在酚羟基作用下开环过程中的键长和键级

化学键	键长/nm	键级
C7—N	1.443	0.921
C13—N	1.301	1.772
C19—N	1.480	0.862
C13—O	2.858	0.002
O—C17	1.375	1.062

2. Lewis 酸催化

Lewis 酸是指能够接受电子对的物质。Lewis 酸本身含有阳离子，利用该阳离子也可以催化苯并噁嗪的开环反应。氯化金属盐是常见的 Lewis 酸，包括 $AlCl_3$、$CuCl_2$、$FeCl_3$、$MnCl_2$、$ZnCl_2$、$MgCl_2$ 等以及 PCl_5。

$AlCl_3$ 是一种常用的 Lewis 酸，其在 50℃时即可催化苯并噁嗪发生开环交联反应，图 3.19 给出了 MCl_x 催化苯并噁嗪单体的聚合反应机理。首先，催化剂 MCl_x

同微量水反应生成的质子进攻苯并噁嗪单体中的氧原子，导致噁嗪环开环形成亚胺离子和碳正离子共振中间体。接着，碳正离子开始进攻结构中的电负性位点。交联反应主要发生在苯氧原子和苯胺对位上，形成苯氧醚键结构和胺 Mannich 桥结构[4,19]。

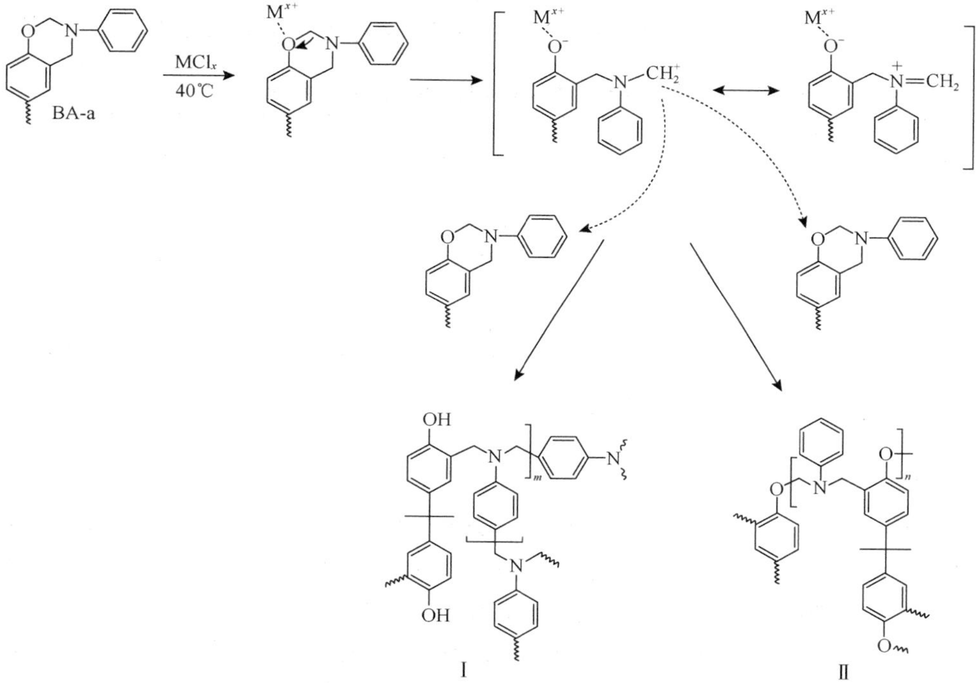

图 3.19　金属氯化物 MCl_x 对 BA-a 的催化聚合反应机理

　　氯化物中不同的阳离子对苯并噁嗪的聚合反应的影响是不一样的。例如，在 40℃下，$CuCl_2$、$AlCl_3$ 和 $FeCl_3$ 可以催化 BA-a 发生开环反应，开环程度可达到 50%以上，原因是金属盐中的金属阳离子外层有空电子轨道，可与苯并噁嗪的 O 原子配位，降低酚核上的电子云密度，使 CH_2—O 键变弱，从而发生开环。由于阳离子降低了酚核上的电子云密度，中间体中的碳正离子倾向于连接在电子云密度相对比较高的苯胺邻位或对位，形成图 3.19 中的结构Ⅰ，即胺 Mannich 桥结构。此外，中间体碳正离子还会进攻苯氧原子而生成结构Ⅱ。需要说明的是，不是所有的金属氯化物都存在这种明显的催化作用，当加入 $MgCl_2$、$ZnCl_2$ 和 $MnCl_2$ 后，噁嗪环在低温下基本不开环。这是因为，Al^{3+} 和 Fe^{3+} 电荷较多，Cu^{2+} 形成配合物时晶体场稳定化能比较大，所以 $CuCl_2$、$AlCl_3$ 和 $FeCl_3$ 与苯并噁嗪配位能力强；而 Mn^{2+}、Zn^{2+} 和 Mg^{2+} 三种离子电荷少，晶体稳定化能小，与苯并噁嗪配位能力弱[20]。

此外，如 AlCl₃ 和 PCl₅ 等催化活性较高的 Lewis 酸催化剂，可以使苯并噁嗪单体大量开环形成阳离子，进而使聚合反应按照阳离子连锁聚合的链增长模式进行。

从动力学研究来看，BA-a 中加入 Lewis 酸后，其反应级数从 1.96 降至 1.09，催化效果显著[21]。此外，通过分子模拟也可看出 Lewis 酸的作用。表 3.18 模拟了 AlCl₃ 的存在对 24MePH-a 结构中键长和键级的影响。当 AlCl₃ 进攻噁嗪环中的 O 原子时，C—O 键的键长增长，键级降低，导致 C—O 键断裂从而发生开环反应[3]。

表 3.18　催化剂 AlCl₃ 对 24MePH-a 结构中键长和键级的影响

化学键	键长/nm	键级
C7—N	1.128	0.961
C13—N	1.441	0.971
C19—N	1.451	0.954
C13—O	1.473	0.864
O—C17	1.406	0.957

3.2.2　碱性催化剂(固化剂)及催化聚合反应机理

1. 咪唑类化合物催化

咪唑是一类含有两个氮原子的五元杂环化合物，其中一个氮原子的未共用电子对参与咪唑环共轭，另一个氮上连有一个氢，使得咪唑既显酸性又有碱性，这里，我们将其归到碱性催化剂。咪唑是环氧树脂常用的固化剂之一，同时具有良好的催化效果。将咪唑加入苯并噁嗪中，也可以起到降低固化温度、加快固化速率的作用。

咪唑作为苯并噁嗪的催化剂，随加入量增加，树脂体系的凝胶化时间明显缩短[22]。图 3.20 显示出了不同咪唑含量的 PH-ddm 的凝胶化时间。当咪唑含量从 1%(质量分数)增加到 5%后，凝胶化时间从 1719s 降低到了 639s，下降幅度很大，说明咪唑对苯并噁嗪的催化效果很明显。然而，继续增加咪唑的含量，尽管凝胶化时间也有缩短，但变化的幅度明显减小了。DSC 数据也显示出相似的现象，如图 3.21 所示。苯并噁嗪单体 PH-ddm 的 DSC 曲线呈现一个窄而尖的单峰，其起始反应温度和峰值固化温度分别为 245℃和 252℃。加入 5%的咪唑后，固化放热峰明显向低温移动，形成具有两个峰值的宽峰。事实上，如表 3.19 所示，当咪唑含量仅为 1%时，初始固化温度就降到了 160℃，在 189℃和 219℃出现了两个放热峰，表明在加入咪唑后，苯并噁嗪树脂体系的固化反应发生了变化。同样，咪唑加入量超过 5%以后，放热峰值温度的降低就不再明显了。这是因为，随着咪唑含量的增加，更多的噁嗪环参与反应，初期反应速率加快，但黏度也会以更快的速度上升，分子量的增大以及初步交联阻碍了交联反应的进一步进行，在此基础上，再增加咪唑的用量，催化效果就不明显了。

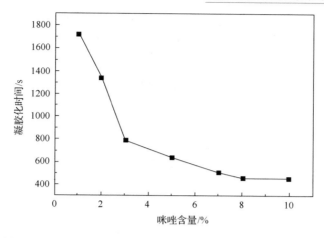

图 3.20　150℃下 PH-ddm 体系的凝胶化时间-咪唑含量关系图

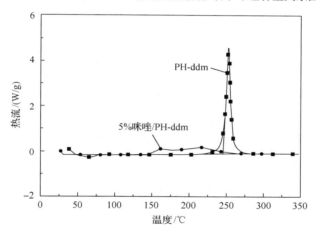

图 3.21　PH-ddm 与 5%咪唑/PH-ddm 的 DSC 曲线

表 3.19　不同咪唑含量的 PH-ddm 的 DSC 测试结果

咪唑含量(质量分数)/%	T_{onset}/℃	T_{peak}/℃	ΔH/(J/g)
0	245	252	245
1	160	189/219	261
3	150	177/214	267
5	140	166/211	265
8	138	157/200	264
10	138	157/200	259

　　咪唑分子上含有一个仲胺基和一个叔胺基，因此它对苯并噁嗪的催化作用可分两步进行，首先是仲胺上的活泼氢进攻噁嗪环上 C—O 键的 O 原子，然后是叔胺 N 原子在活泼氢的存在下进攻噁嗪环上正电性的 C 原子进一步引发反应。体系

中的活泼氢来源于苯氧基邻位的活泼氢与咪唑仲胺基上的活泼氢，因此反应可以按两种路径进行。反应历程如图 3.22 所示[16]。

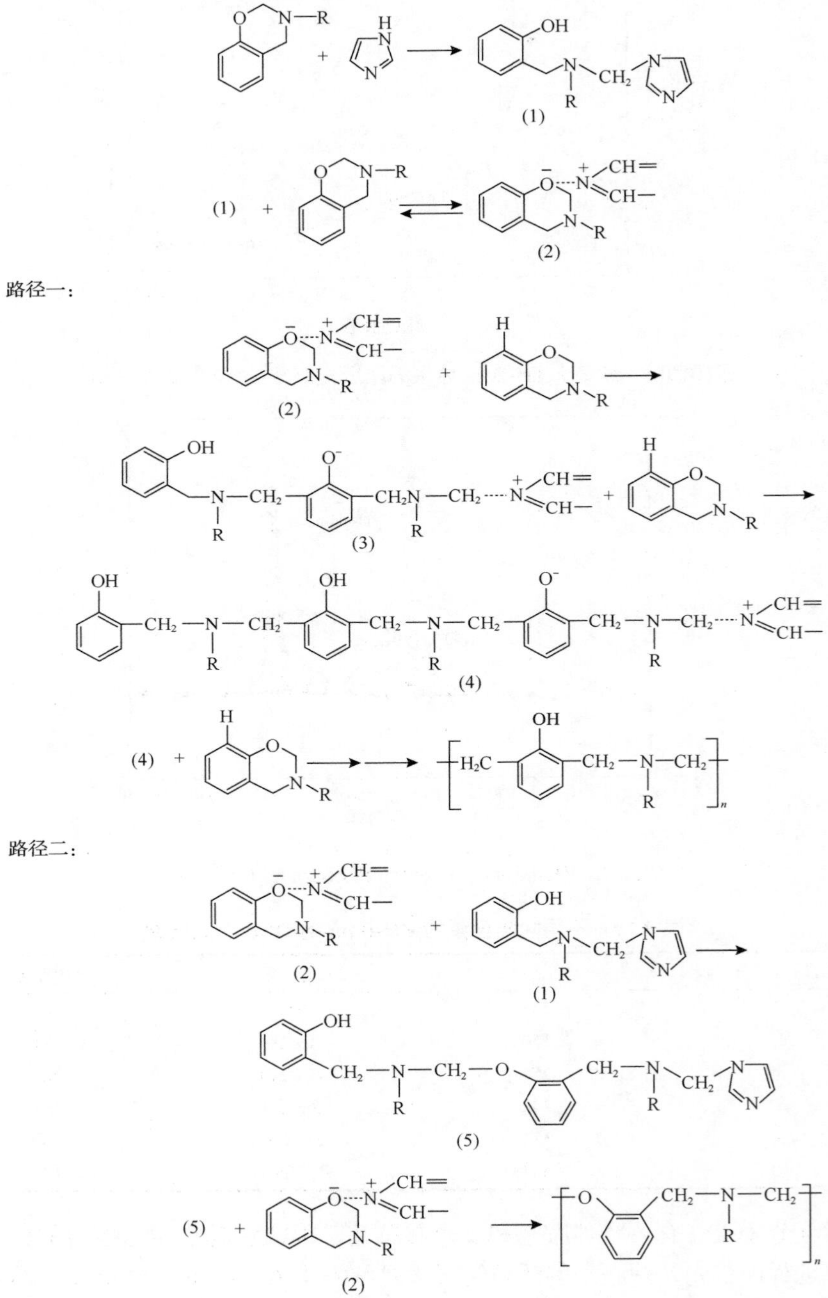

路径一：

路径二：

图 3.22　咪唑催化苯并噁嗪聚合反应机理

不同种类取代咪唑的催化效果是不一样的。例如，咪唑、2-甲基咪唑和十七烷基咪唑对苯并噁嗪聚合反应的催化效果是依次减弱的，这一点可以从三个体系的凝胶化时间测试结果看出。PH-ddm 在加入咪唑、2-甲基咪唑和十七烷基咪唑后的凝胶化时间分别降至 457s、756s 和 2533s。催化效果的不同主要体现在聚合反应前期，随着固化温度的提升与固化时间的延长，最终固化体系的反应程度是相当的。

咪唑盐离子液体是由咪唑阳离子和相应的阴离子构成的化合物，也能够对苯并噁嗪的聚合反应起到催化作用。图 3.23 给出了咪唑盐离子液体催化 BA-a 的固化反应机理。首先，咪唑阳离子进攻噁嗪环上电负性较大的氧原子，使其发生开环生成碳正离子中间体，咪唑阳离子与氧负离子以离子键结合，阴离子部分与碳正离子以离子键相互作用，碳正离子不稳定，容易转变成较稳定的亚胺正离子结构，因此，中间体结构中存在两类具有活性的离子对：咪唑阳离子和氧负离子离子对以及碳正离子和催化剂阴离子离子对。然后，存在两种可能的链增长反应机理：一是噁嗪环碳正离子与开环后的氧负离子结合，形成醚式结构，如图 3.23 A 所示；二是碳正离子进攻酚羟基的邻位，生成酚 Mannich 桥结构，如图 3.23 B 所示。咪唑盐离子液体的阳离子和阴离子都会对苯并噁嗪的固化反应产生影响。阳离子体积越大，与氧原子的相互作用减弱，催化苯并噁嗪的开环能力就越弱。阴离子对固化反应过程的影响主要是通过与中间体相互作用实现的。阴离子的离去能力越强，使得碳正离子更容易转变成亚胺正离子，而亚胺正离子的增加不利于聚合反应的继续进行，导致反应速率相对较低[23]。

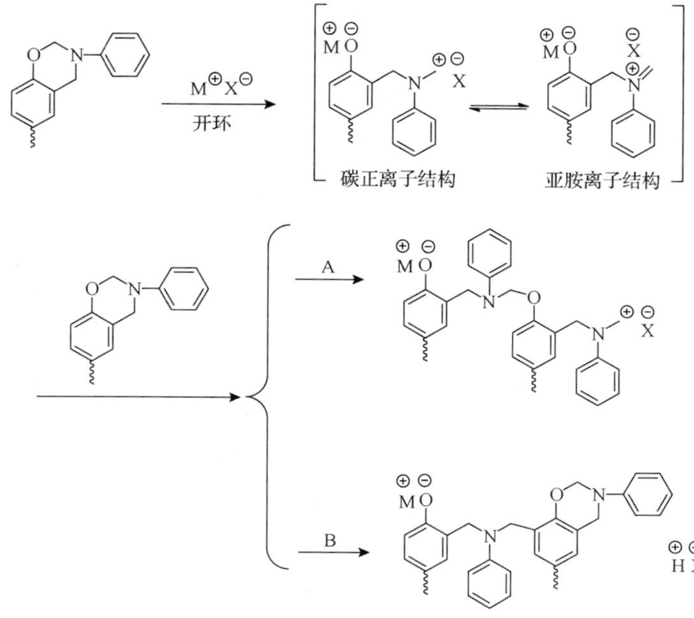

图 3.23　咪唑盐离子液体催化 BA-a 的聚合反应机理

2. 胺类化合物催化

胺类化合物可以作为苯并噁嗪树脂的催化剂或固化剂使用。胺类化合物结构上的活泼氢和具有电负性的氮原子均可以起到催化苯并噁嗪开环反应的作用。当胺类化合物的加入量较大时,就会作为固化剂与苯并噁嗪发生共聚反应。

例如,将二氨基二苯基甲烷(DDM)与腰果酚/二胺型苯并噁嗪(Cd-ddm)按摩尔比 1∶1 混合后,Cd-ddm 的固化反应温度明显降低,反应峰值温度从 275℃降低到了 250℃以下。这个催化效果主要是由伯胺上的活泼氢引起的。共混体系存在两类聚合反应,即 DDM 与 Cd-ddm 的共聚反应和 Cd-ddm 的自聚反应。在共聚反应中,DDM 上氨基的一个活泼氢在催化噁嗪环开环后即与氧形成了酚羟基,噁嗪环上的碳正离子与氨基上的氮结合形成交联结构,而氨基上另一个氢由于活性降低留在了交联体系中。它们的共聚反应如图 3.24 所示。随着 DDM 含量的增加,共聚反应的程度也会相应地增加。利用二胺与苯并噁嗪树脂的共聚反应,可以实现对聚苯并噁嗪的扩链[24]。

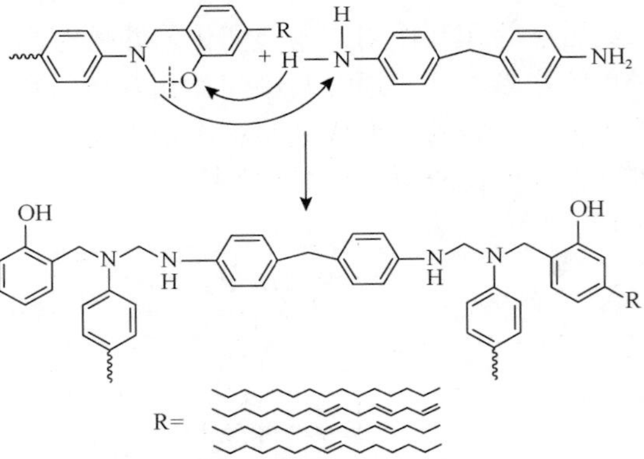

图 3.24   DDM 与苯并噁嗪的共聚反应

若要使用叔胺对苯并噁嗪进行催化,体系中必须要有活泼氢的存在。例如,*N,N*-二甲基苯胺可以催化对甲酚/苯胺型苯并噁嗪(*p*C-a)的聚合反应,但对 2,4-二氯苯酚/苯胺型苯并噁嗪(24ClPH-a)却没有催化作用,就是因为 24ClPH-a 的苯氧基邻位无活泼氢。叔胺催化 MePH-a 的聚合反应机理如图 3.25 所示。需要说明的是,尽管叔胺能够在一定程度上催化苯并噁嗪的开环聚合反应,但生成的聚合物的交联密度较低,催化效果不及伯胺、仲胺、咪唑等含活泼氢的催化体系[25-27]。

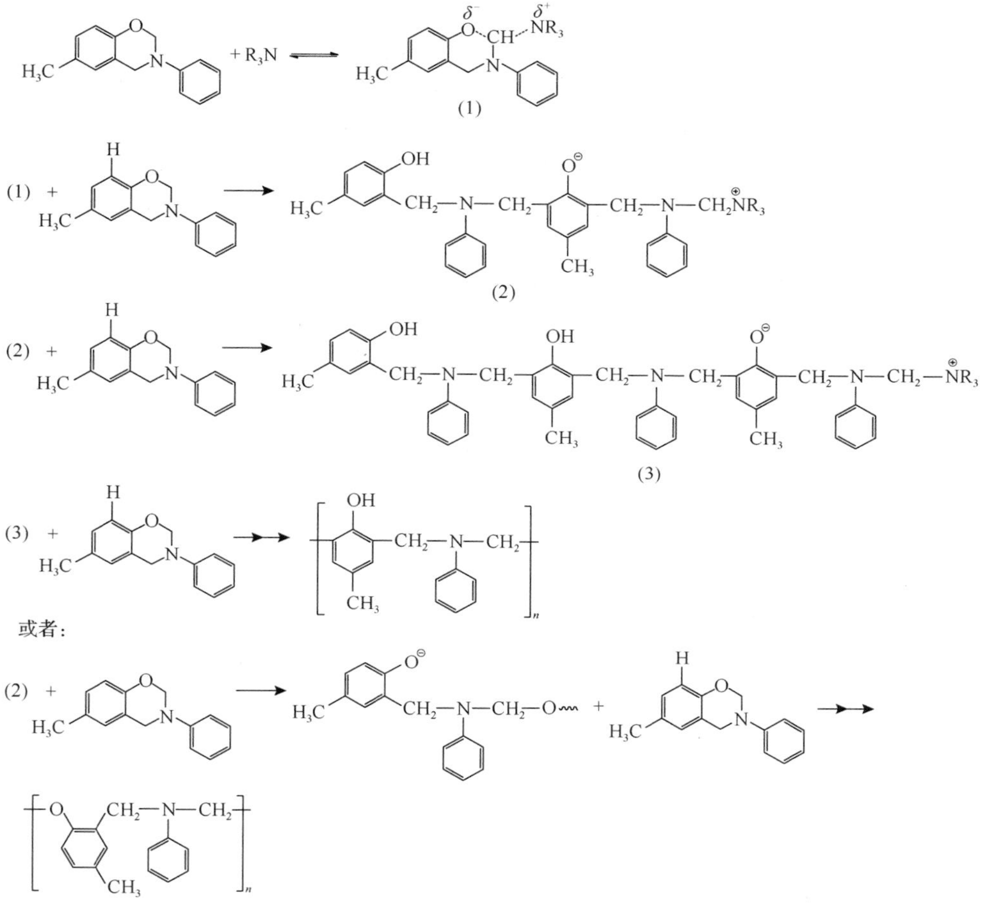

图 3.25　叔胺催化苯并噁嗪的聚合反应机理图

3.3　苯并噁嗪聚合过程中的链增长模型

3.3.1　概述

20 世纪 50 年代，Flory 根据聚合反应机理和动力学，将聚合物的反应机理划分为逐步聚合和连锁聚合两大类[28,29]，这两类聚合反应在聚合物分子量随转化率的变化方式和反应物之间是否能够发生反应上有明显的区别。

逐步聚合一般是通过单体中不同的官能团之间发生反应，两种不同的官能团可能分属两种单体分子，也可能属于同一种单体分子。对于逐步聚合反应，其特征是小分子转变成高分子聚合物是按照缓慢逐步的方式进行的，一般是单体与单体之间首先发生反应生成二聚体，之后二聚体可以分别与单体或二聚体自身发生反应，生成三聚体或四聚体。在反应初期，单体就会很快转化为二聚体、三聚体、四聚体等低聚物，这些低聚物又被称为齐聚物；随后，低聚物相互之间发生反应，聚合物的分子量逐渐缓慢增加，当体系中官能团的反应程度较高时，分子量才会达到较高的数值（其分子量随反应程度的变化如图 3.26 中曲线 1 所示）[30]。因此，在逐步聚合过程中，其最明显的特征是体系始终由单体和分子量递增的一系列低聚物中间体组成。

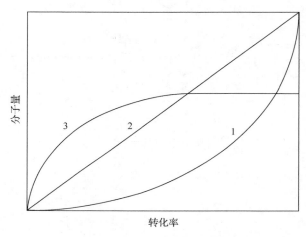

图 3.26   分子量随转化率的变化曲线
1.逐步聚合；2.活性连锁聚合；3.非活性连锁聚合

与逐步聚合反应不同，连锁聚合反应是从活性种开始的（活性种可以是自由基、阳离子或者阴离子），在整个聚合反应中一般包括链引发、链增长、链终止等基元反应，且各基元反应的反应速率和活化能等均存在较大的差异。在连锁聚合中，引发剂产生带有活性中心的活性种(R^*)与单体发生反应形成新的活性中心，之后新的活性中心与其他单体发生类似链式的聚合反应，直到体系发生链转移或链终止反应使活性中心失活，聚合物的链增长才会停止。因此，连锁聚合的特征在于：①聚合体系在反应初期就会有高分子量的聚合物形成；②聚合物分子链的增长只能通过单体与活性中心的反应进行，单体与单体之间不能发生反应，除了存在微量的引发剂外，连锁聚合的体系中始终由高分子量聚合物和单体组成，不存在分子量递增的低聚体产物[31]。

然而，在实际的反应体系中，当试剂或反应器皿中残存少量的微量杂质或体系中存在易发生均裂或异裂的官能团时，分子链在聚合过程中就可能会发生链转移或链终止反应。基于此，人们根据聚合过程中是否发生链转移或链终止反应，将连锁聚合又分为活性连锁聚合和非活性连锁聚合等[32-35]。对于活性连锁聚合，单体一经引发成活性种，就会以相同的模式进行链增长，一般无链终止和链转移，直至单体耗尽，活性聚合机理的特征为引发快、增长慢、无链终止、无链转移，且聚合物的分子量随着转化率的增加呈现线性增长(聚合物分子量随反应程度的变化曲线如图 3.26 中曲线 2 所示)[33]。对于非活性连锁聚合，聚合物链在增长过程中容易受到反应容器内的杂质、水分或反应单体结构等的影响，导致活性种在聚合过程中发生链转移或链终止反应，使得聚合物的分子量随反应程度增加先迅速增加，之后反应程度继续增加，聚合物的分子量增速减慢[35](分子量随反应程度的变化曲线如图 3.26 中曲线 3 所示)。

3.3.2　逐步聚合反应

对比 Flory 建立的聚合物链增长模型，体系的链增长机理不同，其分子量随转化率的变化曲线会呈现出不同的特征。因此，获得树脂在聚合反应过程中的分子量随转化率的关系即可判断该聚合反应的类型。

图 3.27 是 BA-a 在不同热固化阶段的分子量-转化率曲线，可以看到，在加热条件下，BA-a 体系的分子量随转化率的增加先缓慢增加，当转化率达到一定程度后，分子量随着转化率的增加迅速增加，呈现出明显的逐步聚合特征，这说明发生凝胶前，苯并噁嗪在热聚合过程中的链增长机理为逐步聚合。

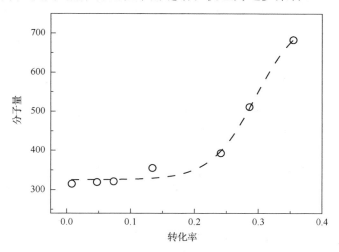

图 3.27　BA-a 的分子量-转化率曲线

在苯并噁嗪中加入不同的催化剂，对苯并噁嗪的聚合反应类型的影响程度是不同的。这里，在 BA-a 中加入 N,N-二苄基苯胺(tAm)来分析苯并噁嗪的催化聚合反应过程。BA-a 和 BA-a-tAm 的固化反应行为如图 3.28 和表 3.20 所示。可以看到，BA-a-tAm 与 BA-a 在 DSC 曲线上的放热峰峰形类似，前者固化反应放热峰峰值温度和凝胶化时间略有降低，但两种树脂凝胶化时的转化率却均保持在 40%左右，且不随凝胶化时的温度变化而发生明显变化，说明两种体系中苯并噁嗪的聚合反应机理类似。

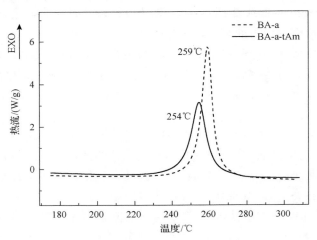

图 3.28   BA-a 和 BA-a-tAm 的 DSC 曲线

表 3.20   BA-a 和 BA-a-tAm 在不同温度下的凝胶点转化率(α_{gel})和凝胶化时间(t_{gel})结果

树脂	200℃		210℃		220℃	
	α_{gel}/%	t_{gel}/s	α_{gel}/%	t_{gel}/s	α_{gel}/%	t_{gel}/s
BA-a	37.9	3109	41.6	1685	42.8	1030
BA-a-tAm	39.9	3081	40.4	1423	43.7	951

然而，作为热固性树脂，苯并噁嗪在达到一定固化程度后，即转变为不溶的三维交联网络结构，无法通过凝胶渗透色谱(GPC)来测试其分子量。考虑到随着固化反应的进行，苯并噁嗪的分子量不断增大的同时，玻璃化转变温度(T_g)也在随之增加。以 BA-a 以及催化剂添加量均为 10%的 BA-a/吲哚共混树脂(BA-a-Id)、BA-a/咪唑共混树脂(BA-a-IMZ)和 BA-a/碘化钠共混树脂(BA-a-NaI)四种体系为例，如图 3.29 所示，在发生凝胶化之前，它们的 T_g 与分子量呈现较好的线性关系[36]。因此，可以用 T_g 的变化代替分子量的变化来研究苯并噁嗪树脂的聚合反应类型。

图 3.30 是 BA-a-tAm 和 BA-a 体系凝胶化前 T_g 随转化率的变化曲线。可以看到，当转化率较低时(转化率<0.14)，两种树脂体系的 T_g 随转化率的变化较小，而当体系的固化反应进行到一定程度之后(转化率>0.14)，树脂的 T_g 会随着转化率的增加而迅速升高，呈现出典型的逐步聚合反应机理特征，即苯并噁嗪在热开环聚合和 tAm 催化聚合过程中的链增长机理为逐步聚合反应[36]。

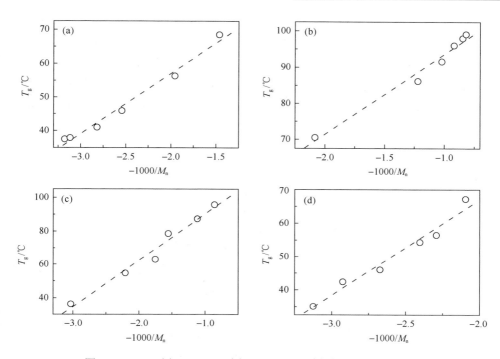

图 3.29　BA-a(a)、BA-a-Id(b)、BA-a-IMZ(c)和 BA-a-NaI(d)的
T_g 与分子量(M_n)的关系曲线

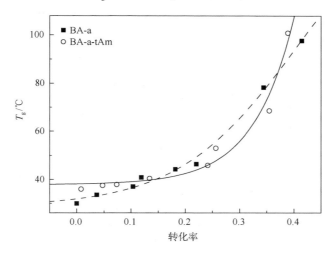

图 3.30　BA-a 和 BA-a-tAm 的 T_g 与转化率的变化关系曲线

热固性树脂的固化反应动力学与其聚合反应机理密切相关，聚合反应机理不同时，其反应历程和反应动力学均会呈现出不同的结果。基于等温动力学研究，

可以得到 BA-a-tAm 和 BA-a 两种树脂体系的固化反应速率随转化率变化曲线以及转化率随时间变化曲线,如图 3.31 所示。两者在不同温度下固化反应速率达到最大时的转化率见表 3.21。结合表 3.20 可以发现,两种树脂凝胶化时的转化率均处于体系固化反应速率达到最大值附近,且不随测试温度的变化而发生变化,说明体系凝胶前的聚合反应机理为逐步聚合反应时,体系的凝胶化行为恰好发生在固化反应速率达到最大值附近。

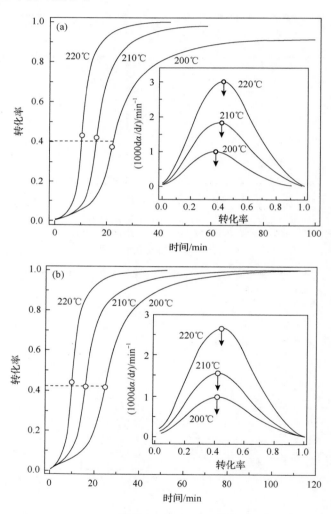

图 3.31　BA-a 和 BA-a-tAm 的转化率随时间变化曲线
(插图为体系固化反应速率随转化率变化曲线)

表 3.21　BA-a 和 BA-a-tAm 在不同温度下固化反应速率达到最大时的转化率

样品	转化率/%		
	200℃	210℃	220℃
BA-a	37.6	41.7	43.0
BA-a-tAm	42.1	41.8	44.0

　　此外，基于非等温动力学中的 Flynn-Wall-Ozawa 法可得到体系在不同转化率时的表观活化能。图 3.32 是 BA-a 和 BA-a-tAm 体系的表观活化能随转化率的变化曲线，在聚合反应初期的链增长机理为逐步聚合时，苯并噁嗪热开环后与其他单体进行反应，形成含有酚羟基结构的低聚体，之后随着聚合反应的进行，体系中的酚羟基会进一步催化苯并噁嗪的开环聚合反应，体系的表观活化能在反应初始阶段随转化率的升高而降低；随着固化反应的进行，各体系黏度均逐渐增加，分子链运动困难，体系的固化反应由化学反应控制变为扩散控制，使得各体系的表观活化能在固化反应后期随转化率的增加而逐渐升高。

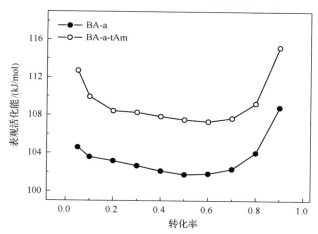

图 3.32　BA-a 和 BA-a-tAm 的表观活化能-转化率曲线

　　由动力学参数的变化可以更直观地认识固化反应动力学与聚合过程中链增长机理的关系，表 3.22 是基于 Málek 法得到的 BA-a 和 BA-a-tAm 的动力学参数。两者均具有较高的反应级数，分别达到 3.84 和 3.82，说明当苯并噁嗪的链增长模式为逐步聚合时，固化过程中单体与单体、单体与低聚体以及低聚体与低聚体之间均可发生反应，在固化反应后期，体系的反应复杂，化学反应级数较高。

表 3.22　BA-a 和 BA-a-tAm 的动力学参数

样品	m	n	$m+n$	$\ln A$
BA-a	1.86	1.98	3.84	24.36
BA-a-tAm	1.88	1.94	3.82	25.63

3.3.3　活性连锁聚合

与 BA-a 和 BA-a-tAm 体系不同，当选用叔丁基苯酚(tBp)、N-苯基苄胺(sAm)、碘化钠(NaI)、对氯苯胺(pCa)、己二酸(HA)或咪唑(IMZ)为催化剂时，在发生凝胶化前，各体系的 T_g(或分子量)则均随着转化率的增加而呈现出线性增加，如图 3.33 所示。对照 Flory 等所提出的聚合物链增长模型可知，苯并噁嗪在 sAm、IMZ、tBp、pCa、NaI 或 HA 催化聚合过程中的链增长机理为活性连锁聚合反应[36]。

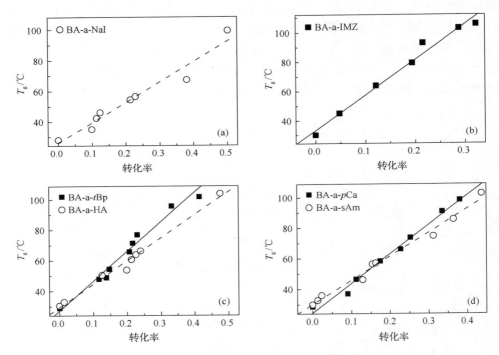

图 3.33　各树脂体系的 T_g 与转化率的关系曲线

同样，当苯并噁嗪在聚合初期的链增长机理发生改变后，树脂体系的最大固化反应速率和体系凝胶化时的转化率关系也会呈现出相应的变化，如图 3.34 和表 3.23 所示。与链增长机理为逐步聚合反应的 BA-a 和 BA-a-tAm 体系不同，当苯并噁嗪的链增长机理为活性连锁聚合时，体系的凝胶化行为均发生在体系达到最大固化反应速率之后，即样品凝胶化时的转化率大于固化反应速率达到最大值时的转化率，且其变化趋势不随测试温度的变化而发生变化。

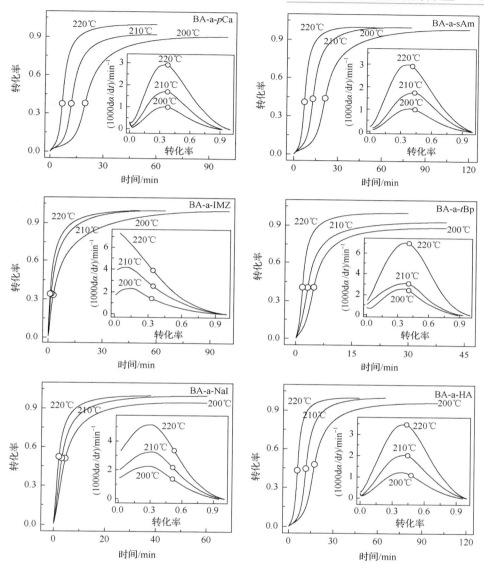

图 3.34　各树脂体系的转化率随时间变化曲线(插图为体系固化反应速率随转化率变化曲线)

表 3.23　各树脂体系在不同温度下的 α_{gel} 和 α_{max}

样品	200℃		210℃		220℃	
	α_{gel}/%	α_{max}/%	α_{gel}/%	α_{max}/%	α_{gel}/%	α_{max}/%
BA-a-pCa	31.1	34.6	30.7	35.3	29.5	35.8
BA-a-sAm	44.3	38.4	46.5	40.3	40.9	37.4

续表

样品	200℃		210℃		220℃	
	α_{gel} /%	α_{max} /%	α_{gel} /%	α_{max} /%	α_{gel} /%	α_{max} /%
BA-a-IMZ	32.4	15.2	33.2	9.7	34.9	4.4
BA-a-tBp	40.4	36.1	38.1	38.6	38.8	36.4
BA-a-NaI	37.0	28.6	37.8	30.8	39.1	31.5
BA-a-HA	40.1	38.7	42.1	40.8	40.9	39.1

注：α_{gel} 为凝胶化时的转化率；α_{max} 为反应速率达到最大值时的转化率。

基于 Flynn-Wall-Ozawa 法得到各树脂体系的在不同转化率下的表观活化能，如图 3.35 所示。与 BA-a 和 BA-a-tAm 体系表观活化能随转化率增加的变化趋势不同，当体系中苯并噁嗪的链增长机理为活性连锁聚合时，体系的链增长主要源于活性中心，此时苯并噁嗪开环聚合产生的酚羟基则对固化反应的影响较小，体系的表观活化能随转化率增加几乎不发生变化；之后随着固化反应的进行，各体系黏度均逐渐增加，分子链运动困难，体系的固化反应由化学反应控制变为扩散控制，使得各体系的表观活化能在固化反应后期随转化率的增加而逐渐升高。

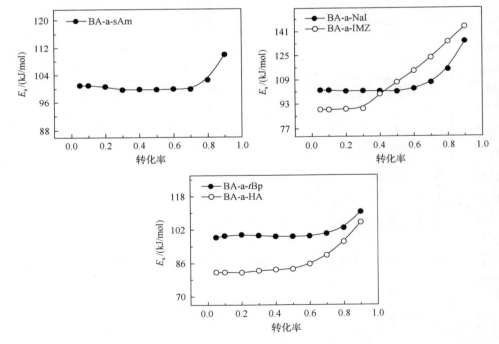

图 3.35　各体系的表观活化能-转化率变化曲线

基于 Málek 法可得到各体系的固化动力学参数，见表 3.24。它们的反应级数之和均在 3.60 以下，低于 BA-a 和 BA-a-tAm 体系。化学反应级数的大小反映了各体系在整个固化过程中化学反应的复杂程度，当链增长模式为活性连锁聚合时，其链增长源于活性中心，聚合反应相对简单，因而体系的反应级数数值低于链增长机理为逐步聚合体系的 BA-a 和 BA-a-tAm 体系。

表 3.24 各体系的动力学参数计算结果

样品	m	n	$m+n$	$\ln A$
BA-a-IMZ	0.43	1.79	2.22	24.29
BA-a-NaI	1.28	1.92	3.58	25.28
BA-a-sAm	1.68	1.92	3.60	23.73
BA-a-HA	1.26	1.98	3.24	19.89
BA-a-tBp	1.60	1.73	3.33	22.51

3.3.4 非活性连锁聚合

当以吲哚(Id)为苯并噁嗪的催化剂时，体系在反应初期的 T_g 或分子量随着转化率的增加呈现先迅速增加后缓慢增加的变化趋势，如图 3.36 所示，体系表现出典型的非活性连锁聚合反应机理。此时，苯并噁嗪的链增长是通过活性中心发生类似链式反应而进行的，但体系在聚合过程中存在部分的链转移或链终止反应，导致最终体系的聚合反应机理呈现为典型的非活性连锁聚合反应。

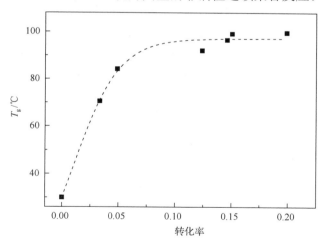

图 3.36 BA-a-Id 体系的 T_g 随转化率变化曲线

BA-a-Id 体系最大固化反应速率和体系凝胶化时转化率关系的变化也说明了体系中苯并噁嗪在反应初期的链增长机理发生了变化。如图 3.37 和表 3.25 所示，当苯并噁嗪在聚合过程中的链增长机理为非活性连锁聚合时，树脂的凝胶化行为则发生在样品固化反应速率达到最大值之前。

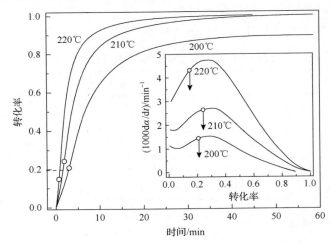

图 3.37　BA-a-Id 体系的转化率随时间变化曲线（插图为
体系固化反应速率随转化率变化曲线）

表 3.25　BA-a-Id 体系在不同温度下的 α_{gel} 和 α_{max}

样品	200℃		210℃		220℃	
	α_{gel} /%	α_{max} /%	α_{gel} /%	α_{max} /%	α_{gel} /%	α_{max} /%
BA-a-Id	20.4	28.9	22.6	30.7	18.7	28.7

BA-a-Id 体系的表观活化能和反应级数变化分别如图 3.38 和表 3.26 所示。可以看到，无论苯并噁嗪在聚合反应初期的链增长机理为活性连锁聚合还是非活性

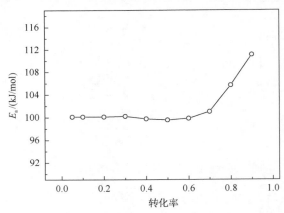

图 3.38　BA-a-Id 体系的活化能-转化率关系曲线

表 3.26　BA-a-Id 体系的动力学参数计算结果

体系	m	n	$m+n$	$\ln A$
BA-a-Id	1.82	2.09	3.91	24.23

连锁聚合，由于其链增长均源于活性中心，因此两类体系的表观活化能均呈现出随着转化率的增长先不变后升高的变化趋势。但值得注意的是，由于非活性连锁聚合中存在链转移或链终止反应，增加了体系的反应复杂性，从而使 BA-a-Id 体系具有较高的化学反应级数，达到 3.91。

3.4　苯并噁嗪聚合过程中的体积变化

单体经聚合形成聚合物，是分子键转化为化学键（共价键）的过程，聚合过程常伴随体积收缩。热固性树脂的聚合反应一般在成型加工过程中进行，体积收缩会在制品内部产生裂痕或缺陷，形成应力集中，导致性能下降。因而，体积收缩问题对于热固性树脂十分重要。苯并噁嗪是一种聚合后体积近似零收缩或微膨胀的热固性树脂，非常适合于制备复杂构件和精密制件，受到人们的高度关注。Ishida 等首先观察到苯并噁嗪热开环聚合呈现体积膨胀现象[37]。此后，四川大学顾宜等也开展了较为深入的研究[25,38,39]。

3.4.1　苯并噁嗪热聚合过程中的体积变化

热聚合是苯并噁嗪基本聚合方式。在对热聚合反应进行系统研究的基础上，采用不同的测试方法，对双酚 A/苯胺型苯并噁嗪（BA-a）及模型化合物对甲酚/苯胺型苯并噁嗪（pC-a）和 2,4-二氯苯酚/苯胺型苯并噁嗪（DCP-a）三种苯并噁嗪热聚合过程中的体积变化从表观体积变化率、室温密度-固化时间曲线、等温聚合收缩率以及密度-温度曲线几方面进行研究，深入探讨了苯并噁嗪在固化过程中是否发生体积膨胀，着重讨论了不同酚核结构苯并噁嗪在不同聚合温度（140℃、160℃和 180℃）下体积变化的差异及影响因素，并将苯并噁嗪的聚合反应与固化收缩相联系[25,38,39]。

1. 表观体积变化率分析

在 30℃下用比重瓶法分别测定各种体系单体与聚合物的室温密度，见表 3.27。从表 3.27 可见，不同结构的苯并噁嗪体积变化均为正值，即均呈现体积膨胀效应，其数值有所差别。对苯并噁嗪体系而言，DCP-a 的体积膨胀值最大，BA-a 最小，且由结晶性单体生成无定形聚合物的体积膨胀比由无定形单体生成无定形聚合物的大得多。还可看出，不同结构苯并噁嗪的体积膨胀值均比环氧树脂体系（E44+DDM）的大得多。树脂固化过程中将产生很多微观变化，而影响固化树脂体积变化率的因素很多，如固化温度、时间、催化剂加入量和类型、组分的分解和挥发等。表观体积变化率是树脂固化前后的宏观体积变化结果，但不能确切反映材料在固化过程中体积变化的真实情况和机理。

表 3.27   不同苯并噁嗪单体和聚合物的室温密度及表观体积变化率

体系	室温密度/(g/cm³)		表观体积变化率/%
	单体	聚合物	
BA-a	1.2030(无定形)	1.1854(无定形)	+1.48
*p*C-a	1.2107(结晶体)	1.1896(无定形)	+1.77
DCP-a	1.4597(结晶体)	1.4048(无定形)	+3.90
E44+DDM	1.1998(无定形)	1.1989(无定形)	+0.075

注：测试温度为 30℃；+表示膨胀；E44. 环氧树脂 E44；DDM. 4,4′-二氨基二苯甲烷。

2. 室温密度-固化时间曲线分析

本小节对三种苯并噁嗪在某一固化温度下固化时间（即固化程度）对固化物室温密度的影响做进一步分析。将 BA-a、*p*C-a 及 DCP-a 分别在 140℃、160℃及 180℃三种固化温度下等温固化，每固化 2h 后缓慢冷却至室温再采用比重瓶法测定室温密度，以室温密度对固化时间作图，得到如图 3.39～图 3.41 所示曲线。

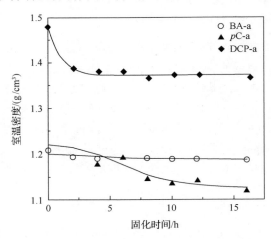

图 3.39   苯并噁嗪室温密度-140℃等温固化时间关系曲线

由图 3.39 可见，在 140℃下，BA-a、*p*C-a 和 DCP-a 的室温密度均随固化时间延长有所降低。其中无定形 BA-a 的室温密度变化不大，而结晶性 *p*C-a 和 DCP-a 呈现出室温密度随固化时间延长而明显降低的趋势。实验表明，由于 *p*C-a 和 DCP-a 在 140℃下均难以发生热聚合反应，这种变化趋势是少量单体发生开环反应，使

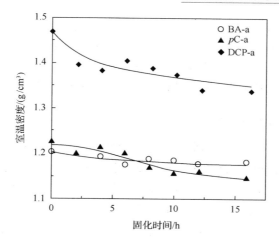

图 3.40　苯并噁嗪的室温密度-160℃等温固化时间关系曲线

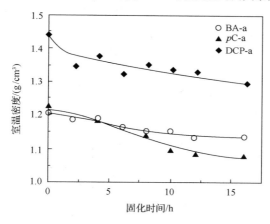

图 3.41　苯并噁嗪的室温密度-180℃等温固化时间关系曲线

得单体的结晶度降低所致。其中，随固化时间延长，DCP-a 单体结晶能力迅速下降，在 2h 内室温密度出现突变；而 pC-a 单体的结晶性变化缓慢，故室温密度逐渐下降，10h 后趋于平缓。

　　由图 3.40 可见，在 160℃下，BA-a 和 DCP-a 由于发生热聚合反应，随固化时间延长，聚合趋于完成，产物的室温密度逐渐降低，表明 BA-a 和 DCP-a 在 160℃下固化后室温下发生了体积膨胀。而 pC-a 在 160℃下不能发生热聚合反应，因此其室温密度变化规律与 140℃时相同。

　　由图 3.41 可见，在 180℃下，三种苯并噁嗪聚合后均发生了体积膨胀，即聚合程度越高，产物的室温密度越低，且三种苯并噁嗪的室温密度降低趋势均比 160℃时的大。这表明固化温度越高，宏观体积膨胀效应越大。高温下苯并噁嗪聚合反应速率较快，交联密度较大，网状结构阻碍了分子链的运动，使得大分子链间的自由体积增大，即室温密度较小，从而表现出体积膨胀效应较大。结合苯并噁嗪热聚合反应机理研究结果可知，不同酚核结构的苯并噁嗪，其开环反应机理及聚合产物结构都不相同，因此固化过程中体积变化差异较大。由此可见，体积膨胀效应的大小与苯并噁嗪的分子结构、聚合反应程度和交联密度有关。

3. 等温聚合收缩率分析

等温聚合收缩率是描述树脂聚合过程中体积变化的重要参量，可采用膨胀计法测得。膨胀计由 30mL 体瓶和直径 1mm 的毛细管组成，硅油作为体积转移剂。聚合收缩率由毛细管中硅油液面高度的变化转换为体积变化来求得。

图 3.42 是 BA-a、pC-a 和 DCP-a 等温聚合时的聚合收缩率-等温聚合时间曲线。由图 3.42 可知，BA-a、pC-a 和 DCP-a 在等温聚合过程中均呈现出体积收缩，即苯并噁嗪聚合过程中体积是收缩的。其中，BA-a 为双环苯并噁嗪，聚合后形成交联结构。BA-a 在 140℃和 150℃下聚合时，凝胶化时间分别为 186min 和 37min，初期体积收缩较快，180min 后趋于平缓，300min 的聚合收缩率分别为 2.0%和 3.0%。这是由于 140℃和 150℃凝胶化后三维空间网络基本定型，分子运动受阻，难以进一步

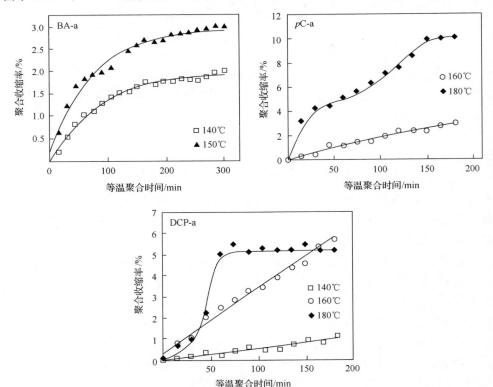

图 3.42　聚合收缩率与等温聚合时间之间的关系[3,4]

收缩。这也说明聚合温度越高，分子运动能力越强，聚合度越高，聚合收缩率越大。而 *p*C-a 和 DCP-a 均为单环苯并噁嗪，聚合后形成线型结构。*p*C-a 在 160℃下聚合收缩率与聚合时间呈现线性关系，聚合 3h 后聚合收缩率为 2.3%；在 180℃下，聚合收缩率较大，3h 高达 10%。DCP-a 的聚合曲线与 *p*C-a 相似，140℃和 160℃下聚合收缩率与聚合时间呈现线性关系，而在 180℃下反应时，初期聚合收缩率急剧增大，70min 后趋于稳定。

上述研究表明，BA-a 的等温聚合收缩率比 *p*C-a 和 DCP-a 小，说明苯并噁嗪分子链类型影响苯并噁嗪的聚合收缩。由于交联结构刚性较大，阻碍分子链的运动，难以进一步收缩，因此 BA-a 等温聚合体积收缩较小。而 *p*C-a 和 DCP-a 主要生成线型结构，分子链倾向于自由排列和堆砌，因此体积收缩较大。由于 DCP-a 结构中氯原子为强吸电子基团，氧原子上的电子云向苯环方向离域，C—O 键拉长而易于异裂，因此 DCP-a 反应活性较大，表现为 160℃有较大的聚合收缩。而 *p*C-a 苯氧基邻位有活泼氢，高温下反应活性较大，因此 180℃时聚合收缩较大。由此可见，不同分子链结构的苯并噁嗪等温聚合过程中均为体积收缩，这说明不同苯并噁嗪所呈现出的宏观体积膨胀不是在等温聚合过程中产生的，而应与单体和聚合物不同温度下的体积变化有关。

4. 密度-温度曲线分析

温度对单体和聚合物的密度存在影响，故聚合体系的体积变化与聚合温度有着密切的关系。为此，依照比重瓶测试方法，从 25℃到 200℃逐步升温，分别测定 BA-a、*p*C-a 及 DCP-a 单体及聚合物的密度，得到如图 3.43～图 3.45 所示曲线，数据见表 3.28。由此曲线可跟踪单体由室温升至聚合温度，等温聚合后，聚合物由聚合温度冷却至室温的整个过程的密度变化。因此，由某一温度下单体与聚合物的密度比较，可以推断待测物在此温度下聚合时是体积收缩还是体积膨胀。

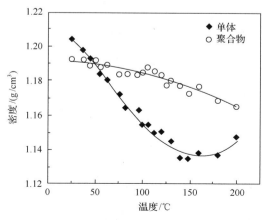

图 3.43　BA-a 密度-温度曲线

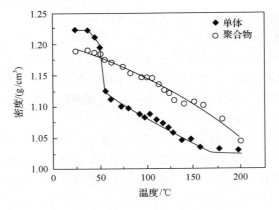

图 3.44 pC-a 密度-温度曲线

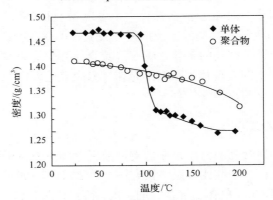

图 3.45   DCP-a 密度-温度曲线

表 3.28   苯并噁嗪和聚苯并噁嗪不同温度下的密度与体积变化

T/℃	BA-a			pC-a			DCP-a		
	D_m	D_p	S/%	D_m	D_p	S/%	D_m	D_p	S/%
25	1.2040	1.1918	+1.02	1.2229	1.1887	+2.87	1.4664	1.4072	+4.20
50	1.1910	1.1915	−0.04	1.1924	1.1847	+0.65	1.4721	1.4003	+5.13
75	1.1722	1.1839	−0.99	1.1011	1.1625	−5.29	1.4635	1.3906	+5.24
100	1.1547	1.1848	−2.54	1.0844	1.1464	−5.41	1.3937	1.3816	+1.21
125	1.1541	1.1779	−2.02	1.0680	1.1225	−4.85	1.2851	1.3790	−6.40
140	1.1354	1.1780	−3.62	1.0520	1.1062	−4.90	1.2798	1.3627	−6.08
150	1.1347	1.1733	−3.29	1.0518	1.1063	−4.92	1.2797	1.3675	−6.42
160	1.1369	1.1766	−3.37	1.0404	1.1044	−5.80	1.2517	1.3595	−7.49
180	1.1372	1.1689	−2.71	1.0374	1.0892	−4.76	1.2405	1.3320	−6.87
200	1.1472	1.1653	−1.56	1.0243	1.0349	−1.02	1.2412	1.3039	−4.81

注：D_m.苯并噁嗪单体密度；D_p.苯并噁嗪聚合物密度；S.体积变化；+.体积膨胀；−.体积收缩。

对于 BA-a，由表 3.28 可知，室温下苯并噁嗪单体的密度高于对应聚合物，此时为体积膨胀。升高温度，单体密度下降。从 25℃到 140℃，单体密度降低了 5.70%，而聚合物密度仅降低 1.16%，即单体的热膨胀系数高于聚合物。50℃以上，BA-a 单体的密度低于 poly(BA-a)，呈现体积收缩。140℃时固化收缩率达到最大，为 3.62%。当温度高于 140℃时，BA-a 开始发生热聚合反应，单体密度转而升高。继续升高温度所产生的体积膨胀被聚合产生的体积收缩所抵消，导致单体的密度-温度曲线偏离原有的变化规律，逐渐向聚合物密度-温度曲线靠近。因而在某一温度下，当固化完全时，单体密度将与聚合物密度曲线重合，这也进一步说明了苯并噁嗪体系在开环聚合反应过程中是发生体积收缩的。此外，由 BA-a 单体密度-温度曲线发生偏离的起点可以推断聚合反应的起始温度为 140℃，这与热聚合反应的研究结果一致。

如图 3.44 和表 3.28 所示，50℃以下，pC-a 单体的密度高于聚合物。升高温度，聚合物密度逐渐降低。从 25℃升温至 200℃，聚合物密度降低 12.94%。由于 pC-a 单体在 50℃附近发生熔融(T_m = 52～53℃)，密度出现突变，在 75℃时密度降低 9.96%。随后，单体密度随温度变化基本为线性关系，且聚合物密度始终高于单体密度，即呈现固化体积收缩，且收缩率较大。对于 DCP-a，室温下单体与聚合物的密度相差更大，因此表观体积膨胀效应更明显。低于 95℃时，DCP-a 密度受温度影响不大。继续升高温度，DCP-a 发生熔融(T_m=96～97℃)，密度急剧下降，125℃时密度降低 12.36%。随后，DCP-a 单体密度随温度的变化基本呈线性关系。而其聚合物密度变化较小，25～200℃降低 7.34%。当温度高于 105℃时，DCP-a 单体密度均低于聚合物密度，呈现体积收缩。在 160℃固化时，体积收缩率最大，为 7.49%，这与膨胀计法测得的等温聚合收缩率结果一致。

由上述分析可知，BA-a 单体热膨胀系数高于聚合物，且等温聚合过程中收缩率较小，表现为宏观体积膨胀，属于热固性树脂第三类密度随温度变化规律(图 3.46)。这就进一步说明了苯并噁嗪体系的体积膨胀主要为聚合物大分子链的堆

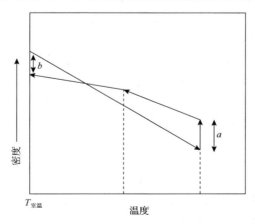

图 3.46　单体热膨胀系数高于聚合物热膨胀系数的膨胀性单体的密度-温度关系示意图

a.固化过程中体积收缩；b.表观体积膨胀

砌结构变化所致。*p*C-a 和 DCP-a 高温下的聚合收缩率高于 BA-a，这与等温聚合收缩所得结果一致。此外，三种聚合物密度随温度变化的差异较大，poly(BA-a)密度变化最小，poly(DCP-a)其次，poly(*p*C-a)最大，这与聚合物分子链类型及反应程度有关。poly(BA-a)为交联结构，故其密度受温度影响较小，而 poly(*p*C-a)和 poly(DCP-a)为线型结构，密度受温度影响较大。

3.4.2　苯并噁嗪催化聚合过程中的体积变化

苯并噁嗪树脂成型加工过程中，常加入催化剂来调节苯并噁嗪的聚合反应，人们为此对苯并噁嗪催化聚合过程的体积膨胀效应进行研究。将 BA-a 分别与草酸(OA)、*N*,*N*-二甲基苄胺(DMBA)、环氧树脂 E44(E44)和二氨基二苯甲烷(DDM)混合。采用 GB 1033—1986 比重瓶法测得 BA-a、BA-a/OA[0.07%(质量分数)OA]、BA-a/DMBA[1%(质量分数)DMBA]及 BA-a/E44/DMBA[10%(质量分数)E44，1%(质量分数)DMBA]等多个双酚 A/苯胺型苯并噁嗪/催化剂混合体系经 140℃聚合前后的密度及体积变化数据，并与环氧树脂 E44/DDM[1%(质量分数)DDM]体系进行比较。结果表明，聚合反应后，各体系均呈现体积膨胀但略有差异，表观体积变化率分别为+1.48%、+1.37%、+1.19%、+1.37%和+0.075%；其中，催化剂作用下，混合体系的体积膨胀数值较单独苯并噁嗪体系略有减小，但明显大于环氧树脂。

采用膨胀计法分别测得 BA-a、BA-a/OA、BA-a/DMBA 和 BA-a/E44/DMBA 在 140℃的等温聚合收缩率，如图 3.47(a)所示。从图 3.47(a)可知，微量草酸即对 BA-a 开环聚合反应产生影响，360min 时的聚合收缩率略有增大，为 2.11%。由于草酸催化苯并噁嗪开环聚合产物结构与苯并噁嗪热开环产物结构基本相同，均主要生成含酚 Minnich 桥结构的聚合物，故等温聚合过程呈现相似的体积变化。加入 1%苄胺对苯并噁嗪的开环聚合反应影响较大，可大幅缩短凝胶化时间，凝胶化后聚合收缩率为 1.6%，占总聚合收缩率的 61.5%，且 360min 时的聚合收缩率升至 2.60%，这是由于苯并噁嗪的苯氧基邻位活泼氢及残余酚羟基上的活泼氢存在时，苄胺可催化苯并噁嗪发生开环聚合。加入 10%环氧树脂和 1%苄胺对苯并噁嗪的开环聚合反应有显著影响，使反应速率大幅提高，凝胶化时间缩短，但 195min 时聚合收缩率高达 6.62%，远大于苯并噁嗪(约为 1.6%)。为进一步认识苄胺和环氧树脂的加入对苯并噁嗪聚合体积变化的影响，测得 BA-a/E44 和 E44/DMBA 的等温聚合收缩率，如图 3.47(b)所示。由图 3.47(b)可知，加入 10%环氧树脂可缩短凝胶化时间，但总聚合收缩率由 1.99%增至 5.44%；而在环氧树脂中加入 1%苄胺后，体系反应速率较慢，360min 尚未凝胶，总聚合收缩率仅为 1.75%。由此可见，苄胺对 BA-a/E44/DMBA 聚合反应影响较小，而环氧树脂影响较大。

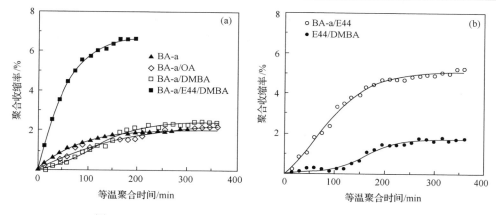

图 3.47　140℃下混合体系的聚合收缩率-等温聚合时间曲线

为进一步理解催化剂对苯并噁嗪聚合体积变化造成的影响，分别测定 BA-a、BA-a/OA、BA-a/DMBA 和 BA-a/E44/DMBA 四个体系于 160℃下的等温聚合收缩率，测试结果如图 3.48 所示。较之 140℃，160℃下 BA-a、BA-a/OA 和 BA-a/DMBA 总聚合收缩率增大，且凝胶化后的收缩贡献较大，分别为最大聚合收缩率的 67%、69% 和 63%。由图 3.48 也可看出，160℃时，加入苄胺或草酸体系的最大等温聚合收缩率均比热聚合体系有所降低，BA-a/DMBA 为 4.10%，BA-a/OA 为 3.53%，这可能是由于加入催化剂后，聚合反应速率大大加快，形成交联网络结构后，分子链运动受阻，难以进一步收缩。此外，由于 BA-a/E44/DMBA 在 160℃下反应速率极快，100min 后等温聚合收缩率高达 8.34%。对比 BA-a/DMBA 可知，环氧树脂对聚合反应影响巨大。采用 FTIR 对聚合产物结构进行表征后发现，BA-a、BA-a/OA 和 BA-a/DMBA 聚合产物拥有相似的结构，可以推测三者聚合过程中体积变化的差异主要由堆砌结构变化引起。

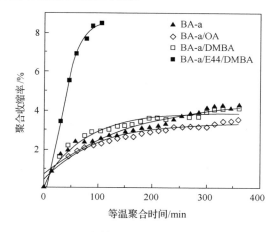

图 3.48　160℃下混合体系的聚合收缩率-等温聚合时间曲线

由于 BA-a 及其共混物等温聚合过程均呈现体积收缩，且收缩率各不相同，而这几种体系固化产物冷却至室温后密度均低于单体密度，即呈现宏观体积膨胀。因此有必要对其在某一温度下的聚合时间（即固化程度）与产物室温密度之间的关系进行研究，如图 3.49 所示。

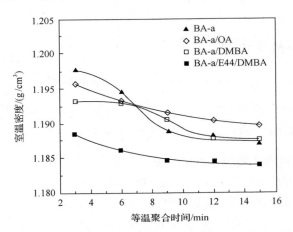

图 3.49   160℃固化后 BA-a/催化剂体系的室温密度-等温聚合时间关系曲线

由图 3.49 可知，BA-a、BA-a/OA、BA-a/DMBA 和 BA-a/E44/DMBA 四个体系经 160℃聚合后聚合物的室温密度均随聚合时间延长而减小，表明随着聚合反应的进行，聚合度提高，产物密度减小，即发生了体积膨胀，且体积膨胀效应大小各不相同。四个体系的表观体积变化率分别为+0.91%、+0.55%、+0.42%和+0.39%，体积膨胀效应的大小顺序为：BA-a＞BA-a/OA＞BA-a/DMBA＞BA-a/E44/DMBA，即纯苯并噁嗪的体积膨胀效应最大，苯并噁嗪/环氧树脂/苄胺最小。

3.4.3   胺的化学结构对聚苯并噁嗪体积膨胀效应的影响

聚苯并噁嗪的室温密度小于苯并噁嗪单体的室温密度，苯并噁嗪在聚合反应后呈现出体积膨胀效应，其中原料胺的化学结构与聚合物的氢键结构有一定关联。选择 8 种不同种类的伯胺化合物：甲胺、乙胺、正丙胺、异丙胺、正丁胺、叔丁胺、苯胺和环己胺，合成了八种典型结构的双酚 A 型苯并噁嗪 BA-m、BA-e、BA-*np*、BA-*ip*、BA-*nbu*、BA-*tbu*、BA-a 和 BA-c，研究了不同结构胺对苯并噁嗪热聚合体积变化的影响。参照 ASTM D792（Method A）标准，测定了这些苯并噁嗪聚合前后的室温密度，计算得到聚合前后的体积变化，结果见表 3.29[40]。

表 3.29　双酚 A 型苯并噁嗪聚合前后密度及表观体积变化率

样品	$D_m/(\mathrm{g/cm^3})$	$D_p/(\mathrm{g/cm^3})$	表观体积变化率/%
BA-m	1.159	1.122	+3.20
BA-e	$1.109\pm(1\times10^{-3})$	$1.104\pm(2\times10^{-3})$	+0.41
BA-np	$1.076\pm(1\times10^{-3})$	$1.084\pm(2\times10^{-3})$	−0.76
BA-ip	$1.063\pm(7\times10^{-4})$	$1.071\pm(6\times10^{-4})$	−0.72
BA-$n$bu	$1.067\pm(1\times10^{-3})$	$1.076\pm(2\times10^{-3})$	−0.82
BA-$t$bu	1.078	1.061	+1.58
BA-a	1.200	1.195	+0.40
BA-c	$1.123\pm(3\times10^{-3})$	$1.118\pm(6\times10^{-4})$	+0.43

注：D_m.苯并噁嗪单体密度；D_p.聚合物密度；+.体积膨胀；−.体积收缩。

对比表 3.29 中数据，环胺结构苯并噁嗪 BA-a 和 BA-c 聚合后均呈现明显体积膨胀，表观体积变化率分别为+0.40%和+0.43%。由脂肪胺合成的苯并噁嗪 BA-m、BA-e、BA-np 和 BA-$n$bu 中，聚合后 BA-m 和 BA-e 呈现体积膨胀，分别为+3.2%和+0.41%；而 BA-np 和 BA-$n$bu 却呈现体积收缩，分别为−0.76%和−0.82%，即苯并噁嗪聚合物体积随脂肪胺长度增加而降低。由于胺空间效应的影响，对于 BA-e、BA-ip 和 BA-$t$bu，BA-$t$bu 中胺体积最大，因此聚合后体积膨胀率最大，为+1.58%。

通过计算机模拟聚合物中的氢键结构，发现上述现象与聚苯并噁嗪的氢键类型相关并受胺碱性影响，胺碱性越大越倾向于形成更加稳定的 OH···N 形式氢键。在两种环胺结构聚合物中，OH···N 形式氢键结构均占有更大的体积，而且环己胺碱性更强，因此 BA-c 聚合物的体积膨胀更明显。鉴于氢键影响聚苯并噁嗪堆积，采用计算机模拟技术，计算得到 OH···O 和 OH···N 形式氢键键长。结果表明，OH···O 和 OH···N 形式氢键键长均随脂肪胺长度增加而增加。其中，poly（BA-m）中氢键键长最短，poly（BA-e）、poly（BA-np）和 poly（BA-$n$bu）氢键键长略接近，但远长于 poly（BA-m）。FTIR 结果也证实，poly（BA-m）和 poly（BA-e）氢键强度强于 poly（BA-np）和 poly（BA-$n$bu）。此外，化合物胺的脂肪链越长，越倾向于紧密堆积，因此苯并噁嗪聚合物体积变化随脂肪胺长度增加而降低。

综上所述，胺结构影响聚苯并噁嗪氢键，影响分子链堆积，造成苯并噁嗪呈现不同的热聚合体积变化。

参 考 文 献

[1] 张弛. 苯并噁嗪树脂化学流变性和层压复合材料加工性的研究. 成都: 四川大学, 2010.

[2] Gu Y, Pei D, Cai X.Thermal polymerization mechanism of benzoxazine. The 36th IUPAC International Symposium on Macromolecules, 1996, Seoul, Abstract 6-01-33.

[3] 裴顶峰. 新型酚醛中间体苯并噁嗪的合成及开环聚合反应的研究. 成都: 四川大学, 1996.

[4] 郑靖. 苯并噁嗪开环聚合反应机理的研究. 成都: 四川大学, 1997.

[5] 刘明, 李超, 张娜, 等. 双酚 A/苯胺型苯并噁嗪热固化质量损失及机理. 热固性树脂, 2013, 28(5): 15-20.

[6] 王宏远. 苯并噁嗪的链增长机理及其环氧树脂共混体系的固化反应和结构与性能调控. 成都: 四川大学, 2016.

[7] Andreu R, Reina J A, Ronda J C. Studies on the thermal polymerization of substituted benzoxazine monomers: electronic effects. Journal of Polymer Science Part A: Polymer Chemistry, 2008, 46(10): 3353-3366.

[8] Wang X, Chen F, Gu Y. Influence of electronic effects from bridging groups on synthetic reaction and thermally activated polymerization of bisphenol-based benzoxazines. Journal of Polymer Science Part A: Polymer Chemistry, 2011, 49(6): 1443-1452.

[9] 王晓颖. 多元酚-苯胺型苯并噁嗪合成、固化及其结构与性能的研究. 成都: 四川大学, 2011.

[10] 张程夕. 伯胺路线苯并噁嗪的合成反应及腰果酚苯并噁嗪增韧改性研究. 成都: 四川大学, 2014.

[11] 白耘. 线型聚苯并噁嗪的氢键热响应与调控研究. 成都: 四川大学, 2016.

[12] Bai Y, Yang P, Song Y, et al. Effect of hydrogen bonds on the polymerization of benzoxazines: influence and control. RSC Advances, 2016, 6(51): 45630-45635.

[13] 王彬. 双酚型聚苯并噁嗪的氢键调控与性能研究. 成都: 四川大学, 2017.

[14] Dunkers J, Ishida H. Reaction of benzoxazine-based phenolic resins with strong and weak carboxylic acids and phenols as catalysts. Journal of Polymer Science Part A: Polymer Chemistry, 1999, 37(13): 1913-1921.

[15] 张娜. 双酚 A-苯胺型苯并噁嗪在固化过程中的质量损失及机理研究. 成都: 四川大学, 2012.

[16] 宋霖. 中温固化苯并噁嗪复合树脂的研究. 成都: 四川大学, 2005.

[17] 郑靖, 顾宜, 谢美丽, 等. 草酸引发苯并噁嗪开环聚合反应的研究. 1997 年全国高分子学术论文报告会论文集, 1997: 216-217.

[18] Ishida H, Rodriguez Y C. Catalyzing the curing reaction of a new benzoxazine-based phenolic resin. Journal of Applied Polymer Science, 1995, 58(10): 1751-1760.

[19] 顾宜, 郑靖, 裴顶峰, 等. 三氯化铝引发苯并噁嗪开环聚合反应的研究. 1997 年全国高分子学术论文报告会论文集, 1997: 218-219.

[20] 张东霞, 冉起超, 盛兆碧, 等. 金属盐对聚苯并噁嗪热稳定性的影响及机理. 热固性树脂, 2011, 26(5): 1-7.

[21] 裴顶峰, 顾宜, 李在兰. 以双酚 A 为基础的双苯并噁嗪中间体的开环固化反应动力学研究. 高分子材料科学与工程, 1997, (3): 41-44.

[22] 宋霖, 向海, 朱蓉琪, 等. 咪唑催化苯并噁嗪树脂固化的研究. 热固性树脂, 2005, 20(4): 17-20.

[23] 陆德鹏, 朱蓉琪, 冉起超, 等. 咪唑盐离子液催化苯并噁嗪固化反应的研究. 热固性树脂, 2014, 29(5): 10-13.

[24] 余银华, 孔逸然, 夏益青, 等. 4,4′-二氨基二苯甲烷/腰果酚-二胺型苯并噁嗪体系的固化. 热固性树脂, 2015, 30(4): 1-8.

[25] 刘欣. 苯并噁嗪开环聚合机理及体积膨胀效应的研究. 成都: 四川大学, 2000.

[26] Liu X, Gu Y. Effects of molecular structure parameters on ring-opening reaction of benzoxazines. Science in China Series B-Chemistry, 2001, 44(5): 552-560.

[27] Liu X, Gu Y. Molecular modeling of the chain structures of polybenzoxazines. Chemical Research in Chinese Universities, 2002, 18(3): 367-369.

[28] Odian G. Principles of Polymerization. New York: Wiley & Sons Inc, 2004.

[29] Flory P J. Principles of Polymer Chemistry. New York: Cornel University, 1953.

[30] 潘祖仁. 高分子化学(增强版). 北京: 化学工业出版社, 2007.

[31] 顾雪蓉, 陆云. 高分子科学基础. 北京: 化学工业出版社, 2003.

[32] Webster O W. Living polymerization methods. Science, 1991, 251(4996): 887-893.

[33] Sigwalt P. Living and apparently living carbocationic polymerizations. Makromolekulare Chemie. Macromolecular Symposia, 1991, 47(1): 179-201.

[34] Thomas L, Polton A, Tardi M, et al. "Living" cationic polymerization of indene. 1. Polymerization initiated with cumyl methyl ether/titanium tetrachloride and cumyl methyl ether/n-butoxytrichlorotitanium initiating systems. Macromolecules, 2002, 26(16): 4075-4082.

[35] Matyjaszewski K, Sigwalt P. Unified approach to living and non-living cationic polymerization of alkenes. Polymer International, 2010, 35(1): 1-26.

[36] Wang H, Zhu R, Yang P, et al. A study on the chain propagation of benzoxazine. Polymer Chemistry, 2016, 7(4): 860-866.

[37] Ishida H, Allen D J. Physical and mechanical characterization of near-zero shrinkage polybenzoxazines. Journal of Polymer Science, Part B: Polymer Physics, 1996, 34(6): 1019-1030.

[38] 刘欣, 顾宜. 苯并噁嗪热固化过程中体积变化的研究. 高分子学报, 2000, (5): 612-619.

[39] Liu X, Gu Y. Study on the volumetric expansion of benzoxazine curing with different catalysts. Journal of Applied Polymer Science, 2002, 84(6): 1107-1113.

[40] Ishida H, Low H Y. A study on the volumetric expansion of benzoxazine-based phenolic resin. Macromolecules, 1997, 30(4): 1099-1106.

第4章

聚苯并噁嗪的结构与性能

4.1 聚苯并噁嗪的化学交联结构

聚合物结构决定聚合物性能。苯并噁嗪发生开环聚合反应形成的含氮且类似于酚醛树脂的网状结构，称为聚苯并噁嗪。聚苯并噁嗪存在大量的酚羟基和氮原子，可形成多种形式的氢键。这些特殊的结构赋予其优良的耐热性能和阻燃性能、良好的机械性能、低吸水率、低表面能等优异的性能。

4.1.1 聚苯并噁嗪的化学结构

由 3.1.2 节中"3. 热聚合阳离子机理及产物结构"可知，苯并噁嗪发生开环聚合反应后可形成包括多种与噁嗪环相关化学结构的混合体，如 2,4-二氯苯酚/苯胺型聚苯并噁嗪可能的主要化学结构有两种，醚式结构（图 4.1 Ⅰ）和胺 Mannich桥结构（图 4.1 Ⅱ）；而对甲酚/苯胺型聚苯并噁嗪主要有三种化学结构，分别为醚式结构（图4.1Ⅲ）、酚 Mannich 桥结构（图4.1Ⅳ）和胺 Mannich 桥结构（图4.1Ⅴ）[1,2]。

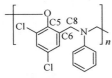

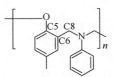

I：2,4-二氯聚苯并噁嗪
（醚式结构）

II：2,4-二氯聚苯并噁嗪
（胺Mannich桥结构）

Ⅲ：对甲酚/苯胺型聚苯并噁嗪
（醚式结构）

IV：对甲酚/苯胺型聚苯并噁嗪
（酚Mannich桥结构）

V：对甲酚/苯胺型聚苯并噁嗪
（胺Mannich桥结构）

VI：苯并噁嗪开环产物空间结构

图 4.1 聚苯并噁嗪的化学结构及空间结构

利用计算机模拟技术，采用 PCFF 力场，对上述两种苯并噁嗪单体和聚合物的相关结构参数进行了计算(苯并噁嗪开环产物空间结构如图 4.1Ⅵ所示),结果见表 4.1。从表 4.1 可知,较之于单体,2,4-二氯苯酚/苯胺型聚苯并噁嗪的 O—C6键(单体为 1.4023Å)略有缩短,C5—C8(单体为 1.5190Å)和 C8—N(单体为 1.4661Å)键均明显增长,而其他键长变化不大;对甲酚/苯胺型聚苯并噁嗪呈现相似的规律。另外,较之开环前能量状态(2,4-二氯苯酚/苯胺型苯并噁嗪为 42.48kcal/mol,对甲酚/苯胺型苯并噁嗪为 49.96kcal/mol),两种聚苯并噁嗪的能量均有所降低。在 2,4-二氯苯酚/苯胺型聚苯并噁嗪中,结构Ⅱ能量最低;在对甲酚/苯胺型聚苯并噁嗪中,结构Ⅳ能量最低。

表 4.1　聚苯并噁嗪主要化学结构参数与能量

结构参数		I	II	III	IV	V
键长/Å	$O—C_6$	1.3967	1.3808	1.3911	1.3815	1.3707
	$C_6—C_5$	1.4052	1.4006	1.4108	1.3998	1.4034
	$C_5—C_8$	1.5334	1.5287	1.5290	1.5363	1.5315
	$C_8—N$	1.4894	1.4957	1.4951	1.4924	1.5043
	$C_9—N$	1.4607	1.4638	1.4602	1.4616	1.4591
	$C_7—N$	1.4722	1.4733	1.4694	1.4702	1.4720
键角/(°)	$O—C_6—C_5$	119.30	122.28	121.27	122.19	123.69
	$C_6—C_5—C_8$	122.82	123.74	124.51	125.10	123.69
	$C_5—C_8—N$	116.16	115.49	117.77	118.42	118.42
	$C_8—N—C_9$	116.94	116.64	118.04	116.72	117.64
	$C_7—N—C_8$	119.30	118.49	120.06	115.83	115.82
	$C_7—N—C_9$	116.34	116.79	115.55	119.28	117.31
二面角/(°)	$O—C_6—C_5—C_8$	1.55	−0.14	0.41	0.79	1.95
	$C_6—C_5—C_8—N$	−49.94	40.62	−49.09	176.70	−39.15
	$C_5—C_8—N—C_9$	−68.76	−121.42	−87.08	−77.44	−67.97
总能量/(kcal/mol)		37.90	22.07	19.92	5.75	8.72

4.1.2　聚苯并噁嗪单链空间结构模型[1,2]

采用 PCFF 力场,用分子力场方法得到了 2,4-二氯苯酚/苯胺型聚苯并噁嗪和对甲酚/苯胺型聚苯并噁嗪的五种单链的空间结构。通过能量优化,计算了这五种苯并噁嗪单链结构的主要能量组成,包括键伸缩振动能、键角面内弯曲能、二面角扭转能、键反转能、范德瓦耳斯能量、静电作用以及整体能量,见表 4.2。结果表明,对于聚苯并噁嗪单链,对甲酚型聚苯并噁嗪单链的整体能量比二氯酚型聚苯并噁嗪低,醚式结构能量高于胺 Mannich 结构和酚 Mannich 结构,较不稳定。

在二氯取代基的体系中，胺 Mannich 桥结构聚苯并噁嗪单链的能量较低，较为稳定。在对甲基取代基的体系中，酚 Mannich 桥结构聚苯并噁嗪单链的能量最低，是相对最稳定的结构。这与前期有关苯并噁嗪开环聚合反应机理的研究结果，即含醚键结构的苯并噁嗪较不稳定，在高温下可能发生结构重排的结论相一致。

表 4.2　五种聚苯并噁嗪单链的主要能量计算值(kcal/mol)

主要能量组成	I	II	III	IV	V
键伸缩振动能	46.31	53.01	49.68	59.24	49.98
键角面内弯曲能	88.28	99.55	120.10	101.86	71.59
二面角扭转能	75.13	−25.89	−6.22	−49.38	16.81
键反转能	0.44	0.12	0.19	0.24	0.47
范德瓦耳斯能量	75.59	119.65	131.43	120.38	152.35
静电作用	−82.71	−68.00	−107.73	−139.34	−162.11
整体能量计算值	143.61	97.49	124.08	11.95	47.17

由单链结构的整体视图可以看出分子链的空间结构、原子排列和伸展方向，而轴向视图可更为清楚地观察聚苯并噁嗪链的三维空间排列及原子的相对位置。图 4.2 给出了 2,4-二氯苯酚/苯胺型和对甲酚/苯胺型五种聚苯并噁嗪单链结构的整体视图和轴向视图，以便更好地理解聚苯并噁嗪结构与体系能量的关系。从图 4.2 的空间图形可以看出，醚式结构的 2,4-二氯苯酚/苯胺型聚苯并噁嗪单链（Ⅰ）类似一个实心球体，所有氧原子集中于中心部位，所有氯原子均匀分布于四周，表明链Ⅰ能量较高、不稳定；而其胺 Mannich 桥结构单链（Ⅱ）形状为螺旋状空心三角形，分子链排列较为规整，且所有—OH 分布于四周，故其能量较链Ⅰ更低。对

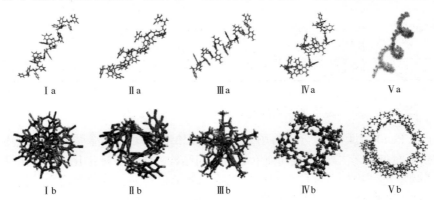

图 4.2　聚苯并噁嗪单链结构：2,4-二氯苯酚/苯胺型聚苯并噁嗪单链醚式结构和胺 Mannich 桥结构整体视图和轴向视图（Ⅰa 和Ⅰb，Ⅱa 和Ⅱb）；对甲酚/苯胺型聚苯并噁嗪单链醚式结构、酚 Mannich 桥结构和胺 Mannich 桥结构整体视图和轴向视图（Ⅲa 和Ⅲb，Ⅳa 和Ⅳb，Ⅴa 和Ⅴb）[1]

于对甲酚/苯胺型聚苯并噁嗪，其醚式结构单链(Ⅲ)与二氯苯酚/苯胺型聚苯并噁嗪单链Ⅰ有相似之处，它看似一个实心五角星形，所有氧原子集中于中心部位，所有—CH₃均匀分布于四周；而对甲酚/苯胺型聚苯并噁嗪酚 Mannich 桥结构单链(Ⅳ)和胺 Mannich 桥结构(Ⅴ)单链均为中空结构，前者为四方形中空而后者为圆形中空，分子链排列较为规整，故具有较单链Ⅲ更低的能量。

4.1.3　聚苯并噁嗪无定形结构模型

选用图4.2所示2,4-二氯苯酚/苯胺型和对甲酚/苯胺型的五种聚苯并噁嗪单链结构，分别用 Monte Carlo 法建立三维非晶形结构，用共轭梯度法优化元胞参数，模拟计算得到五种聚苯并噁嗪无定形结构(amⅠ、amⅡ、amⅢ、amⅣ、amⅤ)的能量组成(表 4.3[2])和元胞参数(表 4.4)。

表 4.3　五种聚苯并噁嗪无定形结构的主要能量计算值(kcal/mol)

主要能量组成	amⅠ	amⅡ	amⅢ	amⅣ	amⅤ
键伸缩振动能	49.97	50.64	53.87	50.78	56.08
键角面内弯曲能	102.15	82.36	88.82	90.64	87.16
二面角扭转能	44.93	41.31	44.38	36.47	33.03
键反转能	1.24	2.26	0.69	1.40	1.31
范德瓦耳斯能量	181.77	115.04	156.88	157	175.22
静电作用	−116.25	−71.79	−127.64	−109.94	−107.21
整体能量计算值	260.72	215.75	216.77	223.48	244.05

表 4.4　五种聚苯并噁嗪的元胞参数

元胞参数	amⅠ	amⅡ	amⅢ	amⅣ	amⅤ
a/Å	15.82	14.96	15.67	14.96	15.75
b/Å	15.61	15.45	15.73	15.45	16.95
c/Å	15.83	14.57	15.67	14.57	14.99
α/(°)	89.20	94.93	89.49	94.93	90.29
β/(°)	91.05	92.71	89.40	92.71	90.53
γ/(°)	88.86	92.05	90.06	92.05	93.04

从表 4.4 可以看出，这五种聚苯并噁嗪的元胞均接近于立方体，元胞参数相近，说明五种聚苯并噁嗪均为各向同性的非晶形结构。

4.1.4　聚苯并噁嗪交联结构的表征方法

聚苯并噁嗪结构与聚合反应相关。对于交联型聚苯并噁嗪，其有五种结构，分别为：酚 Mannich 桥结构(图 4.3 Ⅰ)、胺 Mannich 桥结构(芳香胺为胺源，图 4.3 Ⅱ)、醚式结构(芳香胺为胺源，图 4.3Ⅲ)和亚甲基桥结构(图 4.3Ⅳ和Ⅴ)。这些结构中，酚 Mannich 桥结构、胺 Mannich 桥结构和醚式结构较为常见[3-10]。

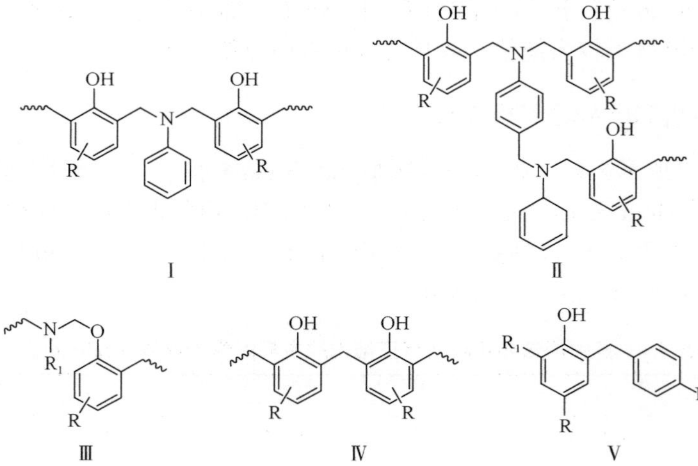

图 4.3　酚 Mannich 桥结构(Ⅰ)、胺 Mannich 桥结构(Ⅱ)、醚式结构(Ⅲ)和
亚甲基桥结构(Ⅳ和Ⅴ)示意图

聚苯并噁嗪结构与苯并噁嗪化学结构中各反应位点活性相关，受电子效应和位阻效应影响。一般情况下，苯并噁嗪固化(聚合)主要生成酚 Mannich 桥结构，如图 4.3 Ⅰ所示[3,4]；若芳香胺型苯并噁嗪聚合过程中存在过渡金属盐[7,8]，或苯胺对位被取代基团活化[4]，或酚羟基邻位反应受阻[4]，苯并噁嗪聚合后会形成胺 Mannich 桥结构，如图 4.3 Ⅱ所示；若聚合过程中存在某些催化剂(如咪唑、对甲苯磺酸、Lewis 酸等)，将形成醚式结构(图 4.3Ⅲ)。但该结构不稳定，可在升高温度等条件下转化为 Mannich 桥结构[9,10]。

实践表明，研究、辨认聚苯并噁嗪交联结构类型，最简单有效的方法是观察 FTIR 谱图上相关吸收峰位置及强度的变化。图 4.4 为酚 Mannich 桥结构、胺 Mannich 桥结构和醚式结构 poly(BA-a) 的 FTIR 谱图。在酚 Mannich 桥结构 poly(BA-a) 的 FTIR 谱图中，$1480 \mathrm{cm}^{-1}$ 处吸收峰为酚 Mannich 桥结构的特征峰，同时可在 $750 \mathrm{cm}^{-1}$ 和 $693 \mathrm{cm}^{-1}$ 处观察到悬挂苯胺结构的苯环单取代吸收峰；对于胺 Mannich 桥结构 poly(BA-a)，在 $1503 \mathrm{cm}^{-1}$ 处可观察到 1,2,4-三取代苯环的特征吸收峰，但 $750 \mathrm{cm}^{-1}$ 和 $693 \mathrm{cm}^{-1}$ 处不存在苯环单取代吸收峰；对于醚式结构 poly(BA-a)，$1239 \mathrm{cm}^{-1}$ 和 $1063 \mathrm{cm}^{-1}$ 处吸收峰为醚式结构(Ar—O—C 结构)特征峰，同时 $750 \mathrm{cm}^{-1}$ 和 $693 \mathrm{cm}^{-1}$ 处存在苯环单取代吸收峰，$1503 \mathrm{cm}^{-1}$ 处存在 1,2,4-三取代苯环的吸收峰。

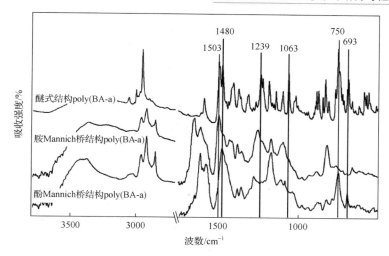

图 4.4 酚 Mannich 桥结构、胺 Mannich 桥结构和醚式结构 poly（BA-a）的 FTIR 谱图

利用取代基的占位效应可得到不同的聚苯并噁嗪结构。选择苯胺、邻甲基苯胺、间甲基苯胺、对甲基苯胺和 3,5-二甲基苯胺五种伯胺为原料，分别与双酚 A 和多聚甲醛反应，合成出相应的双酚 A 型苯并噁嗪 BA-a、BA-*oa*、BA-*ma*、BA-*pa* 和 BA-35x，研究了芳香胺取代甲基对热聚合产物结构的影响。结果表明，由于这些苯并噁嗪的苯氧基邻位均可发生反应，因此聚合物中都存在图 4.3 I 所示的酚 Mannich 桥结构。当苯胺间位存在甲基取代基时（BA-*ma* 和 BA-35x），可在聚合物中发现胺 Mannich 桥结构（图 4.3 II）。若苯并噁嗪在 200℃ 以上长时间聚合，则可得到亚甲基桥结构（图 4.3Ⅳ和Ⅴ）[3]。

四川大学研究了酚取代甲基和胺取代甲基对聚苯并噁嗪交联结构的影响。分别设计、合成了双酚 A/苯胺型（BA-a）、双酚 A/3,5-二甲基苯胺型（BA-35x）、双酚 C/苯胺型（BC-a）和双酚 C/3,5-二甲基苯胺型（BC-35x）四种双酚型苯并噁嗪。通过观察 FTIR 谱图上相关吸收峰位置及强度的变化，研究了聚苯并噁嗪交联结构类型[4]。结果表明，BA-a 在 1490cm^{-1} 处 1,2,4-苯环三取代特征峰聚合后消失，聚合物在 1480cm^{-1} 处出现酚 Mannich 桥结构的 I 型（1,2,3,5-苯环四取代）特征峰；若苯胺间位存在供电性取代甲基（BA-35x），其聚合物 poly（BA-35x）会生成胺 Mannich 桥结构。FTIR 谱图中[图 4.6，BA-35x 和 poly（BA-35x）]，BA-35x 在 735cm^{-1} 和 695cm^{-1} 处 1,3,5-苯环三取代特征吸收峰会在聚合后消失，但会在 850cm^{-1} 处出现与胺 Mannich 桥结构[图 4.5B（1）]相关的 II 型 1,2,3,5-苯环四取代特征吸收峰。此外，聚合后还可在 1480cm^{-1} 处发现与酚 Mannich 桥结构[图 4.5B（2）]相关的 I 型 1,2,3,5-苯环四取代的特征吸收峰；若苯并噁嗪酚羟基邻位被甲基取代基占据，则聚合后一般仅形成胺 Mannich 桥结构（图 4.5C）。与 BC-a 和 BC-35x 的谱图相比，未能在它们的聚合物谱图中发现苯环单取代的特征吸收峰，但在 850cm^{-1} 附近观察到了与胺 Mannich 桥结构相关的 II 型 1,2,3,5-苯环四取代特征吸收峰。

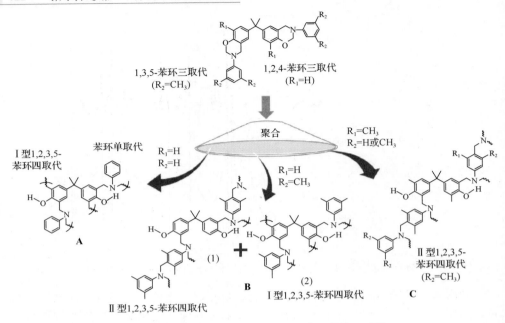

图 4.5 双酚/芳香胺型苯并噁嗪及其聚苯并噁嗪[4]

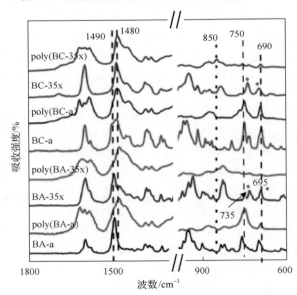

图 4.6 双酚/芳香胺型苯并噁嗪及其聚苯并噁嗪 FTIR 谱图

　　将苯并噁嗪与催化剂或引发剂混合，混合物会在聚合过程中生成具有不同化学结构的聚苯并噁嗪。例如，以咪唑、对甲基苯磺酸和 LiI 等为催化剂时，会先形成图 4.3Ⅲ所示的醚式结构,再在升高温度的情况下转变为酚 Mannich 桥结构[9,10]。

Lewis 酸也是苯并噁嗪的催化剂，也可催化聚合形成不同交联结构的聚苯并噁嗪。有学者研究了 $CuCl_2$、$AlCl_3$、$FeCl_3$、$MnCl_2$、$ZnCl_2$、$MgCl_2$ 等 Lewis 酸对 BA-a 聚合物交联结构的影响[8]。该研究中，先将这些 Lewis 酸与 BA-a 在无水氯仿中搅拌一定时间，再按一定聚合程序进行聚合，采用 FTIR 对聚合物的结构进行表征，如图 4.7 所示。将各峰分峰得到的峰面积记为 $A_{波数}$，以苯并噁嗪聚合物结构中 $2960cm^{-1}$ 处甲基吸收峰的面积 $A_{2960cm^{-1}}$ 为内标，各峰比面积 $X_{波数}=A_{波数}/A_{2960cm^{-1}}$。

将红外图中各峰比面积作柱形图，如图 4.8 所示。poly(BA-a) 红外谱图中，$750cm^{-1}$ 和 $690cm^{-1}$ 处为苯环上单取代吸收峰，$1480cm^{-1}$ 处吸收峰为 1,2,4,6-四取代苯环结构，这些特征峰的存在说明形成了酚 Mannich 桥结构，虽然苯环 1,2,4-三取代和 1,4-二取代的特征吸收峰（$820cm^{-1}$）也存在，但强度明显低于 $750cm^{-1}$，所以 poly(BA-a) 主要形成了酚 Mannich 桥结构。加入 Lewis 酸后，聚合物的结构随金属盐种类的不同而发生变化。$FeCl_3$、$AlCl_3$ 和 $CuCl_2$ 催化聚合生成的聚苯并噁嗪的红外光谱图中（图 4.7e、f 和 g），在 $1500cm^{-1}$ 附近出现了 1,2,4-三取代苯结构的吸收峰，$1480cm^{-1}$ 处吸收峰消失，$820cm^{-1}$ 处吸收峰强度明显高于 $750cm^{-1}$ 处，且图 4.8 中 poly(BA-a)/$FeCl_3$、poly(BA-a)/$AlCl_3$ 和 poly(BA-a)/$CuCl_2$ 三者的 $A_{820cm^{-1}}/A_{750cm^{-1}}$ 比值高于 poly(BA-a)，这说明 poly(BA-a)/$FeCl_3$、poly(BA-a)/$AlCl_3$ 和 poly(BA-a)/$CuCl_2$ 中以胺 Mannich 桥结构为主。而加入 $MnCl_2$、$MgCl_2$ 和 $ZnCl_2$ 的体系（图 4.7b、c 和 d），$1500cm^{-1}$ 和 $1480cm^{-1}$ 处吸收峰同时存在，故这些体系的 $A_{820cm^{-1}}/A_{750cm^{-1}}$ 的值与 PBA-a 接近，这说明 PBA-a/$MgCl_2$、PBA-a/$ZnCl_2$ 和 PBA-a/$MnCl_2$ 体系中同时存在酚 Mannich 桥结构和胺 Mannich 桥结构，但以酚 Mannich 桥结构为主。

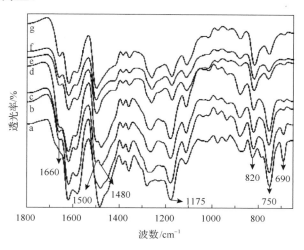

图 4.7　poly(BA-a)(a)、poly(BA-a)/$MgCl_2$(b)、poly(BA-a)/$ZnCl_2$(c)、poly(BA-a)/$MnCl_2$(d)、poly(BA-a)/$FeCl_3$(e)、poly(BA-a)/$AlCl_3$(f) 和 poly(BA-a)/$CuCl_2$(g) 的 FTIR 谱图

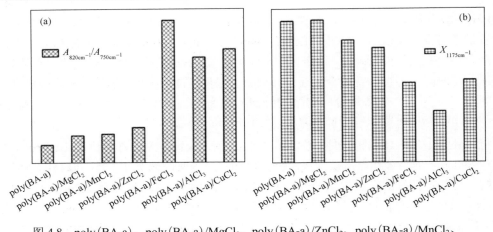

图 4.8　poly（BA-a）、poly（BA-a）/MgCl₂、poly（BA-a）/ZnCl₂、poly（BA-a）/MnCl₂、
poly（BA-a）/FeCl₃、poly（BA-a）/AlCl₃ 和 poly（BA-a）/CuCl₂特征吸收峰的峰比面积

　　加入 PCl₅ 等引发剂也可得到不同交联结构的聚苯并噁嗪[11-13]。四川大学以
PCl₅ 为引发剂，以 DMF 为溶剂，将 BA-a 与 PCl₅ 在 80℃下反应 4h 后，再经一定
的聚合工艺得到聚合物，并采用 FTIR 对聚合物结构进行分析。FTIR 测试结果表
明，聚合物中 695cm⁻¹ 和 765cm⁻¹ 处单取代吸收峰消失，说明主要形成了胺 Mannich
桥结构[13]。

4.2　聚苯并噁嗪的氢键

　　氢键对聚苯并噁嗪的性能影响大。研究发现，正是由于氢键的存在，聚苯并噁
嗪才拥有一系列令人称奇的性能。聚苯并噁嗪具有聚合后体积近似零收缩或微膨
胀的特性；交联密度较低，却拥有高的常温模量、玻璃化转变温度和热降解温度；
含有大量的酚羟基，却可以得到极低的表面能；吸水率低且具有优良的耐弱酸和
耐有机溶剂腐蚀等性能。因此，聚苯并噁嗪氢键一直是人们研究的热点。

4.2.1　聚苯并噁嗪结构中的氢键类型

　　聚苯并噁嗪是一个单供体氢键体系，供体为聚合过程生成的酚羟基（—OH 上
的氢原子），受体分别为氮原子（N）、酚羟基上的氧原子（O）以及苯环（π）。从氢键
形式分析，聚苯并噁嗪形成的氢键为酚羟基与酚羟基（OH…OH）、酚羟基与氮原
子（OH…N）、酚羟基与苯环（OH…π）形式的氢键，如图 4.9 所示。由于不同受体的
电负性不同，因此形成氢键的强弱也不同，可归为两大类：一类是 OH…OH 和
OH…π 形式的氢键，该类氢键作用力较弱，被称为"统计学氢键"；另一类是 OH…N
形式的氢键，O、H、N、CH₂ 和苯环形成一个较为稳定的"假六边形"，该类氢

键作用力相对较强，被称为"螯合氢键"。因此，聚苯并噁嗪氢键可概括为：单供体、多受体、多氢键。

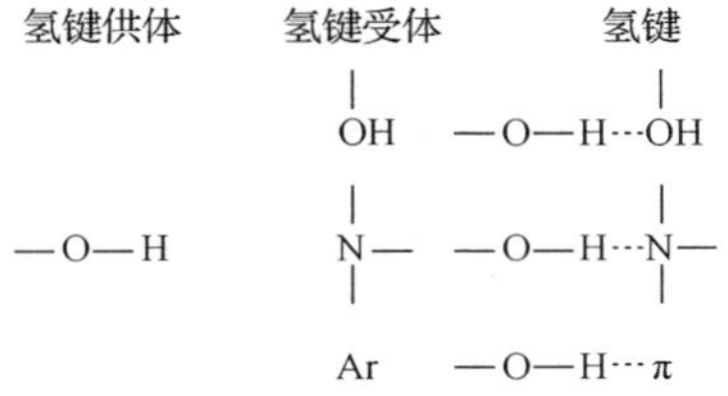

图 4.9　聚苯并噁嗪的氢键供体、受体与氢键

但聚苯并噁嗪不溶(不熔)，结构复杂，难以对其氢键进行表征，故常通过制备模型化合物来研究聚苯并噁嗪氢键[14,15]。例如，利用 X 射线衍射和 FTIR 光谱对苯并噁嗪二聚体进行研究，认为模型二聚体中可能存在的氢键为：OH···O 分子间和分子内氢键以及 OH···N 和 O⁻···H⁺N 分子内氢键。利用 FTIR 对模型二聚体(图 4.10)进行研究，并对聚苯并噁嗪各氢键的红外相关吸收进行归属，见表 4.5。

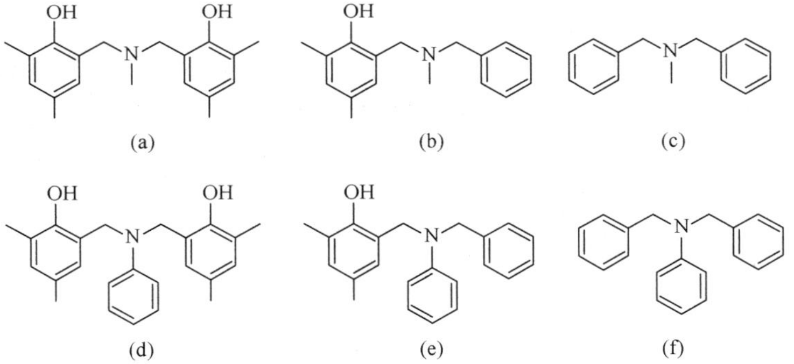

图 4.10　聚苯并噁嗪模型二聚体[15]

(a)甲胺二聚体；(b)不对称甲胺二聚体；(c)苄基-甲胺二聚体；(d)苯胺二聚体；
(e)不对称苯胺二聚体；(f)苄基-苯胺二聚体

表 4.5　聚苯并噁嗪及二聚体与氢键相关红外吸收[15]

样品	状态	$\nu_{free}^{①}$ / cm⁻¹	$\nu_{OH···\pi}^{②}$ / cm⁻¹	$\nu_{OH···O}^{③}$ / cm⁻¹	$\nu_{OH···N}^{④}$ / cm⁻¹	$\nu_{O···HN}^{⑤}$ / cm⁻¹
甲胺二聚体	晶体		3559	3401	3207	2768
	50mmol/L 溶液	3615	3559	3401	3207	2768
	1mmol/L 溶液	3615	3559	3476*	3207	2768
苯胺二聚体	晶体		3549	3421	3219	2831
	50mmol/L 溶液	3614	3549	3421	3217	2831
	1mmol/L 溶液	3614	3549	3421*	3181	2831

续表

样品	状态	$\nu_{\text{free}}^{①}$ / cm^{-1}	$\nu_{\text{OH}\cdots\pi}^{②}$ / cm^{-1}	$\nu_{\text{OH}\cdots\text{O}}^{③}$ / cm^{-1}	$\nu_{\text{OH}\cdots\text{N}}^{④}$ / cm^{-1}	$\nu_{\text{O}\cdots\text{HN}}^{⑤}$ / cm^{-1}
不对称甲胺二聚体	液体				3113	2750
	50mmol/L 溶液				3113	2750
	1mmol/L 溶液				3113	2750
不对称苯胺二聚体	液体		3549	3417	3168	2830
	50mmol/L 溶液	3617		3417	3168	2830
	1mmol/L 溶液	3617			3170	2830
poly(BA-m)	聚合物				3112	2749
poly(BA-a)	聚合物		3550	3417	3171	2830

注：① 游离—OH；② OH⋯π 分子内氢键；③ OH⋯O 分子间氢键（* OH⋯O 分子内氢键）；④ OH⋯N 分子内氢键；⑤ O$^-$⋯H$^+$N 分子间氢键。

常用于研究聚苯并噁嗪氢键的方法是红外分峰技术。图 4.11 分别是双酚 A/苯胺型和双酚 A/甲胺型聚苯并噁嗪[poly(BA-a)和 poly(BA-m)]氢键的 FTIR 分峰谱图，各氢键相关峰归属见表 4.5。结果表明，poly(BA-m)的 OH⋯N 氢键强度强于 poly(BA-a)，且 poly(BA-m)仅存在 OH⋯N 和 O$^-$⋯H$^+$N 两种氢键，而 poly(BA-a)存在 OH⋯π、OH⋯O、OH⋯N 和 O$^-$⋯H$^+$N 四种氢键。在此基础上，给出了 poly(BA-a)和 poly(BA-m)可能的氢键结构，如图 4.12 所示。此外，基于红外光谱定量功能，可结合分峰技术对聚苯并噁嗪氢键进行定量或半定量研究。

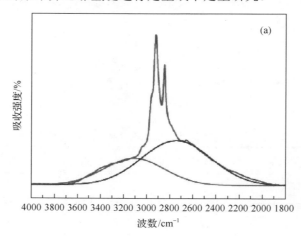

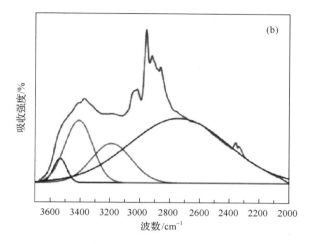

图 4.11　poly（BA-m）（a）和 poly（BA-a）（b）的氢键 FTIR 分峰谱图

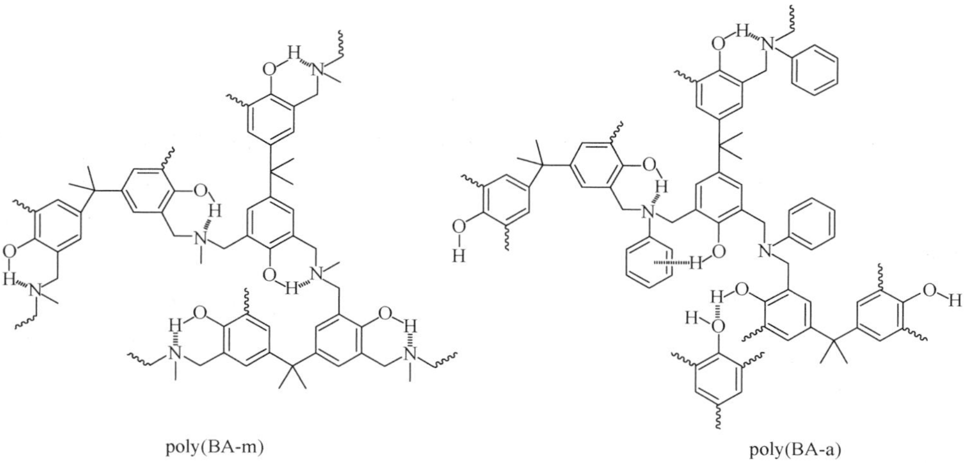

poly(BA-m)　　　　　　　poly(BA-a)

图 4.12　poly（BA-m）和 poly（BA-a）氢键示意图

4.2.2　聚苯并噁嗪结构中氢键的强度与影响因素[16]

　　影响聚苯并噁嗪氢键强度的因素较多，主要有伯胺（胺源）碱性或酚（酚源）酸性、伯胺的位阻效应、固化程度、温度等。其中，伯胺碱性或酚酸性越强，OH⋯N 形式氢键越强；若伯胺碱性相近，则聚苯并噁嗪拥有相似的氢键，而与伯胺体积无关。但 OH⋯π 氢键受构象结构影响，伯胺取代基体积越大，越易形成 OH⋯π 氢键；延长固化时间，FTIR 谱图中羟基振动区域的峰强度增强，说明氢键含量增加、作用力增强；此外，氢键作为一种物理相互作用，其强度和作用力易受温度影响，会在一定情况如较高温度下发生解离，甚至是破坏。

以对甲酚为酚源，分别以叔丁胺、正丁胺、环己胺、苄胺、苯胺和对氟苯胺（pK_a 值依次为 10.69、10.64、10.64、9.40、4.63 和 4.52）为胺源，合成了六种对甲酚型聚苯并噁嗪，研究了胺取代基对氢键强度的影响，结构如图 4.13 所示。

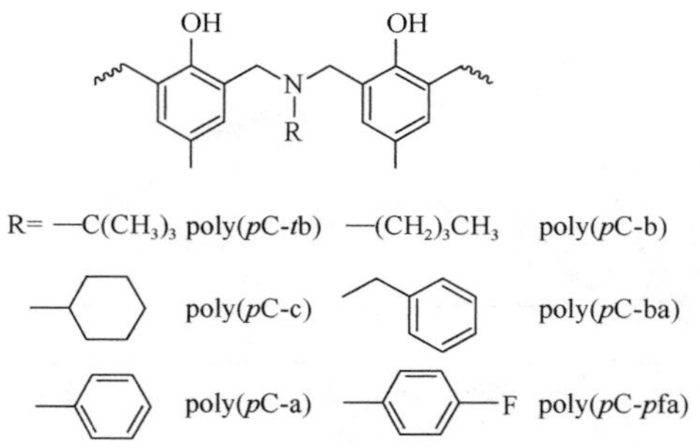

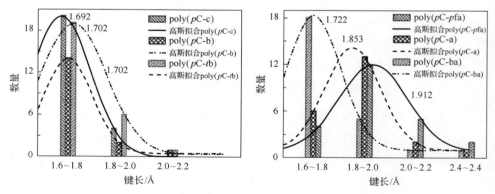

R= —C(CH$_3$)$_3$ poly(pC-tb)   —(CH$_2$)$_3$CH$_3$ poly(pC-b)

poly(pC-c)   poly(pC-ba)

poly(pC-a)   —F poly(pC-pfa)

图 4.13 对甲酚型聚苯并噁嗪化学结构式

采用计算机模拟技术对六种对甲酚型聚苯并噁嗪氢键进行计算，表明苯并噁嗪聚合过程中主要形成 OH···N 氢键。对具有不同键长 OH···N 氢键的数量进行统计，并采用高斯拟合方程计算得到氢键键长的分布曲线，如图 4.14 所示。计算得到 poly(pC-tb)、poly(pC-b)、poly(pC-c)、poly(pC-ba)、poly(pC-a) 和 poly(pC-pfa) 的—OH···N 氢键统计键长分别为 1.702Å、1.702Å、1.692Å、1.722Å、1.853Å 和 1.912Å。除 poly(pC-c)，其余五种聚苯并噁嗪—OH···N 氢键的键长均随胺源 pK_a 值的减小而增长。从图 4.14 还可以看出，poly(pC-tb)、poly(pC-b)、poly(pC-c)、poly(pC-ba) 的—OH···N 氢键主要集中在 1.6～1.8Å，而 poly(pC-a) 和 poly(pC-pfa) 主要集中在 1.8～2.0Å。这说明 poly(pC-tb)、poly(pC-b)、poly(pC-c)、poly(pC-ba) 中—OH···N 氢键的作用力强于 poly(pC-a) 和 poly(pC-pfa)。

图 4.14 六种对甲酚型聚苯并噁嗪中 OH···N 氢键键长与键长分布

采用 FTIR 对六种对甲酚型聚苯并噁嗪氢键进行研究，使用高斯方程对六种聚合物 FTIR 图谱在 3800～2000cm^{-1} 范围内的吸收峰进行分峰，结合式(4-1)，计算得到各种氢键的相对含量。

$$氢键的相对含量=\frac{A_x}{A_{OH\cdots\pi}+A_{OH\cdots N}+A_{O^-\cdots^+HN}+A_{OH\cdots O}+A_{OH}}\times100\% \quad (4-1)$$

式中：$A_{OH\cdots\pi}$、$A_{OH\cdots N}$、$A_{O^-\cdots^+HN}$、$A_{OH\cdots O}$ 和 A_{OH} 分别为 OH$\cdots\pi$ 氢键、OH$\cdots$N 氢键、$O^-\cdots^+HN$ 氢键、OH$\cdots$O 氢键和游离—OH 吸收峰的峰面积；A_x 为氢键相关吸收峰的峰面积。经计算，得到对甲酚型聚苯并噁嗪中各类型氢键的相对含量，见表 4.6。从表 4.6 可知，对于 poly(pC-tb)、poly(pC-b) 和 poly(pC-ba)，OH$\cdots$N 氢键和 $O^-\cdots^+HN$ 氢键占主导，同时存在少量的 OH$\cdots$O 氢键；poly(pC-c) 仅存在 OH$\cdots$N 氢键和 $O^-\cdots^+HN$ 氢键。而在 poly(pC-a) 和 poly(pC-pfa) 中，除存在 OH$\cdots$N 氢键和 $O^-\cdots^+HN$ 氢键，还存在一定数量的 OH$\cdots$O 氢键。

表 4.6　六种对甲酚型聚苯并噁嗪各氢键的相对含量(%)

聚苯并噁嗪	游离—OH	OH$\cdots\pi$	OH$\cdots$O	OH$\cdots$N	$O^-\cdots^+HN$
poly(pC-tb)	0	0	2.9	44.1	52.9
poly(pC-b)	0	0	8.1	39.8	52.1
poly(pC-c)	0	0	0	59.2	40.8
poly(pC-ba)	0	0	10.2	41.0	48.8
poly(pC-a)	0	0	39.0	34.0	26.9
poly(pC-pfa)	0	6.2	21.1	26.9	42.8

4.3　聚苯并噁嗪的交联结构与性能

聚苯并噁嗪化学交联结构和氢键结构决定其性能。例如，聚苯并噁嗪的酚 Mannich 桥结构中的苯胺结构为悬挂结构，易在受热时发生断裂并挥发，是聚苯并噁嗪热稳定性降低的主要原因[17,18]。在胺 Mannich 桥结构中，苯胺结构可通过额外的交联点连接入交联网络，具有较好的热稳定性。而醚式结构聚苯并噁嗪的玻璃化转变温度(T_g)较低、热稳定性较差，如通过甲基占位效应合成的三种半结晶性醚式结构型聚苯并噁嗪：2,4-二甲基苯酚/甲胺型聚苯并噁嗪、2,3,5-三甲基苯酚/甲胺型聚苯并噁嗪和对甲酚/甲胺型聚苯并噁嗪。这三种聚苯并噁嗪的 T_g 分别为 51℃、77℃ 和 89℃，熔点依次为 183℃，187℃ 和 196℃[12]。但它们的热稳定性较差，5%热失重温度低于 220℃，在氮气氛围下 800℃ 的最高残炭率仅为 26.6%。

化学交联结构也会影响聚苯并噁嗪氢键结构，并共同影响聚合物性能。四川大学研究了不同酚 Mannich 桥结构含量对聚苯并噁嗪氢键和性能的影响[13,19]。通过 PCl$_5$、AlCl$_3$ 和 ZnCl$_2$ 催化 BA-a 聚合，制备得到酚 Mannich 桥结构含量分别为 44.3%、55.0% 和 78.5% 的聚合物。较之于热聚合 poly(BA-a)(主要结构为酚

Mannich 桥结构，含量假定为 100%），这些聚合物的氢键结构发生了变化，且聚合物的力学性能及热稳定性能均随酚 Mannich 桥结构含量的变化而改变，见表 4.7 和表 4.8。可以看出，聚合物浇铸体的冲击强度、挠度、弯曲强度均随酚 Mannich 桥结构含量的增加而降低，而玻璃化转变温度却随含量的增加而增加。聚合物薄膜的拉伸强度会随酚 Mannich 桥结构含量的增加而降低。总的说来，酚 Mannich 桥结构含量较高的聚苯并噁嗪拥有较高的玻璃化转变温度、较低的吸水率；而胺 Mannich 桥结构含量较高的聚合物薄膜具有较佳的韧性、高的力学强度和断裂伸长率。

表 4.7   具有不同酚 Mannich 桥结构含量的聚苯并噁嗪的力学性能

性能	poly(BA-a)/PCl$_5$	poly(BA-a)/ZnCl$_2$	poly(BA-a)
酚 Mannich 桥结构含量/%	44.3	78.5	100
冲击强度(浇铸体)/kJ/m^2	1.5±0.3	1.2±0.2	1.1±0.2
挠度(浇铸体)/mm	2.35±0.27	1.49±0.21	1.08±0.23
弯曲强度(浇铸体)/MPa	75.2±5.4	47.6±3.7	21.9±3.1
弯曲模量(浇铸体)/GPa	5.4±0.4	6.4±0.3	4.5±0.4
拉伸强度(薄膜)/MPa	89.5±6.5	未报道	48.9±12.4
拉伸模量(薄膜)/GPa	2.01±0.13	未报道	2.24±0.15
断裂伸长率(薄膜)/%	5.17±0.39	未报道	2.41±0.38

表 4.8   具有不同酚 Mannich 桥结构含量的聚苯并噁嗪的热稳定性能和耐热性能

样品	酚 Mannich 桥结构含量/%	30℃时储存模量(E')/MPa	玻璃化转变温度(T_g)/℃	10%热失重温度($T_{10\%}$)/℃	800℃残炭率/%
poly(BA-a)/PCl$_5$	44.3	3997	162	310	31.6
poly(BA-a)/AlCl$_3$	55.0	3789	156	315	32.7
poly(BA-a)/ZnCl$_2$	78.5	3703	205	319	46.6
poly(BA-a)	100	3373	204	337	28.0

4.4   典型聚苯并噁嗪浇铸体或薄膜的性能

材料性能与结构相关，而材料性能决定了材料的用途。聚苯并噁嗪特殊的化学结构与氢键结构赋予其优良的综合性能及多种特殊性能。本节将就苯酚/苯胺型、双酚型、二胺型等几种通用型典型结构聚苯并噁嗪的热稳定性、阻燃性能、力学性能和耐热性、吸水率、表面能、介电性能、耐腐蚀性，以及树脂的聚合收缩率等性能进行讨论。

4.4.1 聚合收缩率

单体经聚合形成聚合物的过程，是分子键(物理键)转化为共价键(化学键)的过程。结构改变引起作用力发生变化，进而造成原子在聚合物中的受限状态发生改变，堆积更紧密，因此聚合过程常伴随有体积收缩。这种收缩会在聚合物内部引起裂痕或缺陷，造成应力集中，使材料性能降低。对于热固性树脂，聚合(固化)过程多与成型加工一起进行，体积收缩一般较大，且产物不溶(不熔)，很难通过再加工的方法消除由体积收缩带来的内应力，因此需要关注热固性树脂聚合过程的体积收缩。

苯并噁嗪树脂是一种聚合后体积近似零收缩或微膨胀的热固性树脂。聚合前，苯并噁嗪分子间作用力为范德瓦耳斯力，各分子通过范德瓦耳斯力聚集在一起；聚合后，作用力变为化学键键合力、分子链间范德瓦耳斯力及氢键作用力。作为热固性树脂，苯并噁嗪聚合后分子链间交联点较多，而范德瓦耳斯力较小，对苯并噁嗪体积影响也较小。因此，苯并噁嗪聚合体积变化与其化学键键合力和氢键作用力相关，即特殊的氢键结构和化学结构影响了聚苯并噁嗪堆积，造成了聚合体积近似零收缩或微膨胀。例如，BA-a 聚合前后密度分别为 1.194g/cm^3 和 1.181g/cm^3，聚合后体积膨胀了 1.07%。

在苯并噁嗪树脂实际应用中，常采用线性收缩率来表征树脂体系的聚合收缩。线性收缩率是指树脂浇铸体中心线对应的两个端面间固化前后的长度差与聚合前长度的比值，常通过封闭式或半溢式模具进行测量，以百分数表示。测试表明，苯并噁嗪树脂具有非常好的聚合线性收缩率，例如，采用国家 HG/T 2625—1994 标准测得 PH-ddm 的聚合线性收缩率为 0.73%，低于双马来酰亚胺树脂(1.3%)[20]。

4.4.2 热稳定性及热解机理

1. 典型结构聚苯并噁嗪的热稳定性

聚苯并噁嗪作为一种耐热型热固性树脂，具有相对优异的热稳定性以及较高的残炭率。聚苯并噁嗪较高的热稳定性主要来源于聚合物体系的刚性结构及多种交联结构，而聚合物的交联结构主要是由苯并噁嗪单体结构来决定的。表 4.9 给出了单环苯并噁嗪、双酚型双环苯并噁嗪、二胺型双环苯并噁嗪及多环苯并噁嗪的固化物的 TGA 测试结果。通过对比可以发现，单环苯并噁嗪的固化物如 poly(PH-a)的热分解温度相对较低，但其残炭率却高于双环型聚苯并噁嗪 poly(BA-a)，略低于 poly(PH-ddm)，而多环聚苯并噁嗪的热稳定性最高。

表 4.9　几种典型结构苯并噁嗪固化物在氮气气氛下的 TGA 测试结果

聚苯并噁嗪	$T_{5\%}$/℃	$T_{10\%}$/℃	残炭率/%	参考文献
poly(PH-a)	293		40.2[a]	[21]
			54.0[b]	[22]
poly(BA-a)	238	318	27[a]	[23]
poly(BZ-a)	379.6	444.8	67.6[a]	[24]
poly(BS-a)	359.1	385.2	69.0[a]	[24]
poly(DR-a)*			64.0[b]	[22]
poly(PH-ddm)	368	399	43.1[a]	[25]
			66.4[b]	[22]
poly(PH-bas)	356.7	378.7	58.7[a]	[24]
poly(MPF-a)*			68.0[b]	[22]

　　a. 800℃下的残炭率，升温速率 10℃/min；b. 700℃下的残炭率，升温速率 20℃/min。* 单体 DR-a 和 MPF-a 的化学结构见图 4-15。

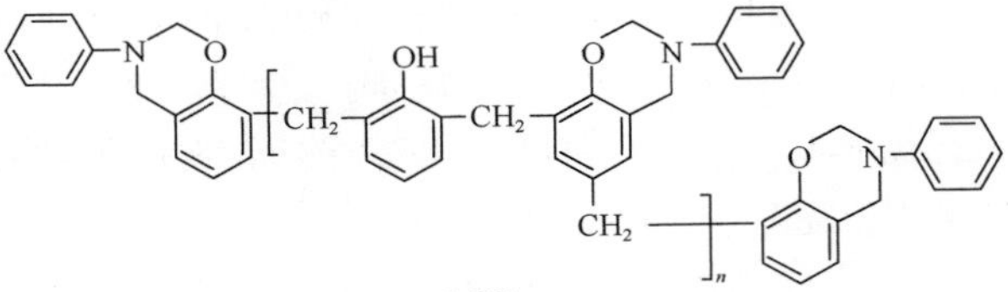

图 4.15　MPF-a 和 DR-a 的化学结构

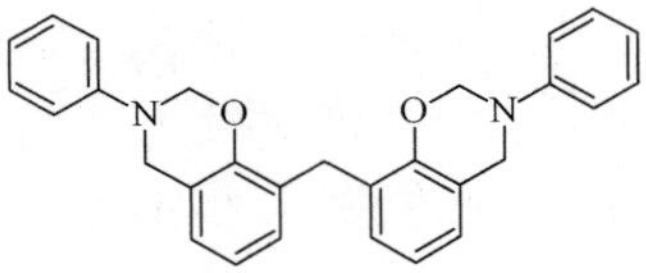

　　二胺型双环苯并噁嗪固化物的热稳定性要优于双酚型双环苯并噁嗪固化物。以两种最典型的聚苯并噁嗪——双酚 A 型聚苯并噁嗪 poly(BA-a)和二胺型聚苯并噁嗪 poly(PH-ddm)为例，poly(PH-ddm)的 $T_{5\%}$ 与残炭率均明显高于 poly(BA-a)，表明二胺型聚苯并噁嗪的热稳定性要优于双酚型聚苯并噁嗪，这主要是由它们的交联结构的差异导致的。双酚型聚苯并噁嗪的交联结构中，双酚是作为主链结构接入聚合物网络体系中的，而含 N 基团是悬挂在主链上的。二胺型聚苯并噁嗪则明显不同，在其网络结构中，除了酚核作为主链结构，由于二胺结构的存在，含 N 基团是同样连接入主链网络中的。在高温裂解时，交联结构中的 C—N 键相对较弱，首先会发生断裂。此时，对于双酚型聚苯并噁嗪，其含 N 基团就会从交联网络结构中脱离，造成整个结构的严重破坏。而对于二胺型聚苯并噁嗪，尽管部分 C—N 键发生断链，但由于二胺结构的牵制，含 N 基团仍能在一定程度

上保留在网络体系中，进而在高温下发生再交联反应，形成耐热性更高的交联结构。同时，双环型聚苯并噁嗪中的桥接基团对其热稳定性也有重要的影响。桥接基团为砜基或羰基的聚苯并噁嗪的 $T_{5\%}$ 和残炭率比相应的双酚 A 型和 DDM 二胺型聚苯并噁嗪要高得多，这主要是由于这些桥接基团的存在使得体系结构的刚性增加。而当砜基在胺源上时，降低了与苯环相连的亚胺离子的电子云密度，使得碳正离子的活性降低，从而导致体系的交联密度降低，这就是 poly(PH-bas) 的残炭率低于 poly(BS-a) 的原因。

　　图 4.16、图 4.17 和表 4.10 给出了一系列含不同桥接基团的双酚/苯胺型聚苯并噁嗪的 TGA 测试结果。对比可以发现，对于桥接基团分别为吸电子的羰基和砜基的 poly(BZ-a) 和 poly(BS-a)，它们的 5%热失重温度明显高于其他 4 个体系。同时，含有吸电子桥接基团的体系在 800℃的残炭率较高，且吸电子能力越强，残

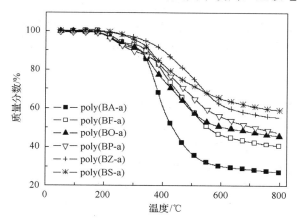

图 4.16　含不同桥接基团的聚苯并噁嗪的 TGA 曲线(N$_2$ 氛围)[23]

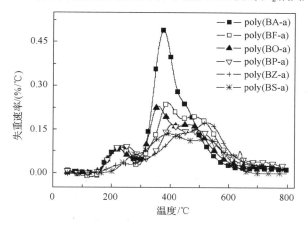

图 4.17　含不同桥接基团的聚苯并噁嗪的 DTG 曲线(N$_2$ 氛围)[23]

表 4.10　含不同桥接基团的聚苯并噁嗪的 TGA 测试结果[23]

样品	$T_{5\%}$/℃	$T_{10\%}$/℃		T_{max}/℃		800℃残炭率/%
poly(BA-a)	238	318	228	377	461	27
poly(BF-a)	250	343	232	386	475	41
poly(BO-a)	241	323	230	357	472	45
poly(BP-a)	240	307	238	406	500	47
poly(BZ-a)	338	400	253	431	525	55
poly(BS-a)	310	355	274	403	530	59

炭率越高。相反，含有供电子桥接基团的体系的残炭率较低。此外，在吸电子桥接基团的作用下，各失重阶段的最大失重速率所对应的温度均有升高。例如，poly(BS-a)的第一个 T_{max} 为 274℃，远远高于 poly(BA-a)的 228℃。这些差异是由于体系在桥接基团电子效应的作用下形成了不同的聚合物交联网络结构。BS-a 和 BZ-a 倾向于生成热稳定的芳香胺 Mannich 桥的结构，能够有效地抑制降解。

2. 双环聚苯并噁嗪的热解机理

由于聚合物的热解机理涉及多种高温的化学反应，十分复杂，再加上研究手段较少，给机理的研究带来了很大的困难。聚苯并噁嗪的热解过程可以分为三个阶段：第一是聚苯并噁嗪交联结构中 C—N 键和 C—C 键以及桥接基团的 Ar—R 键断裂，并形成相应的热解碎片，碎片夺氢后形成初级热解气体；第二是热解碎片之间的再结合反应形成各种热稳定性优于聚合物原始结构的再结合结构；第三是再结合反应形成的结构在更高温度时的进一步分解和碳化。本书主要以双环苯并噁嗪为例，介绍了相应固化物的热解机理。

1) poly(PH-ddm)的热解机理

poly(PH-ddm)是基于 DDM 型苯并噁嗪树脂得到的聚苯并噁嗪，是综合性能较好、应用较广的一种苯并噁嗪树脂，对其固化物的热解机理的研究可从固化物热解释放气体结构分析以及裂解残留物的结构分析两方面入手。图 4.18 是 poly(PH-ddm)在 TGA-FTIR 联用测试中热解释放气体的红外谱图，它可以直观地反映出热解释放气体的组成随温度的变化情况。从图中可以看出，热解释放气体的吸收峰出现在 350℃之后，说明 poly(PH-ddm)在 350℃之前是基本稳定的，这与 TGA 的测试结果是一致的。基于酚羟基振动吸收峰($3648cm^{-1}$)与苯胺类 C—N 振动吸收峰($1265cm^{-1}$)来分析，在 poly(PH-ddm)的热解过程中，苯胺类物质的产生与释放并没有先于酚类物质，两类物质均是在 400℃被发现的，这表明 poly(PH-ddm)交联结构中的含 N 基团的裂解与释放确实被限制了，以致其在更高的温度下才生成挥发物。值得注意的是，尽管含 N 基团的裂解被推迟到与酚类基团的裂解在同一温度下发生，但是两者在释放量以及集中释放量对应的温度上仍有差别，苯胺类物质的释放量相对较大，且其最大释放量对应的温度（约 550℃）低于酚类物质（约 600℃），这是由于酚类基团的热稳定性要高于含 N 基团。

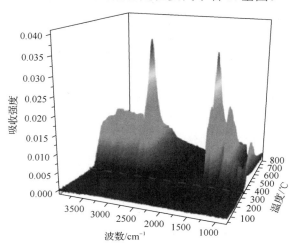

图 4.18　poly（PH-ddm）的热解气体的红外谱图[26]

　　TGA-FTIR 能够对整个裂解过程进行连续监测，但无法对混合气体进行分离，从而进行定量分析，而 Py-GC/MS 联用能够将溢出的小分子挥发物进行分离并定量，然后借助质谱来确定结构，因此，Py-GC/MS 联用是研究树脂的热解机理的方法之一。近年来，四川大学顾宜课题组在原 Py-GC/MS 联用方法上改进，提出了多阶段升温 Py-GC/MS 联用方法，测试流程如图 4.19 所示。与原 Py-GC/MS 联用方法只在某一高温下进行测试不同，多阶段升温 Py-GC/MS 联用方法是在裂解过程中选取几个测试温度，如 T_1、T_2、T_3 和 T_4，将待测聚合物主要热解失重过程划分成若干个阶段。然后取一定质量 m_0 的聚合物样品，放置在温度 T_1 下热解，得到热解气体挥发物#1 和残留物#1。将气体挥发物通入 GC/MS，对其进行分离及定性检测，残留物则准确称取其质量并记为 m_1 后送至裂解器中继续在温度 T_2

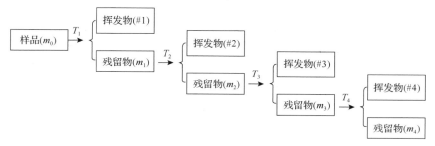

图 4.19　多阶段升温 Py-GC/MS 联用流程示意图

下热解，得到挥发物#2 和残留物#2，按照上述流程并以此类推，最终得到 T_1 至 T_4 温度下热解气体的组成及含量以及各温度下残留物的质量 $m_1 \sim m_4$。这样，就可以根据裂解温度的变化对不同裂解区间的挥发物的组成与结构进行分析，得到更加丰富的测试信息。

在对 poly(PH-ddm) 的热解研究中，选取了 350℃、400℃、500℃、600℃四个温度作为多阶段升温 Py-GC/MS 联用测试的温度点，测试的结果如图 4.20 所示。在此基础上，将 poly(PH-ddm) 的热解产物分成 10 小类，包括小分子气体(简写为gas)、苯酚类化合物(—OH)、苯胺类化合物(—NH)、Mannich 碱(Mannich)、Schiff碱(Schiff)、苯及其同系物(Ph)、联苯类物质(BiPh)、苯并呋喃及其衍生物(Bf)、异喹啉(Iq)、菲啶及其衍生物(Pd)，见表 4.11。

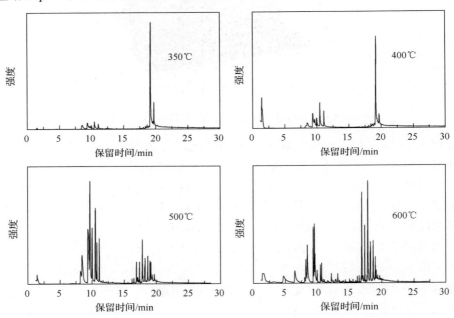

图 4.20　poly(PH-ddm) 在多阶段升温 Py-GC/MS 联用测试中挥发物的总离子色谱图

表 4.11　poly(PH-ddm) 在多阶段升温 Py-GC/MS 联用测试中挥发物的组成分类[26]

热解产物分类	热解产物结构
小分子气体(gas)	CH_4、NH_3、H_2O
苯酚类化合物(—OH)	

续表

热解产物分类	热解产物结构
苯胺类化合物(—NH)	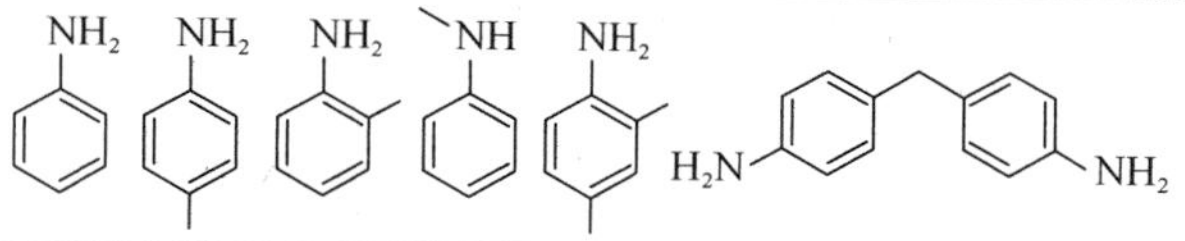
Mannich 碱(Mannich)	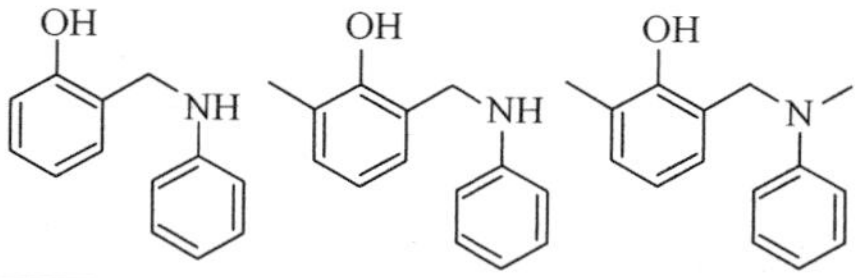
Schiff 碱(Schiff)	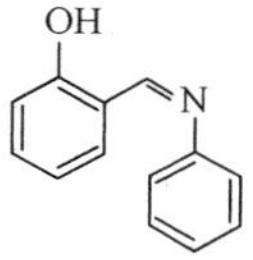
苯及其同系物(Ph)	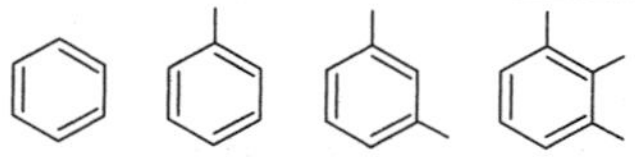
联苯类物质(BiPh)	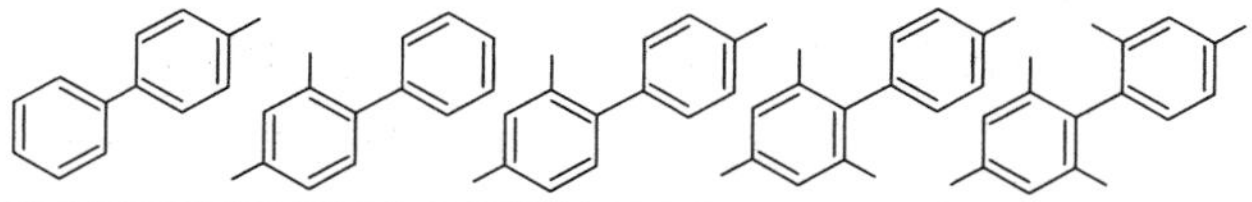
苯并呋喃及衍生物(Bf)	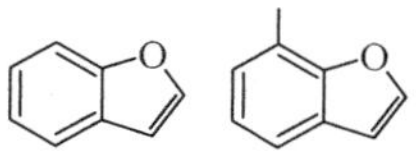
异喹啉(Iq)	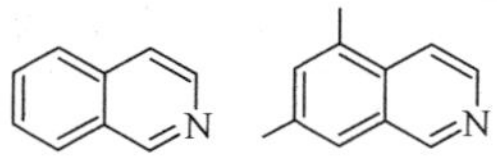
菲啶及衍生物(Pd)	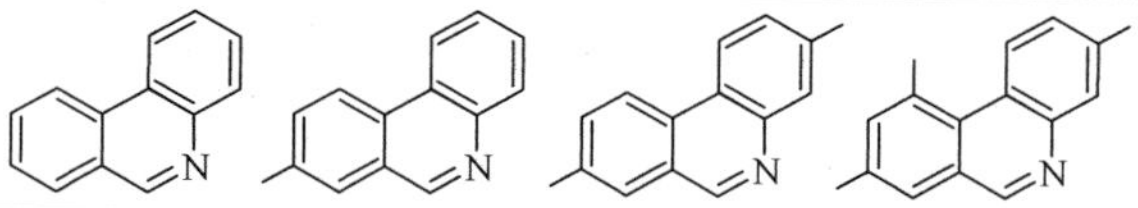

　　在以上定性分析的基础上，可以进一步对结果进行定量分析。通过树脂固化物总离子色谱图中各个峰的峰面积的相对大小可以得到某一温度下某种热解产物占该温度下全部热解产物的总质量的相对含量(CP)。为了得到某裂解温度下某种热解产物的释放质量占最初样品质量 m_0 的百分比(EMP$_n$)，需要借助每个降解阶段下的固化物的失重率(Δm_n)，Δm_n 和 EMP$_n$ 的计算方法见式(4-2)和式(4-3)。

$$\Delta m_n = \frac{m_{n-1} - m_n}{m_0} \times 100\%(n = 1, 2, 3, 4) \tag{4-2}$$

$$\mathrm{EMP}_n = \Delta m_n \times \mathrm{CP}_n (n = 1, 2, 3, 4) \tag{4-3}$$

式中：$n=0,1,2,3,4$ 分别对应 25℃、350℃、400℃、500℃和 600℃。此外，还可以计算得到某类挥发物在整个热解过程中所占的比例（TMP），也就是它对质量损失的"贡献"。其计算方法见式（4-4）。

$$\text{TMP} = \frac{\sum\limits_{n=1}^{4} \text{EMP}_n}{\sum\limits_{n=1}^{4} \Delta m_n} \times 100\% \tag{4-4}$$

poly（PH-ddm）在不同温度下的裂解结果见表 4.12。可将上述 10 种热解产物分成初级热解产物和二级热解产物，初级热解产物指交联结构首次裂解后形成的挥发物，二级热解产物是指在发生初级裂解的基础上，体系中的自由基发生再结合形成新结构，然后在更高温度下再裂解得到的挥发物。因此，初级热解产物主要来源于初期，而二级热解产物来自温度较高的后期。从表 4.12 中可以看出，在 poly（PH-ddm）的热解过程中，五种初级热解产物占到了全部失重量的 91.6%，其中苯胺类化合物与苯酚类化合物的释放量最大，是聚合物失重的主要原因，两者占到了 81.2%，而苯胺类释放量高于苯酚类化合物，即使在 600℃仍能检测到少量释放物。二级热解产物释放需要更高的温度，在 500℃和 600℃时才被检测到，释放源于未以挥发物形式释放而保留在体系中的初级产物裂解再反应，更多的二级热解产物保留了聚合物体相结构中，高温时进一步碳化形成残炭结构。

表 4.12　poly（PH-ddm）在多阶段升温 Py-GC/MS 联用测试中各种挥发物的含量

热解挥发物		350℃		400℃		500℃		600℃		TMP/%
		CP_1/%	EMP_1/%	CP_2/%	EMP_2/%	CP_3/%	EMP_3/%	CP_4/%	EMP_4/%	
初级热解产物	gas	0.9	0.164	13.1	1.033	1.7	0.289	1.4	0.018	3.3
	—OH	19.1	3.608	39.2	3.098	50.5	8.531	21.2	0.275	34.5
	—NH	67.5	12.756	41.3	3.259	28.5	4.813	13.9	0.181	46.7
	Mannich	12.5	2.361	6.5	0.510	0.7	0.117	0.4	0.006	6.7
	Ph	0.0	0.000	0.0	0.000	0.0	0.000	12.7	0.165	0.4
二级热解产物	Biph	0.0	0.000	0.0	0.000	2.0	0.336	2.8	0.036	0.8
	Schiff	0.0	0.000	0.0	0.000	0.2	0.032	0.0	0.000	0.1
	Iq	0.0	0.000	0.0	0.000	0.0	0.000	0.5	0.007	0.1
	Bf	0.0	0.000	0.0	0.000	0.2	0.032	2.5	0.033	0.1
	Pd	0.0	0.000	0.0	0.000	16.5	2.782	45.3	0.589	7.5

实际上，poly（PH-ddm）在裂解过程中是一系列逐步进行的成炭反应。结果表明，其体系中的碳元素含量随着热解温度的升高而逐渐提高，由于发生了脱氢芳

构化反应，氢元素含量呈现逐步降低的趋势，尤其是 600℃之后氢元素的含量发生了明显的降低。在经历 800℃高温热解后，体系中仍存在含有氮、氧的芳杂环结构。基于 XRD 对残炭的分析表明，其在 24°和 44°处存在两个比较明显的宽衍射峰，接近于石墨晶体的(002)面和(101)面上的衍射峰 25.3°和 43.4°，这说明 poly(PH-ddm)的残炭结构与石墨接近，具有一定的规整性。

2) poly(BZ-a)、poly(BS-a) 和 poly(PH-bas) 的热解机理

poly(BZ-a)、poly(BS-a) 和 poly(PH-bas) 是一系列以羰基或砜基作为双酚或二胺桥接基团的聚苯并噁嗪。桥接基团的不同不仅导致其热稳定性和残炭率不同，也使得它们的热解机理有差异。基于 TGA-FTIR 联用的测试表明，三种聚苯并噁嗪的热解气体主要组成相似，300~500℃的热解气体主要为胺类、酚类、二氧化硫、羰基硫和二氧化碳，500~800℃的热解气体仍然有胺类和酚类化合物，同时出现大量的甲烷、一氧化碳和氨气。不同的是，含砜基桥接基团的聚合物的热解气体包括二氧化硫和羰基硫，而桥接基团为羰基时热解产物还包括二氧化碳。这些热解气体来源于聚合物结构中 Mannich 桥上的 C—N 键和 C—C 键以及桥接基团与苯环之间的 C—C 键或 C—S 键的断裂。除了挥发物的产生，体相中 Mannich 桥结构断裂后会发生再结合反应。吸电子的砜基和羰基在酚源时更容易形成吡啶结构；砜基在酚源时更容易转化为含硫杂环结构。而杂环结构的热稳定性优于聚苯并噁嗪自身的交联结构，杂环结构比交联结构更利于最终残炭的形成。

多阶段升温 Py-GC/MS 联用测试的结果进一步表明，poly(BS-a) 的主要裂解产物为苯胺类化合物，同时也存在少量杂环化合物；随着热解温度逐渐升高，产物中苯胺类化合物减少，苯酚衍生物和 SO_2 含量增加，杂环化合物的含量也增加，在 650℃时，产物以含氮杂环结构为主。poly(BZ-a) 的热解气体情况与 poly(BS-a) 类似，Mannich 桥断裂优先形成苯胺及其衍生物，然后是桥接基团断裂形成苯酚类物质，桥接基团断裂后的苯基自由基容易再结合形成联苯类结构；同时，C—O 键也会发生断裂并使体相中裂解产物之间相互反应形成含氧和含氮杂环的热稳定性结构，尤其是形成含氮杂环结构，这类形成杂环结构的反应是聚苯并噁嗪(PBZ)体相中碳化反应的主要类型。poly(PH-bas) 在热解过程中先是 Mannich 桥断裂主要形成苯酚类产物，随着热解温度逐渐升高，C—S 键断裂，裂解产物从以苯酚类物质为主转变为苯胺衍生物和二胺桥接基团为主，之后转变为以酚类化合物或芳香胺形成的交联结构为主，最后只含稠环和烷基类物质。poly(BZ-a)、poly(BS-a) 和 poly(PH-bas) 的裂解过程如图 4.21~图 4.23 所示。

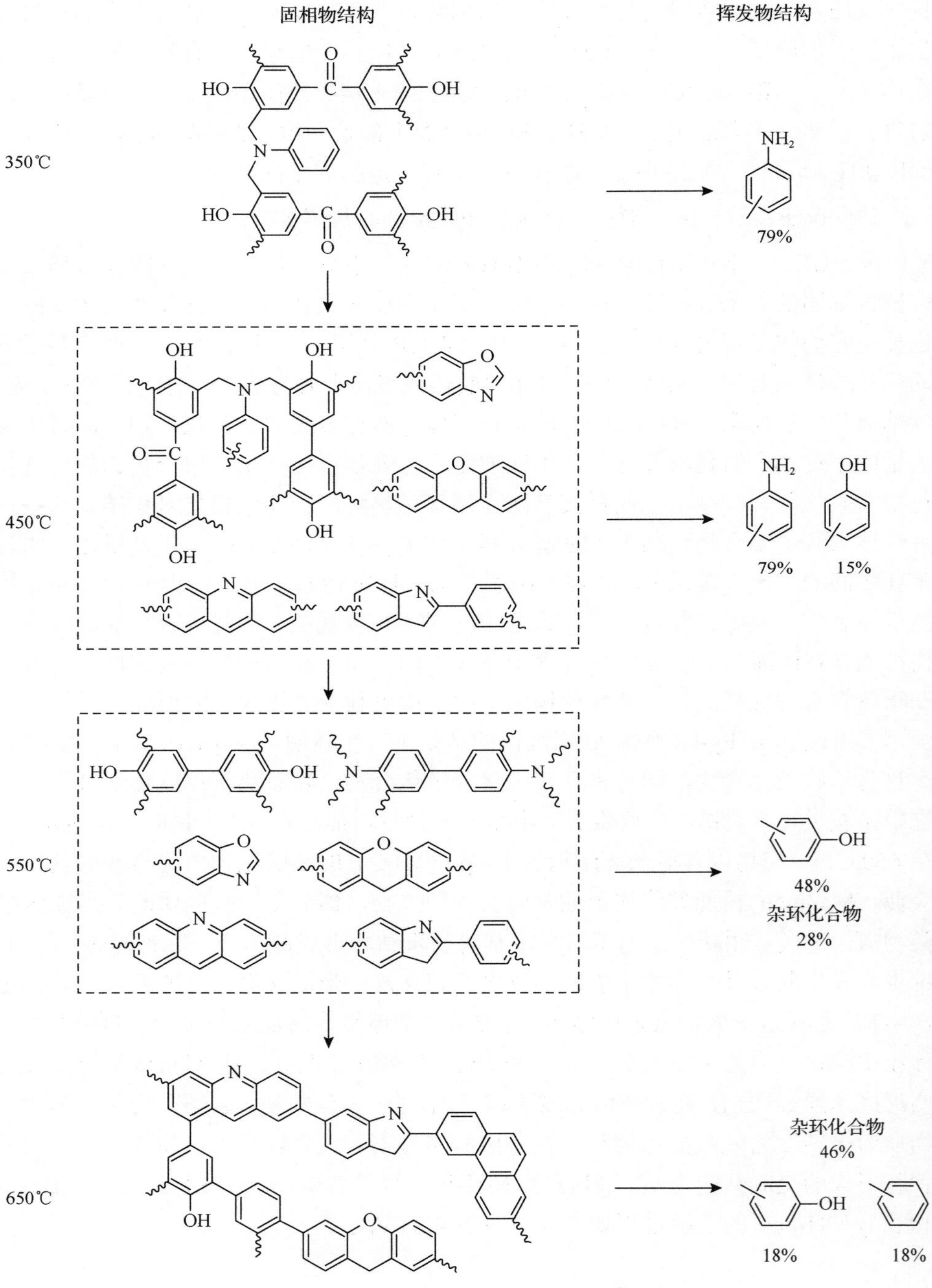

固相物结构　　　　　　　　　　　　　　　挥发物结构

图 4.21　poly(BZ-a)的热解过程[22]

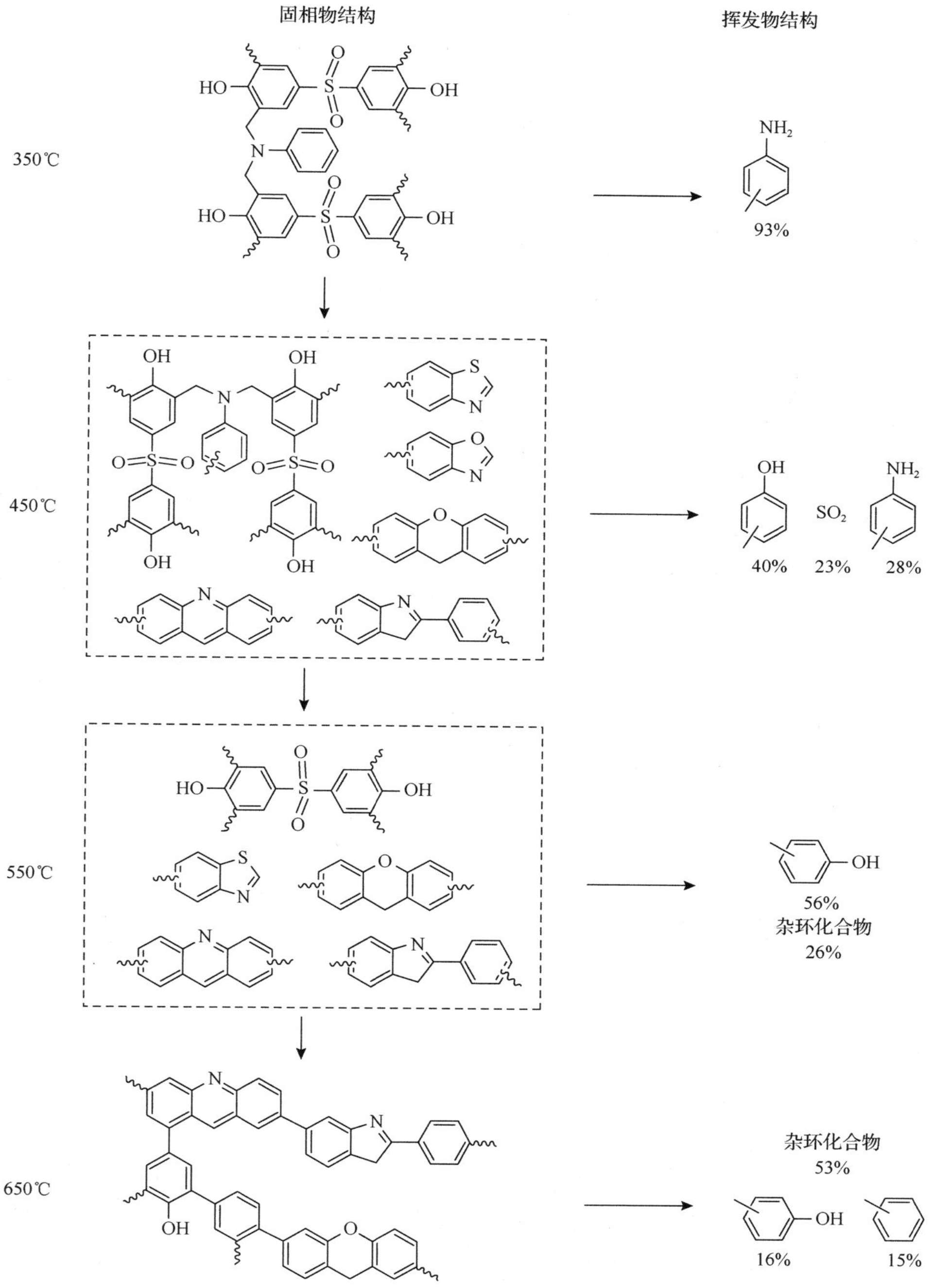

固相物结构　　　　　　　　　　　　　　　　　挥发物结构

图 4.22　poly（BS-a）的热解过程[22]

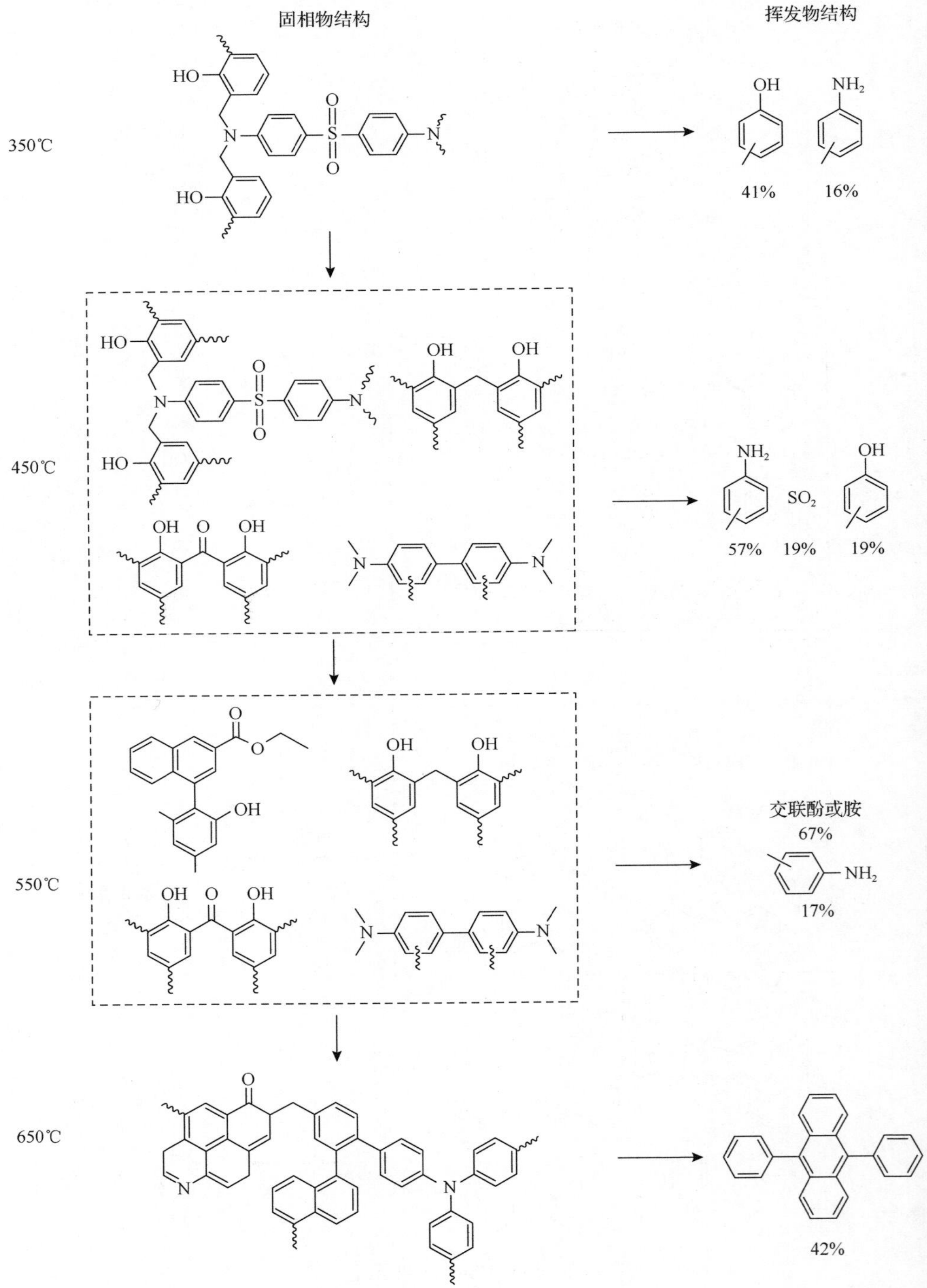

固相物结构

挥发物结构

350℃

41%   16%

450℃

57%   SO₂ 19%   19%

550℃

交联酚或胺
67%

17%

650℃

42%

图 4.23   poly(PH-bas)的热解过程[22,24]

　　此外，三种聚苯并噁嗪的碳化过程也存在差异。随着热解温度升高，poly (PH-bas)的聚集态结构逐渐变得不规则，而 poly(BZ-a)和 poly(BS-a)则逐渐变得规整，类石墨程度逐渐提高。碳化反应量较大时所对应的温度范围与聚合物的主要失重阶段是相吻合的，poly(PH-bas)和 poly(BZ-a)在裂解过程中的碳化主要发生在 450~550℃，而 poly(BS-a)主要发生在 350~450℃ 范围内。

4.4.3　燃烧特性及阻燃方法

　　聚合物的燃烧会经历加热、分解、起燃、燃烧和火焰的传播等过程，聚合物的化学结构、热稳定性和残炭率都会对其阻燃性产生影响。众所周知，酚醛树脂具有良好的阻燃特性。聚苯并噁嗪的交联结构与酚醛树脂类似，且具有与酚醛树脂类似的高残炭率特性，此外，在聚苯并噁嗪的交联结构中还含有阻燃的 N 元素，这些结构特性赋予了聚苯并噁嗪相对较好的阻燃性。聚苯并噁嗪的阻燃性取决于结构，不同结构的聚苯并噁嗪的阻燃性差异很大。例如，双酚 A/苯胺型的 poly(BA-a)、苯酚/醚二胺型的 poly(PH-oda)以及 PH-a 与 PH-ddm 的共聚物在垂直燃烧测试中点燃后很难熄灭，表明这些结构的聚苯并噁嗪是不具有阻燃性的；而二胺型的 poly(PH-ddm)在垂直燃烧测试中可以达到 UL94 V1 的阻燃级别。相关的测试结果见表 4.13。

表 4.13　苯并噁嗪浇铸体的垂直燃烧测试结果

样品	t_1/s	t_2/s	是否有滴落物	总燃烧时间/s	阻燃等级
poly(BA-a)	72,70,69,44,2	2,1,5,59,75	否	399	燃烧
poly(PH-ddm)	12,14,17,14,19	17,26,15,15,6	否	155	V1
poly(PH-oda)	123,19,95,7,36	0,137,0,131,187	否	735	燃烧
Poly(PH-a/PH-ddm)	72,126,112,133,92	0,0,0,0,1	否	536	燃烧

注：t_1、t_2 分别为第一次点燃后续燃时间和第二次点燃后续燃时间。

　　锥形量热也是表征和分析材料阻燃特性的一个常用的方法，基于锥形量热测试，可以得到大量与材料燃烧相关的数据。poly(BA-a)与 poly(PH-ddm)两种聚苯并噁嗪的锥形量热测试结果见表 4.14。从表中数据可以看出，poly(PH-ddm)的点燃时间(TTI)较 poly(BA-a)稍长，点燃时间越长，说明聚苯并噁嗪在此条件下越难燃烧，材料的阻燃性就越好，它是评价聚合物材料阻燃性的重要指标之一。同时，poly(PH-ddm)的热释放速率峰值(pk-HRR)、总热释放量值(THR)均略低于 poly(BA-a)，表明 poly(PH-ddm)相对难燃。poly(PH-ddm)的质量损失速率平均值 (av-MLR)较 poly(BA-a)低，说明在相同的热量辐射下，poly(PH-ddm)燃烧分解释放出小分子物质的速率要低于 poly(BA-a)，而这些小分子可能包含易燃物质。

值得注意的是，poly(PH-ddm)的平均比消光面积(av-SEA)和总烟释放量(TSR)均较 poly(BA-a)有较大程度的降低，说明 poly(PH-ddm)在燃烧过程中的烟密度较低。结合两者的降解机理可知，poly(BA-a)在裂解后产生的苯胺类小分子可以挥发到气相，大量的苯胺在气相中可以继续燃烧；而 poly(PH-ddm)裂解后受二胺结构的牵制，生成的苯胺类小分子较少，导致其烟密度和阻燃性都较好。

表 4.14   poly(BA-a)与 poly(PH-ddm)锥形量热测试结果[27]

测试性能	poly(PH-ddm)	poly(BA-a)
TTI(点燃时间)/s	33	29
pk-HRR(热释放速率峰值)/(kW/m²)	635.4	639.04
THR(总热释放量值)/(MJ/m)²	99.1	102.9
av-MLR(质量损失速率平均值)/(g/s)	0.060	0.072
av-SEA(平均比消光面积)/(m²/kg)	709.8	1024.5
TSR(总烟释放量)/(m²/m²)	2578.5	4153.0
av-HRR(平均热释放速率)/(kW/m²)	185.2	207.7
av-EHC(有效燃烧热平均值)/(MJ/kg)	27.45	25.38
pk-EHC(有效燃烧热最大值)/(MJ/kg)	77.55	78.08
pk-CO(CO 释放量最大值)/(kg/kg)	1.83	4.35
pk-CO₂(CO₂ 释放量最大值)/(kg/kg)	47.78	40.31
av-CO(CO 释放量平均值)/(g/kg)	130.93	110.47
av-CO₂(CO₂ 释放量平均值)/(kg/kg)	2.56	2.27

4.4.4   力学性能及耐热性

力学性能是指在一定条件和外力作用下，材料抵抗发生形变和断裂的特性，包括模量、强度、断裂伸长率等。而材料的耐热性是指材料在受热的条件下仍能保持其优良的物理机械性能的性质。因此聚苯并噁嗪力学性能和耐热性能决定其使用范围。

1. 力学性能

尽管聚苯并噁嗪交联密度相对较低，但氢键赋予其优良的力学性能，如 poly(BA-a)和 poly(PH-ddm)的力学性能见表 4.15。室温条件下，poly(PH-ddm)的拉伸强度和断裂伸长率分别为 94.2MPa 和 2.2%，高于 poly(BA-a)，而其弯曲模量和拉伸模量均为 4.8GPa，低于 poly(BA-a)。此外，BA-a 经重结晶提纯后，聚苯并噁嗪的弯曲强度和弯曲模量分别由 133MPa 和 5.08GPa 提高至 141MPa 和 5.24GPa，说明纯度会影响 poly(BA-a)的力学性能。

表 4.15　聚苯并噁嗪浇铸体室温下的力学性能

	poly(BA-a)	poly(BA-a)*	poly(PH-ddm)
弯曲强度/MPa	133[28]	141[28]	169[29]
弯曲模量/GPa	5.08[28]	5.24[28]	4.8[29]
拉伸强度/MPa	64[30]	未报道	94.2[29]
拉伸模量/GPa	5.2[30]	未报道	4.8[29]
断裂伸长率/%	1.3[30]	未报道	2.2[29]

*经重结晶提纯。

2. 耐热性能

聚苯并噁嗪具有玻璃化转变温度高、热膨胀系数低等优良耐热性能。总的说来，苯并噁嗪树脂耐热性能高于酚醛树脂和环氧树脂，甚至达到双马来酰亚胺树脂的性能，但价格却与酚醛树脂和环氧树脂接近，如图 4.24 所示[31]。poly(BA-a)、poly(BF-a) 和 poly(PH-ddm) 的初始储能模量、玻璃化转变温度、热膨胀系数见表 4.16。相比 poly (BA-a) 和 poly(BF-a)，poly(PH-ddm) 的初始模量较低，但却拥有更高的玻璃化转变温度。而 BA-a 经重结晶提纯后，聚合物具有更高的初始储能模量和玻璃化转变温度。

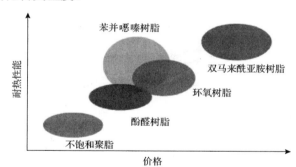

图 4.24　聚苯并噁嗪与其他树脂耐热性能与价格的关系

表 4.16　典型聚苯并噁嗪浇铸体热机械性能

性能	poly(BA-a)	poly(BA-a)*	poly(BF-a)	poly(PH-ddm)
初始储能模量(40℃)/GPa	4.83[28]	5.42[23]	5.13[32]	4.45[33]
玻璃化转变温度(E'')/℃	171[28]	183[23]	182[23]	192[33]
玻璃化转变温度($\tan\delta$)/℃	186[28]	200[23]	196[23]	213[33]
玻璃化转变温度(TMA)/℃	未报道	138[23]	207[23]	155[33]
热膨胀系数/(ppm/℃)	未报道	49.9[23]	46.5[23]	52[33]
高温储能模量(150℃)/GPa	3.43[28]	4.08[32]	3.69[32]	3.37[33]
模量保留率(150℃)/%	71[28]	75[32]	72[32]	76[26]

*经重结晶提纯。

　　氢键虽赋予聚苯并噁嗪一系列性能，但作为一种物理相互作用，氢键强度和作用力易受温度影响，会在升高温度时减弱，造成性能下降。因此，本节对聚苯并噁嗪氢键、玻璃态下模量与温度之间的关系进行了讨论[32]。采用一定的工艺合成了 BA-a、BF-a、BP-a 和 PP-a 四种双酚/苯胺型苯并噁嗪，聚合得到对应的聚苯并噁嗪，分别标记为 poly(BA-a)、poly(BF-a)、poly(BP-a) 和 poly(PP-a)。

　　在 poly(BA-a)、poly(BF-a)、poly(BP-a) 中，氢键供体为聚合形成的酚羟基，氢键受体为酚羟基的氧原子(O—H)、氮原子(N—Ar)及苯环(π)，分别形成 OH···O、OH···N 和 OH···π 形式氢键。而在 poly(PP-a) 中，除存在上述氢键受体外，还存在羰基，可形成额外的 C=O···HO 形式氢键。

　　动态热机械分析(DMA)测试不仅可测试材料的玻璃化转变温度，还可以直接测得材料的模量及模量随温度的变化。依据国际标准 ISO 6721-1，采用 DMA 所测储能模量(E')的值近似等于材料的弹性模量，因此可用 DMA 来研究聚苯并噁嗪模量与温度之间的关系。为此，采用三点弯曲模式，用 DMA 测得上述四种聚苯并噁嗪储能模量随温度的变化曲线，如图 4.25 所示。鉴于 poly(BA-a)、poly(BF-a)、poly(BP-a) 和 poly(PP-a) 的玻璃化转变温度(E'')依次为 160℃、157℃、204℃ 和 203℃，为研究 poly(PP-a) 氢键、玻璃态下模量与温度之间的关系，选取 35～150℃ 范围内的模量为研究对象。

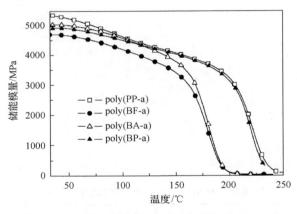

图 4.25　四种聚苯并噁嗪的储能模量-温度曲线

　　为更好地研究聚苯并噁嗪模量随温度的变化情况，引入模量保留率 R_T。模量保留率是指试样在温度 T 时的模量与初始模量的比值，比值越大说明模量随温度的变化越小，见式(4-5)。

$$R_T = \frac{E_T'}{E_I'} \times 100\% \tag{4-5}$$

式中：R_T 为在温度 T 时，试样的模量保留率(%)；E'_T 为温度 T 时，试样的储能模量(MPa)；E'_1 为试样的初始储能模量(MPa)，此处对应 35℃。通过式(4-5)计算得到各种聚苯并噁嗪的模量保留率，如图 4.26 所示。

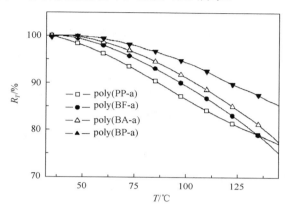

图 4.26　四种聚苯并噁嗪模量保留率(R_T)与温度(T)关系曲线

从图 4.26 可以看出，四种聚苯并噁嗪的模量保留率均随温度升高而降低。但在 35～140℃之间，poly(PP-a) 的模量保留率低于 poly(BA-a)、poly(BF-a) 和 poly(BP-a)。为更好地研究模量保留率之间的差异，分别将 poly(BA-a)、poly(BF-a) 和 poly(BP-a) 的模量保留率减去 poly(PP-a) 的模量保留率，得到图 4.27。

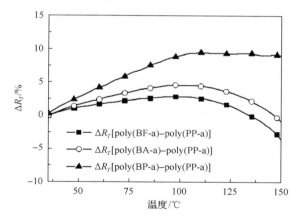

图 4.27　poly(BF-a)、poly(BA-a) 和 poly(BP-a) 模量保留率与 poly(PP-a)
模量保留率之间的差距 ΔR_T 与温度的关系曲线

从图 4.27 可以看出，四种聚苯并噁嗪的模量保留率的差值呈现相似的规律，均随温度升高而变大，并在 100℃附近达到最大值(分别出现在 101℃、103℃和106℃)。尽管 poly(BA-a)、poly(BF-a) 和 poly(BP-a) 具有不同的化学结构和不同的玻璃化转变温度，但它们与 poly(PP-a) 的模量保留率差值接近。这说明 poly(PP-a) 与 poly(BA-a)、poly(BF-a) 及 poly(BP-a) 模量之间的差值应主要由其物理结构即氢键引起，而 poly(PP-a) 与其他三种聚苯并噁嗪之间氢键的差异为 C=O···HO 形式氢键，即可能是 C=O···HO 形式氢键造成了这种差异。

为判定是否由 C=O···HO 形式氢键导致了模量的变化，利用红外光谱原位检测技术来追踪 C=O···HO 形式氢键的变化。羰基及 1,2,3,5-四取代苯环升温过程中的 FTIR 吸收峰波数随温度的变化情况如图 4.28 所示。升温过程中，1,2,3,5-四取代苯环吸收峰仅从 1465cm^{-1} 移动至 1464cm^{-1}。而羰基吸收峰呈现不同的变化趋势。35~110℃，羰基特征吸收峰从 1758cm^{-1} 移动至 1762cm^{-1}；而在 110~150℃，羰基特征吸收峰又向低波数移动。这说明升温过程中，C=O···HO 形式氢键不断被破坏，很可能是导致 poly(PP-a) 与 poly(BA-a)、poly(BF-a) 及 poly(BP-a) 模量保留率之间差异的主要原因。

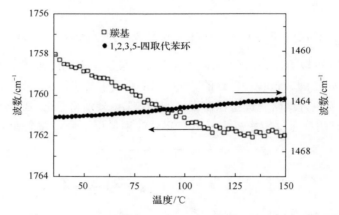

图 4.28   poly(PP-a) 羰基和 1,2,3,5-四取代苯环 FTIR 吸收峰波数随温度的变化情况

为进一步证明上述观点，将 C=O···HO 形式氢键看成如下平衡：

$$\overset{\diagdown}{\underset{\diagup}{}}C=O\cdots H-O(键合) \Longleftrightarrow \overset{\diagdown}{\underset{\diagup}{}}C=O(游离) + H-O(游离) \tag{4-6}$$

$$[C=O\cdots H-O](键合) \qquad [C=O](游离) \quad [H-O](游离)$$

式中：[C=O···H—O] (键合) 为氢键键合羰基的浓度；[C=O] (游离) 为游离羰基的浓度；[H—O] (游离) 为游离羟基的浓度。平衡常数 K 可由式 (4-7) 表示：

$$K = \frac{[C=O](游离) \cdot [H-O](游离)}{[C=O\cdots H-O](键合)} \tag{4-7}$$

根据 Lambert-Beer 定律，对式 (4-6) 进行修正得到式 (4-8)：

$$\begin{matrix} \diagdown \\ C{=}O \cdots H{-}O(键合) \\ \diagup \end{matrix} \xrightleftharpoons[键合]{解离} \begin{matrix} \diagdown \\ C{=}O(游离) + H{-}O(游离) \\ \diagup \end{matrix}$$

$$[C{=}O\cdots H{-}O](键合) \qquad [C{=}O](游离) \quad [H{-}O](游离) \tag{4-8}$$

$$\alpha C_0 \qquad\qquad (0.57-\alpha)C_0 \quad (0.57-\alpha)C_0$$

式中：C_0 为羰基初始浓度；α 为温度为 T 时，poly(PP-a) 中键合羰基占总羰基的比例。则 poly(PP-a) 中，C=O…HO 形式氢键解离的平衡常数 K_b 即为

$$K_b = \frac{C_0(0.57-\alpha)^2}{\alpha} \tag{4-9}$$

引入 Van't Hoff 方程，则有

$$\ln(K_b) = \ln C_0 + \ln\left[\frac{(0.57-\alpha)^2}{\alpha}\right] = -\frac{\Delta H}{R}\frac{1}{T} + \frac{\Delta S}{R} \tag{4-10}$$

式中：ΔH 为氢键结合能 (kJ/mol)；ΔS 为熵值 (kJ/mol)；R 为摩尔气体常量，为 8.314J/(mol·K)；T 为温度 (K)。对 $\ln[(0.57-\alpha)^2/\alpha]$-$1/T$ 作图，如图 4.29 所示，由拟合直线的斜率即可求得 poly(PP-a) 中 C=O…HO 形式氢键的结合能。

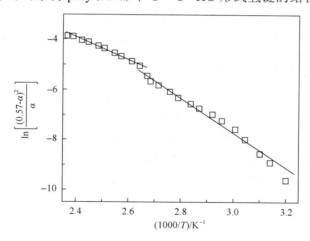

图 4.29 poly(PP-a) 中 C=O…HO 氢键的 Van't Hoff 方程曲线

由图 4.29 得到，35~105℃，poly(PP-a) 中 C=O…HO 形式氢键的结合能为 (57 ± 3)kJ/mol；105~150℃，氢键结合能为 (37 ± 2)kJ/mol，且 105℃ 恰为模量保留率之差最大值的温度。这进一步表明 C=O…HO 形式氢键的变化与模量保留率

的变化一致，据此判断聚苯并噁嗪玻璃态下的模量主要受氢键影响。鉴于聚苯并噁嗪氢键会在高温发生破坏并将影响到聚合物模量，因此在苯并噁嗪树脂应用过程中应关注温度对模量造成的不利影响。对 poly(BA-a)、poly(BF-a) 和 poly(PH-ddm) 在 150℃ 的模量保留率进行计算，结果见表 4.16。poly(BA-a)、poly(BF-a) 和 poly(PH-ddm) 的玻璃化转变温度（E''）依次为 183℃、182℃ 和 192℃，但它们在 150℃ 的模量保留率仅分别为 75%、72% 和 76%，这进一步说明在苯并噁嗪树脂应用过程中应关注温度对模量造成的不利影响。

4.4.5　介电性能[34]

当物质处于外电场时，会发生电传导和电极化现象。通常，将主要发生电极化响应的物质称为电介质，电介质性能有两个重要的指标，分别为介电常数（ε'）和介电损耗（ε''，介电损耗因数的简称）。介电常数用以表征电介质储存电荷的能力和电极化的难易程度；介电损耗是电介质在交变电场下，由取向极化与外加电场间的相位差引起的能量消耗。随着电子信息工业和集成电路产业的发展，对材料的介电性能提出了越来越高的要求，要求材料具有低的介电常数和介电损耗，同时还要求材料拥有好的机械性能、耐热性能、阻燃性能及低吸水率等。

苯并噁嗪树脂是一种具有较低介电常数和介电损耗的热固性树脂。例如，室温下，poly(BA-a) 的介电常数和介电损耗分别为 3.58 和 0.038（测试频率：10^7Hz）。此外，聚苯并噁嗪兼具好的耐热性能、阻燃性能和低吸水率等优点，非常适合用作介电材料。本节以 poly(BA-a) 为研究对象，讨论测试温度、测试频率对聚苯并噁嗪介电性能的影响。

1. 频率对介电性能的影响

图 4.30 为 poly(BA-a) 在室温下 1Hz～1MHz 的介电常数和介电损耗谱图。从图 4.30(a) 可以看出，poly(BA-a) 的介电常数随测试频率的增大而减小，但变化较小。当材料处于低频交变电场时，有足够的时间发生极化，此时介电常数最大。但当材料处于高频交变电场时，取向极化跟不上外电场的变化，介电常数会减小。对于介电损耗，从图 4.30(b) 可以看出，poly(BA-a) 在 10^5～10^6Hz 出现了介电弛豫峰。由于 poly(BA-a) 的玻璃化转变温度高于室温，故该介电弛豫峰应为次级弛豫，即为 β 弛豫峰。

2. 温度对介电性能的影响

分别测定 poly(BA-a) 在–25℃、0℃、25℃、50℃、75℃、100℃、125℃、150℃、175℃、200℃ 和 225℃ 下的介电性能，介电常数谱图和介电损耗谱图如图 4.31 所示。

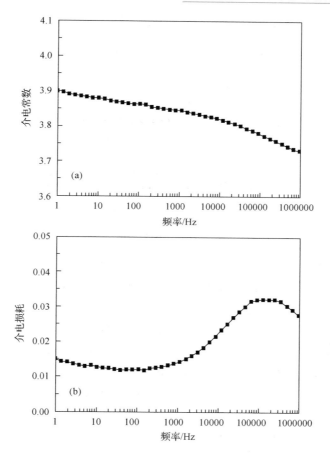

图 4.30　poly(BA-a)在室温下 1Hz~1MHz 的介电常数(a)和介电损耗(b)谱图

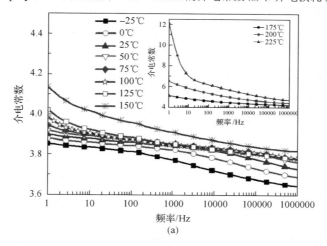

(a)

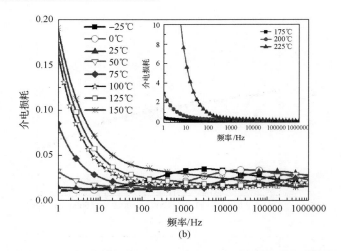

图 4.31　poly(BA-a)在不同温度下 1Hz～1MHz 介电常数(a)和介电损耗(b)谱图

从图 4.31(a)可以看出，poly(BA-a)的介电常数随温度的升高逐渐变大。当温度低于 125℃时，介电常数变化不大。这是由于在玻璃化转变温度以下，分子链段的偶极取向受到干扰，使介电常数降低。但当温度继续升高至 150℃以上时，达到 poly(BA-a)的玻璃化转变温度，分子链段运动加剧，介电常数快速上升。例如，200℃时，poly(BA-a)在 1kHz 和 1MHz 时的介电常数分别为 5.01 和 4.44。

图 4.31(b)为 poly(BA-a)的介电损耗谱图。可以看出，poly(BA-a)的介电损耗在低温时较小，但随着测试温度的升高，介电损耗大幅增加。在-25℃时即可观察到 β 弛豫峰，且 β 弛豫峰所对应的频率随温度升高向高频移动，即温度越高，损耗峰对应的频率越高。此外，没能在介电损耗谱图中发现 α 弛豫峰，即使测试温度升高至 poly(BA-a)玻璃化转变温度以上，也未出现 α 弛豫峰，这可能是受到了电极极化的影响。电极极化在高温、低频时较为明显，高温使自由电荷的运动能力增强，而低频可使自由电荷有足够的时间在材料和电极之间的界面处积累，进而引起电极极化，使得介电损耗在高温、低频区显著增加。对于聚苯并噁嗪，在 100℃左右就有明显的电极极化效应，而 poly(BA-a)的玻璃化转变温度高于 100℃，较强的电极极化效应掩盖了 α 弛豫峰[34]。

4.4.6　表面能

聚苯并噁嗪是一种拥有低表面能的热固性聚合物。聚苯并噁嗪分子链间和分子链内的氢键，特别是 OH···N 形式氢键大幅降低了聚苯并噁嗪的表面能。例如，典型结构双酚 A/苯胺型聚苯并噁嗪[poly(BA-a)]和双酚 A/甲胺型聚苯并噁嗪[poly(BA-m)]的表面能分别为 19.2mJ/m^2 和 16.4mJ/m^2，低于聚四氟乙烯(PTFE)[35]。

采用 FTIR 对 poly(BA-a)和 poly(BA-m)中氢键与表面能之间的关系进行研究。结果表明，经 240℃聚合后，poly(BA-a)主要有四种氢键，分别为 $O^-\cdots H^+N$ 分子内氢键、OH$\cdots$N 分子内氢键、OH$\cdots$O 分子间氢键和 OH$\cdots$O 分子内氢键，其中，OH$\cdots$O 分子间氢键含量最高。而 poly(BA-m)存在三种氢键，分别为 $O^-\cdots H^+N$ 分子内氢键、OH$\cdots$N 分子内氢键和 OH$\cdots$O 分子间氢键，OH$\cdots$N 形式氢键($O^-\cdots H^+N$ 和 OH$\cdots$N 分子内氢键)含量最高。由于 poly(BA-m)中 OH$\cdots$N 形式氢键含量高于 poly(BA-a)，故前者的表面能小于后者。

氢键类型影响聚苯并噁嗪表面能，因此改变氢键可改变其表面能。人们以双酚 A 为酚源，分别以甲胺、乙胺、正丁胺和叔丁胺为胺源，合成了四种苯并噁嗪 BA-m、BA-e、BA-b 和 BA-*tb*[36]。FTIR 分析结果表明，聚苯并噁嗪的氢键和表面能均受胺结构和聚合条件影响。延长聚合时间会改变氢键，进而引起聚合物表面能逐步降低。例如，180℃下，BA-b 经 0.5h、1h、4h、8h 和 18h 聚合后，表面能依次为 29.39mJ/m^2、29.33mJ/m^2、25.60mJ/m^2、21.66mJ/m^2 和 15.72mJ/m^2。

利用苯并噁嗪灵活的分子设计性，将硅或氟原子引入聚苯并噁嗪可进一步降低表面能。例如，P-tmos、MP-tmos、PTBP-tmos 和 TFP-tmos 四种含硅或氟原子的苯并噁嗪，化学结构式如图 4.32 所示[37,38]。聚合后，这四种聚苯并噁嗪的表面能分别为 15.64mJ/m^2、14.91mJ/m^2、14.93mJ/m^2 和 15.50mJ/m^2。

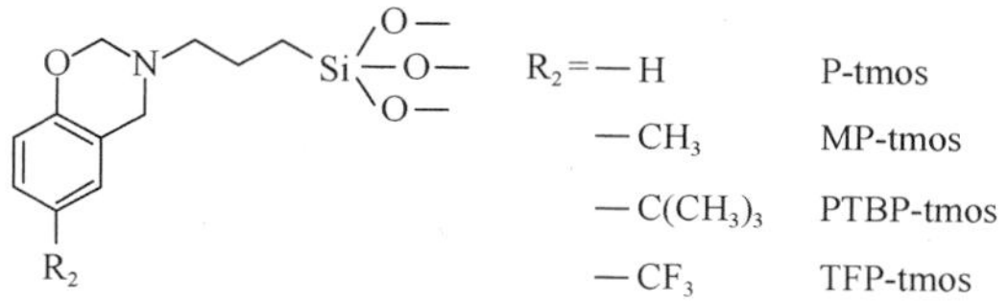

图 4.32　含硅和含氟型苯并噁嗪化学结构式

4.4.7　吸水性

尽管聚苯并噁嗪同酚醛树脂一样存在大量酚羟基，但却表现出极低的吸水率，见表 4.17。例如，poly(BA-a)、poly(BF-a)和 poly(PH-ddm)室温下 7 天吸水率分别为 0.21%、0.23%和 0.19%；poly(BA-a)和 poly(BF-a)沸水 12h 的吸水率分别为 0.42%和 0.44%[23]；poly(BA-a)室温 120 天吸水率及饱和吸水率分别为 0.98%和 1.9%[39]，poly(PH-ddm)室温下一个月的吸水率仅为 0.42%，如图 4.33 所示。聚苯并噁嗪极低的吸水率与氢键有关。由于氢键具有饱和性，聚苯并噁嗪中的氢键，特别是 OH$\cdots$N 形式强氢键，可保护酚羟基，减少酚羟基与水等溶剂之间的相互作用，极大地降低了聚苯并噁嗪的吸水率，提高了耐溶剂性，示意图如图 4.34 所示。

表 4.17　poly(BA-a)、poly(BF-a) 和 poly(PH-ddm) 的吸水率

吸水率	poly(BA-a)	poly(BF-a)	poly(PH-ddm)
室温 7 天吸水率/%	0.21[23]	0.23[23]	0.19
沸水 12h 吸水率/%	0.42[23]	0.44[23]	—

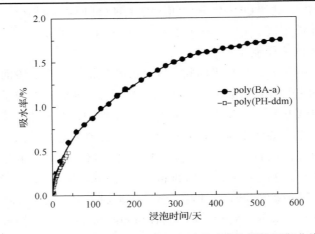

图 4.33　poly(BA-a) 和 poly(PH-ddm) 吸水率与浸泡时间曲线

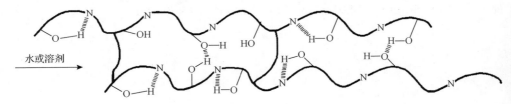

图 4.34　聚苯并噁嗪浸泡于化学介质示意图

4.4.8　耐腐蚀性

尽管聚苯并噁嗪存在大量酚羟基，但这些酚羟基可与氢键受体形成氢键，特别是可形成 OH···N 形式氢键，从而保护酚羟基，使其难与弱酸、盐等化学介质发生作用，赋予聚苯并噁嗪好的耐腐蚀性。将 poly(BA-a) 和 poly(BA-m) 浸泡于30%(质量分数)的硫酸、甲酸和乙酸中，通过浸泡时间与质量的变化关系来研究聚苯并噁嗪的耐酸性[40]。结果表明，浸泡 28 天，poly(BA-a) 的质量几乎无变化，说明 poly(BA-a) 具有较好的耐酸性；而 poly(BA-m) 却表现出不同的现象。

将图 4.10 poly(BA-a) 和 poly(BA-m) 的模型化合物(d) 和(a) 分别与乙酸混合来研究聚苯并噁嗪的耐酸性。混合一定时间后，采用 ¹H NMR 测定反应物结构。结果表明，poly(BA-a) 模型化合物(d) 未与乙酸发生反应，而 poly(BA-m) 模型化

合物(a)会与乙酸发生反应。结合氢键和化学结构进行分析，poly(BA-m)的胺结构为脂肪胺，碱性强，Mannich 桥结构易与羧酸分子结合，且 poly(BA-m)主要存在 OH…N 氢键，交联密度相对较低，分子链堆积较松散，羧酸分子易扩散至分子链间，故耐酸性较差；而 poly(BA-a)分子链堆积较紧密，羧酸分子难以扩散至内部，且其 Mannich 桥结构难与羧酸分子结合，故耐酸性较好[40]。

通过研究苯酚/二氨基二苯甲烷型苯并噁嗪(PH-ddm)树脂/玻璃纤维复合材料在化学试剂中浸泡时间与性能的关系来研究苯并噁嗪树脂的耐化学腐蚀性。参考 GB/T 11547—1989 选取和配制溶液，选取蒸馏水、甲苯、乙醇、丙酮、稀盐酸[10%(质量分数)]、浓盐酸[36%(质量分数)]、稀 NaOH 溶液[1%(质量分数)]和浓 NaOH 溶液[40%(质量分数)]为溶剂。室温条件下，依据 GB/T 3857—2005 和 GB/T 11547—1989 研究材料的耐化学腐蚀性。复合材料弯曲强度、质量变化及表面硬度随浸泡时间变化的测试结果见表 4.18～表 4.20。可以看出，在测试期内(180 天)，PH-ddm/玻璃纤维复合材料经蒸馏水、甲苯、乙醇和丙酮浸泡后，强度和表面硬度小幅下降，质量略有增加，说明 poly(PH-ddm)拥有非常好的耐水、甲苯、乙醇和丙酮腐蚀性能；经稀 NaOH 溶液浸泡后，强度和表面硬度有一定程度的下降，质量稍有增加，说明 poly(PH-ddm)具有一定的耐稀碱腐蚀性；但在稀盐酸、浓盐酸和浓 NaOH 溶液中，经过 90 天浸泡后，试样出现分层或起泡现象，说明 poly(PH-ddm)耐强酸和耐浓碱腐蚀性较差。

表 4.18　苯酚-二氨基二苯甲烷型苯并噁嗪/玻璃纤维复合材料弯曲强度与浸泡时间的关系

浸泡时间	蒸馏水	甲苯	乙醇	丙酮	稀盐酸	浓盐酸	稀 NaOH	浓 NaOH
0 天	729.4	729.4	729.4	729.4	729.4	729.4	729.4	729.4
1 天	728.7	729.0	731.4	714.0	693.7	697.7	728.0	710.0
2 天	726.7	729.0	723.9	719.8	634.3	619.8	728.1	710.0
3 天	728.7	704.8	729.0	716.6	637.7	634.3	718.9	703.8
5 天	702.2	722.8	719.7	707.5	593.0	595.0	705.1	685.3
7 天	673.6	695.6	714.0	684.5	538.2	447.8	675.3	552.6
15 天	654.8	656.9	708.1	673.5	440.9	322.5	645.1	504.0
30 天	661.0	649.0	697.0	705.4	348.1	243.7	626.3	431.5
60 天	650.4	645.0	680.0	740.2	256.0	167.2	605.4	356.8
90 天	653.2	637.2	681.4	706.1	×	×	588.1	×
180 天	652.5	682.7	683.1	700.9	×	×	468.4	×

注：×. 参照标准 GB/T 3857—2005，实验中发现试样有分层、起泡等现象而终止实验；表中数据单位为 MPa。

表 4.19   苯酚-二氨基二苯甲烷型苯并噁嗪/玻璃纤维复合材料质量变化与浸泡时间的关系

浸泡时间	蒸馏水	甲苯	乙醇	丙酮	稀盐酸	浓盐酸	稀 NaOH	浓 NaOH
0 天	0	0	0	0	0	0	0	0
1 天	+0.0135	+0.0108	−0.032	−0.0013	+0.0519	−1.51	+0.0137	+0.0145
2 天	+0.0166	+0.0103	−0.025	−0.0026	+0.0249	−1.487	+0.0249	+0.0263
3 天	+0.0215	+0.0172	−0.018	−0.0045	+0.0161	−1.27	+0.0208	+0.0297
5 天	+0.0262	+0.0197	−0.023	−0.0055	−0.145	−1.166	+0.024	+0.0376
7 天	+0.038	+0.0305	−0.021	−0.0055	−0.607	−1.683	+0.0342	+0.063
15 天	+0.0639	+0.0579	−0.023	−0.0065	−0.725	−0.432	+0.0606	+0.075
30 天	+0.0953	+0.0881	−0.035	−0.0065	−0.751	+3.750	+0.0734	+0.69
60 天	+0.1355	+0.1028	−0.0304	+0.3624	−1.277	+7.031	+0.2549	+1.381
90 天	+0.1637	+0.1157	−0.0197	+0.3637	×	×	+0.2781	×
180 天	+0.2316	+0.1486	+0.0182	+0.3698	×	×	+0.3305	×

注：+表示试样质量增加，−表示试样质量减少；×．参照标准 GB/T 3857—2005，实验中发现试样有分层、起泡等现象而终止实验；表中数据均为百分数。

表 4.20   苯酚-二氨基二苯甲烷型苯并噁嗪/玻璃纤维复合材料表面硬度(HRC)与浸泡时间的关系

浸泡时间	蒸馏水	甲苯	乙醇	丙酮	稀盐酸	浓盐酸	稀 NaOH	浓 NaOH
0 天	124.2	124.2	124.2	124.2	124.2	124.2	124.2	124.2
1 天	123.3	124.0	123.6	123.7	121.9	122.3	123.5	122.2
2 天	122.8	123.9	123.1	123.6	121.2	122.3	123.2	120.2
3 天	122.2	122.8	123.1	123.4	121.0	119.3	123.0	119.9
5 天	118.8	122.4	122.8	122.2	119.8	115.8	122.3	118.1
7 天	121.0	123.2	122.3	122.3	118.2	111.4	120.8	121.9
15 天	123.2	122.6	121.7	123.1	114.8	91.6	121.7	120.9
30 天	121.6	122.6	122.5	121.0	109.7	65.8	117.0	117.0
60 天	120.9	122.5	122.5	119.8	102.4	44.3	120.4	112.7
90 天	120.3	121.9	121.6	121.3	×	×	120.1	×
180 天	120.0	120.7	122.1	122.9	×	×	119.6	×

注：×．参照标准 GB/T 3857—2005，实验中发现试样有分层、起泡等现象而终止实验。

参 考 文 献

[1] Liu X, Gu Y. Molecular modeling of the chain structures of polybenzoxazines. Chemical Journal of Chinese Universities, 2002, 18(3): 367-369.

[2] Liu X, Gu Y. Effects of molecular structure parameters on ring-opening reaction of benzoxazines. Science in China (Series B), 2001, 44(5): 552-560.

[3] Ishida H, Sanders D P. Regioselectivity and network structure of difunctional alkyl-substituted aromatic amine-based

polybenzoxazines. Macromolecules, 2000, 33: 8149-8157.

[4] Song Y, Zhang S, Yang P. Effect of methyl substituent on the curing of bisphenol-arylamine-based benzoxazines. Thermochimica Acta, 2018, 662: 55-63.

[5] Ran Q C, Gao N, Gu Y. Thermal stability of polybenzoxazines with lanthanum chloride and their crosslinked structures. Polymer Degradation and Stability, 2011, 96: 1610-1615.

[6] Ran Q C, Zhang D X, Zhu R Q, et al. The structural transformation during polymerization of benzoxazine/FeCl₃ and the effect on the thermal stability. Polymer, 2012, 53(19): 4119-4127.

[7] Yang P, Gu Y. Synthesis and curing behavior of a benzoxazine based on phenolphthalein and its high performance polymer. Journal of Polymer Research, 2011, 18: 1725-1733.

[8] Bai Y, Yang P, Zhang S, et al. Curing kinetics of phenolphthalein-aniline-based benzoxazine investigated by non-isothermal differential scanning calorimetry. Journal of Thermal Analysis and Calorimetry, 2015, 120(3): 1755-1764.

[9] Sudo R, Nakayama H, Arima K, et al. Selective formation of poly(N,O-acetal) by polymerization of 1,3-benzoxazine and its main chain rearrangement. Macromolecules, 2008, 41: 9030-9034.

[10] Liu C, Shen D, Sebastián R M, et al. Mechanistic studies on ring-opening polymerization of benzoxazines: a mechanistically based catalyst design. Macromolecules, 2011, 44: 4616-4622.

[11] Wang Y X, Ishida H.Cationic ring-opening polymerization of benzoxazines. Polymer, 1999, 40: 4563-4570.

[12] Wang Y X, Ishida H.Synthesis and properties of new thermoplastic polymers from substituted 3,4-dihydro-2H-1,3-benzoxazines. Macromolecules, 2000, 33: 2839-2847.

[13] Zhang S, Ran Q C, Fu Q, et al. Preparation of transparent and flexible shape memory polybenzoxazine film through chemical structure manipulation and hydrogen bonding control. Macromolecules, 2018, 51: 6561-6570.

[14] Dunkers J P, Zarate A, Ishida H. Crystal structure and hydrogen-bonding characteristics of N,N-bis(3,5-dimethyl-2-hydroxybenzyl)methylamine, a benzoxazine dimer. The Journal of Physical Chemistry, 1996, 100(32): 13514-13520.

[15] Kim H D, Ishida H. A study on hydrogen-bonded network structure of polybenzoxazines. The Journal of Physical Chemistry A, 2002, 106(14): 3271-3280.

[16] 白耘. 线型聚苯并噁嗪的氢键热响应与调控研究. 成都: 四川大学, 2016.

[17] Hemvichian K, Laobuthee A, Chirachanchai S, et al. Thermal decomposition processes in polybenzoxazine model dimers investigated by TGA-FTIR and GC-MS. Polymer Degradation and Stability, 2002, 76: 1-15.

[18] Hemvichian K, Ishida H. Thermal decomposition processes in aromatic amine-based polybenzoxazines investigated by TGA and GC-MS. Polymer, 2002, 43: 4391-402.

[19] Zhang S, Ran Q C, Fu Q, Gu Y.Controlled polymerization of 3,4-dihydro-2H-1,3-benzoxazine and its properties tailored by Lewis acids. Reactive and Functional Polymers, 2019, 139: 75-84.

[20] 郭茂, 凌鸿, 郑林, 等.苯并噁嗪和双马来酰亚胺共混树脂性能的研究. 热固性树脂, 2008, 23(01): 4-7.

[21] Xu Y, Dai J, Ran Q C, et al. Greatly improved thermal properties of polybenzoxazine via modification by acetylene/aldehyde groups. Polymer, 2017, 123: 232-239 .

[22] 张华川. 聚苯并噁嗪热降解机理探讨及新型高残碳苯并噁嗪的设计与合成表征. 成都: 四川大学, 2014.

[23] 王晓颖. 多元酚-苯胺型苯并噁嗪合成、固化及其结构与性能的研究. 成都: 四川大学, 2011.

[24] Zhang H C, Gu W, Zhu R Q, et al. Study on the thermal degradation behavior of sulfone-containing polybenzoxazines via Py-GC-MS. Polymer Degradation and Stability, 2015, 111: 38-45.

[25] 纪凤龙, 顾宜, 谢美丽, 等. 苯并噁嗪树脂烧蚀性能的初步研究. 宇航材料工艺, 2002, (1): 25-29.

[26] 李超. 醛基功能化苯并噁嗪固化物热解机理及无机掺杂改性研究. 成都: 四川大学, 2015.

[27] 凌红. 改性苯并噁嗪树脂的阻燃性及阻燃机理研究. 成都: 四川大学, 2011.

[28] 张华. 双酚 A 型苯并噁嗪与环氧树脂 E44 共混体系性能研究. 成都: 四川大学, 2011.

[29] 郑林, 张驰, 王洲一, 等. 一种改性苯并噁嗪树脂及其玻璃布层压板. 航空材料学报, 2011, 31(1): 62-66.

[30] 何启迪. 苯并噁嗪与线型酚醛树脂共混体系结构与性能的研究. 成都: 四川大学, 2011.

[31] Guyenot M, Mager C, Birkhold A, et al. New resin materials for high power embedding. 2017 IEEE 67th Electronic Components and Technology Conference, 2017: 690-695.

[32] Yang P, Wang X, Fan H, et al. Effect of hydrogen bonds on the modulus of bulk polybenzoxazines in the glassy state. Physical Chemistry Chemical Physics, 2013, 15: 15333-15338.

[33] Yang P, Gu Y. Synthesis of a novel benzoxazine-containing benzoxazole structure and its high performance thermoset. Journal of Applied Polymer Science, 2012, 124: 2415-2422.

[34] 栾晓声. 双酚型聚苯并噁嗪结构与介电性能的研究. 成都: 四川大学, 2019.

[35] Wang C F, Su Y C, Kuo S W, et al. Low-surface-free-energy materials based on polybenzoxazines. Angewandte Chemie International Edition, 2006, 45: 2248-2251.

[36] Dong H J, Xin Z, Lu X, et al. Effect of N-substituents on the surface characteristics and hydrogen bonding network of polybenzoxazines. Polymer, 2011, 52: 1092-1101.

[37] Qu L, Xin Z. Preparation and surface properties of novel low surface free energy fluorinated silane-functional polybenzoxazine films. Langmuir, 2011, 27: 8365-8370.

[38] Juan L, Liu J, Lu X, et al. Synthesis and surface properties of low surface free energy silane-functional polybenzoxazine films. Langmuir, 2013, 29: 411-416.

[39] Ishida H, Allen D J. Physical and mechanical characterization of near-zero shrinkage polybenzoxazines. Journal of Polymer Science Part B: Polymer Physics, 1996, 34: 1019-1030.

[40] Kim H D, Ishida H. Study on the chemical stability of benzoxazine based phenolic resins in carboxylic acids. Journal of Applied Polymer Science, 2001, 79: 1207-1219.

第 5 章

高耐热聚苯并噁嗪的分子设计与性能

苯并噁嗪树脂是近年发展起来的一类高性能热固性树脂，具有灵活的分子设计性、固化过程无小分子释放、低固化收缩率等优点，已经在电子电气、航空航天及机械制造等领域获得实际应用。然而，在实际应用过程中发现，通用型苯并噁嗪聚合物的耐热性能难以满足高技术要求和一些特殊领域对高性能材料的需求，这限制了其进一步应用发展，因而需要研发新型的高耐热苯并噁嗪树脂。这些特殊树脂应具备优良的热稳定性、高的残炭率及高玻璃化转变温度、高的高温力学性能保留率及低的热膨胀系数等特点。为此，研究者们利用苯并噁嗪优异的分子设计性合成了多种不同结构的新型高耐热聚苯并噁嗪，研讨了结构与性能关系，进行了应用开发。本章主要从三方面概述了高耐热聚苯并噁嗪的分子设计思路、制备方法和性能特点：①在苯并噁嗪的分子结构中，通过在酚源或者胺源上形成多个噁嗪环，以此增加聚苯并噁嗪的交联位点数；②在酚源、胺源上引入多种反应性官能团，以提升聚苯并噁嗪的交联密度；③引入更多的芳杂环结构，以增强聚合物的刚性。

5.1　增加分子结构中噁嗪环数量

增加苯并噁嗪单体中噁嗪环数量可以增加聚合物的交联位点，进而提高聚合物耐热性能。典型的高性能苯并噁嗪结构为双环苯并噁嗪及多环苯并噁嗪。本节从苯并噁嗪单体合成反应路线、桥接基团电子效应、单体固化行为及聚合物性能等方面进行概述。

5.1.1　双环苯并噁嗪

1. 双酚型双环苯并噁嗪

双酚型双环苯并噁嗪由二元酚类化合物、苯胺类化合物、甲醛为原料合成。它在保持了传统酚醛树脂优点的同时，还改善了酚醛树脂的脆性，适用于制备低孔隙率、高性能、低成本的纤维增强树脂基复合材料。常用双酚型双环苯并噁嗪结构式如图 5.1 所示，其中 X 分别为—C(CH$_3$)$_2$—（BA）、—CH$_2$—（BF）、—O—（BO）、—CO—（BZ）、—SO$_2$—（BS）和单键（BP）[1]。

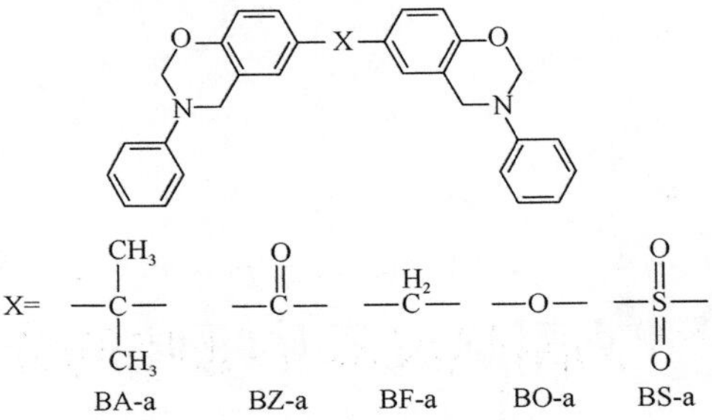

图 5.1　常用双酚型双环苯并噁嗪结构式

双酚型双环苯并噁嗪合成反应如图 5.2 所示。

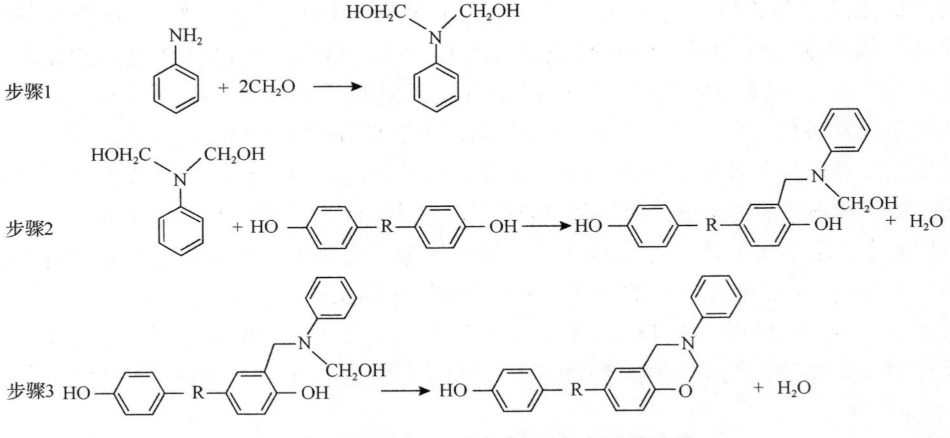

图 5.2　双酚型双环苯并噁嗪合成反应路径

常用双酚型双环苯并噁嗪固化物的耐热性能与单环苯并噁嗪的固化物(如苯酚/苯胺型单环苯并噁嗪)相比,前者热分解温度相对较高,固化物储能模量 E' 在 4.63～5.42GPa 之间,含吸电子基团的双酚型双环苯并噁嗪固化物较含供电子基团双酚型苯并噁嗪固化物体系表现出更加优异的热稳定性,其中 poly(BZ-a)的 T_g 高达 306℃。

2. 二胺型双环苯并噁嗪

传统的苯并噁嗪如双酚 A/苯胺型或苯酚/苯胺型苯并噁嗪聚合物有一个共同点是残炭率较低,研究发现,聚苯并噁嗪交联结构中的悬挂苯胺结构是导致残炭率较低的原因。基于此,研究者认为将悬挂苯胺通过化学键固定在交联体系中可以提高苯并噁嗪固化物的耐热性能。苯酚/二氨基二苯甲烷型苯并噁嗪(PH-ddm)是开发较早并已获得广泛应用的一种苯并噁嗪树脂[2],结构式如图 5.3 所示。它具有性能优异、原料廉价易得等优点。二胺型双环苯并噁嗪制备方法与双酚型双环苯并噁嗪类似。将该树脂改性后制备得到的新型玻璃布层压板在 180℃时弯曲强度达 267MPa,热态强度保持率为 50%以上。

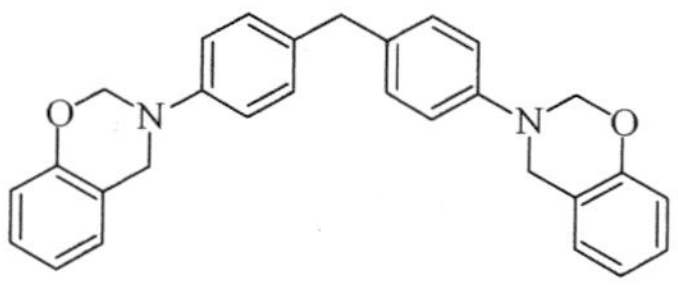

图 5.3　苯酚/二氨基二苯甲烷型苯并噁嗪(PH-ddm)结构式

将这种苯并噁嗪树脂与环氧树脂、酚醛树脂、氰酸酯树脂、双马来酰亚胺树脂及其他苯并噁嗪树脂混合后，通过层压、模压及 RTM 工艺可制备高性能结构材料、电绝缘材料或电子封装材料。

3. 含特殊元素的双环苯并噁嗪

将磷、氟、硼等特殊元素引入苯并噁嗪结构，可赋予聚苯并噁嗪特殊的性能。研究者主要通过分子设计、共聚、共混的方式将特殊元素引入苯并噁嗪结构中[3-11]。

磷氧基的引入提升了聚苯并噁嗪热稳定性。同时，磷元素的引入使得聚合物的阻燃性能有明显的提高。常用 10-(2′,5′-二羟基苯基)-9,10-二氢-9-氧杂-10-磷杂菲-10-氧化物(ODOPB)型苯并噁嗪合成路线如图 5.4 所示，基于含磷二酚 ODOPB、苯酚及二氨基二苯甲烷合成的双环苯并噁嗪树脂(ODOPB-ddm)，其固化物在垂直燃烧测试中的总燃烧时间缩短至 22s，具有 UL-94 V0 的阻燃级别[4]。将一定量的 ODOPB 作为酚源与苯酚、甲醛溶液、二胺类化合物通过缩聚 Mannich 反应合成苯并噁嗪聚合物。磷元素的引入有效提高了聚合物的阻燃性能，阻燃等级达到 UL-94 V0 级，燃烧后内部结构较传统二胺型双环苯并噁嗪更加致密，可以更有效地抑制火焰的蔓延。聚合物也表现出良好的耐热性能，氮气氛围下失重 10%对应温度为 239℃，800℃残炭率为 40.3%[3]。

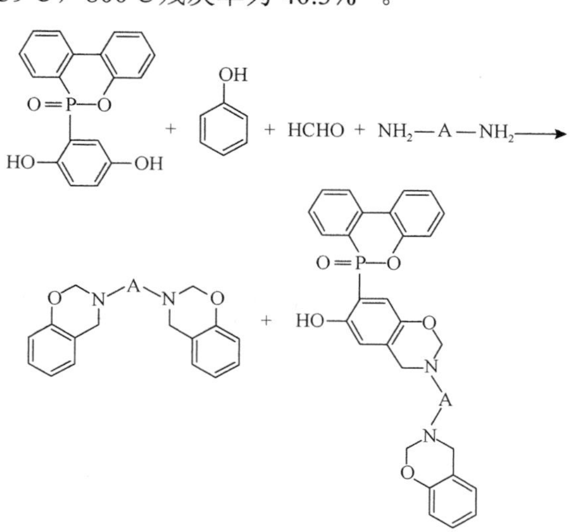

图 5.4　ODOPB 型含磷苯并噁嗪合成反应

将烯丙基和磷元素同时引入苯并噁嗪结构中可以提高固化物的耐热性能和阻燃性能,该单体合成反应如图 5.5 所示。固化物 5%和 10%热失重温度分别为 269℃和 315℃,800℃残炭率为 51%。阻燃等级达到 UL-94 V0 级[5]。

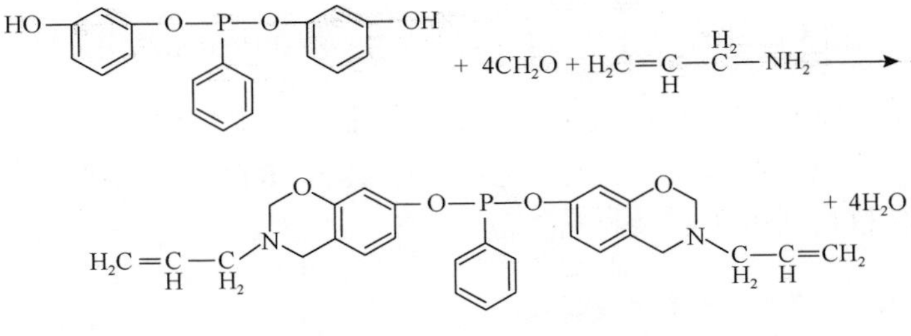

图 5.5　含磷烯丙基型双环苯并噁嗪合成反应

除了通过分子设计将含磷元素引入苯并噁嗪单体中,还可以通过将含磷环氧树脂、磷系阻燃剂与苯并噁嗪共混进行改性,利用 P-N 协同阻燃作用,得到阻燃等级达到 UL-94 V0 级别的基体树脂。

poly(BA-a)与 poly(PH-ddm)作为两种典型聚苯并噁嗪,已经在多个领域得到应用。但是从阻燃性来看,poly(BA-a)完全不具有阻燃性,poly(PH-ddm)的阻燃等级为 UL-94 V1,仍不能单独作为阻燃材料使用。因此,围绕这两种树脂体系的阻燃开展了大量的研究工作。引入含磷阻燃剂可以改善树脂体系的阻燃性。PX200和 DOPO 是两种典型的含磷阻燃剂,它们的结构式如图 5.6 所示。当 PX200 和 DOPO 的加入量分别达到 8%和 5%时,poly(PH-ddm)表现出较好的阻燃效果,见表 5.1 和表 5.2。

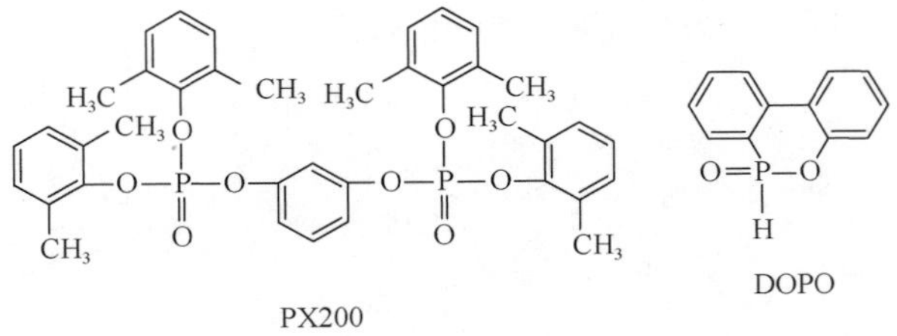

图 5.6　阻燃剂 PX200 与 DOPO 的分子结构

表 5.1　poly(PH-ddm)与 PX200 改性后的锥形量热测试结果[4]

样品	TTI/s	pk-HRR/ (kW/m²)	THR/ (MJ/m²)	FPP/[kW/ (m²·s)]	av-HRR/ (kW/m²)	av-EHC/ (MJ/kg)	av-MLR/ (g/s)	av-SEA/ (m²/kg)
poly(PH-ddm)	33	635.4	99.1	19.3	185.2	27.5	0.0596	709.8
poly(PH-ddm)/PX200	37	292.2	70.5	7.90	129.3	20.9	0.0546	1054.7

注:FPP. 引火倾向指数。

表 5.2　poly（PH-ddm）与 DOPO 改性后的锥形量热测试结果[4]

样品	TTI/s	pk-HRR/(kW/m²)	FPP/[kW/(m²·s)]	THR/(MJ/m²)	pk-EHC/(MJ/kg)	av-MLR/(g/s)	av-SEA/(m²/kg)	TSR/(m²/m²)
poly（PH-ddm）	33	635.4	19.3	99.1	77.55	0.0596	709.82	2578.5
poly（PH-ddm）/DOPO	20	189.24	9.46	61.71	56.68	0.0509	1239.25	3630

　　图 5.7 是 PH-ddm 混入阻燃剂 PX200 固化并燃烧后样品的 SEM 图，致密的外表面与内部封闭的孔洞能够阻止氧气和热量的传播，从而提高材料的阻燃性。加入 PX-200 后聚苯并噁嗪阻燃性改善的原因是：一方面，PX-200 受热后生成磷的含氧酸，使富含羟基的聚苯并噁嗪发生脱水，进一步芳构化，形成隔热、隔氧的多孔炭层，抑制燃烧的进一步进行；另一方面，PX200 脱去磷氧结构后形成含有苯环结构的碎片或自由基，自由基相互结合以终止链式燃烧反应。因此，阻燃剂 PX200 在聚苯并噁嗪中的阻燃作用机理为凝聚相阻燃机理和气相阻燃机理的共同作用。同样，阻燃剂 DOPO 的阻燃机理也包括类似的凝聚相阻燃机理和气相阻燃机理。

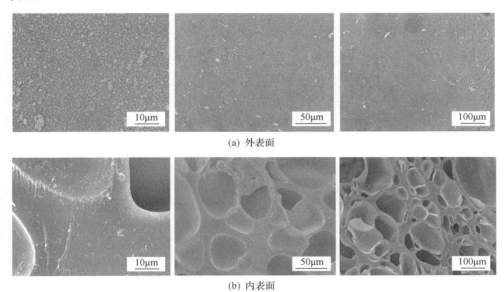

(a) 外表面

(b) 内表面

图 5.7　添加了阻燃剂 PX200 的 poly（PH-ddm）在燃烧后的 SEM 图[4]

　　此外，通过加入含磷环氧（EP-P）与苯并噁嗪进行共聚，也是提高聚苯并噁嗪阻燃性的一个方法。随着 EP-P 的加入，poly（BA-a）的阻燃性会逐渐改善，当 EP-P 的含量增加到 60% 时，此二元共混体系在垂直燃烧测试中的总燃烧时间缩短至

53.7s，阻燃级别已接近 UL-94 V0 级，见表 5.3。为进一步提高 EP-P 和 BA-a 共聚物的阻燃性，可在 EP-P 和 BA-a 共混体系中加入二氨基二苯醚或二氨基二苯砜，表 5.3 列出了二元共混体系 BA-a/EP-P(BE) 以及三元共混体系 BA-a/EP-P/二氨基二苯醚(BEO) 和三元共混体系 BA-a/EP-P/二氨基二苯砜(BES) 的阻燃测试结果。可见，二氨基二苯醚或二氨基二苯砜可以显著提高树脂体系的阻燃性，二氨基二苯醚相比二氨基二苯砜的阻燃效率更高。

表 5.3　poly(BA-a)、EP-P 与二氨基二苯醚或二氨基二苯砜共聚物的垂直燃烧测试结果[12]

样品	t_1/s	t_2/s	总燃烧时间/s	阻燃级别
BE6-4[a]	3.6,4.2,3.9,3.6,3.8	19.2,19.0,18.2,13.5,18.4	107.4	V1
BE4-6	1.4,1.8,1.5,1.4,2.3	12.0,10.4,6.6,10.2,6.1	53.7	V1
BEO9-1-1[b]	2.4,2.4,2.2,2.0,5.5	9.2,6.3,2.9,4.9,6.6	44.4	V0
BEO7-3-1	1.4,1.1,1.2,1.3,1.2	2.6,2.1,1.7,1.1,2.6	16.3	V0
BEO4-6-1	1.1,1.0,1.0,1.1,1.0	1.1,0.9,1.2,1.3,1.2	10.9	V0
BES6-4-1[c]	1.9,4.7,1.7,8.2,3.5	15.2,15.8,14.6,24.8,16.9	110.3	V1
BES5-5-1	1.6,1.5,2.1,1.9,1.5	9.0,6.4,6.1,7.3,6.9	44.3	V0
BES4-6-1	1.7,1.1,1.5,1.7,1.4	5.5,7.3,8.2,5.9,7.0	41.3	V0

a. BA-a 与 EP-P 质量比 6∶4；b. BA-a、EP-P、二氨基二苯醚质量比 9∶1∶1；c. BA-a、EP-P、二氨基二苯砜质量比 6∶4∶1。

利用氮、磷协同阻燃特性也可以提高树脂体系的阻燃性。在 BA-a/EP-P 共混体系中再加入含氮酚醛(P) 以引入更多的氮元素，可以达到提高共混体系阻燃性的目的。表 5.4 比较了基于 BA-a 体系的各共混树脂的阻燃性。含磷环氧 EP-P 的引入使得体系总燃烧时间缩短，表明磷元素的引入有效地提高了阻燃性能；进一步加入含氮酚醛(P) 以后，虽然体系中磷含量下降，但含氮酚醛中的氮元素的引入使得整个体系的氮含量有所提高，而正是含氮酚醛中的氮元素的引入，使得树脂体系的燃烧时间缩短至 29s，阻燃等级也达到 V0。同时，锥形量热的测试结果显示，含氮酚醛的加入使得体系的点燃时间延长。因此，来自于含氮酚醛的氮源与含磷环氧中的磷源的协同作用确实有效提高了苯并噁嗪树脂的阻燃性。

表 5.4　BA-a 及共混物的垂直燃烧测试结果[13]

样品	磷含量/%	氮含量/%	总氮含量/%	燃烧总时间/s	UL-94 测试阻燃等级
BA-a	0	6.06	6.06	399	—
BA-a/EP-P[a]	1.56	3.03	3.03	157	V1
BA-a/EP-P/P[b]	1.25	2.42	5.42	29	V0

a. BA-a/EP-P 质量比为 1∶1；b. BA-a/EP-P/P 质量比 4∶4∶2。

B—O 键比 C—O 键的热稳定性能好，裂解产物对树脂碳化物的保护作用以及碳化物石墨化程度有明显提高，固化物也表现出良好的热稳定性，因此将硼元素引入苯并噁嗪结构中也是目前改性苯并噁嗪的研究热点之一。含硼苯并噁嗪除了能够保留硼改性苯并噁嗪良好的热稳定性、制品孔隙率低等优点外，还具有优良的无卤阻燃性能，其应用前景广阔[9,10]。

含硼苯并噁嗪制备过程如图 5.8 所示，首先将配方量的酚类化合物和硼酸加入反应釜中，回流脱水制得硼酸酚醛。在酸性条件下加入部分甲醛合成含硼多元酚中间体。将得到的反应液用浓度为 10%的氢氧化钠溶液调节 pH 呈弱碱性，加入剩余部分甲醛和 4,4'-二氨基二苯甲烷，回流反应 3h 得到含硼苯并噁嗪树脂（结构式如图 5.9 所示）。以甲苯为溶剂配成浓度为 70%的含硼二元胺型苯并噁嗪溶液并制备纤维增强复合材料。研究表明，含硼苯并噁嗪树脂固化物具有耐辐照性能，在整个辐照过程中，弯曲强度和冲击强度基本保持不变。含硼苯并噁嗪聚合物的 T_g 为 183℃，其 5%热失重温度为 423℃，800℃残炭率为 63%，聚合物表现出良好的热稳定性。以该树脂为基体材料制备复合材料，具有良好的阻燃性能，垂直燃烧达到 UL-94 V0 级[8]。

```
酚类 ──┐
        ├──→ 硼酸酚醛 ──┐
甲醛 ──┘                  ├─催化剂A─→ 含硼多元酚中间体
                          

含硼多元酚中间体 ──┐
                    ├─催化剂B─→ 含硼苯并噁嗪树脂
胺类 ─────────────┘
```

图 5.8　含硼苯并噁嗪合成工艺流程图

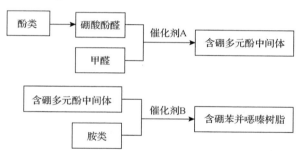

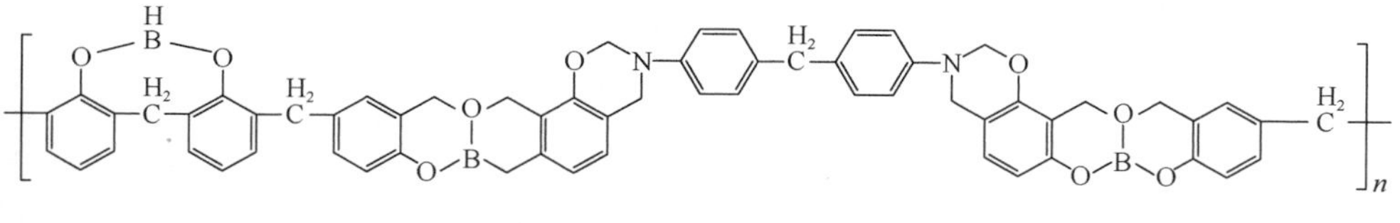

图 5.9　含硼苯并噁嗪结构式

为了进一步提高含硼苯并噁嗪的转化率，可采用水杨醇法和硼酸酯法[14]将硼引入苯并噁嗪结构中。研究发现，硼的质量分数达到 8.67%，该固化物也表现出优良的耐热性能，最大热失重速率对应温度为 425℃，800℃时的残炭率达到 58.08%。

将氟元素引入苯并噁嗪结构中也能有效提高固化物的耐热性能。含氟苯并噁嗪研究始于 20 世纪 90 年代，美国凯斯西储大学首先以全氟苯胺和全氟联苯二胺为胺源制备了氟苯型双环苯并噁嗪（结构式如图 5.10 所示），并系统研究了合成工艺[11]。

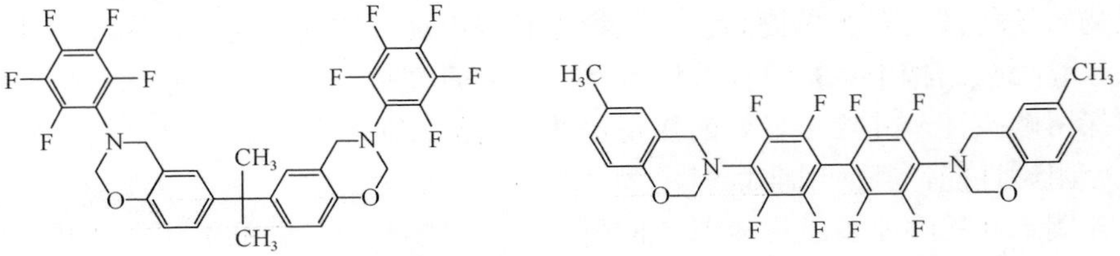

图 5.10　氟苯型双环苯并噁嗪结构式

　　由于以氟胺类化合物合成苯并噁嗪单体对反应介质的酸碱度要求较高，该合成反应较为困难。研究者们改用含氟苯酚类化合物作为酚源设计制备了含三氟甲基双环苯并噁嗪，结构式如图 5.11 所示。该含氟双环苯并噁嗪聚合物 5% 和 10% 热失重温度分别为 374℃ 和 456℃，800℃残炭率为 57%，远高于双酚 A/苯胺型双环苯并噁嗪，同时还具有优异的介电性能[15]。

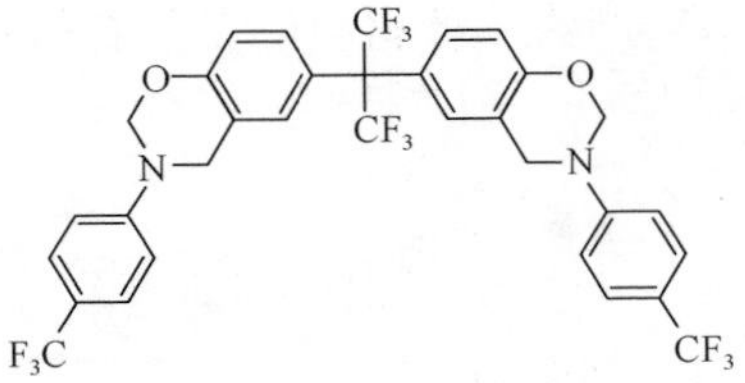

图 5.11　含三氟甲基双环苯并噁嗪结构式

　　含氟苯并噁嗪固化物具有优异的耐热性能和介电性能，但在苯并噁嗪单体中引入氟元素会大幅增加单体合成成本，因此探索经济的合成方法是制备新型含氟苯并噁嗪的一个重要研究方向。

5.1.2　多环苯并噁嗪

1. 苯酚/苯胺型多环苯并噁嗪

　　通过引入更多的噁嗪环可以有效增加固化物体系中交联位点，从而达到聚苯并噁嗪高耐热化的目的。目前增加噁嗪环数量的方法主要有：设计制备多元胺/苯酚型多环苯并噁嗪、多元酚/苯胺型多环苯并噁嗪，或者利用二元胺和二元酚、一元酚为原料制备出一系列线型高分子量的多环苯并噁嗪[16-18]。

　　多元胺/苯酚型多环苯并噁嗪合成路线如图 5.12 所示，由于增加了噁嗪环数量，固化物中交联位点增加，固化体系耐热性能提高。该聚合物 5%热失重温度为 267℃，氮气氛围下 800℃的残炭率为 52.1%，阻燃等级接近 V0 级[17]。

　　图 5.13 是三元胺/苯酚型苯并噁嗪的合成反应式。由于增加了噁嗪环数量，该类固化物交联位点增加，其热稳定性也明显提高。测试结果显示，该固化物在氮气氛围下 5%热失重温度为 421.4℃，800℃残炭率达到 63.4%[16]。

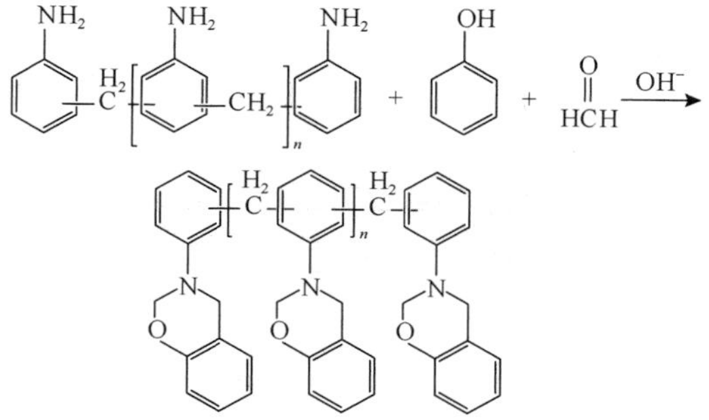

图 5.12　多元胺/苯酚型多环苯并噁嗪合成路线

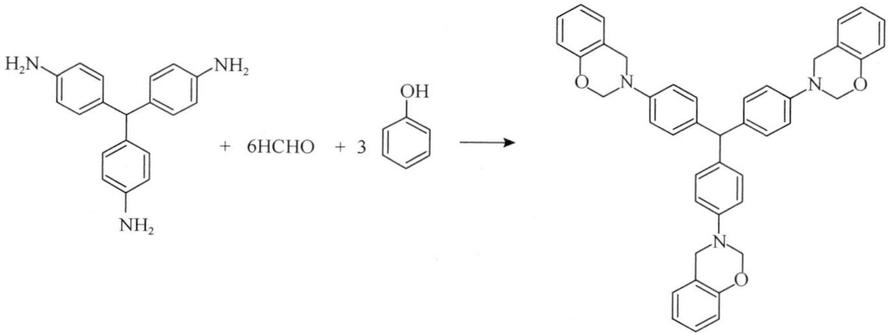

图 5.13　三元胺/苯酚型苯并噁嗪合成反应式

将烯丙基胺引入苯并噁嗪结构中，制备 1,3,5-三(3-烯丙基-3,4-二氢-2H-1,3-苯并噁嗪基)苯(TP-ala)，其耐热性得到提高，合成反应如图 5.14 所示。TP-ala 固化过程中有两个放热峰，分别对应 240℃(噁嗪环开环聚合)、235℃(烯丙基双键加成)，噁嗪环开环聚合和烯丙基交联反应放热重合。TP-ala 固化物 T_g(tan δ)为 322℃，固化物 5%和 10%热失重温度分别为 351℃和 386℃，氮气氛围 800℃残炭率为 61.4%，优于二元酚/烯丙基苯并噁嗪固化物(322℃、358℃，54.7%)[18]。

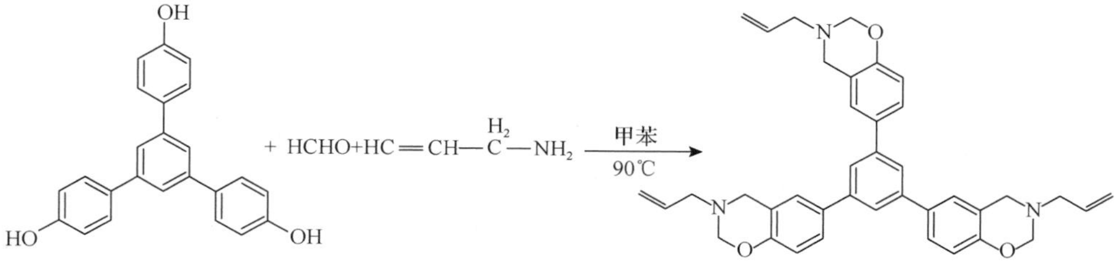

图 5.14　含烯丙基三元酚苯并噁嗪的合成反应

线型结构的多环苯并噁嗪也有报道，其结构式如图 5.15 所示[19]。采用二羟基二苯基甲烷、甲醛和二氨基二苯基甲烷为原料，以甲苯、乙醇为溶剂，以苯酚为封端剂，制得低分子量线型结构多环苯并噁嗪 poly（BP-ddm）。通过改变原料的摩尔比，可调控噁嗪环的数量。poly（BP-ddm）固化物具有高的热稳定性，在氮气中5%热失重温度为 410℃，800℃时残炭率达到 63.6%。以该新型多环苯并噁嗪为树脂基制备的层压板 T_g 为 238.5℃，800℃残炭率为 63.6%，具有优良的耐锡焊性能和阻燃性能，在"无铅化"覆铜板中具有很好的应用前景[20]。

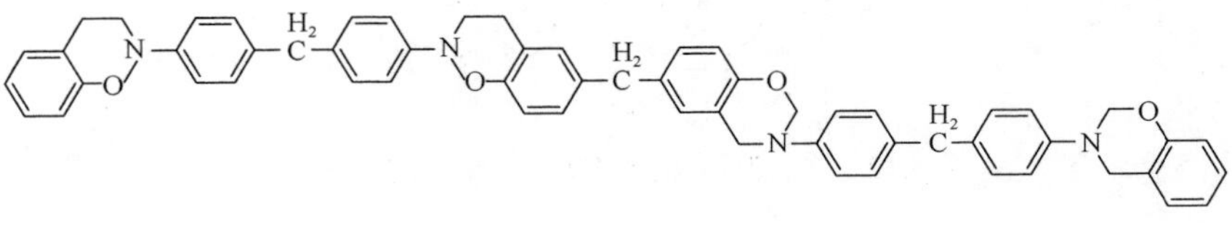

图 5.15　多环苯并噁嗪结构式

多元酚/苯胺型（酚醛型）苯并噁嗪（PF-a-x）（x 为苯胺与苯酚的摩尔比）合成过程如图 5.16 所示。弱碱性环境下，苯酚与过量甲醛制备可溶性酚醛树脂，再以可溶性酚醛树脂作为酚源，与苯胺、甲醛合成含有多个噁嗪环的中间体树脂，通过控制中间体树脂中未闭环的酚羟基的含量来控制苯并噁嗪的固化行为，调节其固化温度；通过控制体系中氢键的种类和数量，从而控制基体树脂及其层压板的性能。多元酚/苯胺型苯并噁嗪还可以作为其他种类的苯并噁嗪的固化剂，降低其固化温度[21,22]。

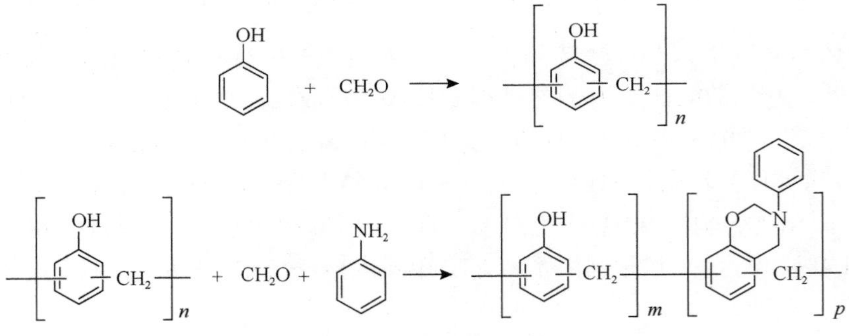

图 5.16　多元酚/苯胺型（酚醛型）苯并噁嗪（PF-a-x）的合成路线

多元酚/苯胺型（酚醛型）苯并噁嗪（PF-a-x）的固化行为显示，氨基与羟基的摩尔比为 0.2 和 0.4 的两个体系，固化放热曲线为双峰，分别为 182℃/229℃ 和 188℃/232℃，其中较低温度出现的峰为未闭环的酚羟基催化部分苯并噁嗪开环聚合的峰，较高温度出现的峰为剩余苯并噁嗪热开环聚合的峰，见表 5.5。随着苯胺加入量的增加，中间体的环化率提高，固化反应热焓增大，体系中未闭环的酚羟基含量减少，第一个峰减弱，两个峰逐渐变为一个峰，且峰值温度向高温移动，当氨基和羟基等当量时，固化放热峰值温度为 232℃。

表 5.5　**PF-a-*x* 非等温 DSC 数据**[22]

苯并噁嗪	T_g/℃	T_{onset}/℃	T_{peak}/℃	ΔH/(J/g)
PF-a-0.2	50	116	182/229	197
PF-a-0.4	47	136	188/232	227
PF-a-0.6	36	162	206	247
PF-a-0.8	23	185	218	262
PF-a-1.0	21	204	232	272

　　不同比例多元酚/苯胺型苯并噁嗪固化物 TGA 数据见表 5.6，该类聚合物具有较好的热稳定性和较高的残炭率，氮气氛围下，固化物失重 5% 的温度均在 350℃ 以上，最大热失重温度（T_{max}）均在 390℃ 和 490℃ 以上，800℃ 的残炭率在 50% 以上，poly（PF-a-0.6）体系最高，为 59%。

表 5.6　**多元酚/苯胺型苯并噁嗪（PF-a-*x*）固化物 TGA 数据**[22]

聚合物	$T_{5\%}$/℃	T_{max}/℃		800℃残炭率/%
poly（PF-a-0.2）	377	399	524	54
poly（PF-a-0.4）	375	407	514	57
poly（PF-a-0.6）	363	404	506	59
poly（PF-a-0.8）	350	391	492	58
poly（PF-a-1.0）	312	387	490	49

　　以 PF-a-*x* 为基体树脂制备玻璃布层压板，结果表明，poly（PF-a-0.8）体系 T_g 最高，为 237℃，弯曲强度和弯曲模量最大，分别为 597MPa 和 26.8GPa，如图 5.17 所示。

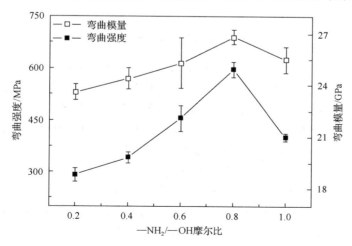

图 5.17　poly（PF-a-*x*）弯曲强度和弯曲模量变化趋势[22]

多元酚/苯胺型多环苯并噁嗪具有固化温度较低、加工性能良好、固化物力学及热性能高等优点，因此在耐高温电绝缘材料、机器零件等方面有着广阔的应用前景。

2. 含砜基多元酚/苯胺型苯并噁嗪

灵活的分子设计性是苯并噁嗪这类新型树脂的主要特点之一，将某些特殊基团引入苯并噁嗪结构，从而赋予树脂优异的性能已成为苯并噁嗪合成研究领域的重要内容。将具有强吸电性和刚性的砜基基团引入苯并噁嗪结构中，可以有效降低苯并噁嗪中间体的固化温度并赋予固化物良好的耐热性和热稳定性[23-25]。

含砜基双环苯并噁嗪的设计思路主要是将含砜基的二胺或者双酚与酚类、胺类及甲醛通过缩聚反应制备，合成路线如图 5.18 所示。由于 4,4′-二氨基二苯砜具有反应活性低、溶解性差的特点，并且在反应过程中能和甲醛形成稳定的三嗪环结构，因此苯酚/二氨基二苯砜型苯并噁嗪(PH-dds)的合成比常用二胺型苯并噁嗪的制备更困难[24]。随着人们对 PH-dds 合成工艺的不断研究探索，得出最佳优化合成工艺为：室温下，将 4,4′-二羟基二苯砜在甲苯、乙醇混合溶剂(体积比 1∶1)中溶解至透明，pH 调至 8～9，加入多聚甲醛和苯胺，60℃反应 1h，再升温至 80℃反应 5h 后得到环化率较高的 PH-dds。该方法工艺更简单，适合工业化应用[23]。

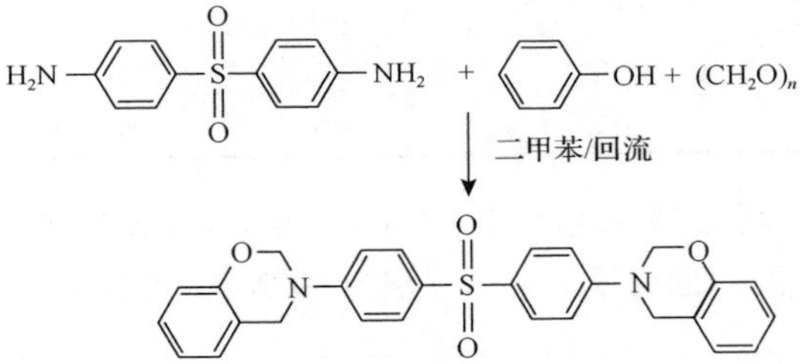

图 5.18　PH-dds 合成路线

双酚 S/苯胺型苯并噁嗪(BS-a)固化物具有优良的耐热性，其 T_g 为 203℃，5%和 10%热失重温度分别为 324℃和 368℃，800℃下残炭率为 58%。然而砜基基团在赋予苯并噁嗪优异性能的同时，也造成该类苯并噁嗪的合成产物熔点较高，给实际工业应用带来困难。采用 4,4′-二羟基二苯砜合成过程中的副产物[由 70%(质量分数)左右的 4,4′-二羟基二苯砜，20%(质量分数)左右的 2,2′-二羟基二苯砜和 2,4′-二羟基二苯砜的混合物，10%(质量分数)左右的三羟基三苯基二砜同分异构体和四羟基四苯基三砜等同分异构体组成的混合物]为原料，制备一种含砜基多元酚/苯胺型苯并噁嗪(MPH-a)树脂可以解决上述问题。多种含砜双酚组分的存在明显改善了树脂的溶解性和可加工性，并且砜基赋予固化物及复合材料优良的耐热性能、力学性能及阻燃性能，因此具有重要的工业应用价值[25,26]。含砜基多元酚/苯胺型苯并噁嗪合成路线如图 5.19 所示。树脂初始固化温度在 130℃左右，固化峰值温度为 215℃，反应热焓为 273J/g。而传统重结晶的双酚 S/苯胺型苯并噁嗪初始固化温度为 206℃，反应峰值温度 215℃，热焓为 325J/g。含砜基多元酚/苯胺型苯并噁嗪的初始固化温度大幅度降低，固化热焓也有所减少，有利于成型加工。分析原因为预聚体系中含有未闭环的酚羟基，因此对噁嗪环开环聚合有催化作用。该固化物也具有较高的热稳定性，5%和 10%热失重温度分别为 365.5℃和 406.4℃，800℃下固化物残炭率为 61.8%[23]。

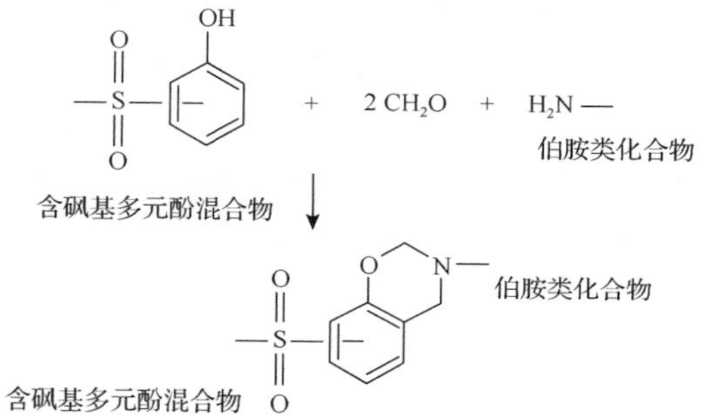

图 5.19　含砜基多元酚/苯胺型苯并噁嗪(MPH-a)的合成路线

鉴于含砜基多元酚/苯胺型苯并噁嗪树脂突出的综合性能，将其与环氧树脂 F-51(4∶1，质量比)或线型酚醛树脂(4∶1)的共混树脂制备了玻璃布层压板。DMA 测试层压板数据见表 5.7。由含砜基多元酚/苯胺型苯并噁嗪制备的玻璃布层压板具有良好的耐热性，T_g 为 219.9℃；加入 20%环氧树脂 F-51 后，共混树脂层压板的 T_g 升至 221℃；而 80% MPH-a 和 20%线型酚醛树脂共混体系层压板的 T_g 只有 188.2℃[25]。

表 5.7　含砜基多元酚/苯胺型苯并噁嗪层压板数据

层压板类型	$T_{peak}(E'')$/℃	UL-94 等级	弯曲强度/MPa	弯曲模量/GPa
MPH-a	219.9	V0	639.8	26.7
MPH-a /F-51(4∶1)	221.8	V1	653.5	26.0
MPH-a /Novolic(4∶1)	188.2	V0	797.8	31.3

该三类层压板弯曲测试结果表明，含砜基多元酚/苯胺型苯并噁嗪制备的玻璃布层压板具有高的弯曲模量(26.7GPa)和弯曲强度(639.8MPa)；在加入 20%的环氧树脂 F-51 后，共混体系层压板的弯曲模量降至 26.0GPa，而弯曲强度却升至 653.5MPa；而 80%的 MPH-a 和 20%的线型酚醛树脂共混制备的玻璃布层压板的弯曲模量和强度都有提高。阻燃性能结果表明，由含砜基多元酚/苯胺型苯并噁嗪制备的玻璃布层压板具有优良的阻燃性能，能达到 UL-94 V0 级；加入 20%阻燃性较差的环氧树脂 F-51 后，层压板的阻燃级别下降至 UL-94 V1 级；而加入 20%的线型酚醛树脂或与双酚 A/苯胺型苯并噁嗪以 1∶1 共混后，层压板的阻燃性仍

能达到 UL-94 V0 级[25]。

综上，由于含砜基多元酚/苯胺型苯并噁嗪优异的物理机械性能和耐热性、灵活的分子设计性、低的吸水率和固化过程中无收缩等特点，其在航空航天、电子电气、汽车及封装材料领域具有良好的应用前景。

3. 主链型多环苯并噁嗪

合成主链型多环苯并噁嗪（也称为主链型苯并噁嗪聚合物或主链型苯并噁嗪）是提高苯并噁嗪耐热性能的另一种途径，其结构中酚和胺均"原位"连接在聚合物结构中，因此，主链型苯并噁嗪热稳定性的优势在于聚合物结构中不存在悬挂苯胺或者苯酚的结构[27-29]。主链型苯并噁嗪具有如同热塑性树脂的溶解性和加工性能，通过热开环聚合得到更为致密的交联网络结构，从而具有较传统双环苯并噁嗪更好的力学强度、尺寸稳定性、耐热性和耐化学腐蚀性。主链型苯并噁嗪自 1995 年首次报道以来就成为研究重点之一[30]。主链型苯并噁嗪合成反应主要分为两类：基于 Mannich 缩聚反应和加成型链增长反应。

主链型苯并噁嗪的制备主要是基于 Mannich 缩聚反应，采用二胺、双酚、多聚甲醛按照摩尔比 1∶1∶4 制备，合成路线如图 5.20 所示。该反应受溶剂的影响较大，采用氯仿作为溶剂制备的苯并噁嗪预聚体 M_n 在 2200~2600，采用乙醇/甲苯混合溶剂，预聚体 M_n 可以高达 24000。该主链型苯并噁嗪的 T_g 介于 238~260℃ 之间，其 5% 和 10% 热失重温度分别为 220℃ 和 339℃，氮气氛围 800℃ 残炭率达到 47%[31]。与传统的双酚 A/苯胺型双环苯并噁嗪聚合物比较，其耐热性能有较为明显的提高。

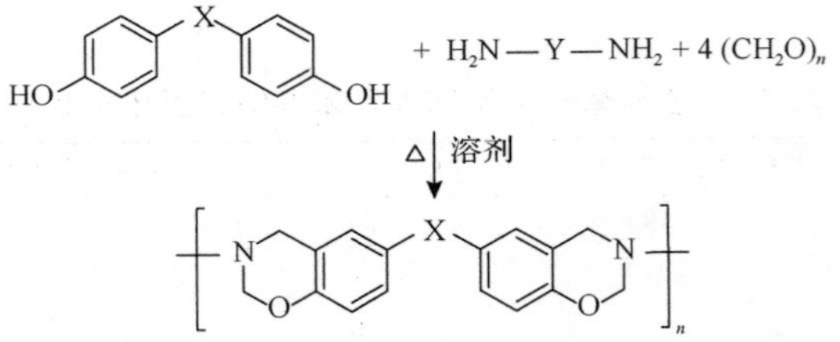

图 5.20   基于 Mannich 缩聚反应的主链型苯并噁嗪合成路线

除了溶剂影响外，原料中的二胺、双酚在溶剂中的溶解性也影响高分子量主链型苯并噁嗪的合成。若反应过程中副反应较多，产物分子量较低，热性能提高不明显。为了提高主链型苯并噁嗪分子量，众多研究在主链型苯并噁嗪单体中引入加成反应性官能团如乙烯基、炔丙基等，见表 5.8。其他基于官能化苯并噁嗪单体扩链反应制备主链型苯并噁嗪的方法包括：通过点击化学合成制备高分子量主链型苯并噁嗪，该方法具有高选择性、高产率等优点；采用 Diels-Alder 方法将呋喃、马来酰亚胺等官能团引入主链型苯并噁嗪结构中，聚合物耐热性能都有一定程度的提高。

表 5.8　主链型苯并噁嗪结构式及固化物残炭率[30]

主链型苯并噁嗪结构式	残炭率/%
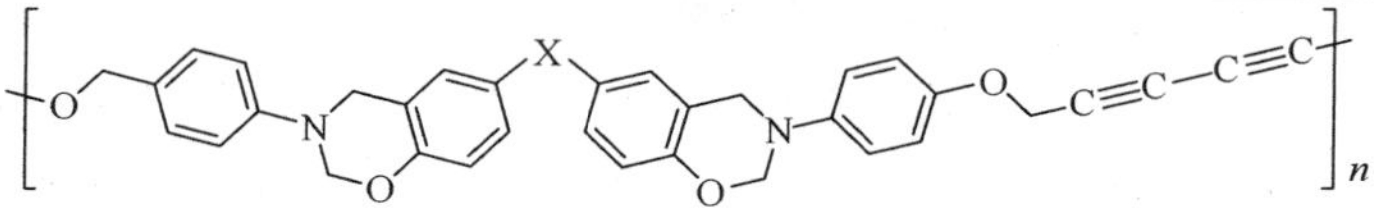	59~70
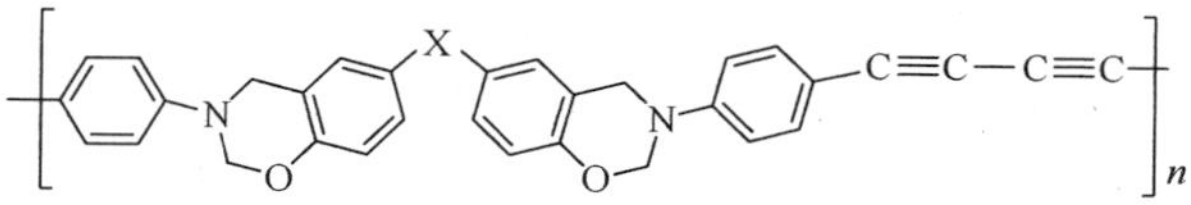	68~72
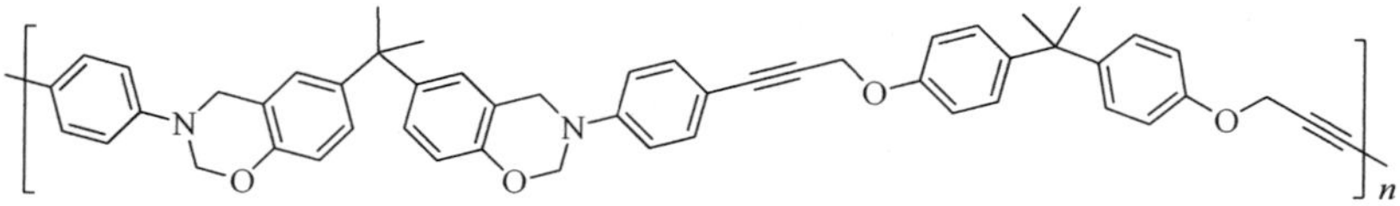	58
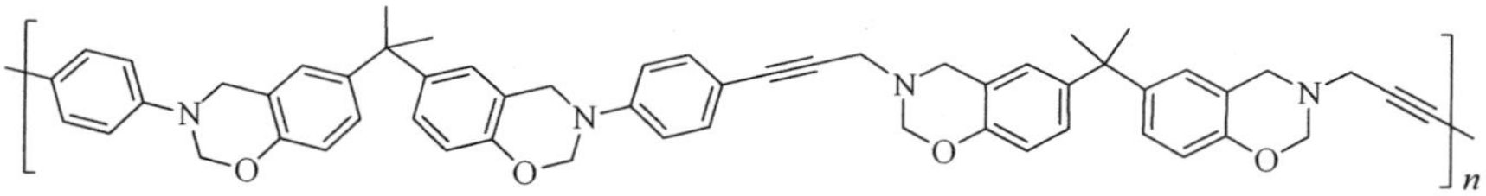	61
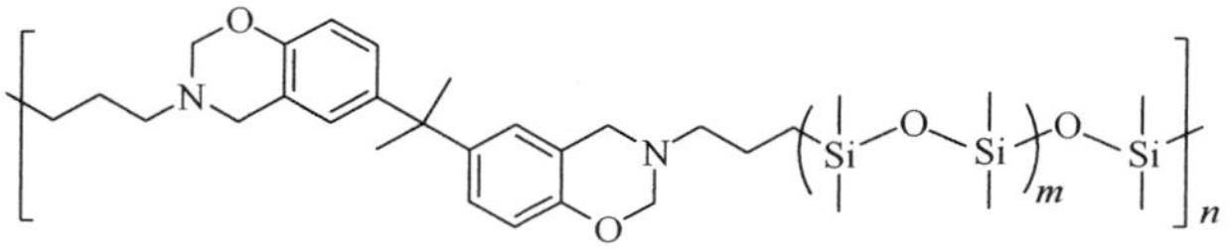	58

　　鉴于主链型苯并噁嗪兼具热固性树脂和热塑性树脂的优点，以及灵活的分子设计性、优异的耐热性能等特点，近年来已经成为苯并噁嗪研究的一个热点，但主链型苯并噁嗪合成过程比较复杂，大部分反应需要加入催化剂，合成条件较为苛刻，这也制约了主链型苯并噁嗪的应用发展，如何低成本、高效地制备主链型苯并噁嗪是研究工作的一个重要问题。

5.2　引入多种反应性官能团

　　向苯并噁嗪结构中引入反应性官能团是提高聚苯并噁嗪性能的一种有效方法，尤其是单环苯并噁嗪中引入反应性官能团后，由于苯并噁嗪单体分子量仍比较小，树脂仍保持低的黏度，因此树脂体系仍保持良好的加工性能；此外，树脂体系在固化过程中除了噁嗪环开环聚合交联以外，反应性基团聚合也会提供额外的交联点，聚苯并噁嗪的交联密度提高，聚合物表现出优异的耐热性能。

5.2.1　醛基官能化苯并噁嗪

　　醛基官能团是羰基中的一个共价键与氢原子相连而组成的一价原子团，醛基具有很高的活性，既易被还原为伯醇，又易被氧化为羧酸。将醛基引入苯并噁嗪中可以有效提高苯并噁嗪固化物的耐热性能，同时，醛基官能化苯并噁嗪还具有特殊的性能[32-37]。

醛基官能化单环苯并噁嗪(PHB-a)的合成路线如图 5.21 所示[33]。众所周知，传统苯并噁嗪单体的成环过程是氨基和酚羟基在甲醛存在下发生的 Mannich 缩合反应。以甲醛水溶液、胺源和酚源在溶剂甲苯或二氧六环中反应制备苯并噁嗪单体是最早使用也是工艺较为成熟的方法。而对于醛基官能化苯并噁嗪，其原料组成与合成其他苯并噁嗪的原料相比，有一个显著的不同之处：酚源上醛基容易与氨基发生 Mannich 反应从而影响噁嗪环的生成，因此研究探讨各反应原料的加料顺序及比例对于制备高环化率醛基官能化苯并噁嗪变得尤为关键。

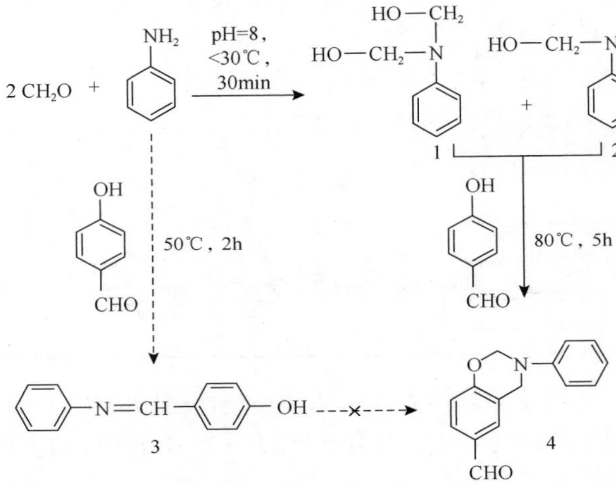

图 5.21　醛基官能化单环苯并噁嗪合成路线

基于上述合成思路，也可合成对醛基酚/二氨基二苯甲烷型苯并噁嗪，其合成路线如图 5.22 所示[34]。

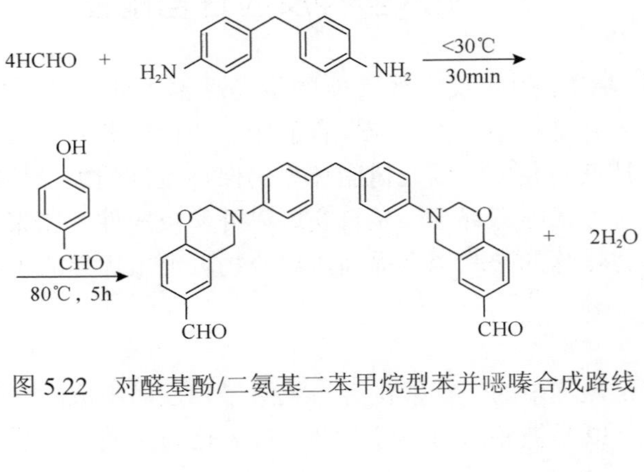

图 5.22　对醛基酚/二氨基二苯甲烷型苯并噁嗪合成路线

对应用于 RTM 工艺的基体树脂,需要满足注射黏度低、注射温度下有较长的适用期、凝胶时间长、放热峰低等要求。醛基官能化单环苯并噁嗪的固化起始温度和峰值温度分别为 185℃和 196℃,而绝大多数的苯并噁嗪单体(包括苯酚/苯胺单环型、双酚 A 双环型、二胺双环型等),其固化峰值温度都在 200℃以上,因此醛基官能化单环苯并噁嗪与传统苯并噁嗪相比,固化温度有较大的降低。与此同时,醛基官能化单环苯并噁嗪所具有的单环结构以及醛基作为取代基所产生的支化作用,使该单体具有较低的黏度,其黏度测试结果如图 5.23 所示。95℃下 PHB-a 的黏度在 300min 内始终在 50mPa·s 以下,变化不大。综上所述,醛基官能化单环苯并噁嗪能够满足 RTM 工艺,更有利于工业化应用[34]。

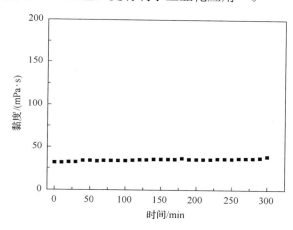

图 5.23　PHB-a 在 95℃恒温黏度曲线

PHB-a 固化过程中醛基参与的反应主要有两种:一种是醛基与噁嗪环打开后形成的 O$^-$ 离子作用形成 CO_2 而挥发,从而在酚羟基的对位产生新的交联点;另一种是醛基通过与酚羟基邻位发生亲电取代反应而接在酚羟基的邻位,醛基转化为醇羟基,而 Mannich 桥上的 C$^+$ 离子转而接在了苯胺的对位。两种机理都使整个体系的交联密度增加[33]。

采用多阶段升温 Py-GC/MS 联用测试方法(其计算方法与本书 4.4.2 节一致)对 PHB-a 固化物[poly(PHB-a)]的化学结构进一步分析。根据质谱的测试结果,结合醛基官能化苯并噁嗪的结构特点,其裂解产物分成以下 11 个小类(表 5.9):小分子气体、苯酚及其衍生物、苯胺及其衍生物、Mannich 碱类、Schiff 碱类、苯及其衍生物、联苯类、苯并呋喃类、异喹啉类、菲啶类、含羰基的二苯甲酮类[35]。

表 5.9   poly(PHB-a)多阶段升温 Py-GC/MS 联用测试结果

热解产物分类	化学结构
小分子气体	CO、CH₄、NH₃、H₂O

small molecule gases: CO、CH_4、NH_3、H_2O

热解产物分类	化学结构
小分子气体	CO、CH_4、NH_3、H_2O
苯酚及其衍生物	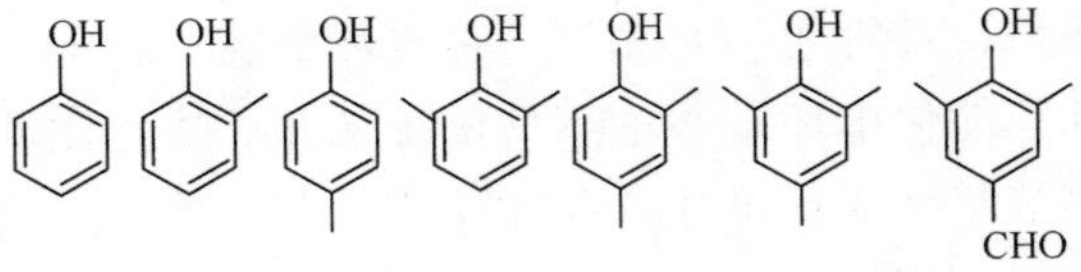
苯胺及其衍生物	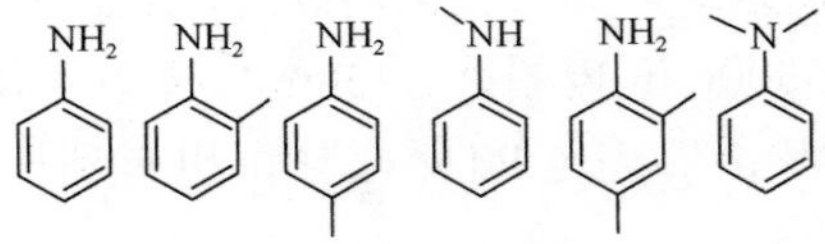
Mannich 碱类	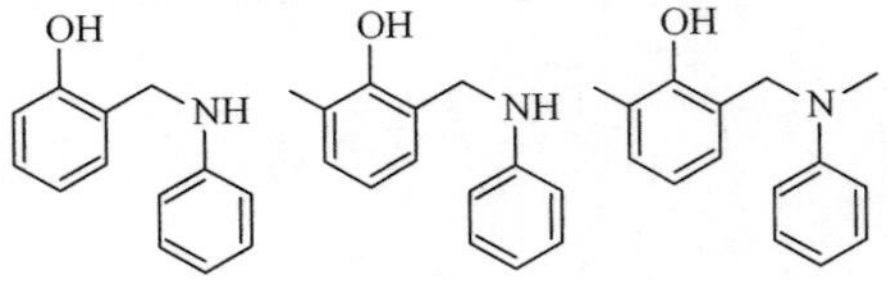 及异构体
Schiff 碱类	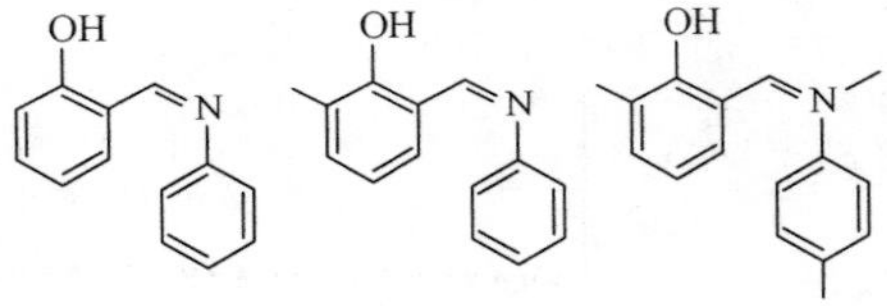 及异构体
苯及其衍生物	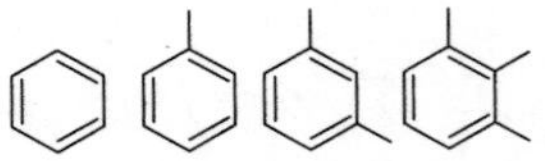
联苯类	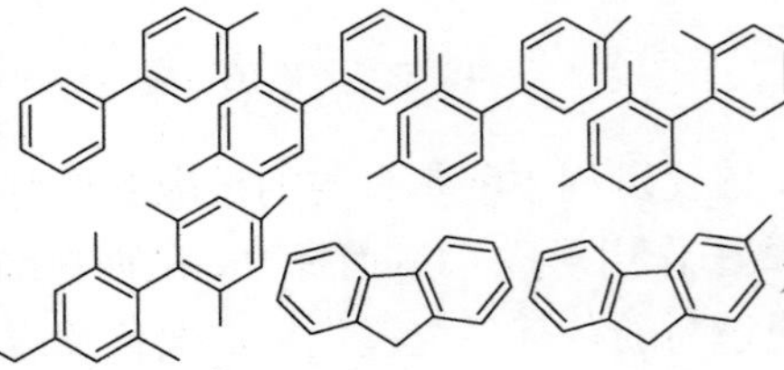 及异构体
苯并呋喃类	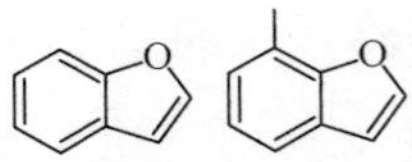
异喹啉类	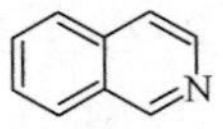
菲啶类	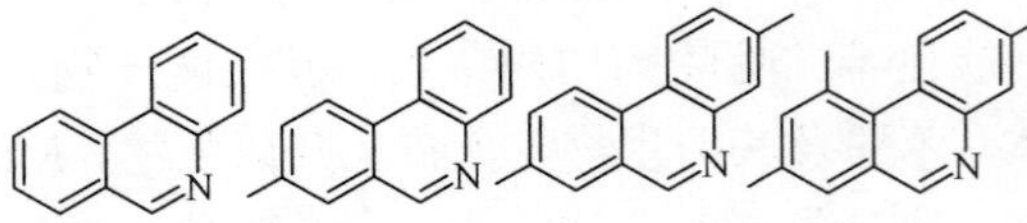 及异构体
含羰基的二苯甲酮类	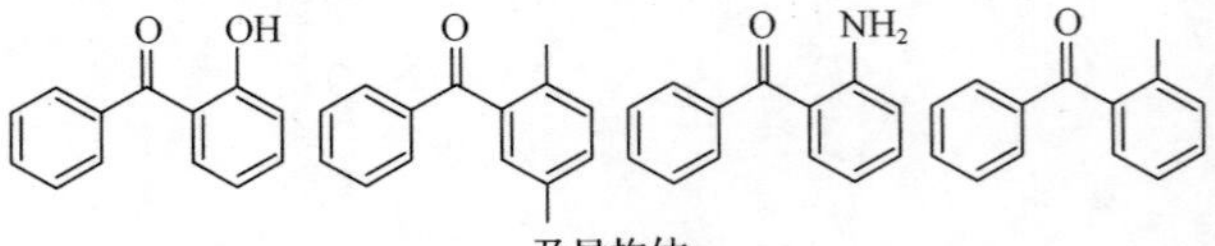 及异构体

poly（PHB-a）在不同温度下的热解结果见表 5.10。上述 11 种热解产物分成初级热解产物和二级热解产物，初级热解产物指交联结构首次裂解后形成的挥发物，二级热解产物是指在发生初级裂解的基础上，体系中的自由基发生再结合形成新结构，然后在更高温度下再裂解得到的挥发物。结果表明，树脂固化物的基本结构除了酚 Mannich 桥外，还存在醛基引起的含羰基的二苯甲酮特殊交联结构，这些额外的交联结构使得 poly（PHB-a）具有更高的热稳定性。热解过程中，酚Mannich 桥直接断裂释放苯酚及其衍生物、苯胺及其衍生物、Mannich 碱类等初级热解产物，这些物质和含有它们的聚合物碎片在更高的温度下发生进一步裂解或重新组合形成二级热解产物，保留在体相结构中的二级热解产物是最终成炭的关键。此外，那些含有羰基的二苯甲酮结构的链段，在高温下裂解释放一氧化碳，同时将固定住的酚源一并释放[35]。

表 5.10　poly（PHB-a）热解各温度段热解产物的组成及含量

热解产物		350℃		400℃		500℃		600℃		各物质释放总量占比/%
		绝对含量/%	相对含量	绝对含量/%	相对含量	绝对含量/%	相对含量	绝对含量/%	相对含量	
初级热解产物	小分子气体	2.41	9	4.36	28	2.08	28	22.03	143	6.91
	苯酚及其衍生物	3.9	15	9.71	63	32.44	435	27.55	179	24.59
	苯胺及其衍生物	75.11	292	77.49	504	48.91	655	4.83	31	47.17
	Mannich 碱类	0	0	0.79	5	2.25	30	0	0	1.17
	苯及其衍生物	0.22	1	0.79	5	2.51	34	14.98	97	4.54
二级热解产物	联苯类	0	0	2.45	16	1.13	15	2.32	15	1.53
	Schiff 碱类	5.43	21	0	0	0	0	0	0	0.68
	异喹啉类	0	0	0	0	0	0	0.56	4	0.12
	苯并呋喃类	0	0	0	0	1.44	19	10.92	71	2.99
	菲啶类	12.48	47	1.24	8	5.56	74	16.82	109	7.92
	含羰基的二苯甲酮类	0.5	2	3.17	21	3.68	49	0	0	2.38

基于 poly（PHB-a）热解的实验研究，从热解的角度对 poly（PHB-a）的交联结构进行了推测，如图 5.24 所示。poly（PHB-a）最基本的结构是 Mannich 桥，它的断裂以及与它相关的初级、二级热解产物的形成是聚苯并噁嗪的共同特征。poly（PHB-a）结构中还存在含有羟甲基以及羧基的酚结构，这些结构是醛基固化过程中被氧化或被还原得到的。另外，在 Py-GC/MS 的测试中，仍可以检测到含有醛基酚源的释放，说明 poly（PHB-a）中仍有未参与任何反应的醛基。除此之外，体系还存在含有羰基二苯甲酮的特殊交联结构，其形成与 poly（PHB-a）树脂组分中醛基的反应有关。部分氧化后的羧基高温时发生脱羧反应，在酚羟基对位形成

活性位点，而没有发生脱羧的羧基与酚羟基邻位以及上述酚羟基对位的活性位点发生脱水缩合，形成二苯甲酮结构。这部分脱羧以及脱水反应可能是 poly（PHB-a）在 TGA 测试中 310℃失重的主要原因[36]。

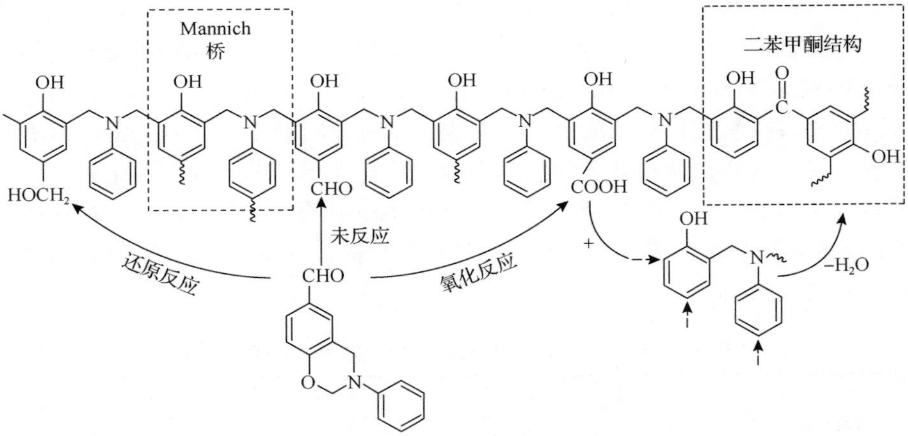

图 5.24   醛基官能化苯并噁嗪固化物结构

综上，尽管醛基官能化苯并噁嗪具有低于传统苯并噁嗪的固化反应放热量和固化温度，同时具有固化过程中由醛基反应形成的特殊结构，但由于固化过程释放小分子气体，这限制了该单体的工业化应用。将醛基官能化单环苯并噁嗪与二胺型双环苯并噁嗪按一定比例共混，可以制备一种新型满足 RTM 工艺的高性能树脂（BBAB）。该树脂具有较低的固化温度，固化起始温度为 195℃，峰值温度为 213℃；90℃、5h 内，黏度从初始的 230mPa·s 仅增加到 340mPa·s，这使得 BBAB 具有较好的加工窗口，为使用 RTM 工艺注射较大的制品提供了可能。该树脂固化物也表现出优异的力学性能及耐热性能，见表 5.11。浇铸体的拉伸和弯曲模量分别高达 5.3GPa 和 5.2GPa，T_g 高达 225℃，氮气氛围 800℃残炭率高达 68.4%。该固化物也表现出优异的阻燃性能，阻燃等级达到 UL-94 V0 级[37]。

表 5.11   BBAB 固化树脂的主要性能

树脂	拉伸模量/GPa	弯曲模量/GPa	T_g/℃	800℃残炭率	阻燃等级
BBAB	5.3	5.2	225	68.4%	UL-94 V0

醛基官能化苯并噁嗪具有较为优异的加工性能及高的耐热性能等优点。虽然醛基在固化过程中伴随小分子物质释放，但是通过与其他种类苯并噁嗪树脂或其他类型热固性树脂共混共聚，可以进一步明显调控加工性和综合性能，从而获得更广泛的应用。

5.2.2　炔基官能化苯并噁嗪

炔基官能团由碳碳三键组成，在加热或催化剂作用下容易发生聚合生成聚烯烃或三聚环等刚性结构。加热条件下，在炔基官能化苯并噁嗪单体中，除了噁嗪环开环聚合以外，炔基同时参与聚合交联反应，固化物交联密度显著提高，固化物表现出优异的耐热性能及热稳定性，这使得树脂有望作为耐烧蚀材料应用[38-45]。

20 世纪 90 年代，炔基官能化苯并噁嗪(PH-apa)首次被报道[41]，该类单体在 190℃热聚合制成固化物薄膜。研究结果显示，该类聚合物表现出极其优异的高温热稳定性。氮气氛围下，传统双酚 A 型苯并噁嗪固化物 800℃残炭率为 32%，而将乙炔基引入该单体以后，固化物残炭率高达 81%。炔基官能化苯并噁嗪(PH-apa)的合成工艺研究表明：该合成反应的副产物是三嗪类不溶(不熔)的白色物质，无溶剂法能够高效制备炔基官能化单环苯并噁嗪，单体收率为 70%~72%；溶剂法采用三嗪路线无法制备炔基官能化苯并噁嗪，而伯胺路线在二氧六环、甲苯、对二甲苯溶剂中均可制备较高纯度的炔基官能化苯并噁嗪，收率达到 96% 以上；溶剂极性降低，反应温度适当升高，有利于苯并噁嗪的生成，其合成路线如图 5.25 所示[40]。PH-apa 具有极低的黏度，50℃起始黏度为 96cP(1cP=10^{-3}Pa·s)，4h 后黏度为 105cP。将其作为改性剂与二胺/苯酚型双环苯并噁嗪混合进行共聚反应，当两者摩尔比 1∶1 时，该共混树脂 90℃时起始黏度为 130cP，4h 后黏度也仅为 188cP。PH-apa 树脂固化物的 T_g 为 252℃，氮气氛围下 800℃残炭率达 71%，质量烧蚀率为 0.0283g/s，该树脂是一种较理想的适用于 RTM 工艺的高性能耐烧蚀基体树脂[42]。

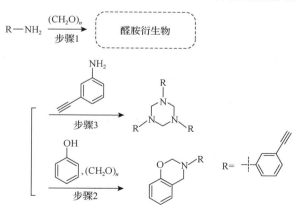

图 5.25　伯胺路线制备炔基官能化单环苯并噁嗪

为追求更高的耐热性能，研究者[43]通过铜催化偶联反应合成了含共轭二乙炔基双环苯并噁嗪(CoPH-apa)单体，合成路线如图 5.26 中路线 1 所示，对于合成路线 1，在间氨基苯乙炔偶合反应过程中，氨基的存在对催化剂有一定的影响，而且偶合产物产率低、溶解性较差，因而该方法不适用于苯并噁嗪单体的合成。研究者又对 CoPH-apa 单体合成路线进行了优化，如图 5.26 中路线 2 所示，单体产率明显提高。

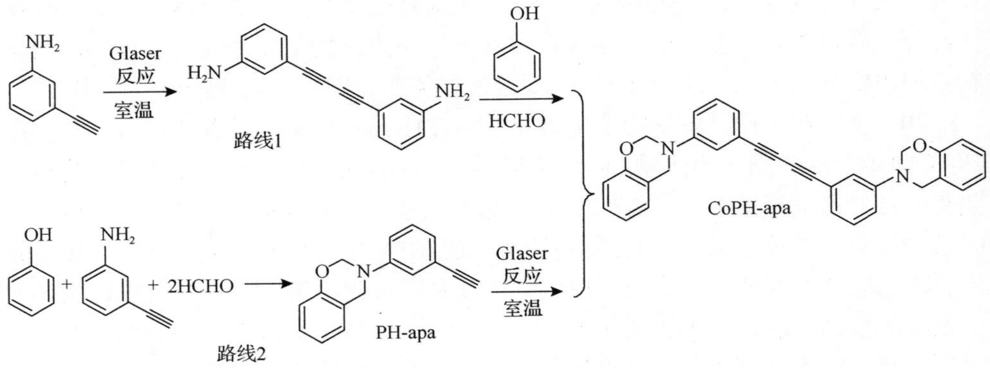

图 5.26   含共轭二乙炔基的双环苯并噁嗪 (CoPH-apa) 的合成路线

由于共轭炔基存在三聚成环反应、相邻炔基之间的加成反应或 Diels-Alder 反应等多种反应，这使得聚合物 poly (CoPH-apa) 体系芳构化程度更高，固化物的交联密度进一步提高。poly (CoPH-apa) 的 $T_g(E'')$ 高达 412℃，氮气氛围下 800℃ 残炭率达到了 75.6%。

将柔性醚键引入炔基官能化苯并噁嗪，可以改善树脂的加工性能，从而制得低黏度苯并噁嗪。与不含炔丙醚的苯并噁嗪单体相比，炔丙醚/苯酚型苯并噁嗪和炔丙醚/双酚 A 型苯并噁嗪的 T_g 分别提高了 100℃ 和 140℃，氮气氛围下 800℃ 残炭率分别为从 44% 提高到 66% 和从 32% 提高到 61%。将炔丙醚型苯并噁嗪改性含硅芳炔树脂，制得的改性芳炔树脂具有宽的加工窗口，110℃、5h 内黏度变化量仅为 40mPa·s。经石英纤维布增强后的复合材料弯曲强度提高至 316MPa (RTM 成型)，未改性含硅芳炔复合材料仅 197MPa (RTM 成型)[46]。

研究者发现该类单体直接在高温 (如 190℃) 固化时，其固化物 800℃ 的残炭率均能超过 70%，PH-apa 的 DSC 曲线如图 5.27 曲线 a 所示。PH-apa 的 DSC 曲线为单一放热峰，意味着炔基聚合反应放热与噁嗪环开环聚合反应放热同时进行，且固化热熔也较高，达到 879J/g，但固化过程中由于炔基聚合反应伴随着剧烈放热，容易造成暴聚现象，难以成型。而将该单体通过逐步升温的阶段固化方式固化时，反应平缓，可制得完整的树脂浇铸体，但该固化物的残炭率大幅度下降，氮气氛围下 800℃ 残炭率仅为 54%，不能作为耐烧蚀树脂获得应用。如何在保证炔基官能化苯并噁嗪优异耐热性的同时，有效控制炔基官能化苯并噁嗪固化反应放热成为研究的重要内容[44]。

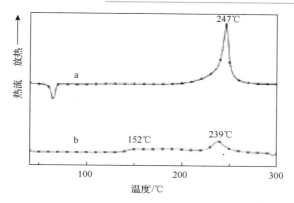

图 5.27　PH-apa(a)、pre-PH-apa(b)的 DSC 曲线

　　引入咪唑、己二酸等催化剂均能降低炔基官能化苯并噁嗪的开环反应温度，采用这类方法可以将炔基聚合反应放热与噁嗪环开环聚合反应放热分开，达到平缓固化反应的目的。当加入己二酸或咪唑催化剂后，噁嗪环开环固化峰值温度分别降低至 110℃、177℃，炔基聚合反应峰值温度约为 230℃。虽然该方法可以降低炔基官能化苯并噁嗪的固化反应温度，但这些催化剂却使得单体固化反应热焓升高。金属催化剂可以有效催化炔基进行偶联反应，促使炔基芳构化，实现炔基在聚合反应时放热平缓可控[45]。一种调控炔基官能化苯并噁嗪固化反应的设计如图 5.28 所示。采用金属催化剂，首先使炔基官能化单环苯并噁嗪单体中的部分炔基在较低温度下发生催化预聚反应，释放出部分反应热，然后将预聚体进行阶段升温固化。催化预聚后的炔基苯并噁嗪(pre-PH-apa)DSC 曲线如图 5.27 曲线 b 所示，预聚体固化反应放热峰分别为 152℃(炔基聚合反应)、239℃(噁嗪环开环聚合反应)，预聚体剩余热焓降低至 555J/g[44]。

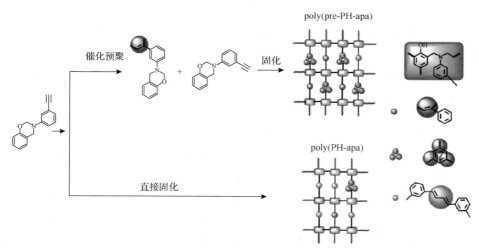

图 5.28　炔基官能化苯并噁嗪催化预聚反应

　　分析比较炔基官能化苯并噁嗪催化预聚固化物 poly(pre-PH-apa) 与未催化预聚炔基官能化苯并噁嗪固化物 poly(PH-apa) 热稳定性差异，如图 5.29 所示。氮气氛围，前者 800℃ 残炭率为 65%，而后者仅为 54%。上述结果表明，poly(pre-PH-apa) 中炔基预聚交联反应可能生成热稳定性更高的结构，因此可以有效地阻止聚合物热解。

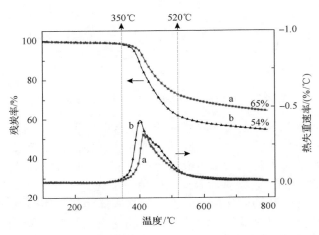

图 5.29　poly(pre-PH-apa)(a)、poly(PH-apa)(b) 的 TGA 曲线

　　对两种固化物的力学性能测试表明：poly(pre-PH-apa) 的弯曲强度较 poly(PH-apa) 有明显提高，从 77.5MPa 提升至 110.2MPa，弯曲模量从 4.82GPa 提高到 5.04GPa，poly(pre-PH-apa) 具有更高的刚性，即催化预聚及后续反应基团固化反应顺序调控能够显著提高炔基环化率，进一步提高聚合物交联密度，从而使其表现出更加优异的耐热性[45]。

　　综上，炔基官能化苯并噁嗪具有优异的耐热性能，是一种理想的耐烧蚀树脂。但炔基官能团活性高，聚合反应放热剧烈，容易发生暴聚现象，因此如何更有效地调控炔基官能化苯并噁嗪的固化反应放热，改善其加工性能及进一步提高固化物残炭率对拓展炔基官能化苯并噁嗪应用具有重要的意义。

5.2.3　醛基、炔基双官能化苯并噁嗪

　　随着新型加工成型技术(RTM 工艺)的发展，人们不再满足于从单方面提高树脂的性能，如为了提高聚苯并噁嗪的耐热性能，设计制备分子量较大的苯并噁嗪单体等，人们期望能够制备具有低黏度、满足 RTM 成型工艺的高性能树脂[45,47-51]。在单环苯并噁嗪结构中引入反应性官能团可以有效提高树脂的性能，实现其高性能化，即在苯并噁嗪的酚源、胺源中分别引入反应性官能团也可以有效提高固化

物的热稳定性。一系列多官能团单环苯并噁嗪如马来酰亚胺/炔丙醚[48]、马来酰亚胺/炔基[49]、氰基/烯丙基官能化苯并噁嗪被设计制备[50]，见表 5.12。由于官能团的聚合交联为聚合物提供额外交联点，聚合物耐热性能提高，聚合物的残炭率普遍在 60%左右。

表 5.12　几种多官能团单环苯并噁嗪的结构式及固化物残炭率

多官能团单环苯并噁嗪	残炭率(800℃)/%
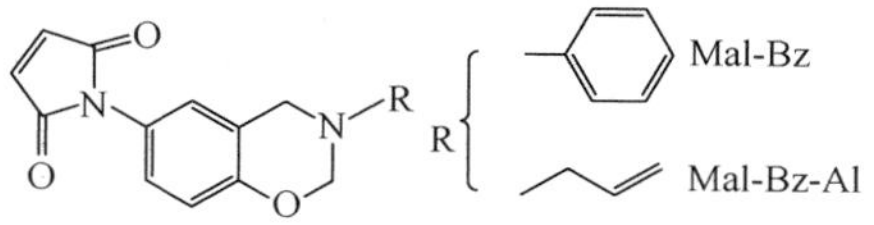 Mal-Bz　Mal-Bz-Al	>70
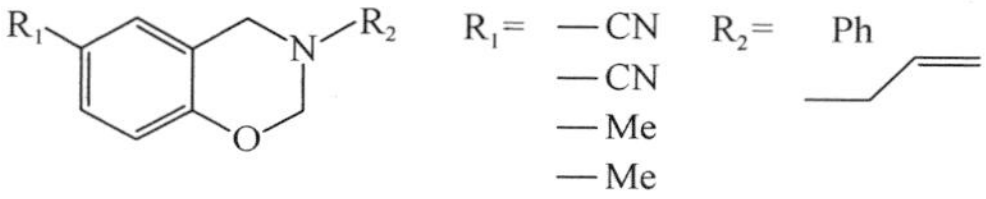 R₁= —CN —CN —Me —Me　R₂= Ph	>60
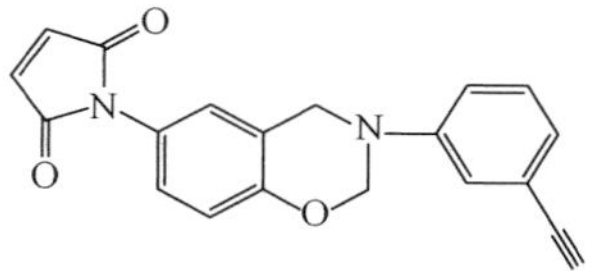 (马来酰亚胺/炔基苯结构)	61
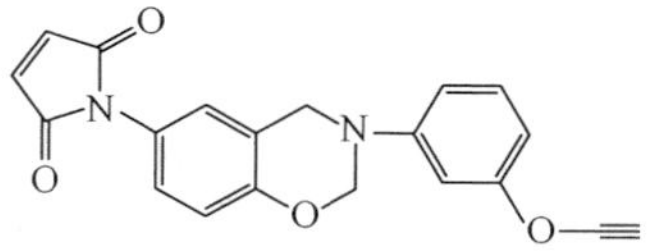 (马来酰亚胺/炔氧基苯结构)	57

总结近年来报道的多官能团单环苯并噁嗪，尽管苯并噁嗪单体中反应性官能团数目有所增加，但多数增加的反应官能团之间不存在相互反应，官能团的自交联反应会使得体系的黏度升高，进而抑制另一种官能团的反应，固化物热稳定性并没有明显提高。基于此，研究者通过设计具有协同聚合作用的多官能团苯并噁嗪，能够更有效地提升聚合物的综合性能，进而有效地提高聚苯并噁嗪的耐热性。

在胺源上引入炔基官能团能有效提高固化物耐热性能，如果想进一步提高树脂性能，单纯再引入传统反应性官能团并不可行。醛基固化反应较为特殊，其在固化过程中主要发生氧化脱羧反应并提供活性位点，对噁嗪环的交联起到协同交联作用。基于这一思想，在炔基官能化苯并噁嗪单体基础上，在酚源上引入醛基官能团，研究者[51]设计合成了一种新型的双官能团单环苯并噁嗪：醛基/炔基官能化单环苯并噁嗪单体(PHB-apa)，其合成路线如图 5.30 所示。与制备醛基官能化单环苯并噁嗪类似，由于酚源上含有醛基官能团，直接采用一步法制备该单体存在副产物多、噁嗪环环化率低的问题。因此首先使多聚甲醛与伯胺化合物在弱碱性环境下 80℃充分反应 2h，再加入酚源(对羟基苯甲醛)80℃充分反应 3h 后得到醛基/炔基官能化单环苯并噁嗪单体。

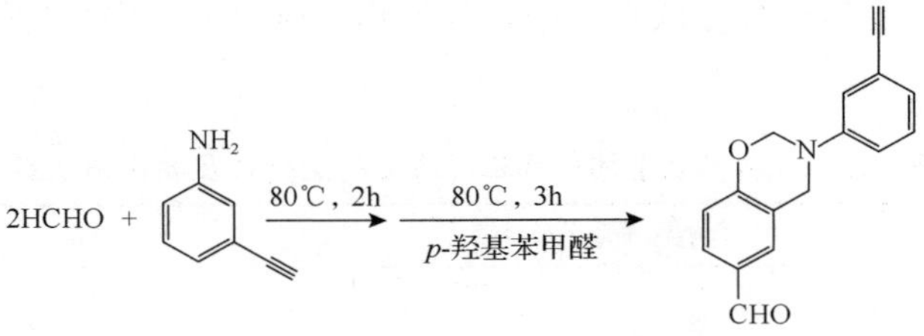

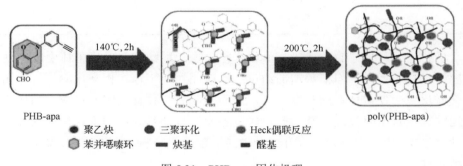

图 5.30　醛基/炔基官能化单环苯并噁嗪(PHB-apa)合成路线

PHB-apa 固化行为显示，由于醛基吸电子效应，该单体的固化反应峰值温度相较于炔基官能化单环苯并噁嗪降低了约 20℃，固化反应热焓也降低了约 24kJ/mol，因此 PHB-apa 表现出更加优异的加工性能。PHB-apa 固化机理研究结果显示，首先醛基固化过程中氧化为羧基，会进一步促进噁嗪环开环，羧基最后脱水或者脱 CO_2 形成二苯甲酮或者形成新的活性位点连入交联体系。随着固化温度的进一步升高，炔基聚合形成聚乙炔或者三聚环结构，此外，羧基与聚乙炔存在潜在的脱羧偶联反应，最终固化物形成高交联密度的三维交联网络结构[35]，其固化机理如图 5.31 所示。

图 5.31　PHB-apa 固化机理

基于该单体存在特殊的官能团协同作用，醛基/炔基官能化单环苯并噁嗪固化物表现出极其优异的耐热性能。结果显示，醛基/炔基官能化单环苯并噁嗪固化物 poly(PHB-apa) 具有高的交联密度，相较于炔基官能化苯并噁嗪固化物 [poly(PH-apa)]，poly(PHB-apa) 的 $T_g(E'')$ 高了约 80℃，达到 459℃，其耐热性能可媲美聚酰亚胺、聚苯并咪唑等特种工程塑料，该数值也是文献中报道苯并噁嗪以来给出的最高值。对其热稳定性的研究结果显示，聚合物交联结构的热稳定性能优异。氮气氛围下，800℃时的残炭率达 77.2%(图 5.32)[51]。

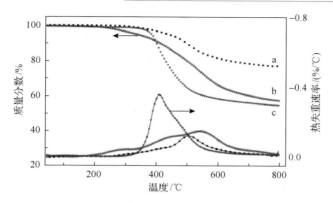

图 5.32　poly(PHB-apa)(a)、poly(PHB-a)(b)、poly(PH-apa)(c)在氮气氛围中的 TGA 曲线

　　醛基/炔基官能化苯并噁嗪具有优异的耐热性能，也是一种理想的耐烧蚀树脂。未来进一步提高醛基/炔基官能化苯并噁嗪性能的方法主要有：从分子设计角度，设计制备不同比例醛基/炔基单环苯并噁嗪，制备满足加工成型的高性能的多官能团苯并噁嗪；从共聚的角度，深入研究醛基/炔基官能化苯并噁嗪与其他高性能树脂之间的作用机理，进而制备高性能树脂。

5.2.4　氰基官能化苯并噁嗪

　　腈是一类含有机基团氰基(—CN)的有机物，氰基中碳原子和氮原子通过叁键相连接。这一叁键给予氰基相当高的稳定性，使之在通常的化学反应中都以一个整体存在。但是，在高温下单氰基可发生加成聚合反应，生成耐热性能优异的三嗪环结构，且反应过程中无小分子物质释放。因而，将氰基作为反应性官能团引入苯并噁嗪结构中可以有效提高聚合物的耐热性能。文献中有大量关于氰基官能化苯并噁嗪的研究报道[52-61]，图 5.33 是部分单氰基官能化苯并噁嗪结构式。为进一步降低氰基官能化苯并噁嗪的制备成本，中国专利《含氰基的苯并噁嗪中间体及其树脂》中[53]，提出使用价格相对低廉的对羟基苯甲腈作为酚源，与不同的胺反应制备出多种氰基官能化苯并噁嗪。

　　氰基官能化苯并噁嗪的合成方法主要有三种：熔融法、溶液法、水杨醛法[56]。以苯酚/间氨基苯甲腈型苯并噁嗪(BN-t)为研究对象，分析比较合成方法对该单体纯度、结构与性能的影响。研究表明，使用水杨醛法得到的单体纯度最高，固化放热峰值温度为 265℃，热焓为 403J/g；180℃下的凝胶化时间最长达到 9010s。此外，单体的纯度越高，相应聚合物的热稳定性能越优异，poly(BN-t)的 5%热失重温度为 320℃，残炭率为 58.9%，玻璃化转变温度为 199℃。取代基电子效应对氰基官能化苯并噁嗪的结构与性能也有影响，以对甲酚、对羟基苯甲腈和对羟基苯甲醛分别与间氨基苯甲腈反应制备了相应的苯并噁嗪，分别简称为 *pCR-mabn*、*pPHN-mabn* 和

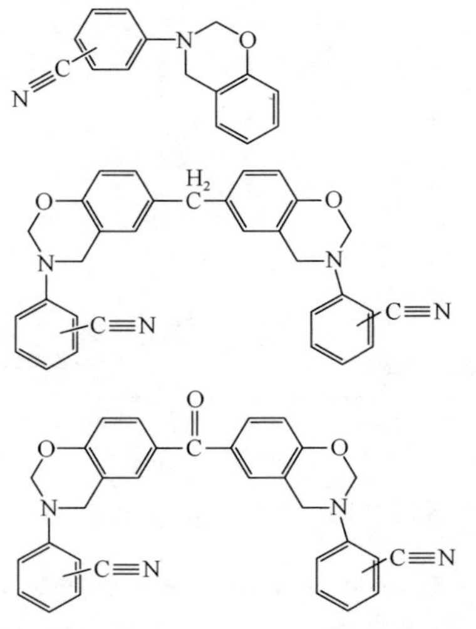

图 5.33　部分单氰基官能化苯并噁嗪结构式

氰基官能团取代位置可在邻位、间位、对位

*p*PHA-*m*abn，其结构式如图 5.34 所示。相关研究结果表明，对位供电子基团甲基的引入使得氰基官能化苯并噁嗪的固化放热峰移向高温(281.9℃)，而酚源对位引入吸电子基团氰基或者醛基，都能够使苯并噁嗪的固化放热峰值温度降低。对位含供电子甲基的含甲基苯并噁嗪固化物热稳定性最差，氮气氛围的 800℃残炭率为 42.6%。酚源对位引入氰基和醛基苯并噁嗪的聚合物的残炭率较高，分别可达 60.2%和 67.3%[57]。

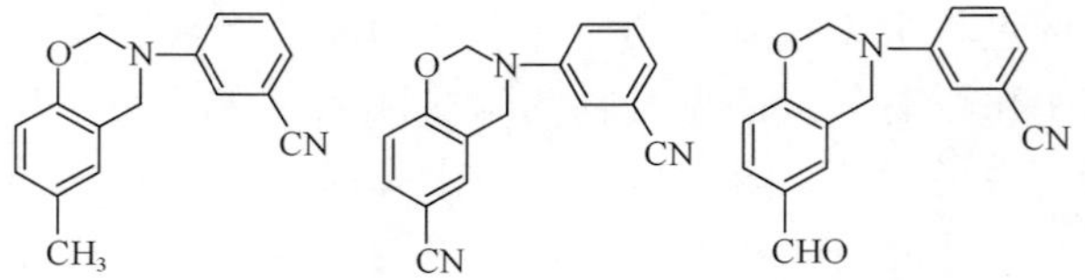

*p*CR-*m*abn　　　　　*p*PHN-*m*abn　　　　　*p*PHA-*m*abn

图 5.34　含氰基苯并噁嗪结构式

虽然氰基引入提高了聚苯并噁嗪的耐热性能，但氰基的反应一般要求比较苛刻，通常需要在 300℃以上长时间固化。促进反应的一个简便有效的方法是外加催化剂。FeCl$_3$ 可以有效催化氰基反应，并且对提高聚合物的残炭率的效果最为显著，使用 FeCl$_3$ 催化氰基/马来酰亚胺官能化苯并噁嗪高温聚合，固化物 800℃氮气氛围中的残炭率可以从 63%提高至 73%[57]。

为了改善含氰基苯并噁嗪的加工性能，研究者从分子设计角度出发，将含单氰基的胺作为胺源，进一步与苯酚和甲醛反应制备得到了含氰基苯并噁嗪(PH-apbn)[55]，如图 5.35 所示。研究结果表明，其固化放热峰值温度为 220℃，最

终聚合物的热稳定性能与固化时间密切相关,与260℃固化2h的样品比较,在260℃
固化6h后,聚合物失重5%的温度提高近50℃,800℃的残炭率也由59%提高至70%。

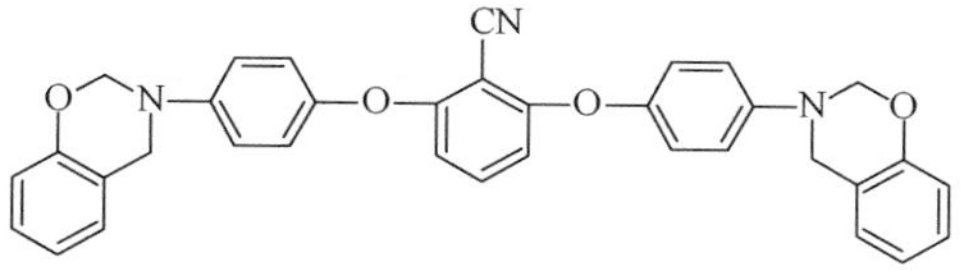

图 5.35　氰基官能化苯并噁嗪(PH-apbn)结构式

　　将邻苯二甲腈结构引入苯并噁嗪单体中能够有效地提高聚合物的耐热性
能[58,62-64]。表 5.13 列出了三种含邻苯二甲腈结构苯并噁嗪单体的化学结构及相关
的热稳定性数据。对应聚合物均表现出优异的耐热性能,$T_{10\%}$高于 505℃,氮气氛
围下 800℃残炭率能达到 73%以上。

表 5.13　几种含邻苯二甲腈苯并噁嗪单体的结构及对应聚合物热稳定性数据

单体结构	$T_{10\%}$/℃	800℃残炭率/%
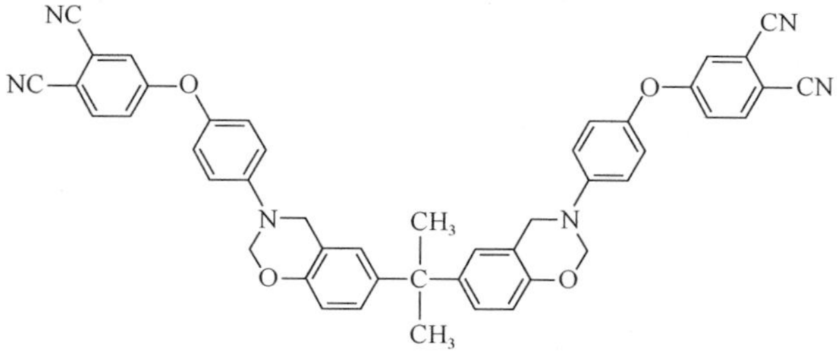	505	73
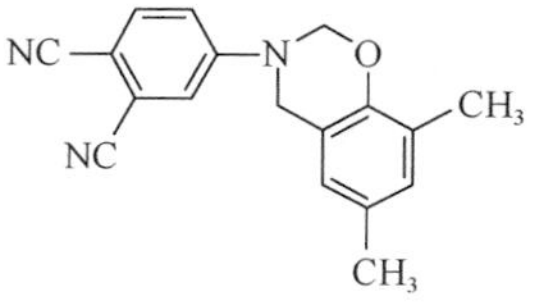	505	73
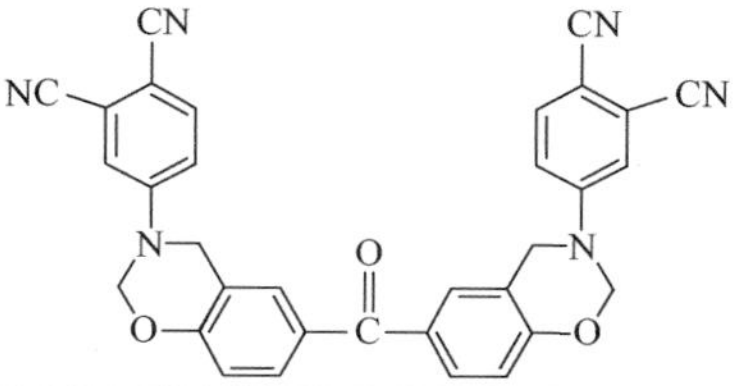	596	80

　　将邻苯二甲腈/双酚型苯并噁嗪(BAN-a)为树脂基体制备的玻璃纤维增强复
合材料表现出良好的力学和耐热性能,其弯曲强度达到 580MPa,模量达 31GPa。
将磁性杂化微球引入 BAN-a 树脂体系中,可以实现对树脂基复合材料的官能化,
得到一种在 0~18GHz 频率范围内具有较好电磁吸收强度(25dB)的电磁材料。同

时，官能化复合材料体系表现出较好的弯曲强度（58～71MPa）和模量（3.6～4.2GPa），以及优异的耐热性（$T_{5\%}$＞420℃）[58]。

综上，关于氰基官能化苯并噁嗪的研究主要集中于如何有效降低单体固化反应温度、提高氰基反应程度及提高固化物残炭率等方面，目前已经取得一定成绩；但树脂固化温度仍然较高，采用催化剂催化氰基聚合，催化剂也对噁嗪环开环有影响，从而导致树脂黏度增长过快，氰基聚合反应仍然受限。未来进一步降低单体固化温度、提高氰基反应程度是研究工作的重点，也是难点。

5.2.5　烯丙基官能化苯并噁嗪

烯丙基既可以来源于酚源，也可以来源于胺源，将其引入苯并噁嗪中，单体的分子结构中含有烯丙基双键和噁嗪环两类不同的反应官能团，既可作为高性能树脂基体，又可作为其他高性能树脂基体的改性剂，在实际应用中可以用来增韧双马来酰亚胺，聚合后可降低交联密度，并保持双马来酰亚胺树脂的耐热性[65-68]。

四川大学首次用悬浮法工艺制备了含二烯丙基型双环苯并噁嗪中间体，其噁嗪环固化反应放热峰值温度为265℃，烯丙基的聚合放热峰值温度为348℃。随后研究者以2-烯丙基苯酚、甲醛、苯胺为原料，研究不同溶剂对含烯丙基苯并噁嗪的影响。结果发现，溶剂极性越小越有利于含烯丙基苯并噁嗪的成环[68]。

将烯丙基引入酚源或胺源结构中赋予含烯丙基苯并噁嗪不同性能。烯丙基胺作为胺源合成苯并噁嗪的研究表明，由于烯丙基中富电子的 C＝C 双键稳定了阳离子，进一步促进了噁嗪环的开环。以烯丙基酚为酚源、二氨基二苯甲烷为胺源制备的含二烯丙基型双环苯并噁嗪（BAB-ddm）具有良好的溶解性，其合成路线如图 5.36 所示[67]。对其固化反应和耐热性能进行研究，结果表明，该单体固化过程中有两个放热峰，噁嗪环的开环聚合反应先于烯丙基双键的加成反应，其中噁嗪环开环聚合发生在 259℃，烯丙基聚合反应发生在 336℃。为降低烯丙基官能化苯并噁嗪的固化温度，向该单体中引入自由基引发剂过氧化二异丙苯（DCP）后，烯丙基聚合峰值温度降低至 180℃；而引入线型酚醛树脂后，噁嗪环开环聚合峰值温度降低至 195℃。

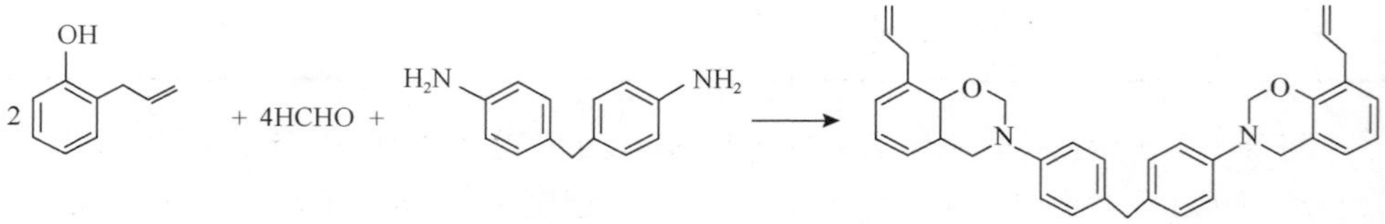

图 5.36　含二烯丙基型双环苯并噁嗪（BAB-ddm）合成路线

为进一步提高烯丙基官能化苯并噁嗪的热性能，研究者采用溶液法制备了双酚 S/烯丙基胺型双环苯并噁嗪(BS-aa)，其结构式如图 5.37 所示。固化物的 T_g(tan δ) 为 254℃，氮气氛围下 10%热失重温度为 361℃，800℃残炭率为 58%(表 5.14)。将 BS-aa 单体与 E44 环氧树脂共混制备碳纤维布层压板，随着 E44 环氧树脂含量增加，共混树脂的固化反应峰值温度向高温移动，复合材料 T_g 降低，双酚 S/烯丙基胺型双环苯并噁嗪：环氧树脂质量比为 7∶3 时，复合材料 T_g 为 239℃[69]。

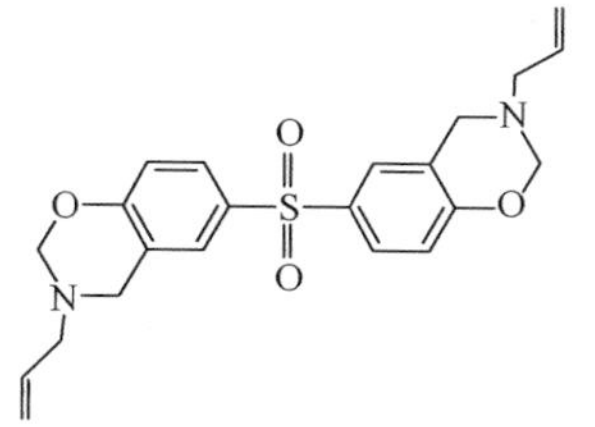

图 5.37 双酚 S/烯丙基胺型双环苯并噁嗪结构式

表 5.14 烯丙基官能化苯并噁嗪固化物的热性能数据[65-69]

单体结构	T_g(tan δ)/℃	800℃残炭率/%	$T_{5\%}$/℃
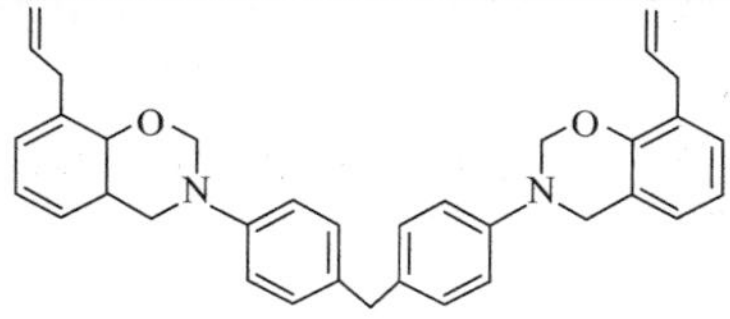	140	33	290
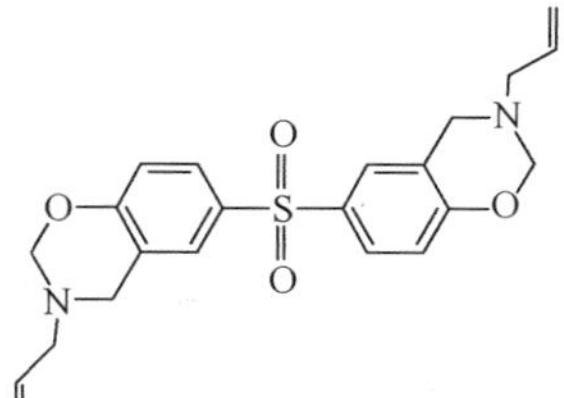	254	58	361
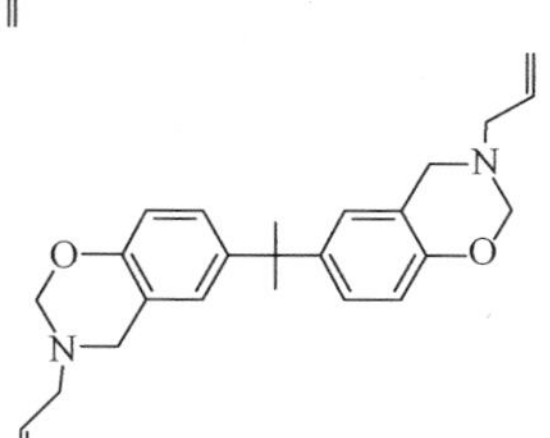	300	45	288
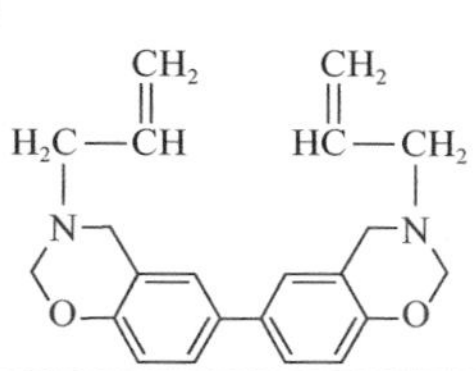	317	46	358

烯丙基官能化苯并噁嗪具有优良的耐热性能，氮气氛围下 800℃残炭率普遍在 60%左右，相较于其他官能化苯并噁嗪，其热性能有待进一步提高，因此提高其热性能是烯丙基官能化苯并噁嗪的重要研究方向。

5.2.6　羟基官能化苯并噁嗪

在苯并噁嗪中引入醇羟基可降低苯并噁嗪的开环聚合反应温度，改善苯并噁嗪的溶解性，降低苯并噁嗪的黏度。例如，在胺源引入羟乙基[70]、羟乙基醚[71]等基团，均可有效降低苯并噁嗪开环聚合反应温度。此外，羟基具有反应活性，也能为苯并噁嗪单体提供新的反应活性位点。

研究者[72]以羟基脂肪胺为胺源制备了羟乙基官能化苯并噁嗪，由于羟基具有反应活性，能为苯并噁嗪单体提供新的反应活性点，也为苯并噁嗪单体中引入其他新基团提供更多可能。例如，在苯并噁嗪结构中引入羟乙基醚不仅可以改善苯并噁嗪的溶解性，降低单体的黏度，而且还降低了苯并噁嗪的开环聚合反应温度。DSC 测试表明，含羟乙基醚苯并噁嗪的开环聚合反应峰值温度降低了 50℃以上。

除通过胺源引入羟基之外，还可通过酚源在苯并噁嗪中引入羟基。当苯酚对位的取代基为羟甲基时，苯并噁嗪的开环聚合反应温度大幅降低[73]。以羟甲基酚为原料制备的双环苯并噁嗪的合成路线如图 5.38 所示。相比不含羟甲基的苯并噁嗪，含羟甲基苯并噁嗪的固化物具有更优良的性能，TGA 测试测得 800℃残炭率为 57%，T_g 提高约 100℃。

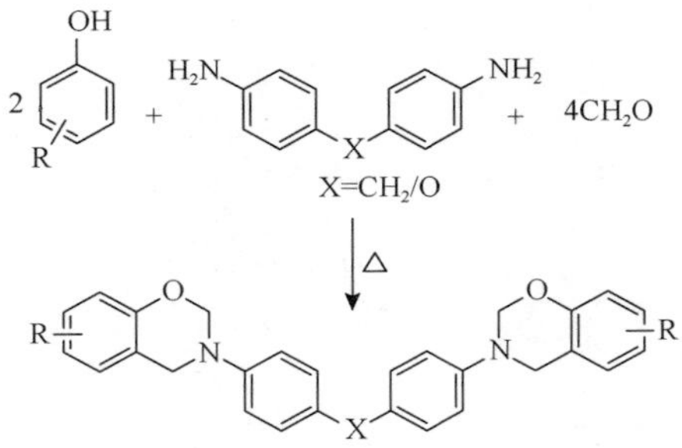

R	代号	位置
H	P-ddm/P-oda	—
CH$_2$OH	oHBA-ddm/oHBA-oda	2,2
CH$_2$OH	mHBA-ddm/mHBA-oda	3,3
CH$_2$OH	pHBA-ddm/pHBA-oda	4,4

图 5.38　羟甲基官能化苯并噁嗪的合成路线

综上所述，通过酚源引入羟基可赋予苯并噁嗪许多优良性能，如提供额外的交联点、降低苯并噁嗪热聚合温度、增加单体溶解性等。但羟甲基苯酚原料价格较为昂贵、合成工艺复杂，这限制了含羟甲基苯并噁嗪的应用。据文献报道，可在金属催化剂作用下合成邻羟基苯甲醇或通过芳卤代烷水解得到苄醇。但这些制备羟甲基苯酚的方法需用到较为昂贵的催化剂，且催化剂易失活、分离困难。

在广泛研究的基础上，研究者[74]以较为廉价的苯酚、多聚甲醛和 4,4'-二氨基二苯甲烷为起始原料，采用原位合成的方法合成了具有不同羟甲基含量的羟甲基/

二胺型双环苯并噁嗪，其合成路线如图 5.39 所示。考察甲醛用量、固含量、溶剂体系对合成羟甲基/二胺型苯并噁嗪的影响。结果表明，原位合成羟甲基/二胺型双环苯并噁嗪的优化条件为：原料摩尔比 n(甲醛)∶n(苯酚)∶n(DDM)=6∶2∶1、固含量 50%(质量分数)、质量比为 3∶1 的甲苯/乙醇混合溶剂体系。

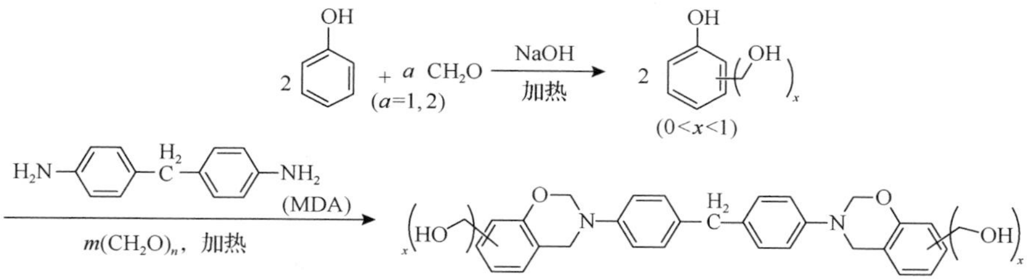

图 5.39　原位制备含羟甲基的二胺型双环苯并噁嗪的合成路线

相比于未引入羟甲基的二胺型双环苯并噁嗪，羟甲基/二胺型双环苯并噁嗪除了噁嗪环的开环聚合反应以外，还存在羟甲基之间的反应，为最终固化物提供了额外的反应交联点。聚合反应机理如图 5.40 所示。少量羟甲基的引入可以降低该单体的固化温度，5%含量的羟甲基可使其初始固化温度和固化峰值温度从 253℃ 和 258℃ 分别降至 195℃ 和 226℃。同时，引入羟甲基可有效改善二胺型双环苯并噁嗪的溶解性以及苯并噁嗪丙酮溶液的储存稳定性，但当羟甲基含量进一步增加之后，溶解性和储存稳定性略有降低。羟甲基的引入提高了固化物的热稳定性，800℃ 残炭率达到 60.8%[75]。

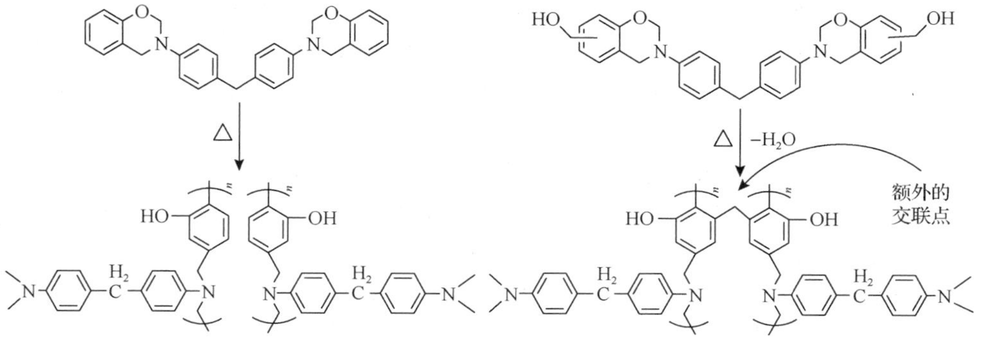

图 5.40　羟甲基/二胺型双环苯并噁嗪的固化机理

不同羟甲基引入量对羟甲基/二胺型苯并噁嗪固化物性能的影响显示，不含羟甲基的二胺型双环苯并噁嗪固化物的 T_g 为 212℃，而引入 5%的羟甲基之后，苯并噁嗪固化物的 T_g 提高至 260℃。氮气氛围下 800℃ 残炭率也随着羟甲基引入量增加而增加，当接入 5%的羟甲基之后，固化物 10%热失重温度和 800℃ 的残炭率分别提高至 364℃和 47.8%。羟甲基引入量对固化物力学性能的影响表明,当体系中引入 5%的羟甲基之后,固化物平均弯曲模量约为 240MPa,较不含羟甲基的体系提升了 80MPa。但对于羟甲基含量达到 10%的体系,由于羟甲基含量太高,热聚合时羟甲基之间脱水缩合产生大量的小分子,制备的浇铸体中存在小孔洞等缺陷,力学性能下降较明显。

表 5.15 不同羟甲基含量苯并噁嗪固化物性能数据[75]

样品	弯曲强度/Mpa	$T_{10\%}$/℃	800℃残炭率/%	T_g^a/℃
poly(PH-ddm)	161	362	47.8	192
poly(pHMP-ddm-5)	240	364	60.9	233
poly(pHMP-ddm-10)	105	358	49.5	236

a. 根据损耗模量计算(DMA 测试)。

综上,羟甲基官能化苯并噁嗪具有较优良的加工性能及高的耐热性能,是一种较理想的耐热性树脂。将羟甲基官能化苯并噁嗪与其他高性能树脂进行复配,或从分子设计角度设计制备可调控羟甲基含量的苯并噁嗪得到高性能树脂是一个重要的研究方向。

5.3 引入更多的芳杂环结构

5.3.1 含苯并噁唑结构的苯并噁嗪

聚苯并噁唑是一种耐高温的高性能芳杂环聚合物。苯并噁唑结构中的苯环与苯并噁唑环共平面,是一种刚性结构,将其引入聚苯并噁嗪可显著提升其性能。制备含苯并噁唑结构聚苯并噁嗪的方法有两种:一种是以含苯并噁唑结构的酚或胺化合物为原料,采用合适的路线及工艺合成得到苯并噁嗪,再经聚合得到含苯并噁嗪噁唑结构的聚苯并噁嗪;另一种是合成含有酰胺或酰亚胺结构的苯并噁嗪,利用苯并噁嗪聚合形成的酚羟基与酰胺或酰亚胺基团之间的反应得到含苯并噁唑结构的聚苯并噁嗪。

2-(4-氨基苯基)-5-氨基-1*H*-苯并噁唑(BOA)是一种含苯并噁唑结构的二元胺化合物,以 BOA 为原料可得到含苯并噁唑结构的聚苯并噁嗪[76-78]。由于 BOA 溶解性差、易与多聚甲醛反应生成凝胶物,难以通过"一步法"合成得到含苯并噁唑结构苯并噁嗪。可采用"三步法"合成出纯度较高的含苯并噁唑结构的苯并噁嗪(PH-boa)[图 5.41(a)],即:第一步,利用邻羟基苯甲醛与 BOA 进行反应生成 Schiff 碱;第二步,利用硼氢化钠还原第一步反应所生成的亚胺键,同时保留苯并噁唑结构中的 C═N 键;第三步,加入多聚甲醛,以 *N,N*-二甲基甲酰胺和 1,4-二氧六环作为混合溶剂合成 PH-boa。

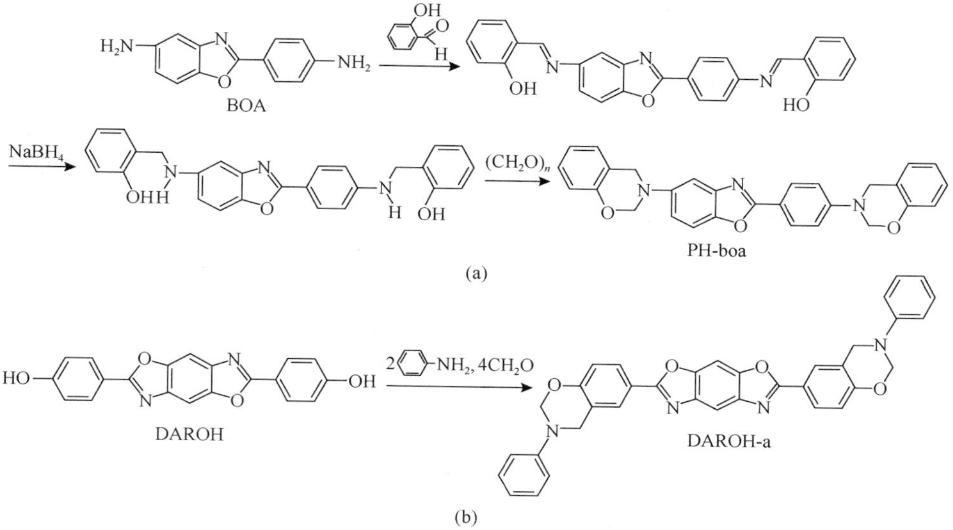

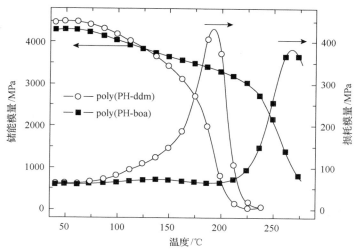

图 5.41　以含苯并噁唑结构起始原料合成含苯并噁唑结构的苯并噁嗪

　　由于刚性苯并噁唑结构可限制分子链段运动,因此将 PH-doa 固化后可得到耐热性能优良的聚苯并噁嗪,具有非常高的热机械性能。poly(PH-boa)的 DMA 测试曲线和热态模量保留率分别如图 5.42 和图 5.43 所示。poly(PH-boa)的玻璃化转变温度高达 269℃,180℃和 220℃的热态模量保留率分别为 80%和 72%。利用静态热机械分析(TMA)测得 poly(PH-boa)的热膨胀系数为 48ppm/℃,在 30~220℃内具有良好的热尺寸稳定性。poly(PH-boa)也拥有非常好的热稳定性,以 10℃/min升温速率测得其 5%和 10%热失重温度分别为 357℃和 380℃,800℃残炭率为 44%。

图 5.42　poly(PH-ddm)和 poly(PH-boa)的 DMA 测试曲线

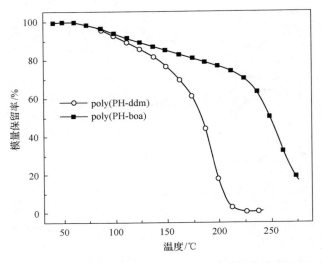

图 5.43　poly（PH-ddm）和 poly（PH-boa）模量保留率与温度关系曲线

　　以含苯并噁唑结构二元酚（DAROH）也可以得到含苯并噁唑结构苯并噁嗪（DAROH-a）[79]，如图 5.41（b）所示。DAROH-a 聚合得到的聚苯并噁嗪具有良好的热稳定性，以 10℃/min 升温速率测得其 5% 和 10% 热失重温度分别为 375℃ 和 416℃，800℃ 残炭率为 44%。

　　利用聚苯并噁嗪酚羟基邻位的反应也可制备出含苯并噁唑结构的聚苯并噁嗪[80-82]。一种途径是制备含酰胺基团的苯并噁嗪，如图 5.44 方法 A 所示，250～300℃时，这类苯并噁嗪聚合过程中形成的酚羟基会与邻位上的酰胺基团发生反应，脱去水分子后形成含苯并噁唑结构的聚苯并噁嗪；另一种途径为制备含酰亚胺基团的苯并噁嗪，如图 5.44 方法 B 所示，邻位的酰亚胺基团在高温下与酚羟基反应，通过脱去 CO_2 形成含苯并噁唑结构的聚苯并噁嗪。采用聚苯并噁嗪酚

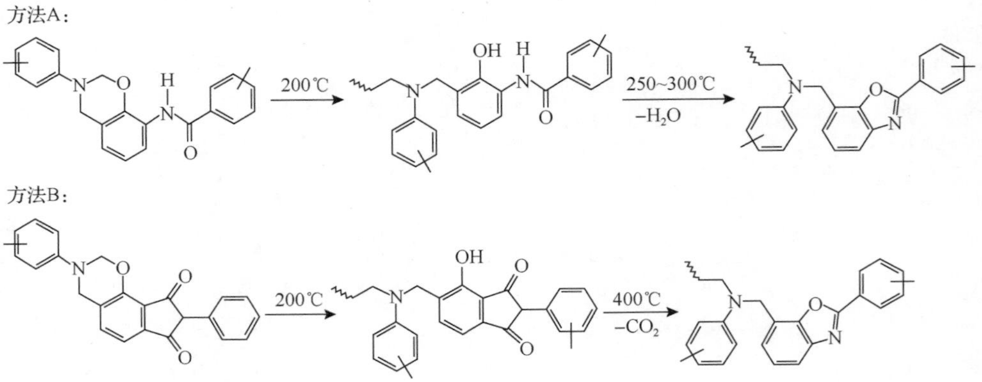

方法A：

方法B：

图 5.44　通过聚苯并噁嗪酚羟基邻位的反应合成含苯并噁唑结构聚苯并噁嗪

羟基与邻位酰胺或酰亚胺基团之间的反应可得到热稳定性优异的聚苯并噁嗪，如含邻酰胺基和邻酰亚胺基的双环苯并噁嗪(oA-a 和 oI-a)[82]，经 400℃聚合后，oA-a 和 oI-a 对应聚合物的 5%热失重温度分别为 507℃和 513℃，10%热失重温度分别为 567℃和 559℃，800℃残炭率分别为 66%和 69%。

5.3.2　含苯并咪唑结构的苯并噁嗪

　　苯并咪唑结构也是一种刚性结构，引入聚苯并噁嗪后可降低分子链段的运动能力，能够得到耐热性能优异的聚苯并噁嗪。此外，苯并咪唑结构中仲胺基上的氢原子具有一定的催化活性。苯并噁嗪固化温度较高、成型加工不易，影响树脂的推广与应用，加入咪唑、酸酐或羧酸等化合物虽可降低苯并噁嗪树脂聚合温度，但这些残留的化合物会降低树脂性能。基于苯并咪唑结构的特点，若合成出含有苯并咪唑结构的苯并噁嗪，则可以得到兼具良好耐热性能和较低固化温度的新型苯并噁嗪[76,78]。

　　2-(4-氨基苯基)-5-氨基-1H-苯并咪唑(PABZ)是一种含苯并咪唑结构的二元胺化合物，以其为原料则可合成出含苯并咪唑结构的苯并噁嗪。但 PABZ 溶解性差，难以通过一步法合成、得到含苯并咪唑结构苯并噁嗪(PH-pabz)，因此需采用三步法。首先采用 PABZ 与水杨醛反应生成 Schiff 碱化合物，然后经硼氢化钠还原生成亚胺键化合物，最后再与多聚甲醛反应生成含苯并咪唑结构的苯并噁嗪，见合成示意图图 5.45[76,78]。第一步，通过邻羟基苯甲醛与 PABZ 反应生成中间体 1；第二步，利用硼氢化钠还原第一步生成的亚胺键，得到中间体 2；第三步，以 DMF/氯仿的混合物为溶剂，采用降低反应温度、缩短反应时间的方法来合成含苯并咪唑结构的苯并噁嗪(PH-pabz)[78]。

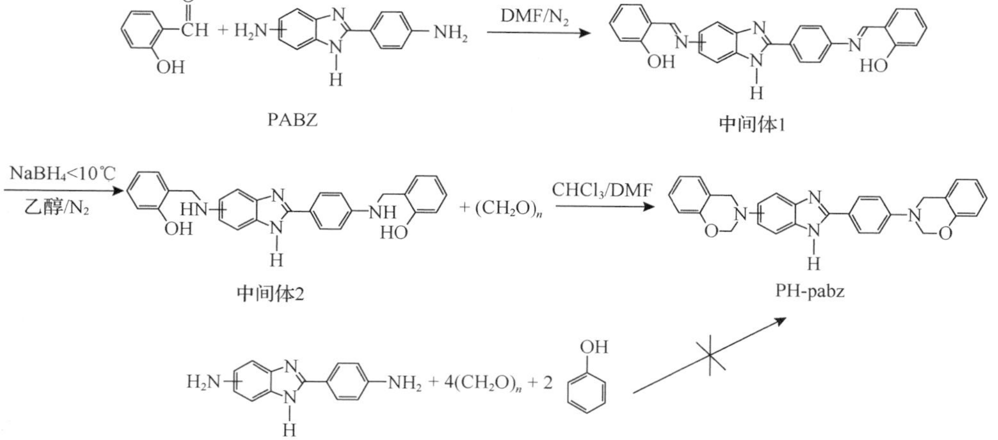

图 5.45　含苯并咪唑结构苯并噁嗪的合成

DSC 测试测得 PH-pabz 初始固化温度和固化峰值温度分别为 159℃ 和 185℃，说明苯并咪唑结构可有效降低苯并噁嗪聚合温度[78]。若将 PH-pabz 与其他苯并噁嗪混合，也可显著降低混合物的聚合温度。例如，PH-pabz 与二氨基二苯甲烷/苯酚型苯并噁嗪 (PH-ddm) 混合物体系，在 PH-ddm 中加入 10%（质量分数）的 PH-pabz 后，其起始聚合温度降低了 45℃；加入 30%（质量分数）的 PH-pabz 后，起始聚合温度降低了 55℃，如图 5.46 所示[78]。

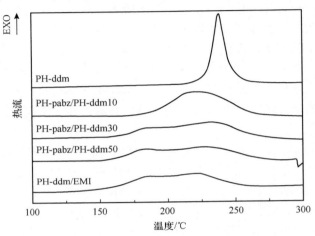

图 5.46　PH-ddm、PH-ddm/PH-pabz 共混体系及 PH-ddm/咪唑共混体系
(PH-ddm/EMI) DSC 测试曲线

由于刚性苯并咪唑结构对聚合物分子链段运动的限制作用，含苯并咪唑结构的聚苯并噁嗪[poly(PH-pabz)]具有非常高的耐热性能。其玻璃化转变温度 T_g(DMA, E'') 为 251℃，10% 热失重温度为 386℃，800℃ 残重为 50%。较之与咪唑共混 (PH-ddm/EMI)，与 PH-pabz 共聚后，可提升 poly(PH-ddm) 的热性能，见表 5.16。

表 5.16　含苯并咪唑结构苯并噁嗪及其共聚物的热机械性能和热稳定性能

聚合物	T_g(DMA, E')/℃	T_g(DMA, E'')/℃	T_g(DMA, tan δ)/℃	$T_{10\%}$/℃	800℃残炭率/%
poly(PH-ddm)	192	210	223	365	39
PH-pabz/PH-ddm10	190	210	228	368	42
PH-pabz/PH-ddm30	194	206	224	362	42
PH-pabz/PH-ddm50	203	221	未测得	364	41
poly(PH-pabz)	231	251	276	386	50
PH-ddm/EMI	178	194	209	346	37

5.3.3　含酚酞结构的苯并噁嗪

酚酞是一种含苯酞结构的二元酚,可用于合成高耐热聚合物。以酚酞为原料,利用苯并噁嗪良好的分子设计性,通过与苯胺[76,83]、烯丙胺[84]和对氨基苯甲酸[85]等化合物反应,已合成了多种含酚酞结构的苯并噁嗪,如图 5.47 所示。酚酞中的苯酞结构是一种苯并五元内酯结构,是一种刚性、大体积且具有吸电子效应的特殊基团。将其引入苯并噁嗪会影响苯并噁嗪的固化行为及聚合物的化学结构,赋予聚合物交联网络更强的氢键作用,赋予聚合物材料高的耐热性。本节重点介绍酚酞/苯胺型苯并噁嗪及聚合物的相关特性。

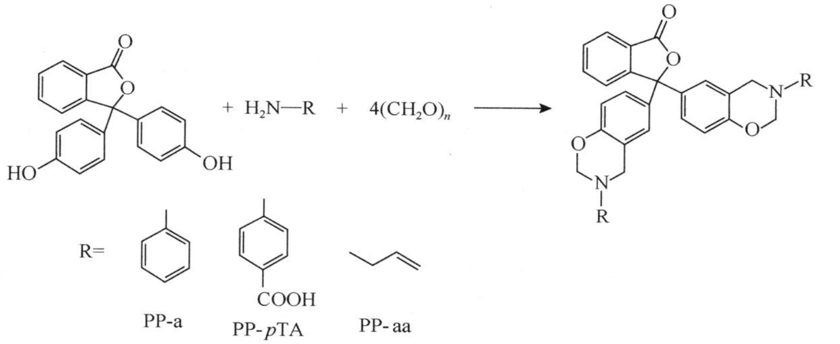

图 5.47　含酚酞结构苯并噁嗪的合成反应式

1. 酚酞/苯胺型苯并噁嗪的固化行为及聚合物结构

苯酞结构会影响苯并噁嗪的固化行为及聚合物结构,如酚酞/苯胺型苯并噁嗪(PP-a)[86]。采用 DSC 测得 PP-a 和 BA-a 的热固化曲线,如图 5.48 所示。BA-a 表现为典型苯并噁嗪的固化行为,固化峰值温度为 264℃,固化热焓为 142kJ/mol。PP-a 的固化峰值温度和固化热焓均低于 BA-a,分别为 248℃和 133kJ/mol。但 PP-a 呈现出不对称固化放热峰,说明在热固化过程中存在两个反应:反应 1,形成酚Mannich 桥结构的反应;反应 2,形成胺 Mannich 桥结构的反应,发生于较高温度。将 PP-a 和 BA-a 在 180℃下分别等温固化 10min、20min、30min、60min 和120min 后,再用 DSC 分别测试这些样品的固化曲线,结果如图 5.49 所示。对于BA-a,延长等温固化时间,其 DSC 曲线的放热峰向低温方向移动,如图 5.49(b)所示。而对于 PP-a,从图 5.49(a)可以看出,延长等温固化时间,生成胺 Mannich桥结构的反应逐渐变得明显。例如,等温固化 60min 和 120min 后,可以在 243℃和 246℃处观察到形成胺 Mannich 桥结构反应的放热峰。

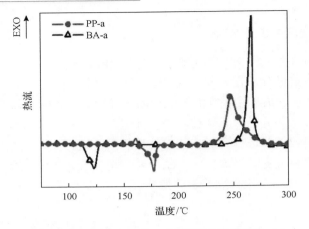

图 5.48　PP-a 和 BA-a 的 DSC 固化曲线（10℃/min）

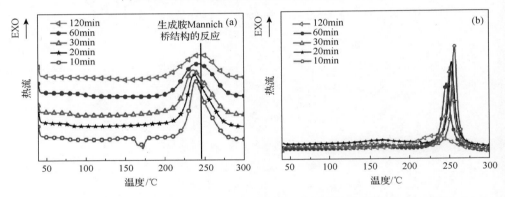

图 5.49　PP-a(a)和 BA-a(b)在 180℃下等温固化阶段取样样品的 DSC 曲线（10℃/min）

　　由于 PP-a 固化放热峰重叠，采用分峰技术进行处理。图 5.50 中，反应 1 为生成酚 Mannich 桥结构的反应，放热峰出现在 248℃。反应 2 为形成胺 Mannich 桥结构的反应，峰值温度为 256℃。

　　通过 FTIR 谱图上相关吸收峰位置和强度的变化可研究 PP-a 的固化行为与固化物结构[76,83,86]。对经不同固化温度固化后的酚酞/苯胺型聚苯并噁嗪的 FTIR 谱图进行分析，随着固化温度升高，噁嗪环（934cm^{-1}）、C—O—C（1237cm^{-1}）和 C—N—C（1370cm^{-1}）特征吸收峰的强度逐渐减弱，并在 200℃固化后基本消失；出现了 1,2,3,5-苯环四取代结构的特征吸收峰（1464cm^{-1} 和 1617cm^{-1}），说明产物中有 1,2,3,5-苯环四取代结构生成；同时，产物中仍存在 1,2,4-苯环三取代结构的吸收峰（1497cm^{-1}），说明固化后产物仍存在 1,2,4-苯环三取代结构。对 FTIR 谱图指纹区进行分析，固化后，697cm^{-1} 处苯环单取代吸收峰的强度大大降低，并在 801cm^{-1} 处出现了 1,4-苯环二取代结构的特征吸收峰。由于苯胺是 PP-a 中唯一存在的单取代苯环，说明苯胺发生了取代反应[76,83]。

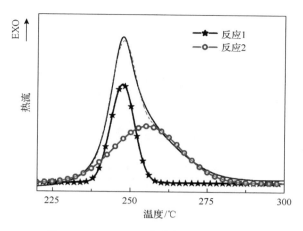

图 5.50　PP-a DSC 曲线的分峰处理结果

综上所述，PP-a 苯肽结构的吸电子效应会降低酚羟基邻位的电荷密度，且苯肽结构的空间位阻效应也会阻碍开环产物与酚羟基邻位发生反应。二者共同作用，阻碍了 PP-a 酚羟基邻位发生反应，促使聚合反应易于发生在苯胺对位。在其固化产物中大量残存的 1,2,4-苯环三取代结构也证实了酚羟基邻位较难发生反应。因此，PP-a 呈现出特殊的固化行为和固化产物结构。酚酞/苯胺型聚苯并噁嗪可能的化学结构如图 5.51 所示，部分苯胺结构通过苯胺对位发生取代反应经—C—N—桥连接入交联网络中。当 Mannich 桥结构发生断裂时，这种结构将阻碍苯胺的挥发，提高 poly(PP-a)的热稳定性[76,83]。

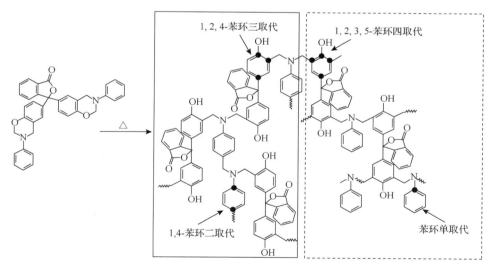

图 5.51　酚酞/苯胺型聚苯并噁嗪化学结构

2. 酚酞/苯胺型聚苯并噁嗪的耐热性能

酚酞/苯胺型聚苯并噁嗪poly(PP-a)具有高的玻璃化转变温度和良好的尺寸稳定性。表 5.17 中的数据表明，由 DMA 损耗模量和 tan δ 测得的 T_g 分别为 223℃和 241℃；由 TMA 测得的 T_g 为 183℃，线性热膨胀系数（CTE）为 47ppm/℃（30～130℃）。这是由于苯酞结构作为一种苯并杂环的刚性大体积基团被引入交联网络以及额外 C═O⋯HO 形式的氢键形成显著降低了分子链段的运动能力。

表 5.17　酚酞/苯胺型聚苯并噁嗪的耐热性能

聚合物	T_g(DMA, E'')/℃	T_g(DMA, tan δ)/℃	T_g(TMA)/℃	线性热膨胀系数(30～130℃)/(ppm/℃)	$T_{5\%}$/℃	$T_{10\%}$/℃	800℃残炭率/%	UL-94 等级
poly(PP-a)	223	241	183	47	305	362	51	V0
poly(PP-pTA)	未报道	未报道	未报道	未报道	430	506	74	未报道
poly(PP-aa)	273	295	未报道	未报道	336	360	40	未报道

此外，酚酞型聚苯并噁嗪特殊的结构也赋予其优良的热稳定性能和阻燃性能。采用 TGA-FTIR 和 Py-GC/MS 技术研究 poly(PP-a) 的热降解过程，结果表明，poly(PP-a) 热降解过程中会有 CO_2 气体放出。将 GC/MS 测试结果进行归纳、整理后发现，poly(PP-a) 热裂解气体产物中胺类化合物的含量为 49%，而 poly(BA-a)中含量为 63%[76,83]，且在 poly(PP-a) 热裂解气体产物中检测到了含量约为 9%的对甲基苯胺。这种碎片(对甲基苯胺)一般难以在苯胺型聚苯并噁嗪热裂解气体产物中检测到，这也进一步说明 PP-a 中的悬挂苯胺通过胺 Mannich 结构连接到交联网络中，赋予 poly(PP-a) 优良的热稳定性能和阻燃性能。以 10℃/min 的升温速率，由 TGA 测得 poly(PP-a) 的 5%和 10%热失重温度分别为 305℃和 362℃，800℃残炭率为 51%。垂直燃烧测试测得 poly(PP-a) 的燃烧等级为 UL-94 V0，可见其具有非常好的阻燃性能。

其他酚酞型聚苯并噁嗪，如酚酞/对氨基苯甲酸型(PP-pTA)和酚酞/烯丙胺型(PP-aa)聚苯并噁嗪也具有较好的热性能，见表 5.17。poly(PP-pTA)的 5%和 10%热失重温度分别为 430℃和 506℃，800℃残炭率为 74%。对于 poly(PP-aa)，由 DMA 损耗模量和 tan δ 测得的 T_g 分别为 273℃和 295℃；TGA 测得 5%和 10%热失重温度分别为 336℃和 360℃，800℃残炭率为 40%[84,87]。

3. 利用热调控增强酚酞/苯胺型聚苯并噁嗪的氢键相互作用

氢键对聚苯并噁嗪的性能影响巨大。利用热调控的方法对 poly(PP-a) 中的氢键进行调控，破坏弱氢键，形成更稳定、作用力更强的强氢键，可进一步提升其性能[76,88,89]。首先利用二维相关红外光谱的方法研究 poly(PP-a) 中氢键的温度响应情况，如图 5.52 所示。

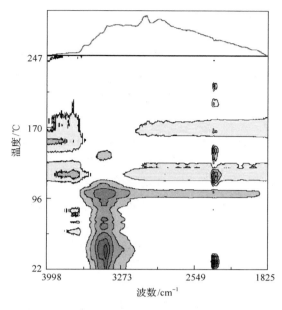

图 5.52　poly(PP-a)于 20～250℃温度下的扰动二维相关红外光谱

从图 5.52 可以看出，20～117℃，OH···O 氢键相关吸收峰峰强度减弱；119～128℃和 165～176℃，有游离—OH 生成，且相关峰吸收强度增强；119～128℃和 165～175℃，OH···N 形式氢键(或质子化氢键)相关吸收峰的峰强度增强，说明有—OH···N 形式强氢键形成，可通过热调控的方式来调控氢键，且调控的最佳温度窗口约为 170℃。结合红外光谱原位检测技术，追踪 poly(PP-a)氢键在 175℃下的变化情况，发现 3204cm^{-1} 和 2600cm^{-1} 处作用力较强的 OH···N 形式氢键的吸收强度逐渐增强，说明在 175℃下有更多的 OH···N 形式氢键形成，这也说明可以通过热调控的方法对 poly(PP-a)中的氢键进行调控。

根据 poly(PP-a)的温度响应特性，将样品放置在 175℃下热处理，并采用 DMA 和 TGA 测试处理 4h 后样品的热性能见表 5.18。热处理后，poly(PP-a)的玻璃化转变温度从 219℃提高至 242℃，1%、5%、10%热失重温度和 800℃残炭率分别由 192℃、301℃、365℃和 50%上升至 262℃、334℃、395℃和 56%，耐热性能大幅提高。这说明可通过调控氢键的方法来进一步提升 poly(PP-a)性能[76,89]。

表 5.18　酚酞/苯胺型聚苯并噁嗪在 175℃处理前后的性能

	玻璃化转变温度/℃	1%热失重温度/℃	5%热失重温度/℃	10%热失重温度/℃	800℃残炭率/%
处理前	219	192	301	365	50
处理后	242	262	334	395	56

5.3.4 含吡啶结构的苯并噁嗪

吡啶官能团是含有一个氮杂原子的六元杂环结构，由于吡啶环负电性氮原子的存在，树脂的分子内及分子间氢键增加；同时，由于氮元素含量增加，聚合物阻燃性能也明显提高。因此，将吡啶结构引入苯并噁嗪结构中有助于提高固化物耐热性能和阻燃性能[90-93]。

含吡啶结构单环苯并噁嗪结构式及合成路线如图 5.53 所示。采用传统一步法并不能得到含吡啶单环苯并噁嗪，需采用三步法合成。在含吡啶苯并噁嗪结构中，由于吡啶环的电子效应，噁嗪环 C—O 键键能相较于传统苯酚/苯胺型单环苯并噁嗪环 C—O 键键能更低，在加热作用下更容易断裂。含吡啶结构苯并噁嗪具有更低的开环聚合温度（3pd 的固化峰值温度为 237℃，较传统苯酚/苯胺型苯并噁嗪固化峰值低了 17℃），如图 5.54 所示[90]。含吡啶结构单环苯并噁嗪固化物热性能研究显示，其耐热性能有明显提高，氮气氛围下 800℃残炭率达到了 54.1%，相较于苯酚/苯胺型单环苯并噁嗪固化物提高了 11.8%。在 2-氨基吡啶型苯并噁嗪中加入 1%（质量分数）的 FeCl$_3$，固化物 5%热失重温度提高到 313.4℃，10%热失重温度提高到 367.1℃，800℃残炭率达到 63.5%[90]。

含吡啶双环苯并噁嗪（PyDOx）合成路线如图 5.55 所示[93]。与合成含吡啶单环苯并噁嗪类似，以 2,6-二氨基吡啶、多聚甲醛、对甲酚按照传统双环苯并噁嗪理论配比 1∶4∶2 进行投料反应时，无法得到目标产物。当其配料比为 1∶6∶2 时得到了含吡啶双环苯并噁嗪树脂。

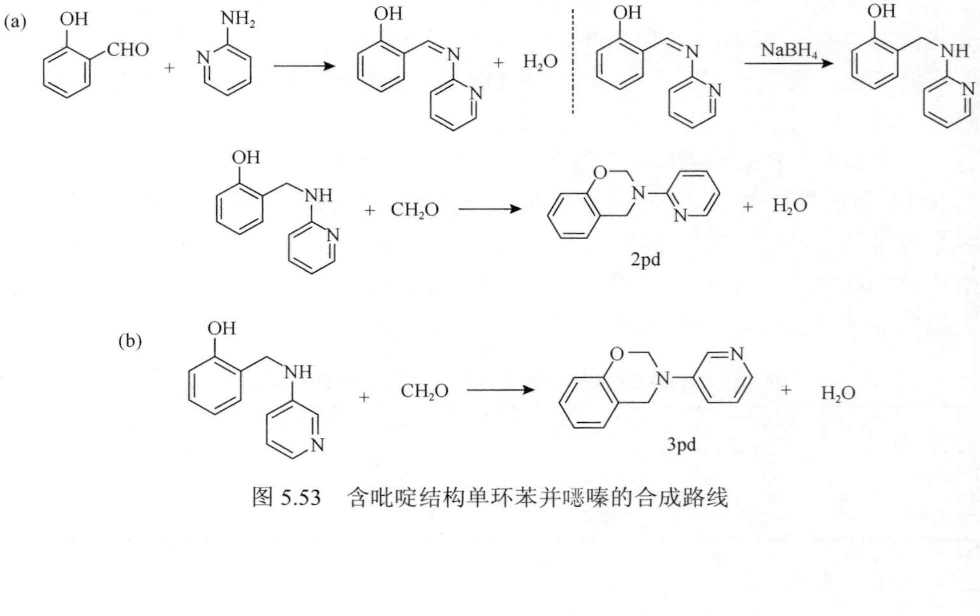

图 5.53　含吡啶结构单环苯并噁嗪的合成路线

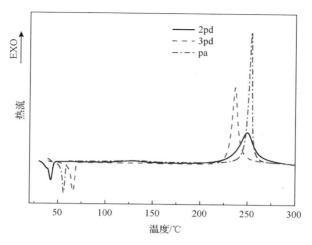

图 5.54　含吡啶结构单环苯并噁嗪的 DSC 曲线

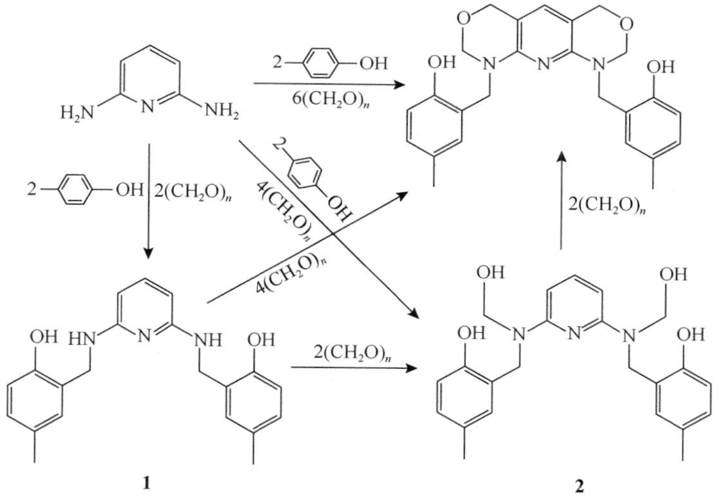

图 5.55　含吡啶双环苯并噁嗪合成路线

含吡啶双环苯并噁嗪固化机理(图 5.56)研究表明[93]，除了噁嗪环开环聚合反应以外，吡啶环上的两分子羟甲基发生脱水缩合形成二(吡啶甲基)醚结构，当固化温度高于 240℃时，二(吡啶甲基)醚结构再失去甲醛分子交联为亚甲基桥接的二芳基甲基结构。得到的固化物表现出很好的热性能，其 T_g 达到 245℃，氮气氛围下，5%、10%热失重温度分别为 351℃和 392℃，800℃氮气氛围残炭率达到48.7%。吡啶环的引入，提高了固化物的含氮量，固化物的极限氧指数(LOI)高达35.5，比传统二元胺/对甲酚苯并噁嗪固化物 LOI 提高了 8.0，固化物表现出优异的阻燃性能。

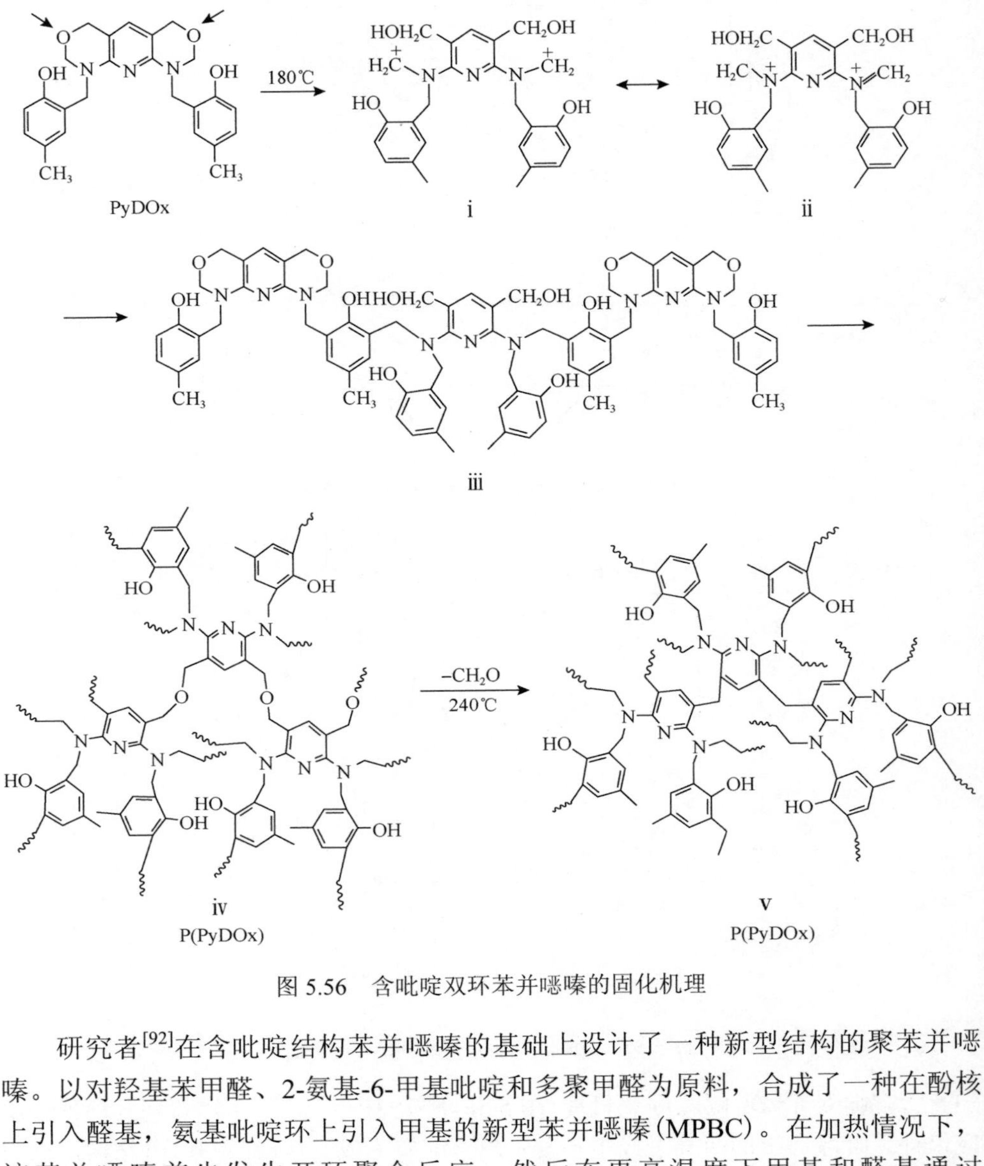

图 5.56　含吡啶双环苯并噁嗪的固化机理

研究者[92]在含吡啶结构苯并噁嗪的基础上设计了一种新型结构的聚苯并噁嗪。以对羟基苯甲醛、2-氨基-6-甲基吡啶和多聚甲醛为原料，合成了一种在酚核上引入醛基，氨基吡啶环上引入甲基的新型苯并噁嗪(MPBC)。在加热情况下，该苯并噁嗪首先发生开环聚合反应，然后在更高温度下甲基和醛基通过Knoevenagel 反应形成含苯乙烯基吡啶的环状共轭结构或分子间交联结构，从而将聚合物中酚和胺所在的苯环通过化学键连接在一起，使聚合物结构变得更稳定，其聚合过程中的结构演化如图 5.57 所示。

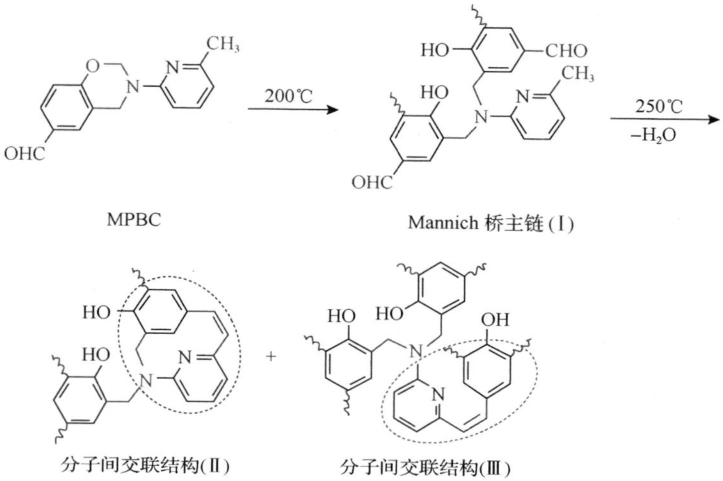

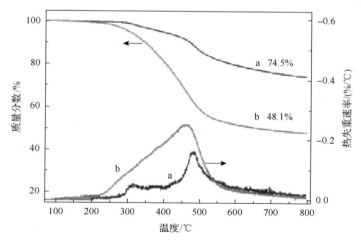

图 5.57　含苯乙烯基吡啶结构聚苯并噁嗪在固化过程中的特殊交联反应

与只含甲基没有醛基的聚苯并噁嗪(P-MPB)对比，苯乙烯基吡啶结构对聚苯并噁嗪 P-MPBC 的耐热性能带来明显影响。图 5.58 是这两种聚苯并噁嗪的 TGA 和 DTG 曲线，P-MPBC 的 5%和 10%热失重温度分别为 398℃和 475℃，远高于 P-MPB 的 306℃和 350℃。P-MPBC 的残炭率高达 74.5%，也大大高于 P-MPB 的 48.1%[92]。

图 5.58　P-MPBC(a)和 P-MPB(b)的 TGA 和 DTG 曲线

基于苯乙烯基吡啶聚苯并噁嗪优异的耐热性能，将该树脂作为改性剂与其他树脂进行共聚可制得新型的高性能树脂。

5.3.5 含芴基的苯并噁嗪

芴分子为刚性平面联苯结构，具有良好的热稳定性、光稳定性、化学稳定性等特点，可制成一系列具有优良热稳定性、高折射率、良好介电性能的苯并噁嗪树脂[94,95]。

芴基苯并噁嗪单体合成主要采用两步反应：加成反应和环化反应。以 9,9-双(4-羟苯基)芴为酚源，与不同结构的伯胺、甲醛溶液反应合成一系列双酚型芴基苯并噁嗪单体，其合成路线如图 5.59 所示。首先甲醛与伯胺在低温(5℃以下)下进行加成反应 2h，随后再加入含芴基酚升温进行闭环反应。探索其合成工艺，可以发现，无水乙醇/二氧六环体积比 1∶1，闭环反应控制在 90～100℃，闭环反应时间为 5～7h 得到的单体产率较高。含芴基苯并噁嗪因芳香胺类取代基位置不同，其固化机理有较大差异，当芳香胺的间位有取代基时，其对位产生额外活性位点[94]。

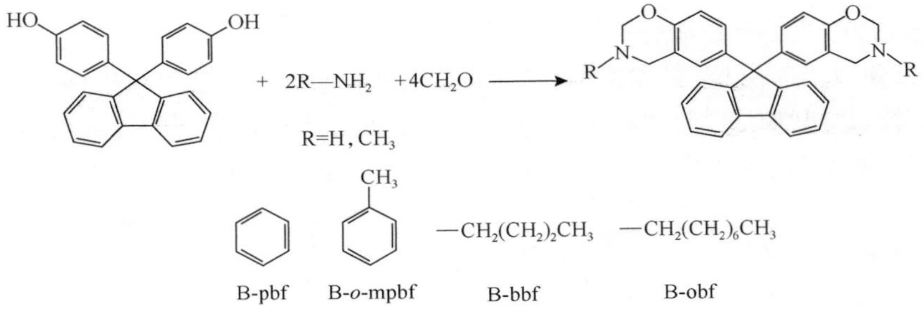

图 5.59 双酚型芴基苯并噁嗪合成路线

芳香胺基芴基苯并噁嗪固化物具有良好的耐热性能，TGA 测试得 5%和 10%热失重温度分别为 334～347℃和 365～375℃。由于芴基体积庞大，将其引入苯并噁嗪结构中限制了固化物链段内旋转与运动，因此含芴基苯并噁嗪具有较高的 T_g，3,5-二甲基胺芴基苯并噁嗪固化物 T_g 达到 245℃(调制 DSC 测试)，相同测试条件下，双酚 A/苯胺型苯并噁嗪固化物 T_g 仅为 170℃。尽管芴基苯并噁嗪具有较好的耐热性能，但芴基分子为刚性大分子，引入苯并噁嗪结构后，固化物脆性增大，且加工成型过程中固化温度较高，凝胶化时间短，因此难以制备树脂浇铸体[95]。

为改善芴基苯并噁嗪的加工性能，研究者使用 9,9-双(4-羟苯基)芴、糠胺、多聚甲醛制备了含呋喃基团的双酚型芴基苯并噁嗪单体。呋喃基团的引入改善了芴基苯并噁嗪的加工性能，提高了苯并噁嗪固化物的热稳定性能。固化物 T_g 为215℃，氮气氛围下 900℃残炭率高达 56%。同时，芴基苯并噁嗪可以发出蓝色荧光，与黄色罗丹明水溶液混合后发白色荧光，说明芴基苯并噁嗪具有良好的光学应用前景。也有学者以双胺芴、不同甲基取代的酚类化合物、多聚甲醛制备出六种二胺型芴基苯并噁嗪，并研究了不同取代酚结构对苯并噁嗪固化行为和区域选择性的影响。二胺型芴基苯并噁嗪单体合成路线如图 5.60 所示。此外，通过醚化和酯化反应先合成含醚键和酯基的芴二胺单体，然后以此为胺源和苯酚及多聚甲醛反应制备出两种新型二胺型芴基苯并噁嗪单体。醚键和酯基的引入在不影响其耐热性的同时可以有效降低芴基苯并噁嗪树脂的脆性[94]。

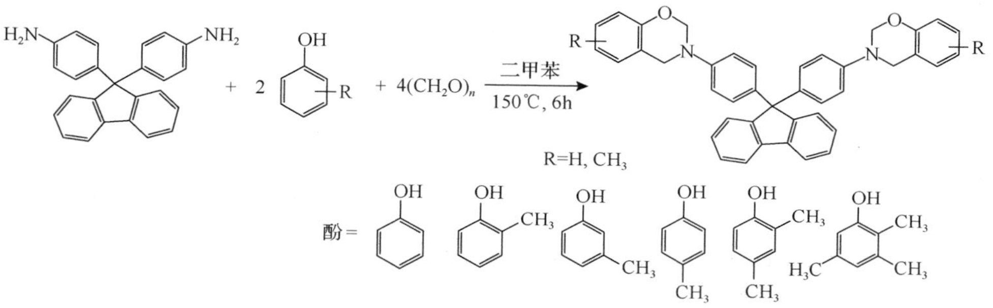

图 5.60　二胺型芴基苯并噁嗪单体的合成路线

　　考虑到芴基苯并噁嗪的脆性，制备的具有线型结构的芴基苯并噁嗪在保持聚合物良好耐热性条件下，可以改善树脂脆性的问题。研究者以 9,9-双(4-羟苯基)芴、乙二胺、多聚甲醛为原料，通过 Mannich 缩合反应制备线型双酚双胺型苯并噁嗪预聚体。预聚体 M_n 为 4690，多分散性指数(PDI)为 2.93，固化物 900℃残炭率为 51%。也有研究者采用 9,9-双(4-羟苯基)芴、不同二胺、多聚甲醛合成一系列芴基苯并噁嗪预聚体，产物 M_n 为 3100~3940，PDI 为 1.46~1.71，固化物 800℃残炭率高达 63%。芴基线型苯并噁嗪合成路线如图 5.61 所示[94]。

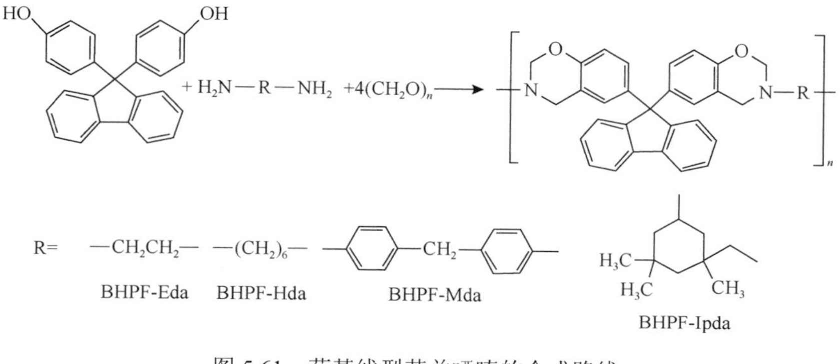

图 5.61　芴基线型苯并噁嗪的合成路线

综上所述，目前关于芴基苯并噁嗪的工作主要集中在合成、固化反应行为和热性能研究方面，进一步降低芴基苯并噁嗪的固化反应温度，改善其加工性能，改善固化物脆性成为研究者亟须解决的问题。同时，利用芴基特殊结构，拓展其功能化应用也是一个重要的研究方向。

参 考 文 献

[1] Wang X, Chen F, Gu Y. Influence of electronic effects from bridging groups on synthetic reaction and thermally activated polymerization of bisphenol-based benzoxazines. Journal of Polymer Science Part A: Polymer Chemistry, 2011, 49(6): 1443-1452.

[2] 顾宜. 苯并噁嗪树脂——一类新型热固性工程塑料. 热固性树脂, 2002, 17(2): 33-36+41.

[3] 凌鸿, 孙丹, 顾宜. ODOPB 改性苯并噁嗪树脂提高阻燃性. 热固性树脂, 2010, 25(1): 15-18.

[4] 凌鸿. 改性苯并噁嗪树脂的阻燃性及阻燃机理研究. 成都: 四川大学, 2011.

[5] 张淑娴, 王玉龙, 李庆蛟, 等. 含磷烯丙基胺型苯并噁嗪的合成与表征. 化学反应工程与工艺, 2012, 28(3): 257-262.

[6] 吴雄, 张敏, 刘承美. 环三磷腈类苯并噁嗪改性环氧树脂. 2012 年全国高分子材料科学与工程研讨会学术论文集, 2012: 334.

[7] Wu X, Zhou Y, Liu S, et al. Highly branched benzoxazine monomer based on cyclotriphosphazene: synthesis and properties of the monomer and polybenzoxazines. Polymer, 2011, 52(4): 1004-1012.

[8] 刘锋, 赵恩顺, 马庆柯, 等. 含硼苯并噁嗪玻璃布层压板的研制. 热固性树脂, 2009, 24(2): 23-25.

[9] Wang S, Jia Q, Liu Y, et al. An investigation on the effect of phenylboronic acid on the processibilities and thermal properties of bis-benzoxazine resins. Reactive & Functional Polymers, 2015, 93: 111-119.

[10] 许培俊, 黄天逸, 胡雪宁. 超支化聚硼酸酯改性苯并噁嗪树脂阻燃性能研究. 化工新型材料, 2014, (9): 106-108.

[11] Ishida H. Handbook of Benzoxazine Resins. Oxford: Elsevier Press, 2011: 34.

[12] 蒋宝林. 苯并噁嗪含磷环氧胺类固化剂共混体系固化反应和阻燃性能的研究. 成都: 四川大学, 2013.

[13] 刘明. 苯并噁嗪含磷环氧酚醛树脂共混体系. 成都: 四川大学, 2012.

[14] 陈杨, 史铁钧, 钱莹, 等. 新型含硼苯并(噁)嗪的合成及其与环氧树脂共混热性能. 化工学报, 2017, 68(6): 2604-2610.

[15] Su Y, Chang F. Synthesis and characterization of fluorinated polybenzoxazine material with low dielectric constant. Polymer, 2003, 44(26): 7989-7996.

[16] 彭朝荣. 多元胺型苯并噁嗪的合成及其在印制线路板中的应用研究. 成都: 四川大学, 2006.

[17] 彭朝荣, 凌鸿, 顾宜. 多元胺型苯并噁嗪的合成及表征. 全国高分子学术论文报告会论文摘要集, 2005: 225.

[18] 朱春莉, 柏海见, 耿鹏飞, 等. 含烯丙基的三元酚型苯并噁嗪的合成及性能. 高等学校化学学报, 2014, 35(11): 2494-2498.

[19] 苏世国. 新型苯并噁嗪的合成及其在覆铜板基板中的应用. 成都: 四川大学, 2007.

[20] 苏世国, 凌鸿, 郭茂, 等. 新型苯并噁嗪树脂基覆铜板基板的研制. 绝缘材料, 2007, 40(1): 14-16.

[21] Wang X, Gu Y. Preparation, characterization, and properties of resol-based benzoxazine intermediates and glass cloth reinforced laminates based on their polymers. Journal of Macromolecular Science Part B: Physics, 2011, 50(11): 2214-2226.

[22] 王晓颖. 多元酚-苯胺型苯并噁嗪合成、固化及其结构与性能的研究. 成都: 四川大学, 2011.

[23] 赵嘉成. 含砜基多元酚/苯胺型苯并噁嗪合成及性能研究. 成都: 四川大学, 2013.

[24] Agag T, Jin L, Ishida H. A new synthetic approach for difficult benzoxazines: preparation and polymerization of 4,4'-diaminodiphenyl sulfone-based benzoxazine monomer. Polymer, 2009, 50(25): 5940-5944.

[25] 赵嘉成, 冉起超, 朱蓉琪, 等. 含砜基多元酚型苯并噁嗪基层压板的制备及性能. 热固性树脂, 2013, (5): 31-35.

[26] 顾宜, 赵嘉成, 冉起超, 等. 一种含砜基多元酚型苯并噁嗪中间体及其制备方法和用途: 中国, CN102532540B. 2013.

[27] Demir K D, Kiskan B, Yagci Y. Thermally curable acetylene-containing main-chain benzoxazine polymers via sonogashira coupling reaction. Macromolecules, 2011, 44(44): 1801-1807.

[28] Bagherifam S, Kiskan B, Aydogan B, et al. Thermal degradation of polysiloxane and polyetherester containing benzoxazine moieties in the main chain. Journal of Analytical & Applied Pyrolysis, 2011, 90(2): 155-163.

[29] Chernykh A, Liu J, Ishida H. Synthesis and properties of a new crosslinkable polymer containing benzoxazine moiety in the main chain. Polymer, 2006, 47(22): 7664-7669.

[30] Ishida H. Handbook of Benzoxazine Resins. Oxford: Elsevier Press, 2011: 355-362.

[31] 曾鸣, 许清强, 李然然, 等. 主链型苯并噁嗪树脂的研究进展. 第十五届中国覆铜板技术市场研讨会暨覆铜板产业协同创新国际论坛论文集, 2014: 241-248.

[32] Ran Q, Titan Q, Li C, et al. Investigation of processing, thermal, and mechanical properties of a new composite matrix-benzoxazine containing aldehyde group. Polymers for Advanced Technologies, 2010, 21(3): 170-176.

[33] Ran Q, Gu Y. Concerted reactions of aldehyde groups during polymerization of an aldehyde-functional benzoxazine. Journal of Polymer Science Part A: Polymer Chemistry, 2015, 49(7): 1671-1677.

[34] 冉起超. 含醛基苯并噁嗪的合成、性能及其在 RTM 工艺中的应用研究. 成都: 四川大学, 2009.

[35] Li C, Ran Q, Zhu R, et al. Study on thermal degradation mechanism of a cured aldehyde-functional benzoxazine. RSC Advances, 2015, 5(29): 22593-22600.

[36] 李超. 醛基功能化的苯并噁嗪固化物的热解机理研究及无机掺杂改性. 成都: 四川大学, 2015.

[37] 冉起超, 高念, 李培源, 等. 一种 RTM 用苯并噁嗪树脂的工艺性及其复合材料性能. 复合材料学报, 2011, 28(1): 15-20.

[38] 田巧, 赵锦成, 朱蓉琪, 等. 适用于 RTM 成型的新型耐烧蚀苯并噁嗪树脂的研究. 宇航材料工艺, 2006, 36(5): 27-29.

[39] 顾宜, 田巧, 冉起超, 等. 耐热性苯并噁嗪树脂复合物及其制备方法和用途: 中国, CN1884376A. 2006.

[40] 李建川, 冉起超, 朱蓉琪, 等. 间氨基苯乙炔/苯酚型苯并噁嗪的合成研究. 热固性树脂, 2017, (3): 1-5.

[41] Kim H J, Brunovska Z, Ishida H. Synthesis and thermal characterization of polybenzoxazines based on acetylene-functional monomers. Polymer, 1999, 40(23): 6565-6573.

[42] 田巧. 适用于 RTM 成型的耐烧蚀苯并噁嗪树脂的研究. 成都: 四川大学, 2006.

[43] 代洁, 李鹏程, 朱蓉琪, 等. 一种高残炭新型苯并噁嗪树脂的固化及热解动力学. 功能高分子学报, 2018, 31(2): 114-120.

[44] Xu Y, Ran Q, Li C, et al. Study on the catalytic prepolymerization of an acetylene-functional benzoxazine and the thermal degradation of its cured product. RSC Advances, 2015, 5(100): 82429-82437.

[45] 徐艺. 低黏度高残炭苯并噁嗪的设计、制备、表征及热解机理的研究. 成都: 四川大学, 2016.

[46] 汤乐昊, 周燕, 田鑫, 等. 改性含硅芳炔树脂及其复合材料性能研究. 玻璃钢/复合材料, 2012, (6): 41-46.

[47] 代洁. 含炔基苯并噁嗪的制备及耐热性能研究. 成都: 四川大学, 2018.

[48] Agag T, Takeichi T. Preparation, characterization, and polymerization of maleimidobenzoxazine monomers as a novel class of thermosetting resins. Journal of Polymer Science Part A: Polymer Chemistry, 2010, 44(4): 1424-1435.

[49] Gao Y, Huang F, Zhou Y, et al. Synthesis and characterization of a novel acetylene-and maleimide-terminated benzoxazine and its high-performance thermosets. Journal of Applied Polymer Science, 2013, 128(1): 340-346.

[50] 鲁在君, 门薇薇, 张洪春. 一种含活性官能团的苯并噁嗪中间体的制备方法: 中国, CN101041644. 2007.

[51] Xu Y, Dai J, Ran Q, et al. Greatly improved thermal properties of polybenzoxazine via modification by acetylene/aldehyde groups. RSC Advances, 2017, 123: 232-239.

[52] Bunovska Z, Ishida H. Thermal study on the copolymers of phthalonitrile and phenylnitrile-functional benzoxazines. Journal of Applied Polymer Science, 2015, 73(14): 2937-2949.

[53] 张洪春, 佳杨, 王兴东, 等. 含氰基的苯并噁嗪中间体及其树脂: 中国, CN101265322. 2008.

[54] Qi H, Hao R, Pan G, et al. Synthesis and characteristic of polybenzoxazine with phenylnitrile functional group. Polymers for Advanced Technologies, 2010, 20(3): 268-272.

[55] Cao G, Chen W J, Liu X B. Synthesis and thermal properties of the thermosetting resin based on cyano functionalized benzoxazine . Polymer Degradation & Stability, 2008, 93(3): 739-744.

[56] 孟凡盛, 冉起超, 顾宜. 含氰基单环苯并噁嗪的合成方法研究. 热固性树脂, 2017, (2): 26-31+43.

[57] 孟凡盛. 含氰基苯并噁嗪的制备与耐热性能研究. 成都: 四川大学, 2017.

[58] 刘孝波, 钟家春, 贾坤, 等. 含苯并噁嗪-双邻苯二甲腈树脂及其复合材料的制备与性能. 材料工程, 2009, (s2): 164-168.

[59] 左芳, 雷雅杰, 钟家春, 等. 含苯并噁嗪及联苯结构双邻苯二甲腈共聚树脂. 热固性树脂, 2011, 26(4): 1-4+10.

[60] 左芳, 雷雅杰, 钟家春, 等. 含苯并噁嗪单元的双邻苯二甲腈树脂及其复合材料的研究. 塑料工业, 2011, 39(6): 103-107.

[61] Zuo F, Liu X. Synthesis and curing behavior of a novel benzoxazine-based bisphthalonitrile monomer. Journal of Applied Polymer Science, 2010, 117(3): 1469-1475.

[62] 刘孝波. 双邻苯二甲腈-苯并噁嗪树脂的合成,结构与性能. 全国苯并噁嗪树脂应用研讨会论文集, 2011: 39-41.

[63] 刘孝波. 芳氰基聚合物分子构建与先进功能材料的研究进展. 2015 年全国高分子学术论文报告会论文摘要集——主题 J: 高性能高分子, 2015: 1620.

[64] Agag T, Takeichi T. Synthesis and characterization of novel benzoxazine monomers containing allyl groups and their high performance thermosets . Macromolecules, 2003, 36(16): 6010-6017.

[65] 裴顶峰, 顾宜, 蔡兴贤. 二烯丙基二苯并噁嗪中间体的结构与固化行为. 高分子学报, 1998, 1(5): 595-598.

[66] 赵锦成, 盛兆碧, 顾宜. 一种新型烯丙基苯并噁嗪树脂的合成与表征. 合成树脂及塑料, 2009, 26(4): 21-24.

[67] 王旭, 徐日炜, 余鼎声, 等. 溶液法合成烯丙基苯并噁嗪中间体与其固化性能的研究. 北京化工大学学报(自然科学版), 2003, 30(4): 33-36.

[68] Liu Y, Man W, Zhang H, et al. Synthesis, polymerization, and thermal properties of benzoxazine based on bisphenol-S and allylamine . Polymers for Advanced Technologies, 2013, 24(2): 157-163.

[69] Kiskan B, Yagci Y. Synthesis and characterization of naphthoxazine functional poly(ε-caprolactone). Polymer, 2005, 46(25): 11690-11697.

[70] Kiskan B, Yagci Y, Ishida H. Synthesis, characterization, and properties of new thermally curable polyetheresters containing benzoxazine moieties in the main chain . Journal of Polymer Science Part A: Polymer Chemistry, 2010, 46(2): 414-420.

[71] Andreu R, Reina J, Ronda J. Carboxylic acid-containing benzoxazines as efficient catalysts in the thermal polymerization of benzoxazines . Journal of Polymer Science Part A: Polymer Chemistry, 2010, 46(18): 6091-6101.

[72] Baqar M, Agag T, Ishida H, et al. Methylol-functional benzoxazines as precursors for high-performance thermoset polymers: Unique simultaneous addition and condensation polymerization behavior . Journal of Polymer Science Part A: Polymer Chemistry, 2012, 50(11): 2275-2285.

[73] 罗晓霞, 徐艳玲, 朱蓉琪, 等. 原位合成羟甲基苯酚-二苯甲烷二胺型苯并噁嗪. 石油化工, 2014, 43(6): 681-686.

[74] 罗晓霞. 羟甲基-M 型苯并噁嗪树脂的合成及性能研究. 成都: 四川大学, 2014.

[75] 杨坡. 芳杂环骨架型苯并噁嗪的合成、表征及其聚合物结构与性能的研究. 四川大学, 2010.

[76] Yang P, Gu Y. Synthesis of a novel benzoxazine containing benzoxazole structure . Chinese Chemical Letters, 2010, 21(5): 558-562.

[77] Yang P, Gu Y. A novel benzimidazole moiety-containing benzoxazine: synthesis, polymerization, and thermal properties . Journal of Polymer Science Part A: Polymer Chemistry, 2012, 50(7): 1261-1271.

[78] Zhang K, Zhuang Q, Zhou Y, et al. Preparation and properties of novel low dielectric constant benzoxazole-based polybenzoxazine. Journal of Polymer Science Part A: Polymer Chemistry, 2012, 50(24): 5115-5123.

[79] Agag T, Liu J, Graf R, et al. Benzoxazole resin: a novel class of thermoset polymer via smart benzoxazine resin. Macromolecules, 2012, 45(22): 8991-8997.

[80] Ishida H, Zhang K, Liu J. An ultrahigh performance cross-linked polybenzoxazole via thermal conversion from poly(benzoxazine amic acid) based on smart O-benzoxazine chemistry. Macromolecules, 2014, 47(24): 8674-8681.

[81] Zhang K, Ishida H. Anomalous trade-off effect on the properties of smart ortho-functional benzoxazines. Polymer Chemistry, 2015, 6(13): 2541-2550.

[82] Yang P, Gu Yi. Synthesis and curing behavior of a benzoxazine based on phenolphthalein and its high performance polymer. Journal of Polymer Research, 2011, 18(6): 1725-1733.

[83] Cao H, Xu R, Liu H, et al. Mannich reaction of phenolphthalein and synthesis of a novel polybenzoxazine. Designed Monomers & Polymers, 2006, 9(4): 369-382.

[84] Zou T, Li S, Huang W, et al. Comparison of two bisbenzoxazines containing carboxylic groups and their thermal polymerization. Designed Monomers & Polymers, 2013, 16(1): 25-30.

[85] Bai Y, Yang P, Zhang S, et al. Curing kinetics of phenolphthalein-aniline-based benzoxazine investigated by non-isothermal differential scanning calorimetry. Journal of Thermal Analysis & Calorimetry, 2015, 120(3): 1-10.

[86] 曹宏伟, 徐日炜, 陈桥, 等. 取代基效应对烯丙胺型苯并噁嗪及其树脂的影响. 北京化工大学学报(自然科学版), 2005, 32(4): 64-69.

[87] 王彬. 双酚型聚苯并噁嗪的氢键调控与性能研究. 成都: 四川大学, 2017.

[88] 杨坡, 朱蓉琪, 顾宜. 酚酞-苯胺型聚苯并噁嗪的氢键调控及其对热性能的影响. 2013 年全国高分子学术论文报告会论文摘要集——主题 L: 高性能树脂, 2013: 1581.

[89] 张华川. 聚苯并噁嗪热解机理探讨及新型高残炭苯并噁嗪的设计与合成表征. 成都: 四川大学, 2014.

[90] Zhang H, Gu W, Ran Q, et al. Synthesis and characterization of pyridine-based benzoxazines and their carbons. Journal of Macromolecular Science Part A: Pure and Applied Chemistry, 2014, 51(10): 783-787.

[91] Zhang H, Li M, Deng Y, et al. A novel polybenzoxazine containing styrylpyridine structure via the Knoevenagel reaction. Journal of Applied Polymer Science, 2014, 131(19): 5829-5836.

[92] 王登霞. 具有高耐热和高阻燃性的噁嗪树脂的研究. 济南: 山东大学, 2012.

[93] Liu W, Feng T, Wang J. Fluorene-based high molecular weight benzoxazine blends//Ishida H, Froimowicz P. Advanced & Emerging Polybenzoxazine Science & Technology. Amsterdam: Elsevier, 2017: 357-412.

[94] 王军, 吴明清, 刘文彬, 等. 芴基苯并噁嗪单体的合成及热性能研究. 湖南大学学报(自科版), 2010, 37(6): 67-70.

第6章

聚苯并噁嗪的共混共聚改性

苯并噁嗪树脂原料来源广泛，分子设计灵活，其固化物具有出色的耐热性和优异的力学性能，被广泛应用到电子、航空航天等领域中。然而，作为高性能热固性树脂，苯并噁嗪固化温度高、固化物质脆等问题在一定程度上限制了其应用。通过结构设计，利用苯并噁嗪灵活的分子设计性对苯并噁嗪进行改性是一种常用的方法，然而合成过程长，不利于工业化。相比而言，通过与第二组分树脂体系进行共混共聚是一种简单易行的方法。研究两组分的反应历程和共聚反应机理，弄清在典型固化剂或催化剂作用下共混体系中的竞争反应和共聚反应机理，揭示共混树脂固化反应、固化物交联结构和固化物宏观性能之间的内在关系及基本规律，对于改善苯并噁嗪树脂性能、扩大其应用领域具有重要意义。

6.1　苯并噁嗪/热固性树脂共混体系中的竞争反应及性能

6.1.1　苯并噁嗪/酚醛树脂共混体系

酚醛树脂是由酚类化合物与醛类化合物通过缩聚反应制备得到的，其显著特征是耐热、耐烧蚀、阻燃、燃烧发烟少等，主要用于复合材料、黏合剂、涂料和纤维。经过改性的酚醛树脂作为耐高温的黏合剂和基体材料还广泛用于航空、宇航及其他尖端技术领域[1, 2]。然而，酚醛树脂结构中的酚羟基和亚甲基容易氧化，耐热性受到影响[3]。利用苯并噁嗪自身优异的热稳定性，与酚醛树脂共混，可以实现两种树脂的优势互补。苯并噁嗪/线型酚醛树脂(可溶性酚醛树脂)共混体系中，酚醛树脂的酚羟基和邻、对位活泼氢的存在可以有效地促进噁嗪环的开环，使其在较低温度下发生反应。同时，苯并噁嗪的加入，改善了酚醛树脂固化过程中收缩率大和有小分子挥发物释放的问题。研究者在苯并噁嗪-酚醛树脂共混体系固化反应的定量分析与表征、结构和固化物性能之间的关系方面做了大量的工作[4-6]。

1. 双酚 A 型苯并噁嗪/线型酚醛树脂共混体系的固化反应机理及性能

线型酚醛树脂(Novelac)是通过过量苯酚与甲醛在酸性条件下反应合成的，其结构中含有大量的酚羟基。将双酚 A 型苯并噁嗪(BA-a)与不同质量分数的线型酚醛树脂共混(缩写为 BA-a/N-x，x 为 Novelac 的质量分数)，采用 DSC 测试研究了共混物的固化行为及反应机理。如图 6.1 所示，共混体系的 DSC 固化曲线只出现一个固化放热峰，随着酚醛树脂(酚羟基)含量的增多，放热峰值温度逐渐降低，峰宽逐渐增大，噁嗪环的摩尔反应热焓逐渐减小。酚醛树脂中的酚羟基对苯并噁嗪开环聚合反应具有明显的催化作用[7]。

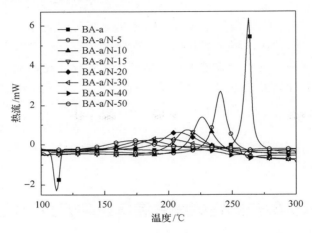

图 6.1　BA-a/N-x 共混体系的 DSC 曲线

利用 Kissinger 方程分别求得共混体系的固化反应活化能和固化反应级数(结果列于表 6.1)。共混树脂的反应活化能与 BA-a 相比有较大幅度的下降，反应级数也略有降低。这是因为酚醛树脂含量越大，采用活泼氢开环机理开环的噁嗪环越多，因而活化能降低越多。此外，噁嗪环开环后既可以与双酚 A 酚羟基(或噁嗪环苯氧键)的邻位发生自聚反应，也可以与线型酚醛树脂酚羟基的邻、对位发生共聚反应，具体反应式如图 6.2 所示。

表 6.1　BA-a/N-x 共混体系的反应动力学参数

体系	反应活化能/(kJ/mol)	反应级数
BA-a	102.55	0.92
BA-a/N-10	81.35	0.91
BA-a /N-20	75.45	0.90
BA-a/N- 40	62.91	0.89

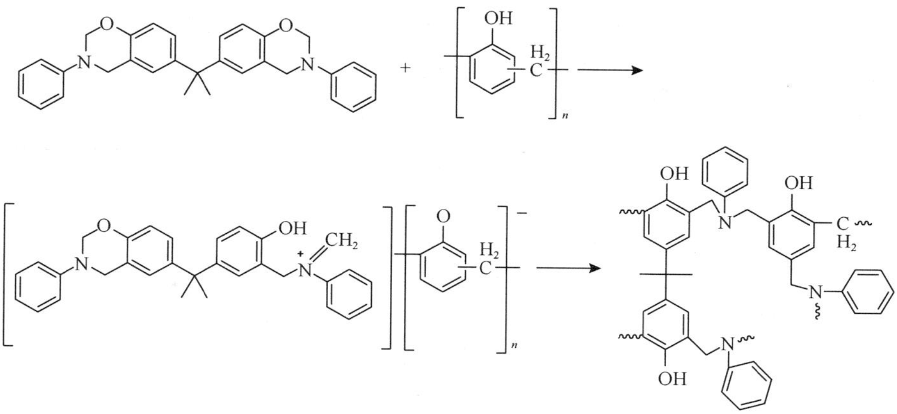

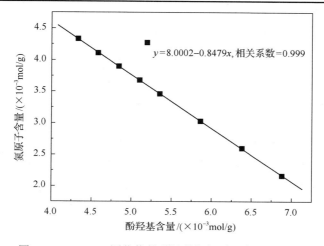

图 6.2　BA-a/N-x 固化反应机理

　　噁嗪环开环后会产生一个饱和氮原子和一个酚羟基，采用重结晶的 BA-a，在完全固化的情况下，噁嗪环全部开环，故可计算出各体系固化物中的氮原子和酚羟基相对含量。如表 6.2 和图 6.3 所示，随着共混体系固化物中的酚羟基含量不断增加，氮原子含量呈线性关系减少，这种官能团含量的变化会对体系氢键的种类和数量产生影响。

表 6.2　BA-a/ N-x 固化物的氮原子和酚羟基含量

树脂代号	BA-a	BA-a/N-5	BA-a/N-10	BA-a/N-15	BA-a/N-20	BA-a/N-30	BA-a/N-40	BA-a/N-50
氮原子含量 /($\times 10^{-3}$mol/g)	4.33	4.11	3.90	3.68	3.46	3.03	2.60	2.16
酚羟基含量/ ($\times 10^{-3}$mol/g)	4.33	4.58	4.84	5.10	5.35	5.86	6.38	6.88

$y=8.0002-0.8479x$，相关系数=0.999

图 6.3　BA-a/N-x 固化物的酚羟基与氮原子含量关系图

图 6.4 是 BA-a/线型酚醛树脂共混体系固化物中的主要氢键类型，发生在氮原子和酚羟基上，包括：①酚羟基与酚羟基之间的分子内氢键；②酚羟基与氮原子之间的分子内氢键；③酚羟基与酚羟基之间的分子间氢键；④酚羟基与氮原子之间的分子间氢键。

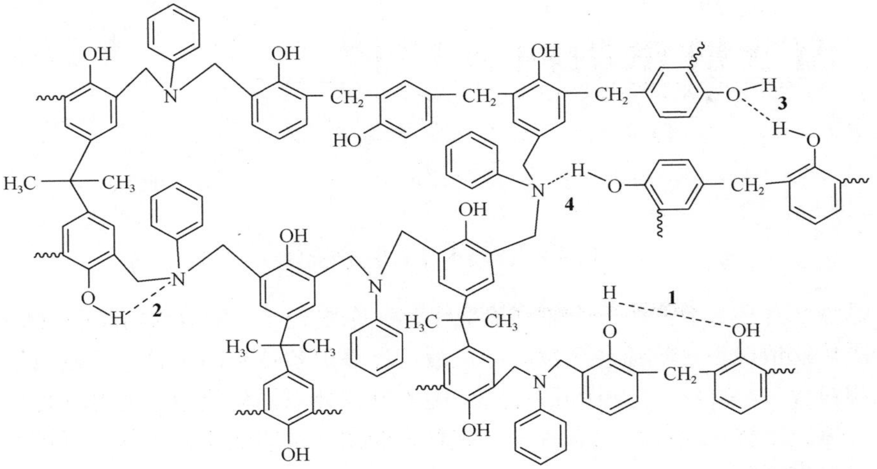

图 6.4　BA-a/N 固化物的氢键结构

1. 酚羟基与酚羟基之间的分子内氢键；2. 酚羟基与氮原子之间的分子内氢键；3. 酚羟基与酚羟基之间的分子间氢键；4. 酚羟基与氮原子之间的分子间氢键

表 6.3 是根据 5 次计算机模拟结果所得的共混体系固化物重复单元内的氢键平均值。BA-a/N-20 体系比 BA-a 体系增加了酚羟基与氮原子之间的分子间氢键，同时酚羟基与酚羟基之间的氢键数和酚羟基与氮原子之间的分子内螯合氢键数均多于 BA-a 体系，说明在苯并噁嗪体系中引入酚醛树脂后，体系氢键的种类和数量发生变化，氢键作用增强。固化物氢键结构的变化会给其性能带来较大的影响[7]。

表 6.3　BA-a 和 BA-a/ N-20 固化物的氢键类型和数量

体系	酚羟基与酚羟基之间的氢键	酚羟基与氮原子之间的分子内螯合氢键	酚羟基与氮原子之间的分子间氢键
BA-a	2	9	0
BA-a/N-20	4	10	2

表 6.4 列出了共混体系固化物的耐热性能(DMA 和 TGA 测试结果)。共混体系固化物初始储能模量与 poly(BA-a)相比有所提高，呈先上升后下降的趋势。当酚醛树脂的相对含量为 20%时，共混体系固化物初始储能模量最高，达 7.384GPa。当酚醛树脂相对含量小于 20%时，共混体系固化物的储能模量随着酚醛含量的增大而升高。这是因为少量酚醛树脂的引入增加了交联网络中酚羟基的相对含量，

增加了体系分子间氢键作用。而当酚醛树脂相对含量大于 20% 时，噁嗪环的含量相对降低，氮原子含量减少，氮原子与酚羟基之间的氢键作用下降，共混体系固化物的模量有所降低。从玻璃化转变温度 (T_g) 来看，共混体系固化物的 T_g 随着体系中酚醛树脂含量的增大而不断降低。从 BA-a 体系至 BA-a/N-50 体系，$T_g (\tan \delta)$ 从 206℃降至 137℃。进一步，从 DMA 结果计算得到 BA-a/N-x 共混体系固化物的交联密度。随着共混体系中酚醛树脂含量增大，体系交联密度逐渐降低，从 BA-a 体系至 BA-a/N-50 体系，交联密度从 2.475mol/m³ 降至 0.533mol/m³。此外，BA-a/N-x 体系的热稳定性数据（TGA 结果，表 6.4）显示，适当的增加共混体系中酚醛树脂含量（15%～30%，质量分数），固化物的热稳定性明显得到提高，5%热失重温度高于 280℃，800℃残炭率高于 28.8%。

表 6.4　BA-a/N 共混体系固化物的 DMA 和 TGA 结果

样品	初始储能模量/GPa	$T_g (E'')$ /℃	$T_g (\tan \delta)$ /℃	交联密度 /(mol/m³)	5%热失重温度 /℃	800℃残炭率 /%
BA-a	5.383	189	206	2.475	230	25.07
BA-a/N-5	5.539	186	202	2.103	246	25.63
BA-a/N-10	6.594	180	199	1.598	273	24.08
BA-a/N-15	6.741	172	192	1.420	280	29.03
BA-a/N-20	7.384	168	189	1.066	285	28.82
BA-a/N-30	7.266	155	177	0.833	280	29.47
BA-a/N-40	7.163	136	158	0.724	272	28.98
BA-a/N-50	7.002	115	137	0.533	259	25.66

注：E''. 损耗模量；$\tan \delta$. 损耗因子；T_g. 玻璃化转变温度。

共混体系固化物的弯曲强度随酚醛树脂含量增加呈持续下降趋势。PBA-a 的弯曲强度为 138.1MPa，BA-a/N-20 的弯曲强度下降到 123.9MPa，BA-a/N-50 的弯曲强度为 91.42MPa。而共混体系固化物的模量随着共混体系中酚醛含量的增加，呈现先上升后下降的趋势，当共混体系中酚醛树脂含量为 20%（BA-a/N-20）时，弯曲模量达到最大值，为 6.011GPa（表 6.5）。共混体系固化物弯曲强度呈持续下降趋势的原因是共混体系固化物的交联密度下降。弯曲模量的变化趋势可能是由酚羟基的引入改变了共混体系的氢键相互作用，分子间氢键先增多后减少造成的。此外，固化物硬度呈现出随着酚醛树脂含量增多先上升后下降的趋势，最大为酚醛含量 20% 时，为 127.1（HRC）。共混体系固化物的 7 天吸水率呈现先减小后增加的趋势；当酚醛树脂的相对含量为 20% 时，共混体系固化物的吸水率达到最小值，为 0.116%（表 6.5）。

表 6.5　共混体系固化物的弯曲强度、弯曲模量、硬度和吸水率

体系	BA-a	BA-a/N-5	BA-a/N-10	BA-a/N-15	BA-a/N-20	BA-a/N-30	BA-a/N-40	BA-a/N-50
弯曲强度/MPa	138.1	136.1	130.6	127.2	123.9	118.4	110.7	91.42
弯曲模量/GPa	5.214	5.355	5.592	5.701	6.011	5.907	5.886	5.851
硬度(HRC)	122.1	122.6	123.7	125.2	127.1	126.5	126.1	125.6
吸水率/%	0.136	0.133	0.129	0.126	0.116	0.118	0.120	0.122

2. DDM 型苯并噁嗪/线型酚醛树脂共混体系的固化反应机理及性能

将 DDM 型苯并噁嗪(PH-ddm)与线型酚醛树脂共混，制备了系列不同质量分数的共混物(缩写为 PH-ddm/N-x，x 为 N 的质量分数)。将其与 BA-a/N-x 共混体系比较，两个体系具有相同的固化行为和氢键相互作用，随着线型酚醛树脂含量增加，共混体系固化物的玻璃化转变温度、初始储能模量、热稳定性、吸水率等性能呈现出相似的升高或降低的变化规律。由于 DDM 型聚苯并噁嗪自身具有十分优异的综合性能，PH-ddm /N-x 体系固化物的性能数值变化幅度减小。表 6.6 和表 6.7 分别列出了固化物的玻璃化转变温度、初始储能模量、5%热失重温度、800℃残炭率、吸水率等性能数据。

表 6.6　PH-ddm/N-x 共混体系固化物的硬度及吸水率

样品	PH-ddm	PH-ddm/N-5	PH-ddm/N-10	PH-ddm/N-15	PH-ddm/N-20	PH-ddm/N-30	PH-ddm/N-40	PH-ddm/N-50
硬度(HRC)	121.3	122.0	123.0	123.9	125.3	124.8	124.4	124.1
吸水率/%	0.146	0.139	0.135	0.130	0.128	0.131	0.132	0.134

表 6.7　PH-ddm/N-x 共混体系固化物的 DMA 和 TGA 数据

样品	初始储能模量/GPa	$T_g(E'')$/℃	$T_g(\tan\delta)$/℃	交联密度/(mol/m³)	5%热失重温度/℃	800℃残炭率/%
PH-ddm	4.724	212	226	2.295	329	38
PH-ddm/N-5	4.820	193	214	1.998	317	41.17
PH-ddm/N-10	5.114	179	199	1.792	322	40.96
PH-ddm/N-15	5.406	175	196	1.78	321	40.05
PH-ddm/N-20	5.793	169	188	1.384	318	39.39
PH-ddm/N-30	5.386	153	171	0.994	305	39.51
PH-ddm/N-40	5.396	142	163	0.826	315	43.56
PH-ddm/N-50	5.310	116	135	0.657	286	35.11

3. 小结

苯并噁嗪/线型酚醛树脂二元共混体系中，酚醛树脂的含量会明显改变体系中氢键的种类和数量。共混体系固化物的弯曲强度、7 天吸水率均随着酚醛树脂含量的增加而减小，同时，弯曲模量、硬度等均随着酚醛树脂含量的增加呈现先上

升后下降的趋势。当酚醛树脂含量为 20% 时，共混体系固化物的性能达到极值。通过改变苯并噁嗪的种类，可以得到性能进一步提升的共混体系，然而性能基本变化规律接近，且都与共混体系中的氢键相关。

6.1.2　苯并噁嗪/环氧树脂共混体系

环氧树脂(ER)是目前应用和开发最多的热固性树脂，其品种多、黏度小、价格低廉，是改善苯并噁嗪(BZ)树脂加工性能的常用改性剂。此外，环氧基团可以与 BZ 开环产生的酚羟基共聚，提高聚苯并噁嗪(PBZ)的交联密度，进而改善 PBZ 的物理机械性能。因此，BZ/ER 共混体系的研究非常广泛。

1. 苯并噁嗪/环氧树脂共混体系的加工性能

环氧树脂的引入可以显著地降低 BZ 树脂的初始黏度，改善加工工艺[8-10]。以酚醛型环氧树脂(F-51)为例，随着 F-51 相对含量的增加，共混体系的初始黏度逐渐降低(图 6.5)[11]；可以满足树脂预浸料、RTM、真空辅助树脂模型(VRTM)等传统的复合材料加工工艺成型对黏度的需求。BZ/ER 共混体系无须冷冻存储，室温的储存稳定性良好；体系在 150℃ 具有良好的热稳定性，可用于注射成型；150℃ 以上温度时，固化反应快速进行，且固化体系具有良好的耐热性、耐水性、电绝缘性和良好的机械性能[12]。

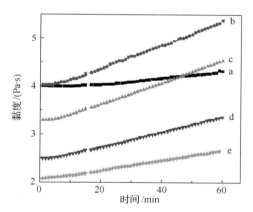

图 6.5　F-51 树脂的相对含量对 BA-a 树脂 80℃ 等温黏度的影响
BA-a/F-51 的质量比分别为 a. 100/0; b. 9/1; c. 4/1; d. 2/1; e. 1.18/1

凝胶化时间(t_{gel})反映了一定温度下，聚合物单体由线型结构向体型结构大分子转变所需的时间，是进行加工工艺控制的重要参数。如表 6.8 所示，BA-a 树脂在 180℃ 的凝胶化时间为 3325s，随着 F-51 含量的增加逐渐缩短至 1520s；当 F-51 的含量高于 40%(质量分数)后，凝胶化时间有所增加(BA-a 开环产生的酚羟基不能满足所有环氧基团的开环反应)，但仍低于 BA-a 体系。

表 6.8　BA-a 及 BA-a/F-51 共混体系 180℃的凝胶化时间 (s)

BA-a/F-51 (质量比)	10/0	9/1	6/1	4/1	3/1	2/1	1.5/1	1.18/1
t_{gel}	3325	2321	2089	1622	1589	1520	1710	1950

2. 苯并噁嗪/环氧树脂共混体系的热聚合反应机理

环氧基团可以与噁嗪环开环形成的酚羟基反应，形成共聚网络[图 6.6(a)][13]。共混体系中噁嗪环与环氧基团的摩尔比大于 1∶1 时，DSC 固化放热曲线中仅能在 240℃左右观察到一个放热峰 (图 6.7)，对应于 BZ 的热开环聚合及环氧基与酚羟基之间的共聚反应[图 6.6(a) 和 (c)]；随着环氧基团相对含量的增加，固化放热峰的起始温度和峰值温度逐渐向高温移动。如果噁嗪环与环氧基团的摩尔比小于 1∶1，则会在 300℃左右观察到残余的环氧基团的热开环聚合固化放热峰 (图 6.7)，对应于环氧树脂的均聚反应[图 6.6(b)]。以线型酚醛树脂 (Novelac) 和 N, N-二甲基苯胺 (DA) 为模型化合物，模拟 BZ 树脂开环后生成的酚羟基结构以及 Mannich 桥上的叔胺结构[图 6.6(c)]，并将上述模型化合物与 ER 共混，考察苯并噁嗪开环后的结构对环氧基团的催化效果。对比模型体系、BZ 树脂均聚反应和 ER 树脂均聚反应的 DSC 曲线的初始放热温度及峰值温度 (图 6.8)，得出如下结论：两者共

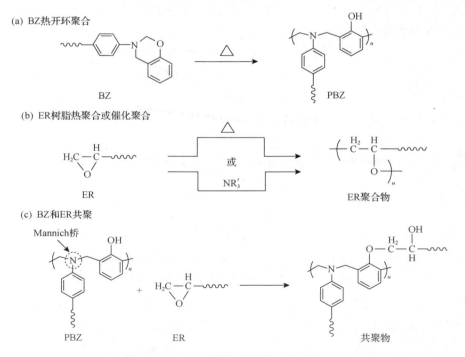

图 6.6　BZ/ER 共混体系可能的聚合反应

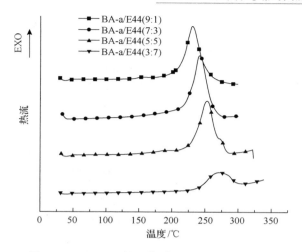

图 6.7　BA-a/E44 共混体系 DSC 固化放热曲线

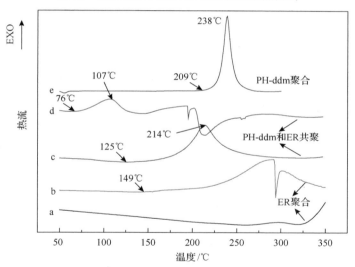

图 6.8　各体系的 DSC 固化放热曲线

a. E44 的均聚反应；b. E44/DA（1∶1）共混体系；c. E44/Novelac（1∶1）共混体系；d. E44/Novelac/DA（1∶1∶1）
共混体系；e. PH-ddm；b 和 d 曲线中的吸热峰是由 DA 的挥发引起的

聚的反应活性（c）＞苯并噁嗪的均聚反应（a）＞环氧树脂的均聚反应（b），即苯并噁嗪开环形成的酚羟基会立即与环氧基团发生共聚反应，二元共混体系中很难实现顺序聚合[14]。

　　选用苯基缩水甘油醚型环氧树脂（PEG）和对甲酚/苯胺型苯并噁嗪（pC-a）为模型化合物，采用 ^{13}C NMR 表征的方法对苯并噁嗪/环氧树脂共混体系的固化反应机理进行了研究，结果如图 6.9 所示。苯并噁嗪在热聚合过程中会形成酚 Mannich

桥(A)和酚亚甲基桥(B)两种类型的交联结构;而加入环氧树脂后,环氧基与苯并噁嗪产生的酚羟基之间发生共聚反应,抑制了苯醌亚甲基结构的形成和苯胺类衍生物的释放,从而使共混体系中只形成酚 Mannich 桥交联结构(C)[15]。

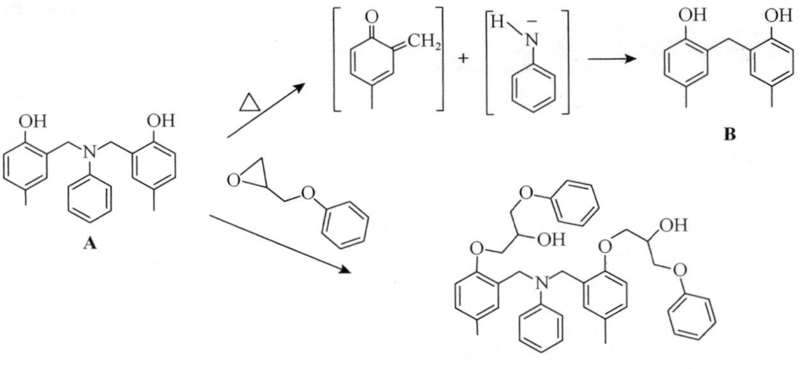

图 6.9   酚 Mannich 桥结构与苯基缩水甘油醚型环氧树脂的模型反应示意图

随着对苯并噁嗪/环氧树脂共混体系热聚合反应的深入研究,发现两者的共聚反应机理与苯并噁嗪及环氧树脂自身的化学结构有着密切的联系,不能一概而论。以单环的苯基缩水甘油醚型环氧树脂(PEG)与脂环族-缩水甘油酯型环氧树脂(CER)为例,前者的环氧基团为端基,O 的电负性比 C 大,导致环氧基上电荷严重极化,形成两个可反应的活性中心:电子云密度较高的 O 原子和电子云密度较低的 C 原子;而后者环氧基与脂环相连,脂环的空间位阻严重影响了环氧基的活性。通过模型化合物以及分子模拟等手段,对比了两种环氧树脂与苯并噁嗪的聚合反应特点,得出如下结论[16]:PEG 与 BZ 开环形成的苯氧负离子中间体发生共聚,生成 A 和 D(图 6.10);同时也可与 BZ 开环聚合形成的酚羟基(B)发生共聚,生成 C;且 PEG 与苯氧负离子的共聚反应活化能更低(聚合反应过渡态的能垒为 41.9kcal/mol,BZ 均聚时的能垒为 49.4kcal/mol)。CER 只能与 BZ 开环聚合产生的酚羟基发生共聚反应,而叔胺及 BZ 开环后过渡态的离子对其无催化作用(两者的聚合反应机理如图 6.10 所示)。更有研究表明,环氧树脂结构中,连接环氧基团的部分为柔性链段(如双酚 A)时,链段的运动能力较强,能与 BZ 开环形成的酚 Mannich 桥反应,共混体系交联网络中存在 Mannich 桥结构;而连接环氧基团的部分为刚性链段(如联苯型环氧树脂 Bip-ER、双环戊二烯苯酚型环氧树脂 DCPD-ER)时,链段的运动受限,不易与 Mannich 桥上的酚羟基反应;孤立的 Mannich 桥在高温时裂解形成 Schiff 结构,而最终固化物中不含 Mannich 桥结构[17]。

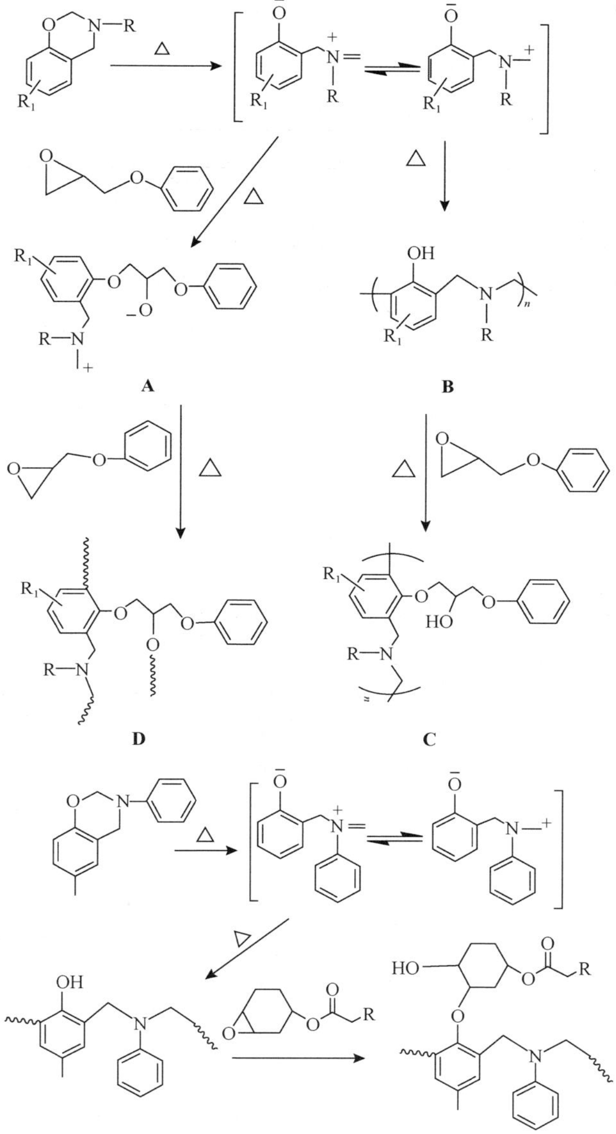

图 6.10　苯并噁嗪与苯基缩水甘油醚型环氧树脂和脂环族环氧树脂共混体系
可能的热聚合反应机理

3. 苯并噁嗪/环氧树脂共混体系结构与性能关系

环氧基团可以与 BZ 开环产生的酚羟基反应，减少 PBZ 交联网络中的氢键等
物理相互作用，增加体系的化学交联密度；同时由于向交联网络中引入柔性的醚

键结构，一定程度上可以改善 PBZ 的韧性，因此环氧树脂是苯并噁嗪最早的改性剂[18]。本节将从环氧树脂的相对含量和化学结构两个方面，讨论热聚合条件下苯并噁嗪/环氧树脂共混体系固化物的结构与性能。

1) 环氧树脂的相对含量

双酚 A 型环氧树脂(DGEBA-ER)是苯并噁嗪最常用的环氧改性剂。其相对含量对苯并噁嗪/环氧树脂共混树脂固化物性能的影响见表 6.9，规律如下[12]：与 poly(BA-a) 相比，BA-a/DGEBA-ER 共聚体系拥有较高的交联密度；并且随着 DGEBA-ER 相对含量的增加，交联密度逐渐增加，交联点间的平均分子量逐渐减小，浇铸体的 T_g 呈现先增加后降低的趋势，当 DGEBA-ER 相对含量为 30%(质量分数)时，T_g 最高。此外，增加 DGEBA-ER 的相对含量，体系的弯曲模量逐渐降低，而弯曲强度和断裂伸长率逐渐增加[15]；本体密度略有降低。通常认为，少量环氧树脂的加入，可以提高共混树脂浇铸体的机械性能[19]；而环氧树脂含量较高时，酚羟基不足以催化环氧树脂反应，未反应的环氧树脂起到类似增塑剂的作用，使共聚物的机械性能下降。

表 6.9　BA-a 和 DGEBA-ER 共混体系的交联密度、本体密度、弯曲性能结果

环氧树脂含量/%	交联密度/(mol/m³)	交联点间平均分子量	T_g(tanδ)/℃	本体密度/(g/cm³)	弯曲性能		
					强度/MPa	模量/GPa	断裂伸长率/%
0	1100	971	161	1.2000	125	4.48	2.9
5	1140	742	166	—	—	—	—
10	1740	611	159	1.1990	—	4.52	—
15	1830	582	163	—	140	4.30	3.4
20	1870	569	169	1.1975	—	4.40	—
25	2240	475	168	—	150	4.20	3.8
30	2420	440	175	1.1970	—	4.10	—
35	2500	426	171	—	160	3.95	4.6
40	3050	350	168	1.1960	—	3.85	—
45	3430	311	168	—	170	3.75	6.2
50	2550	418	154	1.1950	—	3.42	—

当然，ER 相对含量对 BA-a 共混体系固化物性能的影响不能一概而论。固化工艺或 BA-a 的纯度改变时，ER 相对含量对共混体系固化物性能的影响规律会有一定的偏差[18]。如表 6.10 所示，与环氧树脂 E44 共混后，BA-a 树脂或 BA-a 单体(重结晶纯化)固化物的 T_g 和模量逐渐降低；交联密度、弯曲强度以及挠度先发生小幅度的降低，随后逐渐升高。重结晶提纯后，BA-a 单体及其与 E44 共混体系的整体性能均较未纯化体系有大幅提高。BA-a 单体/E44 共混体系固化物的交联密

度、T_g 和模量较 BA-a 树脂/E44 共混体系相应提高了 7%~22%、20~30℃和 20%~30%（表 6.10）。当 E44 的相对含量为 30%（质量分数）时，BA-a 单体/E44 共混体系的弯曲强度和形变分别为 156.5MPa 和 6.22mm，较 BA-a 单体固化物体系提高了 11% 和 31%，而 T_g 和模量仅有小幅下降，综合性能最优。王洲一等在二胺型苯并噁嗪（PH-ddm）/酚醛型环氧树脂(F-51)共混体系的研究中也发现了同样的规律[20]。

表 6.10　BA-a 树脂/E44 共混体系和 BA-a 单体/E44 共混体系固化物的性能[21]

系统组成		BA-a 树脂/E44					BA-a 单体/E44				
		10/0	90/10	80/20	70/30	60/40	10/0	90/10	80/20	70/30	60/40
t_{gel} (T=190℃)/s		1950	1650	1299	1245	1521	4413	3000	2463	2378	2252
DSC	T_{onset}/℃	211.4	221.0	218.8	222.4	221.8	256.2	254.6	249.8	247.0	248.0
	T_{peak}/℃	229.2	236.7	236.9	241.3	241.8	262.4	262.1	259.8	260.7	265.4
DMA	初始储能模量（E'）/MPa	4830	4153	3932	3689	3452	5423	5479	5299	5008	4188
	交联密度/($\times10^3$mol/m³)	1.47	1.37	1.87	2.03	2.17	1.74	1.68	2.01	2.26	2.49
	tan δ（高度）	1.14	0.92	0.72	0.68	0.62	1.04	0.95	0.84	0.76	0.70
	tan δ（半高宽度）	26.2	28.7	33.9	31.6	36.2	24.0	25.2	28.6	28.6	28.6
	T_g (E'')	170.6	149.2	152.8	155.4	154.7	188.7	181.1	175.7	174.6	174.7
	T_g (tan δ)	185.6	169.4	171.9	172.5	173.8	206.1	198.7	196.8	195.9	193.6
弯曲性能	强度/MPa	132.6	120.2	122.9	126.6	139.1	141.1	134.8	151.7	156.5	159.3
	模量/MPa	5078	4931	4646	4630	4422	5241	4802	4633	4350	4016
	挠度/mm	4.32	3.87	4.28	4.70	5.58	4.73	4.62	5.54	6.22	7.24

　　双酚 A 型环氧树脂 E44 与苯并噁嗪进行共混后，能够有效地提高二元体系固化物的弯曲挠度，改善聚苯并噁嗪的韧性，但二元体系固化物的模量较聚苯并噁嗪的有所降低。而 E44 的引入对二元共混体系的 T_g 和力学性能带来的影响并不固定。其中，苯并噁嗪单体中芳香胺的间位被吸电子的氯元素取代后，其与 E44 二元共混体系固化物的 T_g 降低；而酚源的间位被吸电子的氯元素取代后，共混物的 T_g 升高，弯曲性能几乎不变；苯并噁嗪单体结构中酚源有甲基存在时，E44 加入后，二元体系固化物的弯曲强度较聚苯并噁嗪有所增加，但固化物的 T_g 降低；而胺源的邻位或对位含有取代基团时，其与 E44 共混体系固化物的 T_g 和力学性能较聚苯并噁嗪均有所降低[16]。

　　2）环氧树脂化学结构

　　酚醛型环氧树脂(F-51)的化学结构见表 6.11，其兼备了酚醛树脂较高的热稳定性和环氧树脂的高反应性，具有较高的环氧当量，能在保持 BZ 原有的机械性能和耐热性的同时提高固化产物的交联密度、增强材料的韧性，是 BZ 树脂常用的环氧树脂改性剂之一[11, 20]。如表 6.12 所示，调节 F-51 的相对含量将对 BA-a 树脂的固化反应、固化物结构及性能产生重要的影响[11]。当 BA-a/F-51 的质量比大于等于 2/1 时，体系的凝胶化时间(t_{gel})随着 F-51 相对含量的增加逐渐减小，凝胶反应活化能(E_a)逐渐降低；当 BA-a/F-51 的质量比小于 2/1 时，t_{gel} 随着 F-51 相对含量的增加而逐渐升高，E_a 也逐渐增加；当 F-51 的相对含量大于 10%时，共混体系的 t_{gel} 和 E_a 均低于 BA-a 树脂体系。此外，共混体系固化放热曲线的初始放热温度(T_{onset})和峰值温度(T_{peak})均略向高温移动。其中 BA-a/F-51 的质量比为 1.18/1 时，固化反应温度最高，T_{onset} 和 T_{peak} 分别比纯 BA-a 增加了 18.5℃和 20.9℃。固化物浇铸样条的性能测试结果显示：①随着 F-51 含量的增加，固化试样的 T_g 和交联密度均呈现逐渐增加的趋势，BA-a/F-51 质量比为 1.5/1 时最高，T_g 和交联密度分别为 173.4℃和 $6.4 \times 10^3 mol/m^3$，较 BA-a 体系分别提高了 17.4℃和 3.5 倍以上。②增加 F-51 的相对含量，弯曲强度逐渐增加，最高可达 159MPa（BA-a/F-51 质量比为 2/1），较 BA-a 体系增加了 26 MPa；弯曲模量总体呈下降趋势，但弯曲挠度逐渐提高。③引入 F-51，固化物的线性热膨胀系数有所增加：含量较低时，体系的线性热膨胀系数仅略有增加，仍保持在较低的值；当含量大于等于 40%（质量比 1.5/1）后，线性热膨胀系数大幅增加。④苯并噁嗪与环氧树脂的共聚反应消耗了大量的酚羟基，使体系分子内氢键、分子间氢键相互作用减弱，BA-a/F-51 在沸水和常温的吸水率随着 F-51 相对含量的增加而升高，但仍然保持在较低的值。⑤引入 F-51 后，共混体系固化物 5%热失重温度($T_{5\%}$)大幅提高，而最大热失重速率所对应的温度(T_{dmax})以及 800℃对应的残炭率变化不明显。综合来看，F-51 的相对含量为 30%左右（质量比 2/1）时，共混体系固化物的综合性能最好。

表 6.11　环氧树脂的化学结构及对应的缩写

环氧树脂种类	化学结构	简写
双酚 A 型环氧树脂		DGEBA-ER（E44，E51）
酚醛型环氧树脂		F-51
联苯型环氧树脂		Bip-ER
双环戊二烯-苯酚型环氧树脂		DCPD-ER

环氧树脂种类	化学结构	简写
缩水甘油胺型 环氧树脂		AG-80
脂环族-缩水甘 油酯型环氧树脂		TDE-85
脂肪族-缩水甘 油酯型环氧树脂		CER
特种环氧树脂 (海因环氧树脂)		HER

表 6.12　BA-a、F-51 及其共混体系固化物的性能[11]

BA-a/F-51 质量比		10/0	9/1	6/1	4/1	3/1	2/1	1.5/1	1.18/1
DSC	T_{onset}/℃	215.3	220.2	222.0	224.8	227.6	229.0	233.5	233.8
	T_{peak}/℃	231.0	235.4	237.2	240.4	242.2	244.7	251.1	251.9
t_{gel} (T=180℃)/s		3325	2321	2089	1622	1589	1520	1710	1950
E_a/(kJ/mol)		108.1	108.9	107.6	94.1	—	88.0	92.1	93.7
交联密度(×10^3mol/m³)		1.4	2.0	2.4	2.6	3.3	4.2	6.4	5.7
交联点间 M_n		859	600	488	466	362	284	189	211
T_g(DMA, E'')/℃		156.0	154.4	157.1	162.9	168.6	172.9	173.4	167.7
本体密度/(g/cm³)		1.1851	1.1885	1.1915	1.1924	1.1980	1.2040	1.2061	1.2090
线性热膨胀系 数/[μm/(m·℃)]		—	57.86	65.18	57.69	57.95	58.79	64.07	64.54
吸水率	常温(24h)	0.088	0.096	—	0.149		0.151		0.172
	沸水(3h)	0.084	0.095	—	0.130		0.135		0.149
TGA	$T_{5\%}$/℃	217.9	—	—	280.5	—	283.5	—	285.5
	T_{dmax}/℃	200.6/375.0	—	—	195.0/377.1	—	197.4/383.4	—	205.6/408.1
	800℃残炭率/%	27.4	—	—	27.8	—	28.0	—	28.1
弯曲 性能	强度/MPa	133	130	133	136	144	159	152	158
	模量/GPa	5.18	5.2	4.96	5.0	5.08	4.7	4.6	4.5
	挠度/mm	4.3	3.9	4.2	4.3	5.0	6.1	6.3	6.3

注：—表示相应数据未采集。

F-51 树脂与二元胺型苯并噁嗪树脂(PH-ddm)共混体系固化物的性能如表 6.13 所示，增加 F-51 树脂的相对含量，共混体系凝胶化时间先缩短后增长，拐点时 F-51 的相对含量约为 20%(质量分数)，与 BA-a/F-51 共混体系的变化趋势相同，但是拐点后，体系的 t_{gel} 较 PH-ddm 体系增加；凝胶活化能均较 PH-ddm 体系有所增高，该结果与 BA-a/F-51 体系相反(表 6.12)。F-51 树脂固化过程中会出现严重的体积收缩现象[图 6.11(g)]；当 F-51 相对含量较低时(<20%)，共混体系形成了 PH-ddm 与 F-51 的共聚网络，固化物的表面平整[图 6.11(a)和(b)]；当 F-51 相对含量较高时(≥30%)，共混体系的表面出现了大量的褶皱，尺寸稳定性变差[图 6.11(d)～(f)]。增加 F-51 的相对含量，共混体系的玻璃化转变温度呈先上升后下降的变化趋势，当 F-51 的相对含量为 20%(质量分数)时，T_g 最高(223.3℃)；固化产物交联密度逐渐升高，F-51 的相对含量为 50%时，交联密度最高(6.8×10^3mol/m³)，为 PH-ddm

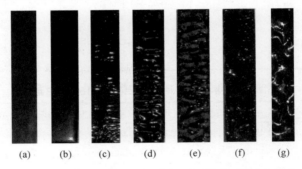

(a)　(b)　(c)　(d)　(e)　(f)　(g)

图 6.11　PH-ddm/F-51 共混体系固化物的表面收缩形貌

共混体系中 F-51 的相对含量(质量分数)分别为：(a)0；(b)10%；(c)20%；(d)30%；(e)40%；(f)50%；(g)100%

表 6.13　PH-ddm/F-51 共混体系固化物的性能

质量比	t_{gel} (180℃)/s	E_a /(kJ/mol)	DMA			弯曲性能			TGA		
			E'/MPa	T_g^a/℃	ρ/ ($\times10^3$mol/m³)	强度/MPa	模量/MPa	挠度/mm	$T_{5\%}$/℃	T_{dmax}/℃	800℃残炭率/%
10/0	2040	84.2	4278	210.6	2.8	163.9±19.1	4687.3±37.1	6.3±0.8	335.7	397.8	39.4
9/1	1875	98.3	3934	221.2	2.8	151.9±9.2	4638.1±62.3	5.8±0.4	328.5	392.9	40.3
8/2	1805	91.9	3844	223.3	4.1	167.7±6.1	4277.4±36.5	7.2±0.3	335.0	390.7	38.3
7/3	2047	93.6	3684	219.4	5.7	151.6±8.8	3878.8±54.4	7.5±0.6	329.5	395.3	36.2
6/4	2155	91.9	3112	183.3	3.7	159.8±7.7	3819.4±58.4	8.6±0.9	335.6	403.2	35.1
5/5	2655	88.0	3282	212.8	6.8	143.3±8.4	3583.1±58.4	7.2±0.8	344.0	402.7	34.5

a. 从损耗模量峰值得到的 T_g。

固化物交联密度的 2.4 倍；弯曲模量逐渐降低，弯曲强度变化不明显，而弯曲挠度在略微降低后逐渐增加；共混体系 5%(质量分数)的热失重温度($T_{5\%}$)变化不明显，集中在(335 ± 7)℃；800℃的残炭率略有降低(PH-ddm 固化物的残炭率为39.4%，F-51 相对含量为 50%时，残炭率约为 34.5%)。PH-ddm/F-51 共混体系的热失重主要分为两阶段，第一阶段在 400℃左右，其分解产物主要是酚及酚类衍生物；第二阶段从 470℃开始，随着 F-51 相对含量的增加逐渐移动到 550℃左右，其分解产物主要为酚类和胺类衍生物以及苯环裂解产物[20]。

　　双酚 A 型环氧树脂(E51)、缩水甘油酯型环氧树脂 TDE-85、缩水甘油胺型环氧树脂 AG-80 和海因环氧树脂 HER 的化学结构如表 6.11 所示[22]。因为化学结构的不同，上述环氧树脂分别与 PH-ddm 树脂以摩尔比 1∶2(环氧基团∶噁嗪环)共混时，共混体系的聚合反应以及固化物的性能均有所不同(表 6.14)。①与 PH-ddm树脂相比，PH-ddm/ER 共混体系的凝胶反应活化能均有所降低，而 PH-ddm/AG-80共混体系的凝胶反应活化能最低，该结果可能与 AG-80 环氧树脂结构中含有叔胺，对 BZ 的开环反应有一定的催化作用有关。②共混体系在高温(180℃)固化过程中，会出现不同程度的表面收缩现象，其严重程度为：PH-ddm/HER＞PH-ddm/AG-80＞PH-ddm/TDE-85＞PH-ddm/E51。③苯并噁嗪与不同结构的环氧树脂的反应机理相同，即苯并噁嗪开环形成亚胺离子，亚胺离子与碳正离子为共振结构，碳正离子进攻噁嗪环的邻位形成酚 Mannich 桥结构，酚羟基可使环氧基发生开环反应，二者发生共聚反应。DGEBA 环氧树脂(E51)与苯并噁嗪的共混体系在固化过程中未产生裂解的 Schiff 碱结构，而 DCPD 型和联苯型的环氧树脂与PH-ddm 共混物在固化时均观察到 Schiff 碱结构(DCPD 型、联苯型环氧树脂的刚性较大，链段运动能力差，不易与噁嗪环开环后的酚 Mannich 结构反应，是苯并噁嗪开环形成中间体在高温条件下裂解成 Schiff 碱的主要原因)。④由于环氧基团与酚羟基之间的共聚反应消耗了大量的酚羟基，减弱了 PBZ 交联网络中分子内/间氢键相互作用，与 PH-ddm 固化物相比，PH-ddm/ER 共混体系的刚性减小、室温储能模量降低。而交联密度和 T_g 的变化与环氧树脂的结构密切相关，其中，缩水甘油胺型环氧树脂 AG-80 为多官能环氧树脂，共混体系的交联密度最高，T_g 也相应提高，模量虽有所下降，但仍保持在较高的值。环氧树脂 TED-85 含有两个缩水甘油酯型环氧基和一个脂环族环氧基，由于后者的反应活性较低，与双官能度的 E51 体系相比，其交联密度并未升高，但由于极性的酯键的存在，它可以与 PBZ的酚羟基之间形成大量的分子间氢键，使共混体系的 T_g 大幅提高，模量也保持在较高的值。海因环氧树脂 HER 因分子结构中含有强极性的乙内酰脲杂环，与PH-ddm 固化物之间也可形成分子间氢键，该氢键相互作用使体系保持了较高的模量和强度，但并没有提高体系的 T_g 和韧性，反而使体系最终的 T_g 大幅降低、韧性(弯曲挠度)下降。推测该结果可能与极性基团与 BZ 之间形成的分子间氢键相互作用的强弱有关：强的分子间相互作用在高温（T_g 以上温度）时才消失或减弱，而弱的分子间相互作用在高温（T_g 附近）时已经消失，前者对 T_g 的提高有很大的贡献，而后者对 T_g 无影响，仅对低温/室温储能模量（刚性）有一定的贡献。⑤引入环氧树脂后，共混体系 5%、10%的热失重温度及 800℃的残炭率均有所降低，热稳定性下降。其中，PH-ddm/海因环氧树脂共混体系的热稳定性下降最明显，该结果可能与 HER 树脂结构中不稳定的 C、N 五元杂环结构有关。⑥因为含有柔性的醚键，E51 改性 PH-ddm 共混体系固化物的弯曲强度和模量均有所下降，但是弯曲挠度最大，韧性提高最明显；而其他环氧树脂改性 PH-ddm 体系的弯曲强度和模量均保持在较高的值；除海因环氧体系外，共混体系固化物的弯曲挠度均较 PH-ddm 固化物有明显的提高。

表 6.14　不同种类环氧树脂/PH-ddm 共混体系的反应活性及固化物性能

环氧树脂种类	E_a^* /(kJ/mol)	DMA			TGA			弯曲性能		
		E'(40℃) /MPa	$T_g(E'')$ /℃	ρ /($\times 10^3$mol/m³)	$T_{5\%}$/℃	$T_{10\%}$/℃	800℃残炭率/%	模量 /MPa	强度 /MPa	挠度 /mm
PH-ddm（无环氧树脂）	103.52	4647	180.3	1.86	330.70	365.14	40.36	4816.33	147.82	5.09
E51	93.59	3508	180.3	3.29	329.20	351.74	34.34	3922.85	142.66	6.95
AG-80	89.00	4308	210.8	3.64	319.85	344.77	34.36	4761.72	155.12	5.98
TDE-85	91.47	3788	217.0	2.57	308.13	343.13	37.19	4525.53	157.84	6.61
HER	94.75	4350	168.7	2.22	309.97	343.64	32.90	4617.99	155.00	4.27

*由 Arrhenius 公式计算得到。

DGEBA-ER 和 CER 的化学结构见表 6.11。对比两类环氧树脂与二胺型苯并噁嗪（PH-ddm）共混树脂（摩尔比 3:7）固化物的性能得出如下规律：由于稀释效应，两种环氧树脂引入后，共混体系的 DSC 放热峰值温度均向高温移动。两种环氧树脂均可与苯并噁嗪开环形成的酚羟基发生共聚反应，消耗大量的酚羟基，同时引入醚键结构（图 6.10 结构式 C 和 F），共混体系的初始储能模量（刚性）均较聚苯并噁嗪有所降低，而前者由于还存在大量的如图 6.10 结构式 D 所示的醚键结构，储能模量下降更明显（表 6.15）。PH-ddm 固化物的 T_g 为 209.6℃，DGEBA-ER 加入后，体系的 T_g 几乎不变，而使用 CER 对 PH-ddm 进行共混改性后，树脂固化物的 T_g 大幅度提高，达到 258.3℃。对比 PH-ddm 体系，CER 加入后，体系固化物的 $T_{5\%}$ 和 $T_{10\%}$ 分别提高至 367.5℃和 387.8℃，但由于 CER 的脂环族结构特点，PH-ddm/CER 的残炭率有所降低；而对于 PH-ddm/DGEBA-ER，由于缩水甘油醚化学结构的特点，固化物的热分解温度和残炭率较 PH-ddm 固化物均有所降低。因此，以脂环环氧树脂为改性剂，能够有效地提高 PH-ddm 的耐热性和热分解温度；而以双酚 A 型环氧树脂为改性剂，材料的热稳定性有所降低，但是可保持

PH-ddm 高的 T_g。

表 6.15　PH-ddm/DGEBA-ER 共混体系和 PH-ddm/CER 共混体系固化物的 DMA 和 TGA 结果

样品	DMA		TGA		
	初始储能模量(50℃)/MPa	T_g/℃	$T_{5\%}$/℃	$T_{10\%}$/℃	800℃残炭率/%
PH-ddm	4761	209.6	343.7	378.2	46.3
PH-ddm /DGEBA-ER	2367	209.1	332.7	365.0	31.4
PH-ddm/CER	3748	258.3	367.5	387.8	40.2

4. 苯并噁嗪/环氧树脂/催化剂(固化剂)三元体系的聚合反应机理及性能

采用环氧树脂对苯并噁嗪进行共混改性虽然能够有效地改善其固化物的性能，然而由于环氧树脂稀释作用的存在，共混树脂的固化反应温度会向高温方向移动。因此，常需要加入适当的催化剂或固化剂来降低体系的固化反应温度。催化剂或固化剂的加入一方面会加快体系的固化反应速率，另一方面会使各组分的链增长机理或体系的固化反应顺序发生相应的变化，从而导致固化物具有不同交联结构和性能。苯并噁嗪/环氧树脂共混体系常用催化剂的种类和结构等相关信息见表 6.16。

表 6.16　苯并噁嗪(BZ)/环氧树脂(ER)共混体系常用催化剂或固化剂

催化剂/固化剂	名称	化学结构	催化机理		聚合顺序
			ER	BZ	
咪唑类	咪唑		连锁聚合	连锁聚合	ER 优先
	2-乙基-4-甲基咪唑		连锁聚合		ER 优先
	1-甲基咪唑		连锁聚合		ER 优先
酸酐类	聚苯乙烯马来酸酐(EF40)				ER 优先
有机酸类	草酸			连锁聚合	BZ 优先
	己二酸(AA)			连锁聚合	BZ 优先
	对甲苯磺酸(PTS)			连锁聚合	BZ 优先

催化剂/固化剂	名称	化学结构	催化机理		聚合顺序
			ER	BZ	
伯胺类	二氨基二苯砜(DDS)	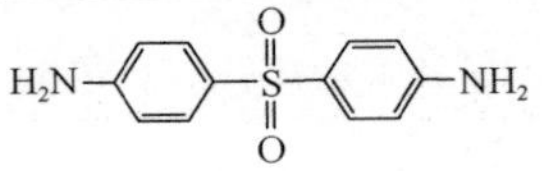 H₂N—⬡—SO₂—⬡—NH₂	逐步聚合		同时反应
	二氨基二苯甲烷(DDM)	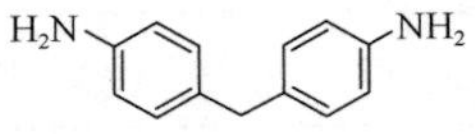 H₂N—⬡—CH₂—⬡—NH₂	逐步聚合	连锁聚合	ER 优先
	己二胺(HA)	 H₂N～～～NH₂			ER 优先
叔胺类	N,N-二甲基苄胺(BDMA)	H₂C—N(CH₃)CH₃ ⬡			逐步聚合	BZ 优先
	N,N-二乙基苯胺(tBm)	⬡—N(Et)₂			逐步聚合	BZ 优先

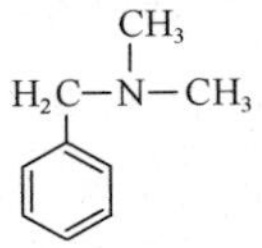

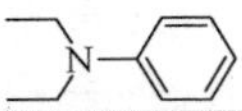

1) 咪唑类

咪唑类催化剂,如咪唑、二乙基四甲基咪唑和 1-甲基咪唑等,对 ER 和 BZ 都有一定的催化效果,且使两者的链增长机理均为连锁聚合,但是对前者的催化活性优于后者。在咪唑类催化剂的作用下,ER 的热开环聚合反应温度为 90～110℃,而 BZ 树脂的热开环聚合反应温度为 140～170℃。因此咪唑的引入可以降低共混体系的初始固化温度和峰值温度。同时,通过控制固化反应工艺(固化温度),可以调控 BZ 和 ER 的固化反应顺序和固化物交联网络的化学结构[11, 16, 20, 21, 23]。如图 6.12 所示,在咪唑的催化作用下,环氧树脂的聚合反应放热峰在 80～150℃;而 PH-ddm 树脂的聚合反应放热峰在 150～250℃之间,较其热开环聚反应放热峰的起始温度降低了 75℃左右。三元共混体系中低温区(100～175℃)的放热峰主要为 E44 的聚合反应,包含咪唑催化 E44 树脂的聚合反应以及 E44 开环聚合产生的氧噁负离子进一步引发环氧基团的聚合反应(图 6.13A)[24]。而高温区的放热峰(175～275℃)则主要为 PH-ddm 的聚合反应,包含 PH-ddm 的催化开环和热开环聚合反应(图 6.13 2a 和 3a),以及 PH-ddm 热开环产生的酚羟基与少量未开环的环氧基团的共聚反应(图 6.13 2b)。

王洲一等根据层压工艺的需求,通过向苯并噁嗪/环氧树脂共混体系中引入不同含量的咪唑,将树脂的凝胶化时间控制在 550～390s 之间,改善了固化工艺,考察了一系列树脂固化物的性能(表 6.17),并将综合性能最优的树脂体系(PH-ddm/F-51/IMZ 质量比为 9∶1∶0.025)用于层压工艺。此外,固化工艺,特别是初始固化反应温度对共混体系中固化反应顺序及固化物结构有很大的影响。以双酚 A 型苯并噁嗪/双酚 A 型环氧树脂/咪唑三元共混体系为例,初始固化反应温度为 80℃时,共混体系中仅环氧树脂在咪唑的催化固化作用下发生开环聚合反应，形成了环氧树脂均聚物(图 6.13A)(少量的咪唑即可在该温度下使环氧树脂完全聚合)；升高固化温度，苯并噁嗪发生热开环聚合反应，形成了苯并噁嗪均聚物(图 6.13B)，交联网络最终为 A+B 结构。初始固化反应温度为 140℃时，咪唑可同时催化环氧树脂的聚合和苯并噁嗪的聚合，形成了环氧树脂的聚合物(图 6.13A)和苯并噁嗪的均聚物(图 6.13C，因为结构 C 中不含酚羟基，不会与环氧树脂共聚，此时共混体系固化物的交联结构中不含结构 D)；继续升高固化温度，结构 C 中的苯醚键结构会和苯环上邻位的氢原子发生重排反应，生成酚 Mannich 桥结构(图 6.13 3b)，体系固化物最终的交联网络仍为 A+B 结构。初始固化反应温度为 180℃时，体系中路线 1、路线 2 和路线 3 的反应同时发生，而路线 2 中苯并噁嗪开环形成的酚 Mannich 桥结构会与未反应的环氧基团共聚，形成结构 D；交联网络最终含有结构 A、结构 B 和结构 D。不同初始固化温度得到的三元共混体系固化物的性能见表 6.18，体系中存在结构 D 时，交联密度和弯曲强度明显增加；初始固化温度对固化物热稳定性的影响较小。

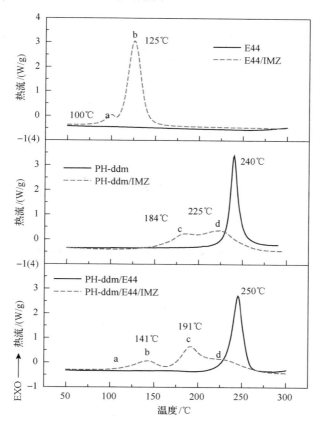

图 6.12　E44、PH-ddm 及 PH-ddm /E44 共混体系引入咪唑(3%，质量分数)前后的固化放热曲线

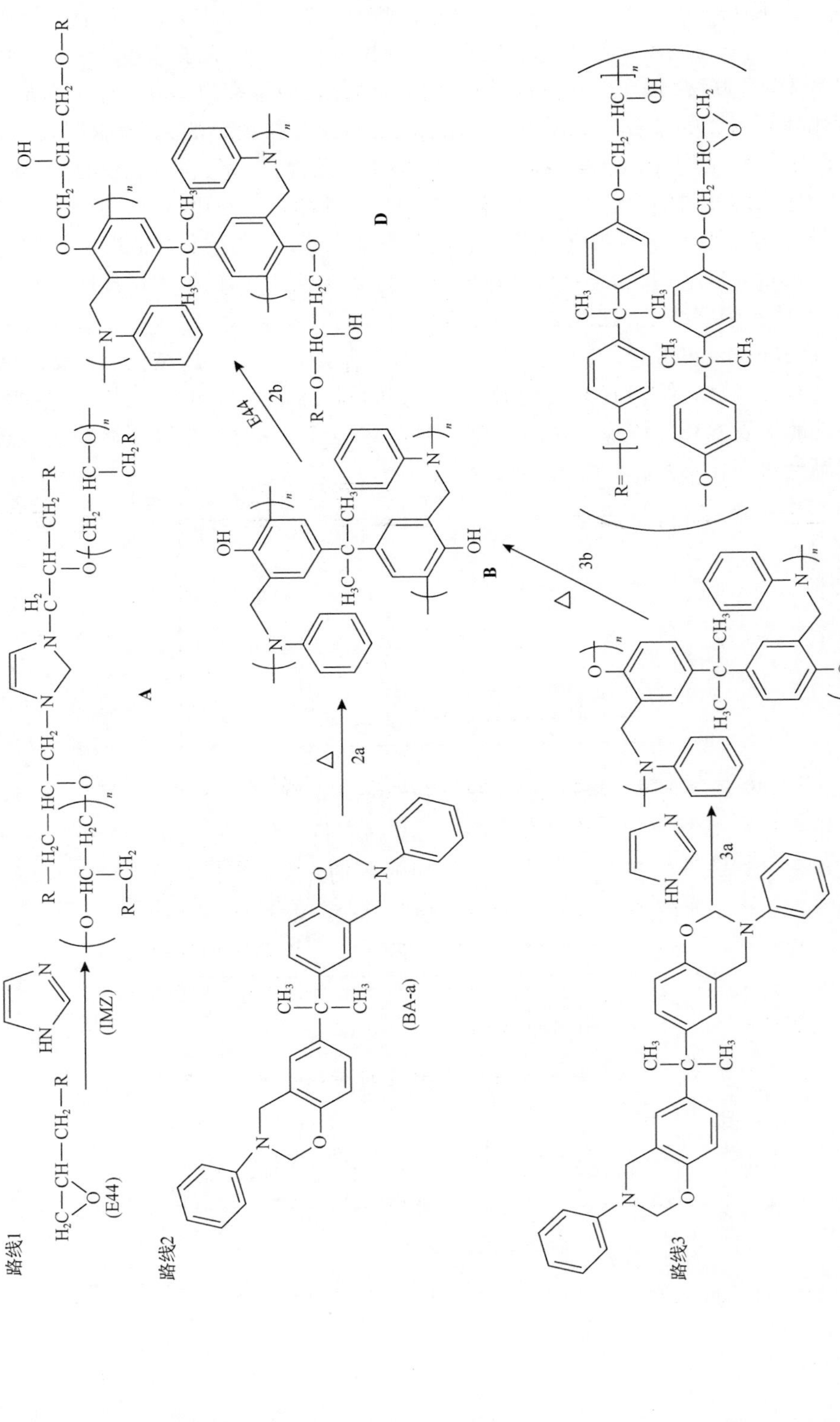

图6.13　BA-a/ER/咪唑共混体系中的竞争反应

表 6.17　PH-ddm/F-51/IMZ 共混体系的综合性能

质量比	t_{gel}(160℃)/s	DMA			弯曲性能			TGA		
		E'/MPa	T_g^a/℃	ρ/(×10³ mol/m³)	强度/MPa	模量/MPa	挠度/mm	$T_{5\%}$/℃	T_{dmax}/℃	800℃残炭率/%
10/0/0	2040	4278	210.6	2.8	163.9±19.1	4687.3±37.1	6.30±0.80	335.7	397.8	39.4
10/0/0.3	546	5051	194.5	3.3	158.33±6.65	4859.83±84.16	6.23±0.21	291.7	392.7	37.55
9/1/0.025	507	4216	211.7	4.1	160.83±6.12	4313.79±105.9	6.81±0.39	313.9	399.3	37.1
8/2/0.017	454	3316	217.0	4.6	162.63±3.00	4062.97±14.82	7.45±0.23	327.0	403.1	36.2
7/3/0.011	460	2961	186.6	3.5	158.78±10.73	3858.57±14.96	8.05±1.08	324.8	408.6	32.8
6/4/0.013	394	3445	172.8	4.1	158.41±10.76	3662.27±128.29	9.53±1.18	332.4	411.1	31.1
5/5/0.015	472	3189	177.9	5.3	141.56±6.24	3569.14±72.60	8.03±0.69	340.0	414.1	29.8

a. 从损耗模量峰值得到的 T_g。

表 6.18　双酚 A 型苯并噁嗪/环氧树脂/咪唑共混体系经不同初始固化温度固化后的性能[25]

初始固化温度/℃	交联密度/(mol/m³)	弯曲强度/MPa	挠度/mm	5%热失重温度/℃	10%热失重温度/℃	800℃残炭率/%
80	2.29×10³	92.2±7	1.93±0.2	192	243	21.1
140	3.02×10³	140.7±7	3.68±0.3	198	274	21.4
180	3.89×10³	170.3±7	4.10±0.2	199	275	21.4

　　2-乙基-4-甲基咪唑(2,4-EMI)对苯并噁嗪/环氧树脂共混体系固化反应的影响与咪唑相同。表 6.19 和表 6.20 分别详细地列举了 2,4-EMI 对 BA-a/F-51 共混体系

表 6.19　BA-a 及 BA-a/F-51/2,4-EMI 共混体系固化物的性能
[2,4-EMI 的用量为 F-51 的 0.5%(质量分数)]

BA-a/F-51 质量比	t_{gel}(T=160℃)/s	交联密度/(×10³mol/m³)	交联点间平均分子量	T_g(DMA, E'')/℃	本体密度/(g/cm³)	线性热膨胀系数/[μm/(m·℃)]	吸水率		弯曲性能	
							常温(24h)/%	沸水(3h)/%	强度/MPa	模量/GPa
10/0	—	1.4	859	156.0	1.1851		0.088	0.084	133	5.18
9/1	4250	1.9	626	158	1.189	64.75	0.107	0.104	123	4.31
6/1	2521	2.1	568	157.5	1.193	64.33			133	4.85
4/1	1500	2.6	459	155.3	1.195	66.92	0.153	0.146	127	4.54
3/1	880	3.0	399	157	1.196	68.28			117	4.78
2/1	225	3.9	307	155.2	1.197	73.72	0.170	0.150	100	4.33
1.5/1	220	4.9	245	156.8	1.200	74.24			86	4.29
1.18/1	210	5.6	215	159.2	1.202	72.48	0.194	0.178	87	3.02

表 6.20　2,4-EMI 对 BA-a 树脂/E44 共混体系和 BA-a 单体/E44 共混体系性能的影响

[2,4-EMI 的用量是 E44 用量的 1.05%（质量分数）][21]

BA-a /E44 质量比		t_{gel}/s		E_a^*/ (kJ/mol)	DMA				弯曲性能			线性热膨胀系数 /[μm/ (m·℃)]
		$T=$ 160℃	$T=$ 190℃		初始 E' /MPa	ρ/(×10³mol/ m³)	$T_g(E'')$ /℃	$T_g(\tan\delta)$ /℃	强度 /MPa	模量 /MPa	挠度 /mm	
BA-a 单体	9/1	9000	1452	94.8	4088	1.76	191.5	210.3				53.44
	8/2			92.3	3686	2.04	187.3	204.0				
	7/3	2632	539	89.4	3531	2.26	183.5	200.1				58.31
	6/4			83.1	3546	2.45	181.0	196.0				
	5/5	1802	370	71.9	3058	2.79	180.0	193.6				63.62
	4/6			63.4	2919	3.29	183.6	195.9	123.1	2766	7.83	
	3/7	369	266		2520	4.26	184.9	197.0	121.6	2513	8.30	67.03
	2/8				2412	4.48	192.3	202.3	114.8	1938	11.0	
	1/9				2464	5.03	191.1	199.8	111.6	1753	12.2	69.97
	0/10				2135	4.97	166.7	178.5	120.6	2247	14.2	74.78
BA-a 树脂	9/1	5310				1.85	168.1	186.5	126.7	4945	4.49	
	8/2								135.6	4473	5.51	
	7/3	983				1.90	160.4	177.3	130.8	4359	5.26	
	6/4								137.6	3944	6.45	
	5/5	676				2.04	152.9	165.6	131.8	3679	6.39	
	4/6								114.3	3394	5.79	
	3/7	533				3.78	162.3	173.7	100.5	3165	5.84	
	2/8								97.60	2870	6.25	
	1/9					4.40	160.4	172.1	104.5	3060	6.60	

*E_a 从 $\ln t_{gel}$ 对 $1/RT$ 的斜率得到。

和 BA-a/E44 共混体系固化物性能的影响。首先，2,4-EMI 可以降低共混体系的凝胶化时间，且随着环氧树脂相对含量的增加，凝胶化时间迅速降低。与苯并噁嗪/环氧树脂二元共混体系相比（详见表 6.10 和表 6.12），三元体系浇铸样品表现出完全不同的性能和变化规律。其交联密度比纯 poly(BA-a) 均有所增加，但 T_g 几乎不变。随着环氧树脂含量的增加，弯曲强度呈现小幅度的先增加后降低的趋势。线性热膨胀系数及吸水率均随环氧树脂相对含量的增加而增加，且同比例的样品尺寸稳定性与耐潮性均低于苯并噁嗪/环氧树脂二元共混体系，这一现象与体系中形成的环氧树脂的均聚网络结构（图 6.13A）有关。总体来说，三元共混体系的性能较二元共混体系有所下降。可根据需要引入适量的 2,4-EMI，调节凝胶化时间、改善固化工艺，当 F-51 的相对含量较低时，两者的性能相近，综合性能较好[11]。

　　1-甲基咪唑(1-MZ)对苯并噁嗪和环氧树脂均有很好的催化效果。如图 6.14 所示，在 1-MZ 的催化作用下，PH-ddm 树脂的固化放热峰值温度在 200℃左右，E51 的固化放热峰值温度约为 133℃；对比加入 1-MZ 之前 PH-ddm 和 E51 的固化放热曲线，可发现 1-MZ 对 E51 树脂的催化效果明显优于 PH-ddm 树脂。因此，三元共混体系中，环氧树脂在 1-MZ 的催化作用下优先聚合。

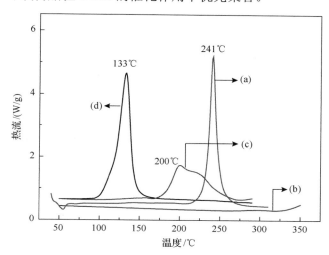

图 6.14　PH-ddm(a)、E51(b)及 PH-ddm/1-MZ(c)、E51/1-MZ(d)的 DSC 固化放热曲线

　　与咪唑和 2,4-EMI 相比，1-MZ 咪唑环 1 位被甲基取代，2 或 4 位均没有供电子基团，催化环氧基团开环后，形成的带正电荷的咪唑环很不稳定，其催化 ER 树脂的聚合反应按图 6.15 进行[24]：路线 1，即不稳定的氮正离子通过电荷转移形成碳正离子并与氧负离子之间聚合形成环状聚合物；路线 2，即 1-MZ 和环氧基团的加成物先发生 β 重排反应，生成碳负离子，之后 C—N 键断裂形成 C=C 双键，释放出 1-MZ。与 MZ 和 2,4-EMI 不同，1-MZ 是环氧树脂的催化剂，而非固化剂。因此，三元共混体系中，较低温度时，主要为 1-MZ 催化环氧树脂的聚合反应；随着固化温度的升高，1-MZ 可以继续催化苯并噁嗪的开环聚合，形成酚 Mannich 桥和酚亚甲基桥结构。初始固化温度较低时(如 110℃)，三元体系中几乎不存在苯并噁嗪/环氧树脂共聚物。如图 6.16 所示，随着 1-MZ 相对含量的增加，三元共混体系(苯并噁嗪：环氧树脂质量比=70：30)固化物的动态力学松弛曲线由一个松弛峰逐渐变为两个松弛峰，体系中存在两相结构。主峰的峰值温度随着 1-MZ 相对含量的增加逐渐向低温移动，而肩峰的峰值温度几乎保持不变，与 PH-ddm 固化物的峰值温度几乎重合。

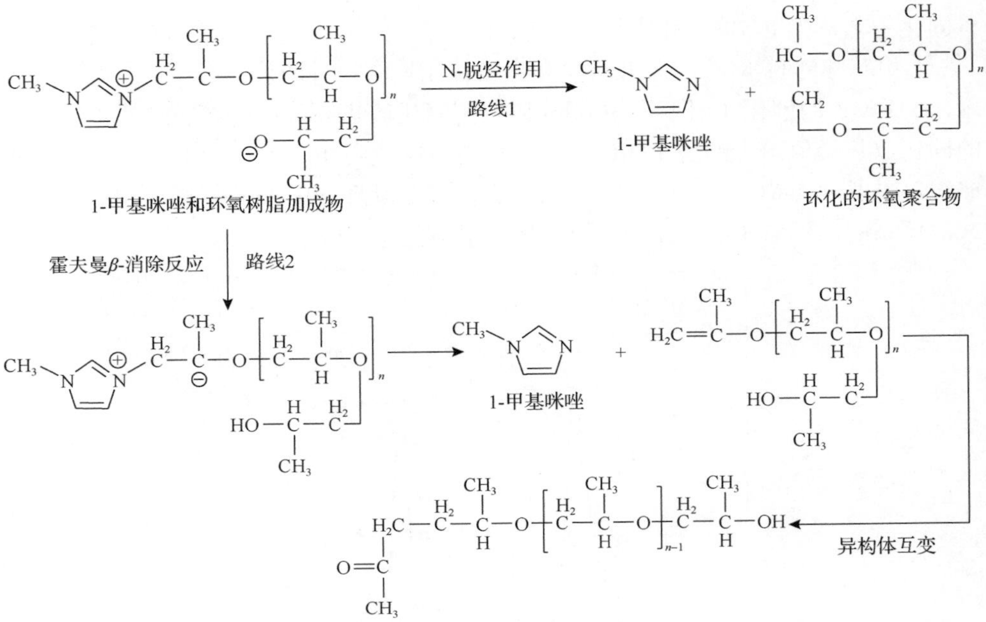

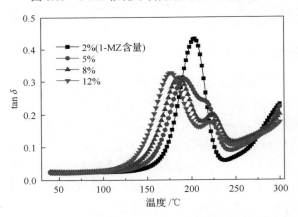

图 6.15　1-MZ 催化环氧树脂的聚合反应历程

图 6.16　苯并噁嗪/环氧树脂/1-MZ 固化物的动态力学松弛曲线

2) 酸酐/聚合物酸酐[26]

　　酸酐[如六氢苯酐(HHPA)]是环氧树脂的一类重要固化剂，由于其用量较大[一般为 50～100phr(phr 为每百克份数，此处是相对于环氧树脂用量)]、易升华，且需要与叔胺等促进剂混合使用，不利于工业化应用。而聚合物酸酐，如聚苯乙烯马来酸酐(EF40)，可以克服上述缺点，是近年来成功开发的树脂型环氧树脂催化剂。EF40 对苯并噁嗪和环氧树脂的聚合均有催化效果。通常，在酸酐的催化作用下，苯并噁嗪会与酸酐生成酚酯键和羧酸结构[26]，且随着酸酐相对含量的增加，共混体系的固化反应温度逐渐向低温移动。

根据图 6.17 所示三元共混体系不同固化阶段红外谱图中环氧基团（901cm[-1]）和噁嗪环（941cm[-1]）对应吸收峰的减弱，羧酸羰基（1710cm[-1]）吸收峰的出现和消失，以及醇酯键（1734cm[-1]）的出现和强度逐渐增加等，可以推测三元共混体系中，环氧树脂与酸酐在较低的温度（120℃）下反应生成醇酯键（图 6.18A、B、C）；而苯并噁嗪在较高温度发生热开环聚合反应生成酚羟基结构；酚羟基与剩余的酸酐或环氧树脂在高温下反应，生成酚酯键、羧酸结构或醚式结构（图 6.18D 和 E）；羧酸可以进一步催化噁嗪环开环聚合，促进噁嗪环的聚合，反应历程推导如图 6.18 所示。

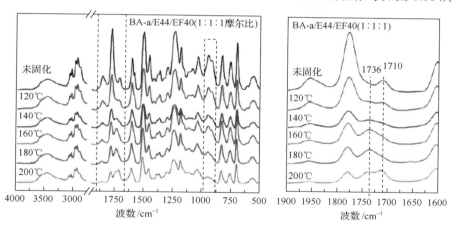

图 6.17　苯并噁嗪/环氧树脂/聚苯乙烯马来酸酐阶段固化产物的红外谱图

苯并噁嗪/环氧树脂/酸酐三元体系的反应较为复杂，虽然酸酐可以单独催化环氧树脂聚合，但是相对咪唑类和脂肪胺类催化剂而言，活性较低；特别是无促进剂存在时，需要进一步升高固化温度才能完全聚合。因此，环氧基团活性不同会影响环氧树脂/酸酐的反应活性，进而影响三元共混体系最终固化产物的结构。环氧树脂的反应活性较高时（如双酚 A 型环氧树脂和双环戊二烯-苯酚型环氧树脂），三元共混体系的反应历程如图 6.18 所示。而对于反应活性较低的环氧树脂（如联苯型环氧树脂）而言，在较高的温度（160~180℃）下才能在酸酐的催化作用下开环聚合；而该温度下，BA-a 可发生热开环聚合反应，生成酚 Mannich 桥结构。酚 Mannich 桥上的叔胺结构（酸酐的促进剂）可以促进环氧树脂和酸酐的聚合反应，酚羟基结构可以与环氧树脂发生共聚反应，因此固化物结构中除了存在环氧树脂/酸酐共聚物、BA-a 的均聚物，还存在着 BA-a 与环氧树脂/酸酐的共聚产物。与其他催化剂体系相比，酸酐类催化剂与苯并噁嗪/环氧树脂共混体系固化物的性能优势不明显。

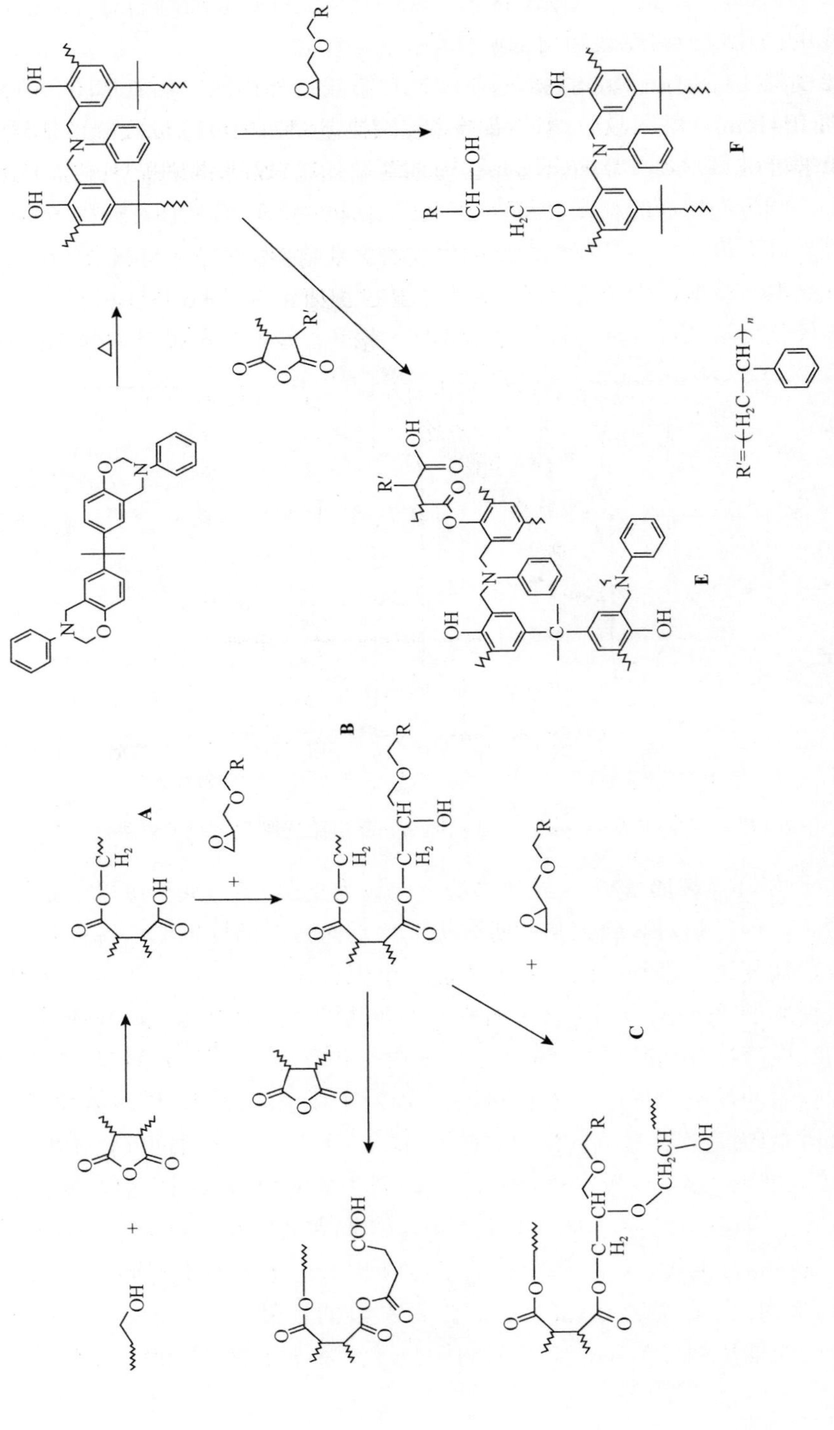

图6.18　苯并噁嗪环氧树脂酸酐共混体系的固化反应历程

3) 有机酸类

与咪唑类、酸酐/叔胺催化体系不同，有机酸类催化剂，如草酸、己二酸(AA)等，对 BZ 的催化活性高于 ER 树脂，其催化 BZ 聚合的链增长方式为连锁聚合。Lewis 酸，如 PCl_5、$AlCl_3$ 等，可以在 20～50℃催化 BZ 的开环，但是 20h 后的转化率仅为 8%～50%[27]。有机酸类，如草酸、酚类化合物等，可以使 BZ 树脂在 130～160℃范围内开环聚合[4]。

如图 6.19 所示，在草酸的催化作用下，PH-ddm 树脂的热开环聚合温度下降了近 50℃；而环氧树脂的固化放热曲线在 50～250℃之间仅有微小的热流变化，几乎可忽略不计。100℃时，经平板小刀法测得体系的凝胶化时间均大于 4.5h，其中 E44/草酸体系在整个测试过程中几乎观察不到黏度的变化；而 PH-ddm /草酸体系可以观察到黏度增加及拔丝现象，但是不能发生凝胶[28]。草酸的一级电离常数

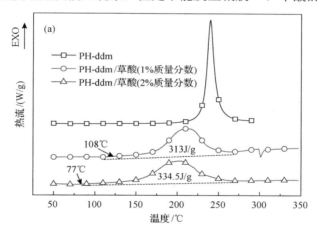

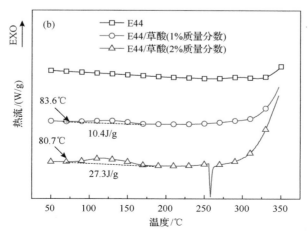

图 6.19　PH-ddm(a)和 E44(b)及其在草酸催化作用下的 DSC 固化放热曲线

（pK_{a1}）和二级电离常数（pK_{a2}）分别为 1.23 和 4.19。聚合反应初期，草酸催化噁嗪环开环形成了亚胺正离子，并通过与酚羟基邻位的亲电取代反应形成了氮Mannich 桥结构[4]。由于其二级电离常数较高，引发噁嗪环开环后形成了氨基甲酯的结构（图 6.20），终止了反应[4]。因此，BZ 以草酸为催化剂时，100℃等温固化过程中会出现黏度的突然增加，但随后几乎保持不变。升高固化温度，酚羟基的相对含量增加，体系的酸性增加，氨基甲酯结构转变为离子对的形式，重新生成了草酸。

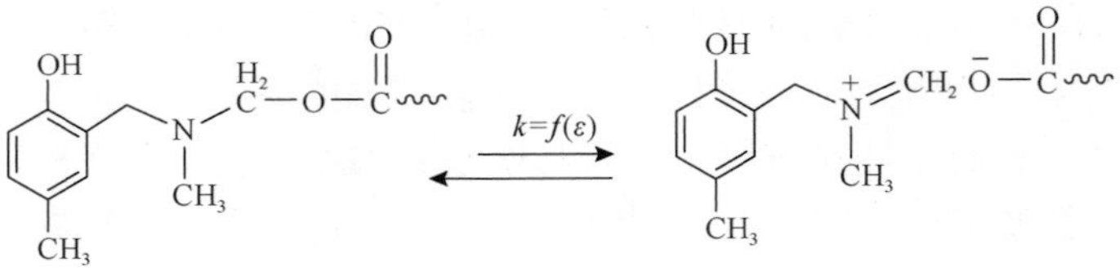

图 6.20   弱酸催化噁嗪环开环形成的中间体

苯并噁嗪/环氧树脂/草酸三元共混体系中（图 6.21），低温 100℃左右时，噁嗪环在草酸的催化作用下开环，生成氨基甲酯结构和少量的酚羟基（结构 A 和 B）；升高固化反应温度，一方面噁嗪环发生热开环聚合产生大量的酚羟基（结构 C），另一方面氨基甲酯结构转变为离子对的形式，重新生成草酸结构（图 6.20）；随后，热开环聚合和草酸催化聚合同时进行。在此期间形成的酚羟基不断地与环氧基团共聚，最终固化物仍为 BZ 和 ER 的共聚网络（结构 D）。然而，草酸初始的升华温

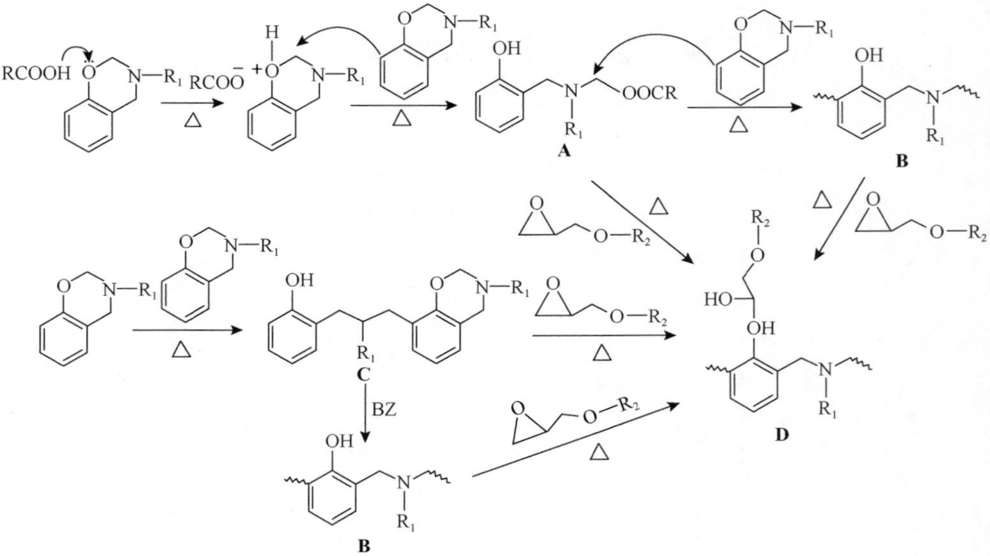

图 6.21   有机酸催化苯并噁嗪/环氧树脂共混体系的聚合反应历程

度约为 100℃，高温会使草酸因升化而流失。该现象不仅降低了催化效果，也使固化物容易产生气泡，不适合制备浇铸体[28]。与乙二酸比，己二酸的沸点更高，加工过程中不易挥发，更适合用作苯并噁嗪/环氧树脂的催化剂。三元共混体系最终的结构仍为苯并噁嗪/环氧树脂共聚网络，其浇铸体的性能与苯并噁嗪/环氧树脂共混体系相似(表 6.21)[16]。

表 6.21　PH-ddm /E44 共混体系及与 *N,N*-二乙基苯胺(tBm)、己二酸(AA)、二氨基二苯甲烷(DDM)或咪唑(IMZ)共混体系固化物的性能

样品	储能模量(50℃)/MPa	$T_g(\tan\delta)$/℃	弯曲强度/MPa	挠度/mm	10%热失重温度/℃	800℃残炭率/%
PH-ddm /E44	3877	217.8	176.7±7.2	8.62±0.73	370.4	31.3
PH-ddm /E44/tBm	3830	221.3	164.7±7.6	5.88±0.27	372.1	30.5
PH-ddm /E44/AA	3960	218.1	167.6±4.9	5.71±0.16	372.5	29.7
PH-ddm /E44/ddm	3923	213.9	168.2±4.6	7.23±0.77	387.7	30.3
PH-ddm /E44/IMZ	3538	193.1	169.9±4.5	6.05±0.33	375.7	29.3

4) 伯胺类

伯胺类催化剂包括脂肪胺型(二乙烯三胺、己二胺)和芳香胺型(二氨基二苯砜、二氨基二苯甲烷)等，其催化环氧树脂和苯并噁嗪树脂开环聚合的链增长机理分别为逐步聚合[29]和连锁聚合[16]。脂肪胺的催化活性强，在室温便可催化环氧树脂的聚合，但是毒性较大，不利于共混、制备浇铸体；芳香胺的催化活性相对较低，是环氧树脂常用的中高温固化剂。

如图 6.22 所示，以二氨基二苯甲烷(DDM)为固化剂时，苯并噁嗪/环氧树脂共混体系中环氧基与 DDM 之间的共聚反应优先发生(140℃固化 2h 后，体系中 907cm^{-1} 处环氧基的特征吸收峰大幅度减弱，而 943cm^{-1}、1030cm^{-1}、1227cm^{-1} 和 1487cm^{-1} 处苯并噁嗪中的特征吸收峰几乎无变化；160℃固化 2h 后，体系中 907cm^{-1} 处的特征吸收峰完全消失，943cm^{-1} 处噁嗪环的特征峰略有减弱)，形成类似于图中 A 的交联结构；随着固化反应的进行，苯并噁嗪发生热开环聚合反应(固化反应温度升至 180℃后，943cm^{-1}、1030cm^{-1}、1227cm^{-1} 和 1487cm^{-1} 处的特征吸收峰逐渐减弱；在 210℃固化 2h 后，上述噁嗪环的特征吸收峰均完全消失)，形成 B(图 6.22)。共混体系固化物交联网络的结构中主要由结构 A 和结构 B 组成，不存在苯并噁嗪/环氧树脂的共聚产物。与苯并噁嗪/环氧树脂二元共混体系相比，三元固化物的 T_g 和弯曲强度有所降低，但模量升高，热稳定性保持不变(表 6.21)。当环氧树脂结构中同时存在脂环型环氧基团和缩水甘油醚型环氧基团时，如环氧树脂 TED-85，由于两种环氧基团的活性不同，以 DDM 为催化剂调控体系的固化反应顺序，可以制备出以伯胺/环氧树脂共聚物为"核"、苯并噁嗪和环氧树脂共

聚物为支链、聚苯并噁嗪为网络的高交联、多支化网络结构。该多支化网络结构的存在大幅度提升了苯并噁嗪/环氧树脂共混体系固化物的耐热性、力学性能和热稳定性能，其中 T_g、拉伸强度、冲击强度、$T_{10\%}$ 和 800℃残炭率分别达到 223.4℃、71.5MPa、35.1kJ/m^2、381.7℃和 51.4%，具有极大的应用潜力。

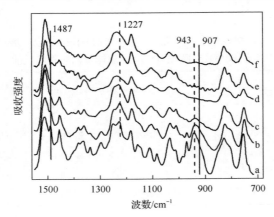

图 6.22　苯并噁嗪/环氧树脂/二氨基二苯甲烷三元共混体系不同固化阶段的 FTIR 谱图及可能存在的固化反应示意图

a. 未固化; b. 140℃/2h; c. 140℃/2h, 160℃/2h; d. 140℃/2h, 160℃/2h, 180℃/2h; e. 140℃/2h, 160℃/2h, 180℃/2h, 200℃/2h; f. 140℃/2h, 160℃/2h, 180℃/2h, 200℃/2h, 210℃/2h

二氨基二苯砜(DDS)也是环氧树脂的中高温固化剂(表 6.16)。与 DDM 相比，由于砜基强的吸电子效应，DDS 的氨基活性较低，一般在较高温度下才能催化环氧树脂的开环聚合。如图 6.23 所示，以 DDS 的用量为 F-51 环氧基团摩尔数的 38%为例，F-51/DDS 在 220℃左右有一明显的固化放热峰。引入相同质量的 DDS 后，PH-ddm 树脂的固化放热峰值温度由 250℃降至 210℃左右，与 F-51/DDS 体系的固化放热峰值温度相近。三元共混体系的聚合反应非常复杂，包括 DDS 催化苯并噁嗪的聚合反应、DDS 催化环氧树脂的均聚反应、苯并噁嗪的热开环聚合反应、噁嗪环开环后形成的酚羟基与环氧基共聚反应等。固化物的交联网络结构主要有苯并噁嗪的热开环聚合产物及与 DDS 形成的共聚物,环氧树脂与 DDS 的共聚物,苯并噁嗪和环氧树脂的共聚物等。与苯并噁嗪/环氧树脂二元共混体系相比,三元共混体系的模量随着 DDS 相对含量的增加而逐渐升高,刚性逐渐增大;但是 T_g 逐渐降低。该共混体系的 T_g 受氢键相互作用、交联密度和网络规整性以及链段的刚性等因素的综合影响,其中氢键的类型和相互作用的强弱对 T_g 的影响最大[30]。

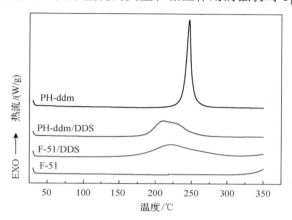

图 6.23　PH-ddm、F-51 及其在 DDS 催化作用下的 DSC 放热曲线

5) 叔胺类

叔胺在环氧树脂的催化体系中很少单独使用,一般用作酸酐催化环氧树脂聚合时的促进剂。单独使用时,叔胺对苯并噁嗪的催化效果优于环氧树脂。苯并噁嗪在叔胺催化作用下的链增长机理为逐步聚合。以苯并噁嗪/环氧树脂/N,N-二乙基苯胺(tBm)三元共混体系为例,苯并噁嗪在 tBm 催化作用下先发生开环聚合形成含酚羟基 Mannich 桥结构的低聚体(图 6.24A),随后低聚体与苯并噁嗪单体发生逐步聚合反应形成聚苯并噁嗪结构(B),同时与环氧基团共聚,最终形成类似于 C 的共聚交联网络结构;另外,聚苯并噁嗪结构中的酚羟基也与环氧基团发生共聚反应,生成苯并噁嗪/环氧树脂共聚网络(C)。PH-ddm/E44/tBm 固化物交联网络的

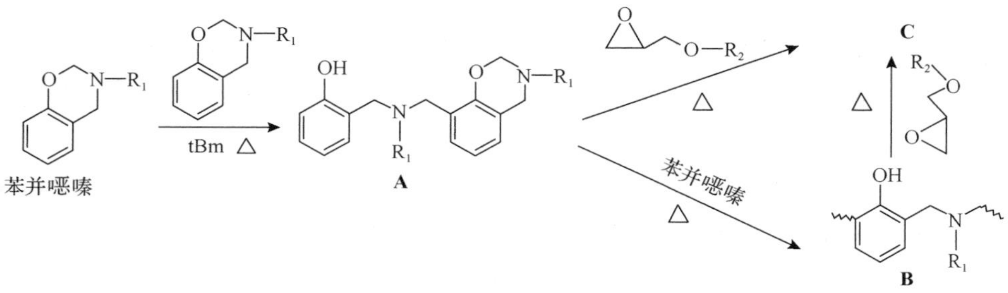

图 6.24　苯并噁嗪/环氧树脂/N,N-二乙基苯胺三元共混体系的固化反应历程

化学结构与苯并噁嗪/环氧树脂在有机酸催化下得到的结构几乎一样(图 6.21),主要由苯并噁嗪/环氧树脂共聚物组成,其模量、T_g 与 PH-ddm/E44 二元共混体系固化物的性能几乎一样(表 6.21)[16]。

5. 小结

对于苯并噁嗪/环氧树脂二元共混体系而言,随着环氧树脂相对含量的增加,体系的模量和热稳定性有所下降,但是强度、韧性以及 T_g 等均有所增加;当环氧树脂的相对含量超过 30%(质量分数)左右时(具体比例与环氧树脂的结构相关),体系的整体性能开始下降。使用不同的催化剂,苯并噁嗪/环氧树脂/催化剂共混体系的聚合反应机理和顺序有所不同,产物的结构和固化物的性能也有所不同,其中的规律如下:①三元体系中苯并噁嗪优先发生聚合反应时,共混体系最终固化物的结构和性能与苯并噁嗪/环氧树脂二元共混体系相同;苯并噁嗪的链增长机理及不同链增长机理形成的不同的中间体结构,对固化物的结构和性能影响不大。②三元共混体系中环氧树脂优先发生反应时,环氧树脂的链增长机理对固化物的结构和性能有很大的影响:链增长机理为连锁聚合时,聚合物的交联结构主要由环氧树脂均聚物和苯并噁嗪的均聚物组成,固化物的模量、T_g 和弯曲强度较二元体系有所降低;链增长机理为逐步聚合时,聚合物的交联结构主要由环氧树脂/固化剂的共聚物、苯并噁嗪的均聚物以及多支化结构的苯并噁嗪/环氧树脂共聚物组成,体系固化物的初始储能模量和 T_g 与二元体系固化物的接近,弯曲强度和热分解温度则较之略有降低,但仍保持在较高的值。③环氧树脂优先反应、苯并噁嗪与环氧树脂同时反应或苯并噁嗪树脂优先反应时,体系中环氧树脂均聚的比例逐渐减少,环氧树脂和苯并噁嗪发生共聚反应的比例逐渐增加,体系固化物的交联密度、耐热性和弯曲强度也逐渐提高。根据不同使用需求,可以挑选合适的固化剂调节苯并噁嗪和环氧树脂的聚合反应顺序,改变交联网络的化学结构,设计满足使用需求的苯并噁嗪/环氧树脂/催化剂体系。

6.1.3 苯并噁嗪/双马来酰亚胺体系

双马来酰亚胺(BMI)树脂固化物具有很好的耐热性,T_g 一般大于 250℃,其聚合物的初始热分解温度一般在 300℃以上,快速分解温度比初始分解温度高150℃以上。将双马来酰亚胺与苯并噁嗪共混,可以充分利用 BMI 出色的耐热性和热稳定性,提升聚苯并噁嗪的热性能。BA-a 开环后的产物会与 BMI 的双键反应,同时,BA-a 中存在的胺基也可能会催化 BMI 的反应,两者的共聚最终生成了一种微相分离互穿聚合物网络(IPN)结构,共聚物只显示一个 T_g,且 BA-a 开环后产生的酚羟基与 BMI 的双键反应可以生成醚键结构,整个固化物体系是一种

AB 共交联结构。本节简要介绍四川大学的相关工作[31-33]。

1. BA-a/BMI 共混物的固化反应及性能

BMI 的熔融温度在 159℃，且熔融发生之后迅速发生固化反应。固化起始温度为 176℃，峰值温度为 204℃，固化终止温度为 350℃[图 6.25（a）]；BA-a 的固化反应起始温度为 224℃，峰值温度为 231℃，固化终止温度为 260℃[图 6.25（b）]。当 BA-a 与 BMI 共混树脂体系两组分摩尔比为 1∶2 时，DSC 曲线 191℃处均出现一个尖锐的固化放热峰，对应 BA-a 与 BMI 的共聚反应和 BMI 的自聚反应；当 BA-a 与 BMI 摩尔比分别为 1∶1 和 2∶1 时，DSC 曲线 230℃附近处均出现一个固化放热肩峰，对应于剩余 BA-a 的自聚放热峰。

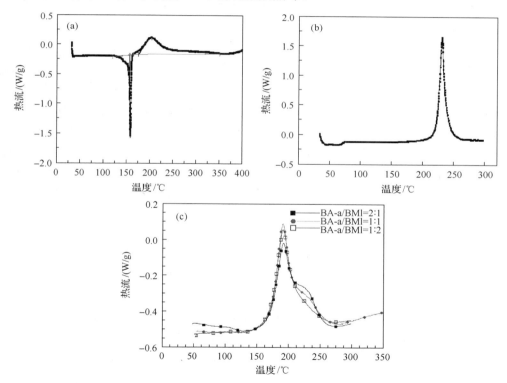

图 6.25　双马来酰亚胺（a）、苯并噁嗪（b）和苯并噁嗪/双马来酰亚胺共混体系（c）的 DSC 曲线

BMI 的聚合是典型的双键加成聚合反应，会造成一定的固化收缩而影响材料性能。苯并噁嗪由于自身氢键的作用，固化后无收缩或者有轻微的膨胀，所以其改性 BMI 固化物的固化收缩性能是这一树脂体系的突出特色，即 BA-a 可以有效地降低 BMI 的固化收缩率。其中 BMI 的线性收缩率最高，为 1.3%，而 BA-a 的

线性收缩率最低，为 0.73%；在 BMI 中加入不同比例的 BA-a 后，混合树脂体系的线性收缩率在 0.85%～0.93% 之间，都远低于 BMI 的线性收缩率，比 BA-a 的略高（表 6.22）。

表 6.22　BA-a、BMI 和共混体系的线性收缩率

样品	线性收缩率/%
BMI	1.3
BA-a/BMI（1∶2）	0.85
BA-a/BMI（1∶1）	0.93
BA-a/BMI（2∶1）	0.87
BA-a	0.73

此外，对该体系的力学性能、耐热性、热稳定性、吸水性等各方面性能进行评价后发现，BA-a/BMI 共混树脂固化物具有较好的力学性能，其弯曲强度在 120～150MPa 之间，且共混树脂固化物随着 BA-a 含量的增加，其弯曲强度和拉伸强度也具有升高的趋势。拉伸断裂延伸率随 BA-a 含量增加有变大的趋势，说明 BA-a 的加入改善了共混树脂的韧性。DMA 测试显示，BA-a/BMI 共混树脂中 BMI 组分对提高聚苯并噁嗪的耐热性有明显作用。随着 BMI 含量的增加，共混树脂固化物的 T_g 从 203℃上升到 257℃，同时高温模量的保持率也得到提高。固化物的交联密度随着 BMI 含量的增加也呈上升趋势。共混树脂固化物的吸水率随着共混树脂中 BA-a 含量的增加有降低的趋势。共混树脂固化物 800℃残炭率为 40% 左右，相比 BA-a 固化物的 38% 有所增加[31]。

2. 双酚 A 型苯并噁嗪与 TBMI 的固化反应机理及性能

从分子结构的角度看，BMI 分子中含有两个苯环结构，其熔融状态下黏度大，不利于复合材料的加工成型。近年来，新型的双马来酰亚胺——三甲基六亚甲基双马来酰亚胺（TBMI）给双马来酰亚胺改性苯并噁嗪带来了新的契机。

采用 DSC 测试对共混体系 BT11（B 代表双酚 A 型苯并噁嗪，T 代表三甲基六亚甲基双马来酰亚胺，11 代表摩尔比为 1∶1）的固化行为进行了研究[34]。从图 6.26 中可以看到，BA-a 在 111℃有明显的熔融吸热峰，初始固化温度为 241℃，放热峰值温度为 261℃，反应热熔为 149.3kJ/mol（相比上一小节介绍，初始固化温度和放热峰值温度均有所提高，主要是因为此处为重结晶 BA-a）；TBMI 在 88℃有明显熔融吸热峰，初始固化温度为 182℃，放热峰值温度为 267℃，反应热熔为 139.2kJ/mol；BT11 的固化反应峰呈现单峰，初始反应温度为 194℃，放热峰值温度为 247℃，反应热熔为 121.1kJ/mol。共混体系的初始固化温度介于两种单体初始固化温度之间，且与 TBMI 的初始固化温度接近，BA-a 对 TBMI 的稀释作用明显。同时，共混体系中，两个单体的固化放热峰均完全消失，在较低的温度下出现了一个新的放热峰，说明在共混体系的聚合过程中两组分之间可能发生了明显的催化反应或共聚反应。目前的研究认为，双马来酰亚胺对 BA-a 不具有催化作用，所以在共混体系中，TBMI 对 BA-a 的作用主要来自两方面。首先是共混体系中 TBMI 先发生固化(低的初始固化温度)，固化产生的热与外界升温提供的热共同作用于 BA-a，使得 BA-a 自聚的峰值温度向低温移动；其次，TBMI 和 BA-a 之间存在共聚反应，且共聚反应的温度要远低于 BA-a 的聚合温度。

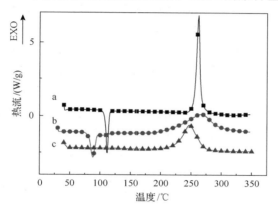

图 6.26　BA-a(a)、TBMI(b) 和 BT11(c) 的 DSC 曲线

采用三乙胺、N,N-二甲基苯胺、双酚 A 为模型化合物分别模拟 BA-a 开环后可能对 TBMI 进行催化的官能团。将模型化合物和 TBMI 按照摩尔比 1∶1 进行共混后进行 DSC 测试，得到如图 6.27 所示结果。可以看到，TBMI/三乙胺体系的初

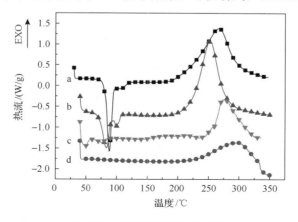

图 6.27　不同体系的 DSC 曲线

a. TBMI; b. TBMI/三乙胺; c. TBMI/N,N-二甲基苯胺; d.TBMI/双酚 A

始固化温度为 181℃，峰值温度为 252℃，相比 TBMI 的固化反应峰，峰值温度向低温移动了 15℃，说明三乙胺对 TBMI 具有催化作用；TBMI/N,N-二甲基苯胺体系在 150~240℃范围内有小的固化反应峰，固化热焓为 7.1kJ/mol，主反应峰初始固化温度为 238℃，峰值温度为 289℃，相比 TBMI 的固化反应峰，峰值温度向高温移动，说明 N,N-二甲基苯胺对部分 TBMI 具有催化作用，大量 TBMI 在高温发生反应；TBMI/双酚 A 体系的初始固化温度为 198℃，峰值温度为 297℃，相比 TBMI 的固化反应峰，峰值温度向高温移动，说明双酚 A 对 TBMI 不具有催化作用。

对比三乙胺(pK_b=3.2)和 N,N-二甲基苯胺(pK_b=8.9)的 pK_b 值可以发现，三乙胺的碱性要明显高于 N,N-二甲基苯胺的碱性。TBMI 中马来酰亚胺环是缺电子体系，所以碱性强的三乙胺的催化效果明显，而 N,N-二甲基苯胺的催化效果不明显。从 BA-a 的结构分析，N,N-二甲基苯胺的化学结构与开环后的苯并噁嗪的结构更相近。同时可以看到 N,N-二甲基苯胺催化 TBMI 使得体系在 150~240℃范围内有小的固化反应峰(热焓 7kJ/mol)，所以在 BT11 体系中由苯并噁嗪开环交联产生的 Mannich 桥结构中的 N 原子对 TBMI 的固化反应起到了一定的催化作用。

通常认为 BA-a 开环聚合后生成的酚羟基会与双键反应形成醚式结构[35]。然而，进一步的研究表明，苯并噁嗪热开环会形成氧负离子和碳正离子(或亚胺正离子)的离子对，如图 6.28 所示。其中氧负离子具有很强的亲核性。酚氧负离子也可能进攻缺电子双键，从而达到苯并噁嗪对双马来酰亚胺的催化作用，其催化过程如图 6.29 所示。

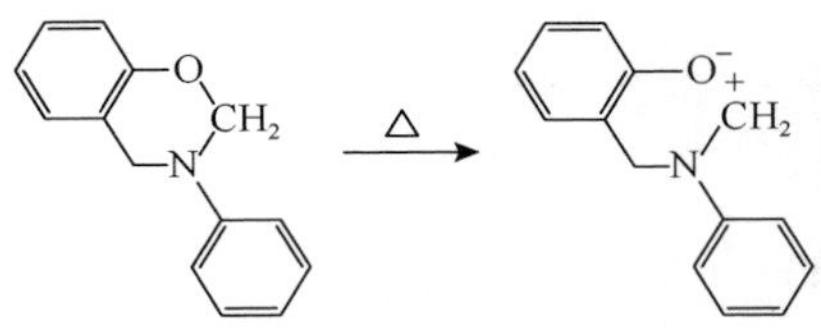

图 6.28   苯并噁嗪的开环过程

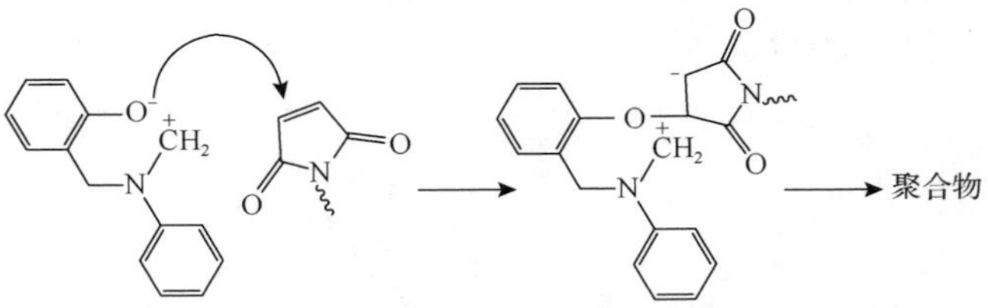

图 6.29   可能的催化机理

采用 TBMI 和模型化合物全占位型苯并噁嗪(s-PA)按照 1∶1 摩尔比进行共混，对其进行 DSC 测试，如图 6.30 曲线 b 所示，可以看到共混体系的初始固化温度 101℃，有两个峰值温度，分别为 150℃和 267℃。相比纯 TBMI 单体的 DSC 曲线可以看出，共混体系在低温处有明显的固化反应，且在低温处的反应峰(热焓 76J/g)要比 TBMI/N,N-二甲基苯胺共混体系在低温处的反应峰明显，说明 s-PA 开环形成的氧负离子可以催化 TBMI 的聚合，属于阴离子聚合反应。将 TBMI

溶于 DMF 溶液中，加入质量为 TBMI 质量 5%的 CH$_3$COONa，共混物在 110℃搅拌 2h 后出现凝胶。将凝胶化后的体系放置一周自然干燥，对凝胶产物进行红外表征(图 6.31)发现，共混体系在 110℃固化 2h 后，1703cm^{-1} 和 1774cm^{-1} 处 C=O 的吸收峰没有变化，3100cm^{-1} 处的=C—H 的振动峰消失，说明 TBMI 确实发生了交联反应，也证明 TBMI 确实可以在氧负离子的催化下发生阴离子聚合反应。在 BT11 体系中，对 TBMI 起催化作用的包括苯并噁嗪开环形成的氧负离子和开环交联形成的 Mannich 桥结构中的氮原子，其中氧负离子起到了主要的催化作用。

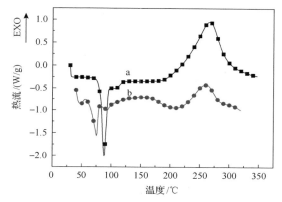

图 6.30 不同体系的 DSC 曲线

a. TBMI; b. TBMI/s-PA

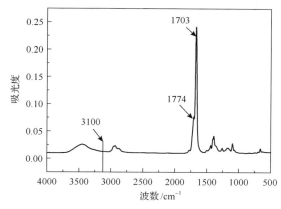

图 6.31 TBMI/CH$_3$COONa 在 110℃固化 1h 后的红外谱图

对 BT11 不同固化阶段的固化物样品进行红外表征，发现 943cm^{-1}(苯并噁嗪中噁嗪环的吸收峰)、1026cm^{-1}、1224cm^{-1}(苯并噁嗪中 C—O—C 的吸收峰)和 3097cm^{-1}(TBMI 中=C—H 的吸收峰)处的峰强度随着温度的升高在逐渐减小，1187cm^{-1} 处(苯并噁嗪开环后与 TBMI 聚合形成新的醚键的吸收峰)的峰强度随着温度的升高在逐渐增大，说明共混体系在逐步各自反应，同时两者之间存在共聚反应并生成了醚键结构。采用 1700cm⁻¹ 处 TBMI 中 C=O 的吸收峰作为内标(不随固化反应的变化而变化),对共混体系以上特征官能团吸收峰的面积进行计算,其中 1187cm⁻¹ 处由于与其他峰有部分重叠而无法采用这种方法。各种单体的转化率按照式(6-1)进行计算。

$$\alpha = \left[1 - \frac{A(T) / A'(T)}{A(120) / A'(120)}\right] \times 100\% \tag{6-1}$$

式中:$A(T)$ 和 $A(120)$ 分别为在特定温度 T 和 120℃时特征官能团在红外谱图中的积分面积;$A'(T)$ 和 $A'(120)$ 分别为在特定温度 T 和 120℃时 C=O 在 1700cm⁻¹ 的积分面积。根据积分面积得到图 6.32 所示结果[纯单体 TBMI 和 TBMI/9%(质量分数)s-PA 共混物的红外未列出]。可以看到,反应初期 BA-a 的转化率比较低,在 160℃反应 2h 和反应 4h 后转化率分别达到4%和27%,当温度升高到200℃后 BA-a 反应完全。共混体系中 TBMI 的=C—H 在 160℃反应 2h 后转化率就达到了 70%,随着时间延长和反应温度升高,转化率继续升高直至完全反应。纯单体 TBMI 中的=C—H 在 160℃反应 4h 后转化率达到6%,当200℃反应2h 后转化率达到77%。TBMI 单体在低温下的转化率低,且在 200℃条件下并不能反应完全,需要更高的固化温度才能固化完全,这主要是由于 TBMI 高的交联密度限制了其运动,需要更高的温度才能继续使其固化。为了进一步说明 BA-a 对 TBMI 的催化作用,采用少量 s-PA(9%,质量分数)与 TBMI 共混,研究共混体系中 TBMI 在不同阶段的固化反应转化率。从图 6.32d 中可以看到,在 160℃反应 2h 后,TBMI 的转化率达到20%,相比纯 TBMI 的转化率有明显的提高。这一现象说明在共混体系中 BA-a 对 TBMI 的聚合确实具有催化作用,促使 TBMI 在较低的温度下大量反应,且主要的催化作用来自 BA-a 部分开环产生的氧负离子。

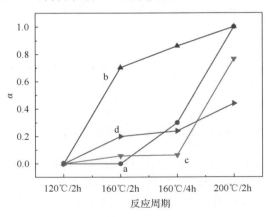

图 6.32   不同官能团固化反应程度与温度的关系

a. BT11 中的噁嗪环; b. BT11 中=C—H; c. TBMI 中=C—H; d. TBMI/9 %(质量分数)s-PA 共混体系中=C—H

　　由以上结论可以推知 BT11 的固化反应机理如图 6.33 所示。BT11 中 TBMI 先发生反应，同时有少量 BA-a 发生聚合，少量热开环形成的氧负离子催化 TBMI 发生聚合，使 BA-a 与 TBMI 形成共聚物，剩余的少量未反应的单体在更高的温度下发生聚合。

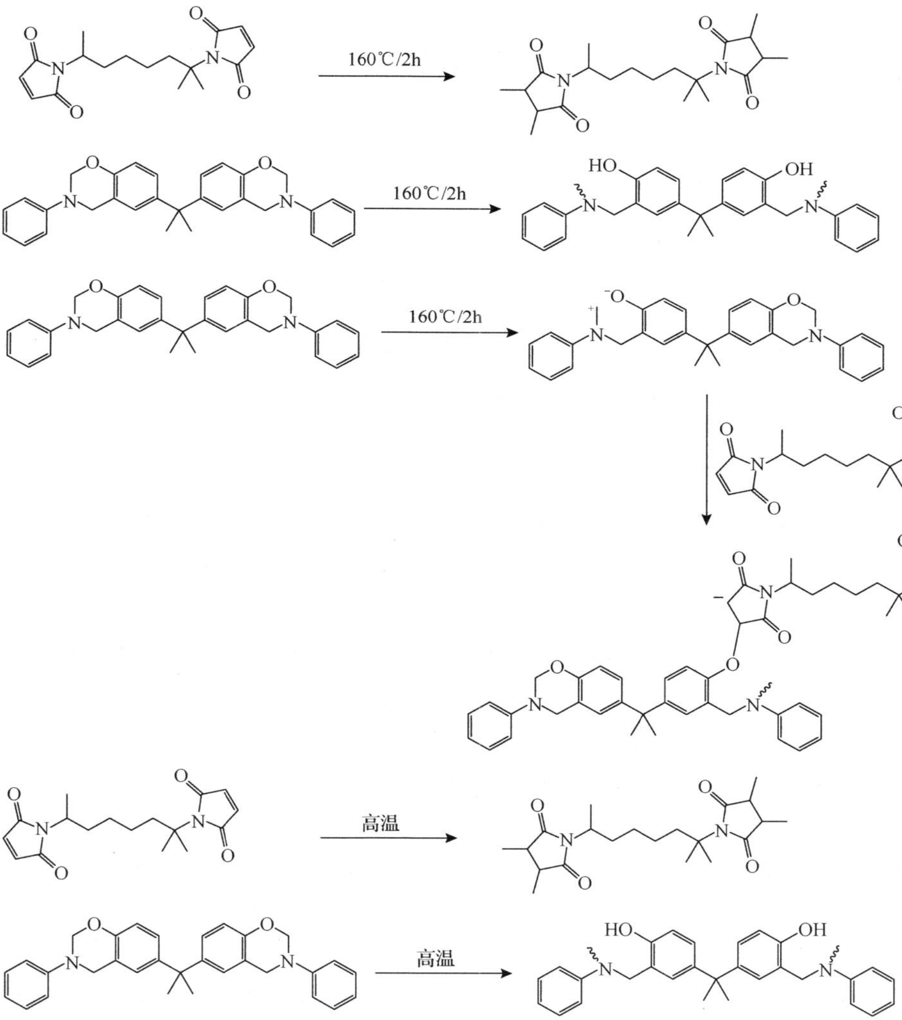

图 6.33　BT11 固化反应机理

　　共混体系固化物的 DMA 结果（表 6.23）显示，PTBMI（经过 220℃高温处理）在整个测试范围内没有明显的玻璃化转变温度，这主要是由 PTBMI 具有高的交联密度所导致的。poly(BA-a) 的 T_g 为 200℃，BT11 的 T_g 为 215℃，BT11 固化物 tan δ 曲线呈现对称的单峰结构，且 BT 不同比例共混体系固化物在整个测试温度范围内只含有一个玻璃化转变温度，且峰形对称，说明共混体系固化物是均相结构。随着共混体系中 TBMI 含量的增多，共混体系固化物的 T_g 从 209℃升高的 238℃，半峰宽逐渐增大，峰高逐渐降低。这说明 BT 体系随着 TBMI 含量的增多，网络规整性变差，而交联密度在不断提高。

表 6.23　BA-a/TBMI 共混体系固化物的 DMA 数据

体系	峰高	半峰宽/℃	T_g/℃
poly(BA-a)	1.032	62	200
BT31	0.9681	25	209
BT21	0.9538	25	209
BT11	0.909	25	215
BT12	0.6067	31	227
BT13	0.3602	41	238

3. 烯丙基苯并噁嗪与 TBMI 的固化反应机理及性能

在苯并噁嗪体系中引入烯丙基官能团，然后利用烯丙基与双马来酰亚胺之间的反应提高共混体系之间共聚反应程度及共混体系的交联密度，进而提升共混树脂的性能，也是一种行之有效的改性方法[33]。

从反应机理看，烯丙基的引入使共混体系出现明显的两个吸收峰(图 6.34c，BzT11 的 DSC 曲线，其中 Bz 代表烯丙基苯并噁嗪，T 代表 TBMI，11 代表两组分的摩尔比是 1∶1)，这可能是由于共混体系在低温处(150℃)发生了烯反应。进一步对这一体系的固化机理采用红外及半定量的分析进行研究，可以发现，在160℃固化 2h 后，双马来酰亚胺反应完全(图 6.35a)，烯丙基苯并噁嗪反应程度达到 29%(图 6.35b)，而烯丙基双键反应程度达到 20%左右(图 6.35c)。在180℃固化 2h 后，烯丙基苯并噁嗪反应程度达到 54%，烯丙基双键消耗了 34%。在 220℃固化 2h 后，噁嗪环的转化率几乎达到 100%，烯丙基双键的转化率达到 60%左右。

该共混体系固化物的 tan δ 曲线呈现单峰，且峰形对称，说明 BzT 体系形成了均相结构。此外，共混体系 T_g 随着 TBMI 含量的减少而降低，最高达到 220℃，最低达到 134℃(图 6.36)。共混体系的峰高随着 TBMI 含量的减少逐渐增大，说明体系的交联密度逐渐减小。因为 PTBMI 本身是具有高交联密度的热固性树脂，随着 TBMI 含量的减少，高交联密度体系所占的比例减少，所以整体的交联密度减小。此外，共混体系的半峰宽随着 TBMI 含量的增多逐渐增大，说明共混体系的网络均一性变差。这主要是因为随着 TBMI 含量增多，与烯丙基发生烯反应的TBMI 含量减少，而共混体系中由于苯并噁嗪中氧负离子和开环形成的 Mannich桥结构中的 N 原子催化作用而聚合的 TBMI 和自身发生热聚合的 TBMI 含量增多，共混体系中多种交联结构同时存在，网络均一性变差。

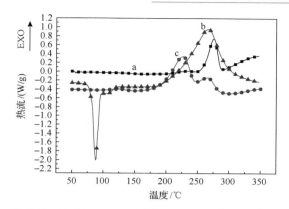

图 6.34　Bz(a)、TBMI(b) 和 BzT11(c) 的 DSC 曲线

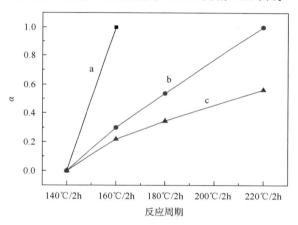

图 6.35　不同官能团随温度变化的反应程度

a. BzT11 中＝C—H; b. BzT11 中的噁嗪环结构; c. 烯丙基官能团

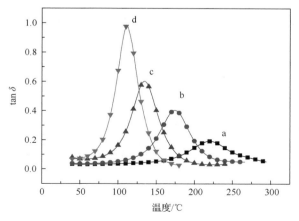

图 6.36　Bz 和 TBMI 共混体系的 tan δ 曲线

a. BzT12; b. BzT11; c. BzT21; d. Bz 固化物

6.1.4 苯并噁嗪/氰酸酯二元共混体系

氰酸酯树脂是一类具有优异性能的新型树脂，其分子中含有两个或以上氰酸酯官能团，可以与羟基、环氧基、双键等作用，受热后也可直接发生自聚合反应形成三嗪环结构，该结构规整度高，交联密度大，具有极低的介电损耗和很好的阻燃、低发烟和耐烧蚀等特性。性能优良的热固性树脂之间通过共聚或共混能使各自优点相结合，得到综合性能优良的材料。因此，越来越多的学者将氰酸酯作为苯并噁嗪树脂体系的反应性第二组分，并深入研究了两者的共聚反应[36-38]。

1. 苯并噁嗪/氰酸酯二元体系的固化反应机理及共聚体的结构

二胺型苯并噁嗪(PH-ddm)、双酚 A 型苯并噁嗪(BA-a)和双酚 A 型氰酸酯(BADCy)结构如图 6.37 所示。本节中未特别说明时二元体系均为等摩尔比。

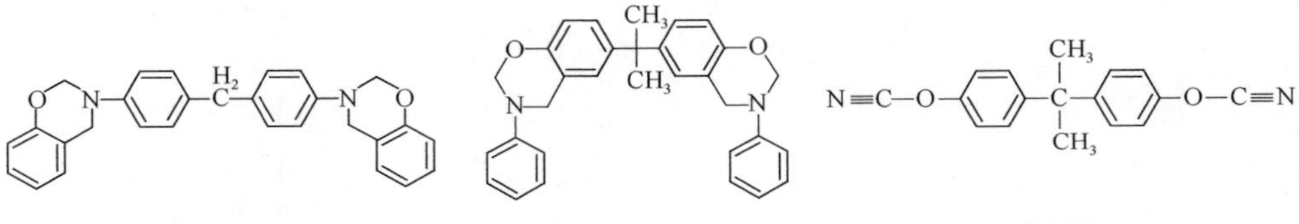

图 6.37　PH-ddm、BA-a 和 BADCy 的结构

1) 热聚合反应

图 6.38 是 BA-a/BADCy 共混物及单体的 DSC 固化曲线，相比于单体 BA-a 和 BADCy 的固化反应单峰，共混物呈现出两个明显的放热峰，分别位于 225℃（峰1）和 243℃（峰2）。将 BA-a/BADCy 在 140℃进行等温固化，并对不同固化时间的样品进行 DSC 测试（图 6.39）。随固化时间的延长，峰 1 逐渐减小，固化 2h 后，峰 1 完全消失。而在图 6.40 红外谱图上，随固化时间的延长，940cm^{-1} 处噁嗪环的特征峰略有减小，说明已有少量的噁嗪环开环。同时，氰基的特征峰(2270cm^{-1}、2237cm^{-1}) 逐渐减弱，而三嗪环的特征峰 (1370cm^{-1}) 逐渐增强。这说明在 BA-a/BADCy 体系中，峰 1 对应 BADCy 的聚合反应，而在此温度下氰酸酯能够发生聚合是因为受到了少量开环的 BA-a 的催化。

继续将 140℃固化 3h 后的样品在 180℃等温固化，图 6.41 为固化不同时间样品的 DSC 曲线。可以明显看出，随着固化时间的延长，峰 2 逐渐减小，而在红外谱图（图 6.42）上噁嗪环的特征峰（940cm^{-1}）不断减小，由此证明峰 2 对应苯并噁嗪的聚合反应。

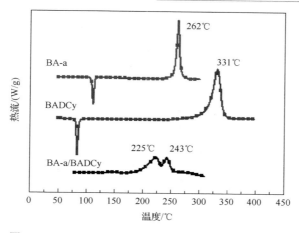

图 6.38　BA-a、BADCy 和 BA-a/BADCy 的 DSC 曲线

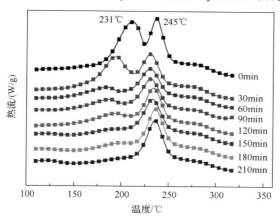

图 6.39　BA-a/BADCy 共混物在 140℃固化不同时间的 DSC 曲线

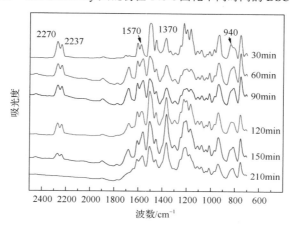

图 6.40　BA-a/BADCy 共混物在 140℃固化不同时间的红外谱图

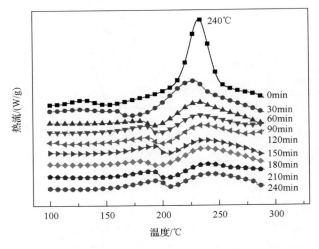

图 6.41   BA-a/BADCy 共混物在 180℃固化不同时间的 DSC 曲线

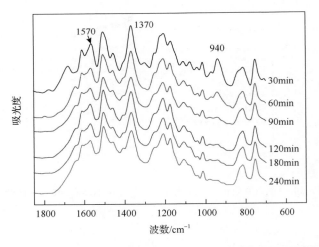

图 6.42   BA-a/BADCy 共混物在 180℃固化不同时间的红外谱图

2) 催化聚合反应

a. 酚羟基

将重结晶的二胺型苯并噁嗪 PH-ddm 和未重结晶的二胺型苯并噁嗪 M-BOZ 分别与 BADCy 共混后，比较 PH-ddm/BADCy 与 M-BOZ/BADCy 的 DSC 曲线，如图 6.43 所示。

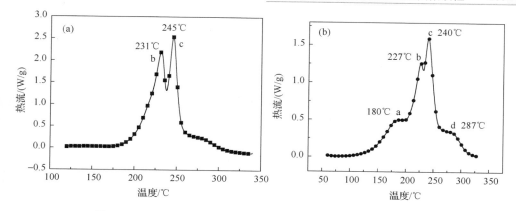

图 6.43　PH-ddm/BADCy(a) 和 M-BOZ/BADCy(b) 的 DSC 曲线

　　比较发现，在 PH-ddm/BADCy 体系的 DSC 曲线上分别在 231℃和 245℃出现了明显的 b、c 峰，其中 b 峰对应于苯并噁嗪发生热开环后形成的酚羟基催化氰酸酯的聚合，并与之发生共聚反应，c 峰对应于剩余苯并噁嗪的自聚反应。而 M-BOZ/BADCy 体系则在低温出现了 a 峰。经计算，M-BOZ 中噁嗪环的环化率仅为 88%，存在大量未闭环的酚羟基，因此无须达到噁嗪环的开环温度，M-BOZ 中的酚羟基在低温下即可开始催化氰酸酯的反应，使得 DSC 曲线上出现 a 峰，并导致 b 峰的热熔下降。综上说明，苯并噁嗪单体的纯度将对聚合反应产生影响，单体中因未闭环而存在的酚羟基将起到催化剂的作用，大幅度降低共混体系的固化起始温度。

　　b. 金属离子

　　金属离子通过与氰酸酯聚合反应中的酰亚胺基碳酸酯形成络合物而降低氰酸酯交联温度，加速固化反应。具有催化作用的金属离子有镁、锌、铜、钴、镍、铬、锰、铁、铝、钛和锡等，通常使用其烷酸盐及乙酰丙酮盐等。本小节选用乙酰丙酮铜(CA)作为催化剂(图 6.44)。

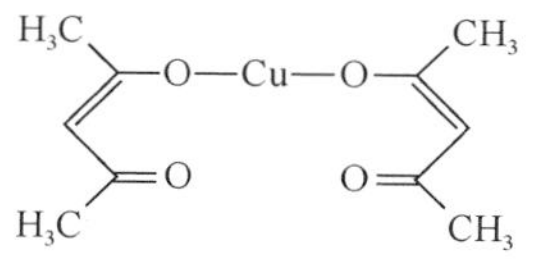

图 6.44　乙酰丙酮铜的结构

　　将 1%(质量分数)的乙酰丙酮铜加入 PH-ddm/BADCy 体系后，DSC 曲线显示(图 6.45)，BADCy 的固化峰值温度降至 157℃，且放热峰变宽，而 PH-ddm 的固化峰几乎不变，说明乙酰丙酮铜的加入可在有效催化 BADCy 聚合的情况下不影响苯并噁嗪的聚合。因此，以乙酰丙酮铜为催化剂，可在苯并噁嗪发生热开环形成酚羟基前催化氰酸酯的聚合，因此体系中依次发生的是氰酸酯的自聚反应和苯并噁嗪的自聚反应。

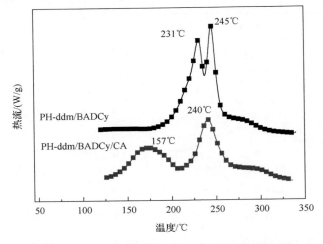

图 6.45　PH-ddm/BADCy 体系和 PH-ddm/BADCy/CA 体系的 DSC 曲线

3) 聚合机理及产物结构

进一步对 PH-ddm/BADCy 共混体系进行在线红外表征，结果如图 6.46 所示。各官能团的特征吸收波数如下：941cm^{-1}(噁嗪环)；2270cm^{-1}、2237cm^{-1}(氰基)；1570cm^{-1}、1368cm^{-1}(三嗪环)；1680cm^{-1}(异氰脲酸酯)。经过 120℃/2h 脱除溶剂后，在红外谱图 1570cm^{-1}、1368cm^{-1} 处出现了三嗪环的特征峰，说明共混体系中，在未闭环酚羟基的催化下，BADCy 已经开始发生聚合反应。经过 140℃/2h 固化后，噁嗪环的峰强降低，说明此时已有部分 PH-ddm 发生了开环反应，同时氰基的特征峰消失，一般认为是苯并噁嗪开环后生成的酚羟基继续催化氰酸酯的聚合。随

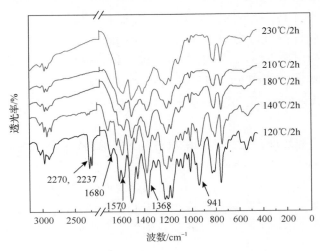

图 6.46　PH-ddm/BADCy 体系的在线升温红外谱图

着温度的升高，PH-ddm 发生开环自聚反应，噁嗪环特征峰明显减小，当固化温度升至 210℃时，该峰消失，PH-ddm 固化完全。最后，在 230℃固化 2h，红外谱图无变化。

综上，苯并噁嗪和氰酸酯的共聚过程为：苯并噁嗪发生热开环后，生成的酚羟基催化氰酸酯的聚合，随后苯并噁嗪自聚，最终形成含有三嗪环结构的苯并噁嗪交联共聚体系(图 6.47)[38]。

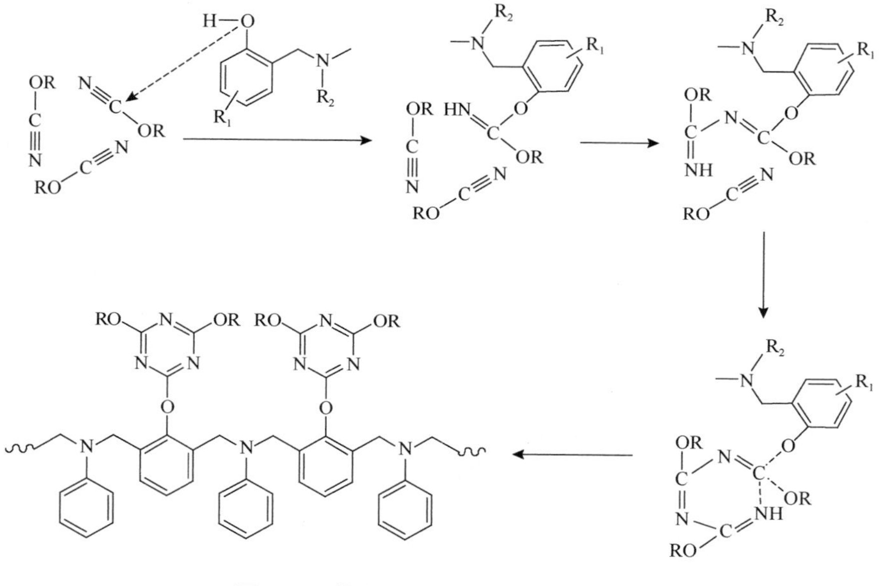

图 6.47　苯并噁嗪和氰酸酯的共聚反应

值得提到的是，在环氧树脂/氰酸酯共混体系中，氰酸酯与环氧树脂共聚生成的含有三嗪环的氰脲酸酯结构很容易转化为异氰脲酸酯结构，最终生成噁唑烷酮结构。然而，在苯并噁嗪/氰酸酯共混物固化过程中，氰酸酯与苯并噁嗪树脂共聚生成的氰脲酸酯结构不会转化成异氰脲酸酯和噁唑烷酮结构，三嗪环可稳定存在[39]。

2. 动态热机械性能

图 6.48 显示了不同比例 BA-a/BADCy 共聚体的储能模量和 T_g。其中，3/1 体系的初始储能模量最高，随着氰酸酯的增加，共聚体中氢键减少，初始储能模量逐渐降低。而氰酸酯聚合生成的三嗪环具有优异的结构稳定性，同时体系的刚性增大，因此，1/3 体系的 T_g 及高温模量保留率最高，耐热性最好。

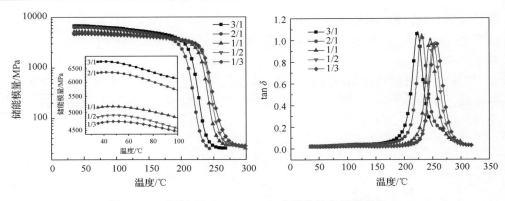

图 6.48   不同比例 BA-a/BADCy 共聚体的储能模量和 T_g

3. 热稳定性

加入氰酸酯后，共聚体 5%和 10%的热失重温度（$T_{5\%}$ 和 $T_{10\%}$）以及 800℃的残炭率都明显升高（图 6.49）。随着氰酸酯的比例增大，共聚体中生成的三嗪环更多，体系的热稳定性更好，因此 1/3 体系的 $T_{5\%}$、$T_{10\%}$ 以及残炭率最高。

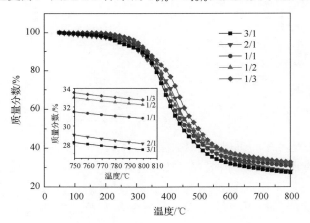

图 6.49   不同比例 BA-a/BADCy 共聚体的热失重曲线

6.1.5 苯并噁嗪/环氧/氰酸酯三元共混树脂

1. 三元体系的热聚合反应

在三元体系中，苯并噁嗪、氰酸酯和环氧树脂的聚合反应都不是独立的，除了各自的自聚反应外，其两两之间都能发生共聚反应，因此固化过程中的反应是相当复杂的。图 6.50 中各单体的 DSC 曲线上都只出现了一个放热峰，峰值温度

分别为 263℃、331℃ 和 394℃，说明在没有催化剂存在的条件下，各单体的固化
必须在高温下进行。

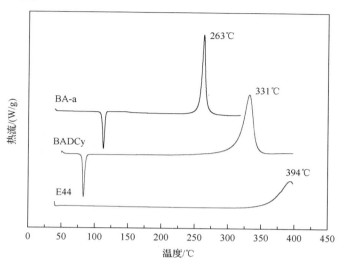

图 6.50 BA-a、BADCy 和 E44 的 DSC 曲线

以等摩尔比制备 BA-a/BADCy/E44 三元体系。图 6.51 中，BA-a/BADCy/E44
体系的 DSC 曲线的多重放热峰移向低温且相互重叠。利用 PeakFit 软件对其进行
分峰。PeakFit 软件对 DSC 放热峰的分析是基于 Pearson Ⅶ分布，这是一种偏对
称分布，因此适用于 DSC 热焓曲线并被广泛应用[40]。

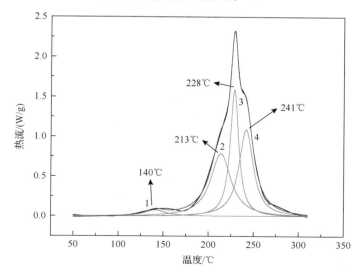

图 6.51 BA-a/BADCy/E44 共混体系的 DSC 曲线

由分峰结果知，在固化过程中主要出现了四个放热峰，对应的峰值温度分别为 140℃（峰 1）、213℃（峰 2）、228℃（峰 3）和 241℃（峰 4）。其中，峰 1 是由体系中微量杂质（如水分、残留的酚等）催化氰酸酯的聚合引起的，而峰 2、3、4 则对应于各单体间的相互反应。将三元体系在 140℃进行等温红外测试，如图 6.52 所示。

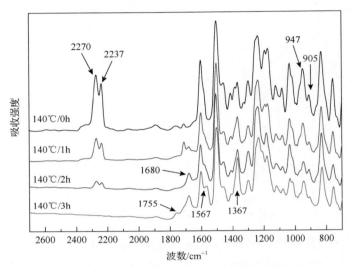

图 6.52   BA-a/BADCy/E44 三元体系在 140℃的等温红外谱图

在红外谱图中，各官能团的特征峰如下：氰基（2237cm^{-1}、2270cm^{-1}），噁嗪环（947cm^{-1}），环氧基（905cm^{-1}），三嗪环（1367cm^{-1}、1567cm^{-1}），异氰脲酸酯（1680cm^{-1}），噁唑烷酮（1755cm^{-1}）。一般说来，在没有催化剂的情况下，氰酸酯的固化温度高达 300℃，但是共混体系中的苯并噁嗪开环后可催化氰酸酯的聚合。由图 6.52 可明显看出，噁嗪环的峰强略有下降，证明已有部分噁嗪环开环，催化氰酸酯的聚合。因此，随着反应的进行，2237cm^{-1}、2270cm^{-1} 处氰基的双峰逐渐减小，而 1367cm^{-1}、1567cm^{-1} 处三嗪环的特征峰逐渐增强。同时，生成的部分三嗪环与环氧基因反应生成氰脲酸酯并异构化，因此在 1680cm^{-1} 出现了异氰脲酸酯结构中羰基的特征峰。

而三元体系的升温红外谱图显示（图 6.53），在低温时，体系中发生的反应依然是少量苯并噁嗪开环后催化氰酸酯的聚合，导致氰基的特征峰逐渐减小，并依次出现三嗪环和异氰脲酸酯的特征峰。随着温度的升高，异氰脲酸酯继续与环氧基因反应，生成噁唑烷酮（1755cm^{-1}），说明体系中的氰基最后全部转化为了三嗪环及噁唑烷酮结构。最后，苯并噁嗪全部开环后发生与环氧基因的共聚反应以及苯并噁嗪的自聚反应。

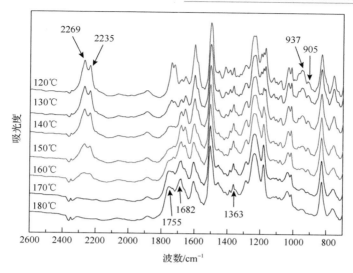

图 6.53　BA-a/BADCy/E44 三元体系的升温红外谱图

因此，结合 DSC 与 FTIR 测试结果，在三元体系的固化过程中，首先是少量苯并噁嗪发生开环，催化氰酸酯的聚合生成三嗪环，随后部分三嗪环与环氧基因反应生成氰脲酸酯并发生异构化(图 6.51 峰 2)。随着温度的升高，异氰脲酸酯进一步与环氧基因反应，生成噁唑烷酮(图 6.51 峰 3)。最后，苯并噁嗪全部开环后发生与环氧基因的共聚以及自聚反应(图 6.51 峰 4)。固化过程如图 6.54 所示。

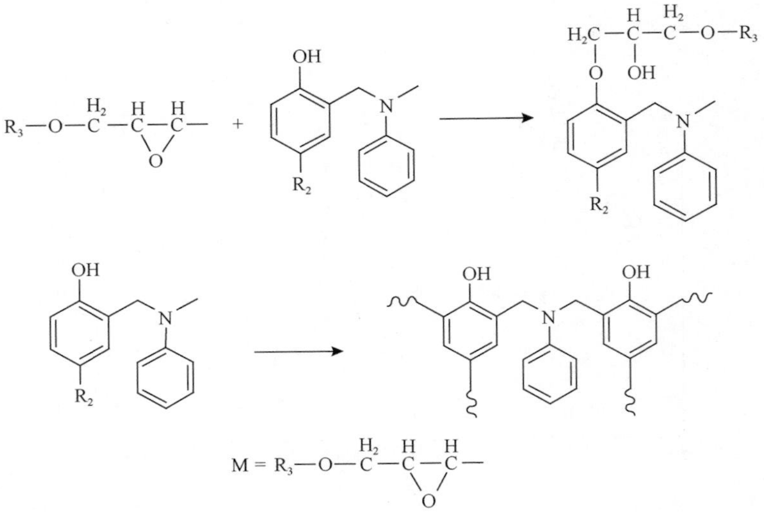

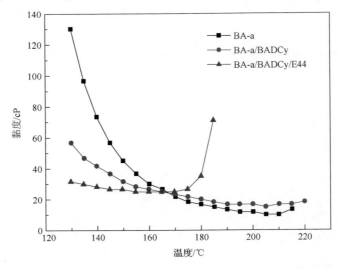

图 6.54　BA-a/BADCy/E44 三元体系的固化过程

　　环氧树脂的加入，增加了体系中的交联点。同时通过三组分的共聚反应，使得共聚体中既存在氢键及三嗪环结构，又引入了柔性的醚键结构。

2. 加工性能

　　分别将 BA-a、BA-a/BADCy、BA-a/BADCy/E44 进行黏度测试，如图 6.55 所示。BA-a 体系的初始黏度最大，后随温度的升高逐渐降低。而相比于 BA-a 体系，BA-a/BADCy 体系的初始黏度大大降低，但这两个体系的固化反应都需要较高的

图 6.55　poly（BA-a）、BA-a/BADCy 和 BA-a/BADCy/E44 体系的黏性曲线

温度。随着 E44 的加入，BA-a/BADCy/E44 体系的黏度进一步降低，且在一定温度范围内均保持在一个较低的数值，但当温度升高到 180℃，黏度迅速增大，有利于快速固化成型。BA-a/BADCy/E44 的这种黏度特性特别适用于 RTM 成型工艺。

3. 动态热机械性能

将 BA-a、BA-a/BADCy 和 BA-a/BADCy/E44 的浇铸体进行 DMA 测试，结果表明（图 6.56），聚苯并噁嗪的初始储能模量最高，而在共混体系中，因为共聚反应的发生，体系中的酚羟基数量减少，氢键作用减弱，导致储能模量下降。由于二元共聚体中含有更多的三嗪环结构，因此其 T_g 以及模量保留率最高。

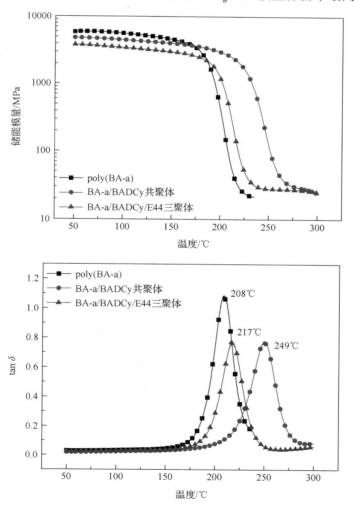

图 6.56　poly(BA-a)、BA-a/BADCy 共聚体和 BA-a/BADCy/E44 三聚体的储能模量和 T_g

4. 热稳定性

将聚苯并噁嗪、二元共聚体和三元共聚体进行 TGA 测试，结果如图 6.57 所示。在微商热重曲线中，聚苯并噁嗪在 200℃有一个明显的第一失重峰。而二元共聚体的第一失重峰移向高温，逐渐与第二失重峰重合。三元共聚体具有最高的交联密度，因此在 300℃以下基本没有热失重，且 5%和 10%的热失重温度也是最高的，表明在使用温度下，三元共聚体的热稳定性最好。但是环氧基团的引入使体系分子链中的薄弱环节增多，高温下的热稳定性下降，残炭率最低（19.7%）；而二元共聚体中含有更多稳定的三嗪环结构，因此残炭率最高（31.0%）。

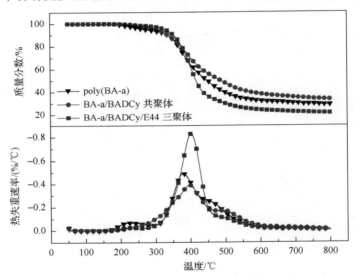

图 6.57　poly（BA-a）、BA-a/BADCy 共聚体和 BA-a/BADCy/E44 三聚体的热失重曲线

5. 力学性能

与聚苯并噁嗪相比较，二元共聚体的弯曲挠度和弯曲强度都略有下降（表 6.24），且应力-应变曲线呈现典型的脆性断裂。加入环氧树脂后，交联结构中柔性的醚键使三元共聚体弯曲性能显著提高，弯曲挠度从 4.32mm 增长到了 7.54mm，弯曲强度从 132.6MPa 增长到 158.9MPa，同时三元体系的应力-应变曲线也表现出了一定的屈服。而三元共聚体系交联密度也是最大的，因此其冲击强度也相应提高。

表 6.24　poly（BA-a）、BA-a/BADCy 共聚体和 BA-a/BADCy/E44 三聚体的力学性能

样品	挠度/mm	弯曲强度/MPa	冲击强度/（kJ/m²）
poly（BA-a）	4.32	132.6	9.8
BA-a/BADCy 共聚体	4.06	130.2	18.8
BA-a/BADCy/E44 三聚体	7.54	158.9	22.8

6. 介电性能

氰酸酯的加入在二元共聚体结构中引入了低介电常数（D_k）和低损耗因子（D_f）的三嗪环，带来了二元共聚体介电性能的明显改善。一般来说，氰酸酯的含量越高，生成的三嗪环越多，固化物的介电性能就越好。但相比于二元共聚体，三元共聚体的介电性能更好，这主要是因为三元共聚体的交联密度增大，体系中链段的运动和偶极子的极化更加困难，导致 D_k 和 D_f 下降（表 6.25）。

表 6.25　poly（BA-a）、BA-a/BADCy 共聚体和 BA-a/BADCy/E44 三聚体的介电性能

样品	D_k/D_f（1GHz）	D_k/D_f（1MHz）
poly（BA-a）	4.38/0.0069	4.55/0.0053
BA-a/BADCy 共聚体	4.00/0.0065	4.21/0.0042
BA-a/BADCy/E44 三聚体	3.62/0.0067	3.85/0.0040

7. 吸水性

各样品在沸水中浸泡 30min 后和在常温蒸馏水中浸泡 24h 后的吸水率见表 6.26。相比于聚苯并噁嗪，三元共聚体的吸水率略有增大，但低于二元共聚体。这是因为三元体系的交联密度增大，限制了链段的运动，导致亲水基团与水分子的相互作用减弱，吸水率减小。在常温蒸馏水中，三元共聚体的吸水率依然略高于聚苯并噁嗪，但低于二元共聚体。

表 6.26　poly（BA-a）、BA-a/BADCy 共聚体和 BA-a/BADCy/E44 三聚体的吸水率

样品	沸水吸水率/%	常温吸水率/%
poly（BA-a）	0.073	0.084
BA-a/BADCy 共聚体	0.15	0.22
BA-a/BADCy/E44 三聚体	0.11	0.15

6.2　苯并噁嗪共混树脂体系中的相分离及增韧

聚苯并噁嗪的力学性能优异，然而，其固化物质脆一直是限制其应用的重要问题。利用苯并噁嗪出色的分子设计性合成新型的具有柔性链段的苯并噁嗪单体，通过与其他聚合物(如橡胶、热塑性塑料等)共混,可以实现聚苯并噁嗪的增韧。本节主要介绍苯并噁嗪通过与其他树脂体系共混制备相分离结构实现增韧的相关研究进展。

6.2.1   苯并噁嗪/橡胶体系

通过橡胶对热固性树脂进行增韧改性是一种传统的、行之有效的方法,其在改性过程中以牺牲聚苯并噁嗪的耐热性为代价,可以明显地提升聚苯并噁嗪的韧性,扩展了苯并噁嗪应用的可靠性与稳定性[41-43]。

1. 氨基封端的丁腈橡胶改性苯并噁嗪树脂体系相结构的研究

将氨基封端的丁腈橡胶(ATBN)按照苯并噁嗪含量的2%、5%、10%、15%和20%(质量分数)进行共混[42]。制得的树脂浇铸体为棕红色固体,颜色随橡胶含量的增加而变浅,不透明,表面呈棕色,比基体树脂颜色深,改性树脂基本保持均匀,在试样固化时的裸露表面有少许橡胶富集。将树脂浇铸体拉断或弯断后,取较为平整的表面,经镀金处理后,用扫描电子显微镜对断面进行观察,低倍数下的观测结果如图 6.58 所示。从图中可看出,ATBN 改性 BA-a 树脂浇铸体的断裂表面均粗糙不平,这表明其断裂方式为多重开裂。在树脂的固化反应过程中,因发生反应诱导相分离,这些橡胶类弹性体嵌段一般能从树脂基体中析出,在物理上形成两相结构。

图 6.58 中,poly(BA-a)的断口形貌是典型的脆断形貌。加入橡胶后的断口出现韧性的部分。ATBN 含量在 2%和 5%时,断口形貌类似,表明其断裂行为也基本相同,此时主要应是橡胶粒子应力集中,造成剪切屈服。在 ATBN 的含量增加到 10%时,断裂形貌变得较不规则,还可明显地观察到大量空穴,表明在 ATBN 为 10%时,断裂行为有了变化,由橡胶粒子孔洞化造成的剪切屈服起了作用,加上橡胶粒子的撕裂作用,此时的增韧效果较好。当 ATBN 含量再增加到 15%和 20%时,断口形貌也变得较为规则了,此时因橡胶含量较高,橡胶相发生一定程度的聚集,橡胶粒子与基体的作用减弱,断裂主要为橡胶的撕裂破坏,增韧效果下降。该体系的力学性能列于表 6.27。当 ATBN 含量为 2%和 5%时,固化物拉伸模量各为 4.7GPa 和 4.5GPa,弯曲模量各为 4.6GPa 和 4.1GPa;但强度和断裂伸长率相比苯并噁嗪皆有下降,拉伸强度各为 67.4MPa 和 59.3MPa,弯曲强度各为 127.9MPa 和 142.1MPa,断裂伸长率各为 1.7%和 1.5%。进一步提升 ATBN 含量到 10%时,树脂的拉伸强度达到最高,为 75.1MPa,断裂伸长率也达到 2.1%,但拉伸模量有所下降,为 3.9GPa。当 ATBN 含量再增大到 15%和 20%时的拉伸模量各为 3.3GPa 和 2.9GPa,弯曲模量各为 2.9GPa 和 2.1GPa;拉伸强度各为 57.7MPa 和 54.7MPa,弯曲强度各为 110.7MPa 和 88.2MPa;断裂伸长率相比 2%和 5%ATBN 添加量时增大,各为 2.0%和 2.6%。

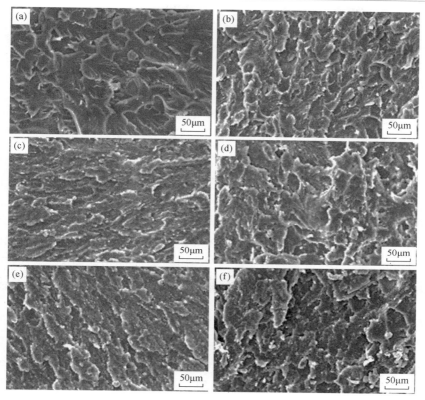

图 6.58　橡胶改性苯并噁嗪浇铸体断面形貌

(a) 聚苯并噁嗪; (b) 2% ATBN; (c) 5% ATBN; (d) 10% ATBN; (e) 15% ATBN; (f) 20% ATBN

表 6.27　ATBN 改性苯并噁嗪树脂浇铸体的力学性能

力学性能	ATBN 含量/%				
	2	5	10	15	20
拉伸模量/GPa	4.7	4.5	3.9	3.3	2.9
拉伸强度/MPa	67.4	59.3	75.1	57.7	54.7
断裂伸长率/%	1.7	1.5	2.1	2.0	2.6
弯曲模量/GPa	4.6	4.1	3.5	2.9	2.1
弯曲强度/MPa	127.9	142.1	127.3	110.7	88.2

　　聚合物的破坏过程通常包含分子链的解缠结和化学键的破坏，而交联网络结点的浓度则决定了材料的特征拉伸比和各个链段之间应力的分布状态。橡胶的加入会对聚苯并噁嗪固化物的分子链长度、交联网络的浓度、链结构、分子间的氢键等产生影响，使改性聚苯并噁嗪的强度降低。此外，橡胶含量及分散相结构是橡胶发挥增韧作用的前提。在 ATBN 改性 BA-a 树脂时，当 ATBN 含量为 10% 时，

其断口微观形貌研究表明，树脂的脆断、橡胶粒子孔洞化、橡胶粒子拉伸撕裂和剪切屈服等作用同时发生，改性体系的拉伸强度达到最大。当橡胶含量继续增大时，树脂脆断减少，孔洞化粒子数目降低，断裂以橡胶的拉伸撕裂和剪切屈服为主，强度下降较多，但断裂伸长率却增大。

2. 羧基封端的丁腈橡胶改性苯并噁嗪树脂体系相结构的研究

将羧基封端的丁腈橡胶(CTBN)按照苯并噁嗪含量的 2%、5%、10%、15%和20%(质量分数)进行共混[43]。其加工过程及现象与 ATBN 改性相近。两种橡胶与苯并噁嗪基体的作用不一样，ATBN 与树脂基体的作用较强，即 ATBN 分子中的氨基与苯并噁嗪分子中的羟基发生作用，可使 ATBN 分子能较均匀地分散在树脂基体中，且在相分离的过程中也可阻止 ATBN 橡胶粒子的迁移和聚集，因此，在固化树脂中，ATBN 粒子的粒径基本不随其含量的增加而变大，其粒径基本保持为小于 5μm。而 CTBN 分子与树脂基体的作用则要弱得多，由于在 CTBN 分子中含有羧基，其与苯并噁嗪分子中的羟基的作用很弱，尽管可用机械方法将 CTBN 橡胶分散在树脂基体中，但在固化反应的相分离过程中，CTBN 分子受树脂基体交联的影响较小，可移动而发生自聚，随 CTBN 含量的增加，这一效应更明显，其结果是：CTBN 橡胶粒子的粒径随其含量的增加而不断增大，并且在宏观上，更有部分 CTBN 橡胶在固化树脂的表面聚集，因此，CTBN 改性苯并噁嗪树脂的效果不及 ATBN 改性树脂的效果好。在 ATBN 和 CTBN 改性双酚 A 型苯并噁嗪树脂的研究中观察到类似的现象。

力学性能方面，CTBN 改性二胺型苯并噁嗪树脂体系中，当 CTBN 含量为 2%和 5%时，共混体系的拉伸模量各为 4.8GPa 和 4.5GPa，弯曲模量各为 4.6GPa 和3.9GPa；但强度和断裂伸长率相比 ATBN 改性苯并噁嗪体系皆下降较多，拉伸强度分别为 59.9MPa 和 64.6MPa，弯曲强度分别为 131.9MPa 和 141.0MPa，断裂伸长率分别为 1.4%和 1.6%；当 CTBN 的含量继续增加到 10%时，共混体系的拉伸强度最高，为 68.4MPa，断裂伸长率也达到 2.1%，但拉伸模量下降为 4.6GPa；当CTBN 含量继续增加到 15%，拉伸强度和弯曲强度均下降，拉伸强度降至 64.5MPa，弯曲强度降至 115.0MPa。

6.2.2 苯并噁嗪/热塑性树脂共混体系

1. 概述

热塑性(TP)树脂大多具有优异的韧性和延展性，与热固性(TS)树脂共混可以增加基体的形变能力，对提高基体树脂的韧性具有潜在的应用价值。材料的性能不仅与其自身的分子结构或交联网络的化学结构有关，还与共混体系的凝聚态结构(相结构)紧密相关。大量的研究表明，相分离结构(特别是微米尺寸的相结构)的引入可以极大地提高共混体系的韧性。

TS/TP 树脂反应诱导相分离(reaction-induced phase separation)的概念，即：固化反应开始前或反应初期，聚合物改性剂与低分子量的 TS 树脂单体或预聚体均匀混合，体系处于均相状态；随着聚合反应的进行，TS 树脂的分子量逐渐增加，与改性剂之间的相容性变差，体系在热力学上不再相容，发生相分离；相形态逐步演化并粗大化，形成海岛结构、双连续相结构或相反转结构的相形态。根据 Gibbs 自由能原理($\Delta G=\Delta H-\Delta S\times T$)，随着 TS 树脂聚合反应的进行，TS/TP 树脂共混体系的混合焓(ΔH)基本不变，混合熵逐渐减小($\Delta S<0$)，导致混合自由能逐渐增大($\Delta G>0$)，共混体系倾向于原位发生相分离。因此，TS 的聚合反应是共混体系相分离的驱动力。同时，TS 树脂的聚合反应会引起共混体系黏度、交联程度的增加，导致体系玻璃化或者化学凝胶，阻碍相分离的发生。共混体系的相分离是固化反应引起的混合熵的减小(促进相分离)和体系凝胶或玻璃化(阻碍相分离)之间竞争的结果。

目前，苯并噁嗪/热塑性树脂共混体系，如 BZ/聚己内酯(PCL)[44-49]、BZ/聚碳酸酯(PC)[50,51]、BZ/聚氧化乙烯(PEO)[52-55]等已有大量的研究报道。与其他热固性树脂/TP 树脂共混体系不同，苯并噁嗪(BZ)聚合过程中产生的大量酚羟基(—OH)能与 TP 树脂中的极性基团(如羧基、羰基、羟基、醚键等)形成分子间氢键。该氢键的存在一方面会增加共混体系的混溶性，影响相分离的过程及最终的相形态；另一方面会与聚苯并噁嗪(PBZ)自身的分子内氢键竞争，影响 BZ 的聚合反应，以及固化物最终的物理、化学以及热机械性能。以 BZ/PCL 共混体系为例，体系中存在三种氢键相互作用，即 PBZ 分子内氢键、PBZ 分子间氢键和 PBZ 与 PCL 之间的分子间氢键[46]。固化反应初期，PCL 与—OH 之间的氢键相互作用使共混体系为均相结构；固化反应后期，分子间氢键相互作用在高温下减弱甚至消失，对混溶性的影响减弱，体系最终在熵的推动下发生相分离[46, 48, 56]。随着 PCL 相对含量的增加，共混体系依次出现海岛结构、双连续相结构及相反转结构的相形态[48]。此外，PBZ 与 PCL 之间的分子间氢键相互作用一定程度上可以减弱 PBZ 的分子内氢键相互作用，增加 BZ 聚合过程中链段的运动能力，有利于 BZ 开环后的进一步聚合，从而提高体系的交联密度、玻璃化转变温度(T_g)和热稳定性。共混体系的断裂伸长率及应力-应变曲线下的面积随着 PCL 相对含量的增加逐渐增大，韧性逐渐提高。然而，由于 PCL 自身的模量、残炭率等较低，共混体系固化物最终的模量、弯曲强度以及残炭率均有所下降[56]，极大地限制了其在高性能树脂领域的应用。

与普通的热塑性树脂相比，热塑性特种工程塑料，如聚酰亚胺(PI)[28, 57-61]、聚砜(PSU)[62-64]、聚醚酮(PEK)等具有优异的力学性能(高的模量、韧性等)和热机械性能(高的 T_g、热稳定性)。使用热塑性特种工程塑料替代普通的热塑性树脂对 BZ 树脂进行共混改性，能够在保持 PBZ 自身高的 T_g、模量、热稳定性及优异的热机械性能的同时，极大地提高共混体系的韧性，这是制备高性能、先进复合材料用基体树脂的重要方法之一。对于多组分共混体系而言，相分离和相形态受到体系的制备方法、化学结构、固化工艺及分子间氢键等物理相互作用的影响；固化物的性能又与固化反应、相形态、氢键等物理相互作用密切相关。考察共混体系相分离及相形态的影响因素，以及相分离对固化反应、固化物结构和物理化学相互作用的影响，对于调控固化物结构-性能关系，制备高性能复合材料用基体树脂具有重要的指导意义。

2. 苯并噁嗪/聚醚酰亚胺共混体系

聚酰亚胺(PI)和聚醚酰亚胺(PEI)是一类性能优异的热塑性工程塑料，具有高的 T_g、模量和热稳定性，在热固性树脂增韧改性的相关研究中已被广泛报道。PI 是最早用于 BZ 增韧改性的热塑性特种工程塑料[57-60]。以 BA-a 树脂为例，BA-a/PI 共混树脂的制备方法有以下两种：①直接将可溶性聚酰亚胺 PI 与 BA-a 共混；②将 PI 的前驱体——聚酰胺酸(PAA)与 BA-a 共混。PI 化学结构(含羟基或不含羟基的PI)和制样方法的不同对BA-a/PI共混体系固化物最终的物理机械性能及热稳定性有显著的影响。研究表明，应用不同的化学结构和制备方法得到的 BA-a/PI 共混物的 T_g 和韧性均得到了改善。其中，不含羟基的 PI 改性 BA-a 共混体系为物理共混，而含羟基的 PI，以及 PAA 与 BA-a 共混体系固化物之间均存在共聚反应。形成共聚网络的体系对固化物 T_g 的影响较大，而物理共混(存在微相分离结构)的体系韧性提高更明显。本小节将以聚醚酰亚胺(PEI)为例[28,61]，详细地阐述苯酚/二氨基二苯甲烷型苯并噁嗪(PH-ddm)与 PEI 共混体系相分离的影响因素，相分离及相形态对化学流变行为、氢键、固化反应的影响以及固化物结构和性能的关系。

1)相分离及相形态的影响因素

固化反应前，PH-ddm/PEI 为淡黄色透明胶液；随着固化反应的进行，体系的颜色加深、透明性逐渐减弱，表明体系发生了相分离。如图 6.59 所示，PEI 的相对含量≤10%(质量分数)时，共混体系呈现海岛结构的相形态(PEI 球形富集相均匀分散于 PH-ddm 基体中)；并且随着 PEI 含量的增加，共混体系中 PEI 分散相的尺寸和数量逐渐增大。PEI 的相对含量在 11%~15%时，共混体系为海岛结构和相反转结构同时存在的双相结构的相形态；增加 PEI 的相对含量，以 PEI 为连续相的相反转结构的比例逐渐增加。PEI 相对含量≥17%时，共混体系呈现相反转结构的相形态[PEI 连续相薄膜包裹着形状不规则的 poly(PH-ddm)球形分散相]，而 poly(PH-ddm)分散相的尺寸随着 PEI 含量的增加逐渐减小。

共混体系的相形态不仅与 PEI 的相对含量有关，与 PEI 的分子量、固化反应温度、反应速率等也密切相关。在相同的 PEI 含量(10%)下，当 PEI 的分子量由 2.35×10^4 增至 2.61×10^4 时，共混体系的相形态由海岛结构转变为海岛结构和相反转结构同

图 6.59 PEI 的相对含量（质量分数）为 2%(a)、5%(b)、10%(c)、11%(d)、13%(e)、15%(f)、
17%(g) 和 20%(h) 时，PH-ddm/PEI 共混体系固化物的相形貌

共混体系的固化工艺为 140℃/2h + 160℃/2h + 180℃/2h + 200℃/1h，$M_n(PEI) = 2.35 \times 10^4$

时存在的双相形态[类似于图 6.59(f)]。在 PEI 的相对含量(10%)和分子量(2.35×10^4)固定不变的情况下，向体系中引入咪唑(0.25%)，提高 PH-ddm 的聚合反应速率，同样可以使共混体系的相形态由海岛结构转变为双连续相结构。固化温度也是影响共混体系相形态的主要因素之一。然而在 PH-ddm/PEI 共混体系中，当 PEI 的相对含量分别为 10%、15% 和 20% 时，将初始固化温度由 140℃升至 180℃时，固化物的相形态几乎不变，仍分别为海岛结构、海岛与相反转同时存在的双连续相结构和相反转结构，仅分散相的尺寸略有增加。

共混体系最终的相形态是固化过程中扩散动力学和固化反应动力学之间相互竞争的结果。对于 PH-ddm/PEI 共混体系而言，凡是能够有效地降低体系的扩散能力(如增加 PEI 的相对含量或分子量)或提高固化反应速率(引入固化剂等)的方法均有利于形成 PEI 为连续相的相形态(如双连续相结构和相反转结构)。

2) 相分离对流变行为的影响

共混体系的相分离对化学流变行为也会产生有趣的影响。由图 6.60 可知，140℃时，PH-ddm 的黏度随着固化时间的延长逐渐增加。而 PH-ddm/PEI 共混体系的黏度曲线在相分离点(t_{cp}，相分离对应的时间)时均有微小的突变。化学流变曲线上黏度增长速度的突然增加或降低，对应着连续相的组成变化[65]。对于 PH-ddm/PEI 共混体系而言，结合 SEM 和流变行为的结果也发现了相同的规律。PEI 的相对含量为 5%(质量分数)时，体系的初始黏度较低，快动力学相(PH-ddm)从慢动力学相(PEI)迅速扩散出来形成 PH-ddm 富集相，而 PEI 则由于其高分子的黏弹特性逐渐回缩形成了 PEI 的球形分散相，使得 PH-ddm 连续相的黏度迅速降低，引起流变曲线中 t_{cp} 点处黏度的增长速度减缓。当 PEI 的相对含量为 20% 时，体系的黏度较大，PH-ddm 难以冲破 PEI "笼子"的阻隔，仅能局部析出形成 PH-ddm 的分散相；而 PEI 连续相因 PH-ddm 的析出黏度突然增加，导致流变曲线中 t_{cp} 点处黏度的增长速度加快。当 PEI 的相对含量为 15% 时，体系的相形态比较复杂，根据其形态演化过程，流变曲线中 t_{cp} 点处黏度的突变对应于共混体系中形成的 PEI 初级连续相结构；随着固化反应的进行，该连续相中又发生了二次相分离，进一步减小了 PH-ddm 对 PEI 连续相的增塑作用，使体系的黏度在相分离后较长一段时间内仍保持快速增长。

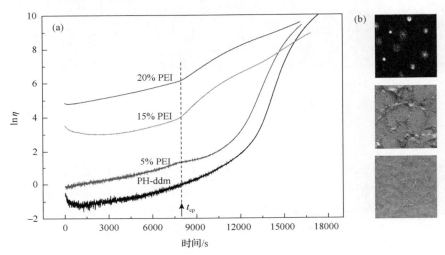

图 6.60　PH-ddm 树脂及其与不同含量 PEI 共混体系在 140℃的等温流变曲线(a)和对应的 SEM 形貌(b)

3) 相分离过程对氢键及固化反应的影响

140℃时，PH-ddm/PEI 共混体系发生相分离所需的时间(对应于 PH-ddm 的转化率)随着 PEI 相对含量的增加而逐渐减少。当 PEI 的相对含量为 5%、15% 和 20%(质量分数)时，相分离所需的时间分别为 120min、100min 和 30min。聚合反应是共混体系相分离的推动力，同时聚合反应引起的化学凝胶或者玻璃化又是相分离的阻力。以 PEI 相对含量为 20% 的共混体系为例(图 6.61)，140℃固化 30min 后 [α(PH-ddm)=2%]，体系就发生了相分离，但是由于相分离程度较低，相形态模糊。140℃固化 75min 后[α(PH-ddm)=4%]，体系观察到了明显的两相结构。其中，PEI 以连续相薄膜的形式包裹着 PH-ddm 富集相。伴随着固化反应的进行，越来越多的 PH-ddm 从 PEI 基体中扩散出来，使 PH-ddm 球形粒子的尺寸逐渐增加，PEI 富集相薄膜的厚度逐渐减小。160℃固化 30min 后，体系发生化学凝胶，PH-ddm 富集相的形貌和相尺寸固定。升高固化温度(200℃)，在 PEI 富集相中新生成少量的纳米尺寸的 PH-ddm 球形粒子。

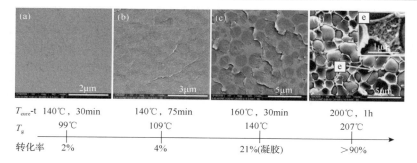

图 6.61　PEI 相对含量为 20%时，PH-ddm/PEI 共混体系不同固化反应
阶段对应的相形貌、转化率和 T_g

　　苯并噁嗪聚合过程产生的酚羟基与 PEI 分子上的羰基之间存在氢键相互作用，然而，该类氢键的存在并没有影响相分离的发生。如图 6.62 所示，与红外测试结果中 PEI 羰基的对称（1778cm^{-1}）和不对称（1724cm^{-1}）伸缩振动特征峰相比，固化反应前，共混体系中羰基的位置几乎不变；而随着固化反应的进行，酚羟基的数目逐渐增多，分子间氢键的存在使羰基的吸收峰逐渐向低波数移动[图 6.62（a）中 c 和 d]。固化温度升高至 160℃，PH-ddm 的转化率迅速提高，生成了更多的酚羟基，但也推动了相分离，增加了相分离程度，使 PH-ddm 与 PEI 均集中于各自的富集相中，羰基与酚羟基之间的距离增大，氢键相互作用减弱。160℃固化 30min 后，体系发生化学凝胶，相分离终止。此后，两组分间的氢键相互作用不随 PH-ddm 转化率（酚羟基含量）的增加而增加。相反，PH-ddm 的聚合会进一步促使 PEI 富集相中的 PH-ddm 不断地扩散出来，进一步减弱氢键相互作用。200℃固化后，PEI 富集相中未观察到羰基峰的移动，而 poly（PH-ddm）富集相中仍观察到了羰基的蓝移，表明氢键一直存在于共混体系中[28]。

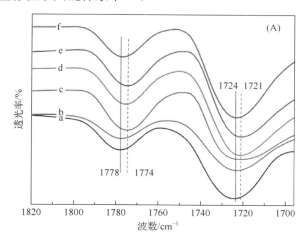

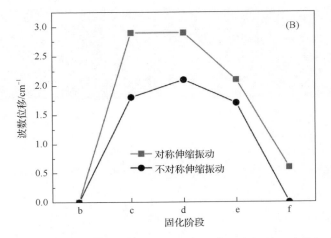

图 6.62　(A) PEI(a) 及 PEI 相对含量为 20%时，PH-ddm/PEI 共混体系不同固化阶段的红外光谱
图: 0 min (b)；140℃，70min (c)；140℃，120min (d)；160℃，30min (e)；200℃，1h (f)；(B) 1778cm^{-1}
(对称伸缩振动) 和 1724cm^{-1} (不对称伸缩振动) 处羰基的红外特征吸收峰在不同固化阶段的位移

　　由于稀释效应，TP 树脂的存在对 TS 树脂的聚合有消极的影响。而对于
PH-ddm/PEI 共混体系而言，PH-ddm 转化率很低时，共混体系便发生了相分离，
PEI 对 PH-ddm 聚合的影响主要与相分离程度有关(图 6.63)。结合旋节线相分离
机理和相形态及相分离演化过程，PEI 相对含量为 15%(质量分数)时，处于旋节
线相分离的临界点，易发生二次相分离，初始相分离程度较低，PEI 的稀释效应

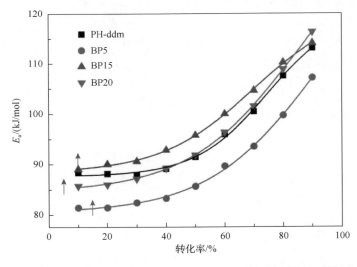

图 6.63　由 Ozawa 等转化率方法得到的 PH-ddm/PEI 共混体系的 E_a-等转化率曲线
图例为实验结果；曲线为模拟结果；箭头对应 PEI 相对含量为 5%(BP5)、15%(BP15) 和 20%(BP20)(质量分数)
时，共混体系相分离点的转化率

最严重，PH-ddm 聚合时的等转化率活化能最高；而 PEI 相对含量为 20%或 5%时，体系的相分离程度较高(稀释效应可忽略)，PEI 与 PH-ddm 之间的分子间氢键相互作用会与 PH-ddm 自身的氢键相互作用竞争，减弱 PH-ddm 聚合过程中链段的刚性，增加链段的运动能力，降低体系的固化反应活化能，促进 PH-ddm 的聚合反应。

4) 形态结构-性能的关系

一般而言，共混体系形成双连续相结构或相反转结构的相形态时可以有效地提高体系的冲击强度，同时保持 TS 树脂固化物高的模量和优异的热机械性能。对于 PH-ddm/PEI 共混体系而言，结果不尽相同。因为 PEI 的引入不仅影响了共混体系的形态结构，还会影响 PH-ddm 聚合过程中自身的分子内/间氢键相互作用、固化反应及固化物的交联结构。如表 6.28 所示，PEI 相对含量为 5%(质量分数)时，共混体系固化物的交联密度最高，对应的 T_g、弯曲强度和冲击强度分别较 PH-ddm 体系提高了 29℃、17.8MPa 和 35%，综合性能最优。具有双连续相结构和相反转结构的共混体系的交联密度较低，弯曲强度和模量均有所下降，前者的 T_g 略有降低，冲击强度略有提高；而后者的 T_g 略有增加，冲击强度大幅下降。

表 6.28　PH-ddm/PEI 共混体系的组成和形貌及对应的交联密度、T_g 和力学性能

PEI 含量/%	相结构	交联密度/($\times 10^3$ mol/m³)	T_g (tan δ)/℃		弯曲性能		冲击强度/(kJ/m²)
			poly (PH-ddm)富集相	PEI 富集相	强度/MPa	模量/MPa	
0	均相	5.90	225		155.3	4644	17.35
5	海岛结构	8.48	254	208	173.1	4957	23.43
15	双连续相结构	3.46	214	214	114.5	4599	19.86
20	相反转结构	2.64	235	213	105.9	4510	9.5

3. 苯并噁嗪/聚醚砜共混体系

聚醚砜(PES)是另一类性能优越的特种工程塑料。它具有优良的耐热性能、物理机械性能、绝缘性能等，特别是具有可以在高温下连续使用和在温度急剧变化的环境中仍能保持性能稳定等突出优点，在许多领域已经得到广泛应用。

聚醚砜与 PH-ddm 树脂的结构差异较大，相容性较差，通过溶液混合及共沉淀的方法均不能得到宏观结构均一的浇铸体[62,66]。仅在 DMF 为溶剂时，通过溶液成膜法得到宏观均一的暗红色半透明/不透明的共混薄膜。PES 的相对含量为 5%和 15%~20%(质量分数)时，分别可得到海岛结构(PES 为分散相)和相反转结构(PES 为连续相)的相形态；提高 PES 的分子量(相对黏度[η]由 0.39 增至 0.55)，共混体系的相形貌几乎不变，但是分散相的尺寸逐渐减小(图 6.64)。

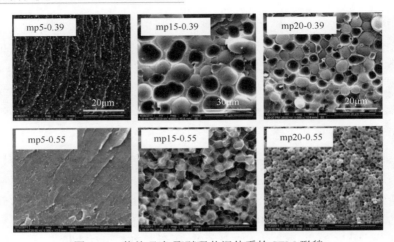

图 6.64   苯并噁嗪/聚醚砜共混体系的 SEM 形貌

共混体系简称 mp*X-Y*，其中 *X* 表示 PES 在共混体系中的相对含量，*Y* 表示由乌氏黏度计测得的 PES 的相对黏度

在 130℃脱除溶剂的过程中，共混体系即发生了微观相分离现象。此时 PH-ddm 几乎没有参与反应，该体系相分离的初始推动力是溶剂的挥发导致两组分相容性的降低；随着固化反应（150℃/3h + 170℃/3h +190℃/3h+210℃/3h）的进行，PH-ddm 树脂的聚合度逐渐增高，进一步促进相分离、相形态的演化及相形貌的固定。由于稀释效应，PES 的存在对 PH-ddm 树脂的聚合反应有一定的阻碍。如图 6.65 所示，增加 PES 的含量或分子量（黏度），共混体系的反应活化能逐渐升高，PH-ddm 树脂的转化率逐渐降低。当 PES 的相对含量为 20%（质量分数）时，体系的活化能为 100kJ/mol，比 PH-ddm 树脂增加了 6kJ/mol；转化率为 85.2%，较纯 PH-ddm 降低了 8.6%。

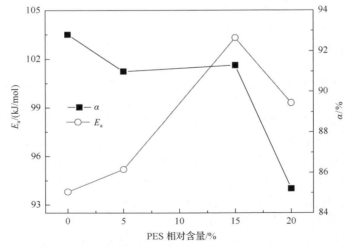

图 6.65   PES 相对含量对 mp*X*-0.33 共混体系的固化反应活化能及 PH-ddm 树脂转化率的影响

虽然 PES 的引入对 PH-ddm 的聚合反应有负面的影响，但是其自身优异的热机械性能，仍使改性体系的性能有所改善，特别是当 PES 含量为 20%（质量分数），相对黏度$[\eta]=0.55$ 时，共混体系的综合性能最优。通过调制差示扫描量热仪测得该体系中 PH-ddm 富集相和 PES 富集相的 T_g 分别为 194℃和 210℃，比 PH-ddm 略有提高；最大热失重速率所对应的温度（422.9℃）较 PH-ddm 提高了近 80℃；拉伸性能大幅提高（结果见表 6.29）。

表 6.29　PH-ddm 固化物及 mp20-0.55 共混体系固化物的拉伸性能

样品	拉伸强度/MPa	拉伸模量/GPa	断裂伸长率/%
PH-ddm	41.9	2.80	1.58
mp20-0.55	71.6	2.26	3.5

4. 苯并噁嗪/聚砜共混体系

与 PES 相比，聚砜（PSU）与 PH-ddm 的相容性有所提高。将两者在二氯甲烷中溶解混合后，110℃减压除溶剂，得到亮黄色的透明胶液。共混胶液于 140℃/2h ＋ 160℃/2h ＋ 180℃/2h ＋ 200℃/2h 固化后，可得到暗红色不透明的浇铸体，说明体系经反应诱导发生了相分离[63]。如图 6.66 所示，调节 PSU 的相对含量（质量分数），可以得到四种不同形貌的相形态，即海岛结构（10%，其中 PSU 为球形分散相，而 PH-ddm 为连续相基质）、双连续相结构（15%，PSU 和 PH-ddm 均为连续相）、相反转结构（20%~30%，PSU 连续相薄膜包裹着不规则球形结构的 PH-ddm）和类海岛结构（40%~50%，大量的 PH-ddm 富集相分散于 PSU 基体中）。当 PSU 的相

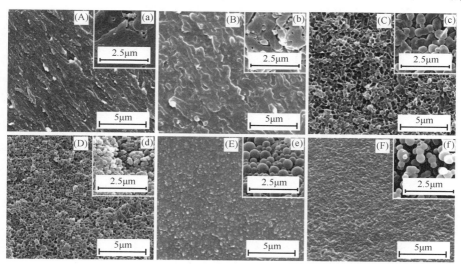

图 6.66　PH-ddm/PSU 共混体系刻蚀前后的 SEM 形貌图

PSU 的相对含量分别为 10%（A）、15%（B）、20%（C）、30%（D）、40%（E）和 50%（F）

对含量由 10%增至 50%时，共混体系的固化反应放热曲线逐渐向高温移动。通过 Kissinger 方法计算了共混体系的固化反应活化能，随着 PSU 的引入以及含量的增加（10%～50%），PH-ddm 的 E_a 逐渐由 98.7kJ/mol 增至 101.9～117.3kJ/mol。

如图 6.67 所示，PSU 的相对含量≤20%（质量分数）时，共混体系 DMA 测得的动态损耗模量曲线在 160～200℃和 200～230℃范围内观察到两个峰，分别对应 PSU 富集相和 PH-ddm 富集相的松弛行为。当 PSU 的含量增至 20%（质量分数）时，主峰的位置由 PH-ddm 富集相的松弛峰转变为 PSU 富集相的松弛峰，该变化与 SEM 的形态结果一致，表明体系连续相的组成由 PH-ddm 富集相变为 PSU 富集相。当 PSU 的相对含量≥30%（质量分数）时，共混体系的 DMA 损耗模量曲线仅在 160～200℃观察到一个松弛峰。松弛峰位置及峰形的变化一定程度上反映了共混体系两相组成的变化，观察它们的变化是 TS/TP 树脂共混体系中考察两相组成及形貌变化的辅助手段。

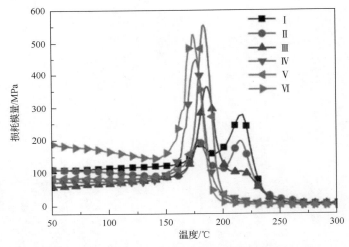

图 6.67   PH-ddm/PSU 共混体系的动态损耗模量曲线
PSU 的相对含量分别为 10%（Ⅰ）、15%（Ⅱ）、20%（Ⅲ）、30%（Ⅳ）、40%（Ⅴ）和 50%（Ⅵ）

在 PH-ddm/PSU 共混体系中，PH-ddm 玻璃化转变引起的热焓变化与少量未聚合的 PH-ddm 聚合引起的热焓变化混合在一起，很难通过 DSC 测得共混体系中 PH-ddm 的 T_g。而调制差示扫描量热法（MDSC）可以将玻璃化转变引起的可逆热容变化与热固性树脂的聚合引起的不可逆热容变化分开，是研究 PH-ddm/PSU 共混体系 T_g 的有效方法。如图 6.68(a) 所示，PH-ddm/PSU 共混体系的 TMDSC 可逆热容变化曲线可以观察到两个阶段的热焓变化；对该曲线进行微分可得到两个明显峰，峰值温度即为各富集相对应的 T_g[图 6.68(b)]。随着 PSU 相对含量的增加，共混体系中 PSU 富集相和 PH-ddm 富集相的 T_g 略有下降，仍保持在较高的温度范围。其中 PH-ddm 富集相的 T_g 所对应的峰逐渐减弱，而 PSU 富集相的 T_g 所对应的峰逐渐增强。该现象一定程度上表明 PSU 富集相由分散相向连续相转变，与DMA 测试中两富集相峰的相对变化一致。

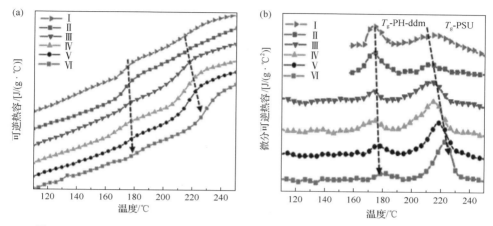

图 6.68　PH-ddm/PSU 共混体系的 MDSC 可逆热容曲线(a)及对应的微分曲线(b)
PSU 的相对含量分别为 10%(Ⅰ)、15%(Ⅱ)、20%(Ⅲ)、30%(Ⅳ)、40%(Ⅴ)和 50%(Ⅵ)

PH-ddm/PSU 共混体系的热稳定性及拉伸性能的测试结果见表 6.30。由于 PSU 优异的热稳定性和拉伸性能，它的引入使共混体系 5%、10%的热失重温度大幅提高，800℃残炭率也保持较高的值；拉伸模量略有下降，但是拉伸强度和断裂延伸率大幅提高。特别是 PSU 相对含量为 15%(质量分数)时，共混体系呈双连续相结构，其拉伸强度、断裂伸长率和韧性(应力-应变曲线对应的面积)分别为 89.6MPa、5.57%和 3.53MPa，较 PH-ddm 固化物分别提高了 114%、2.53 倍和 8.8 倍，韧性提高最明显，在此条件下综合性能最好。

表 6.30　PH-ddm/PSU 共混体系的热稳定性和拉伸性能

PSU 相对含量(质量分数)/%	TGA			拉伸性能			
	$T_{5\%}$/℃	$T_{10\%}$/℃	800℃残炭率/%	模量/GPa	强度/MPa	断裂伸长率/%	韧性/MPa
0	335	371	47.3	2.80±0.11	41.9±4.6	1.58±0.32	0.36±0.05
10	337	373	51.3	2.81±0.12	45.6±4.7	1.96±0.52	0.40±0.13
15	339	378	53.4	2.62±0.10	89.6±5.5	5.57±0.62	3.53±0.07
20	337	381	50.6	2.67±0.08	90.6±6.3	4.17±0.48	2.22±0.06
30	355	386	52.0	2.73±0.05	78.2±4.6	3.54±0.26	1.49±0.10
40	361	404	48.0	2.77±0.11	55.4±2.5	2.18±0.14	0.67±0.13
50	347	388	47.4	2.59±0.07	69.3±4.5	3.14±0.22	1.26±0.08
100	495	507	34.3				

5. 苯并噁嗪/磺酸根封端聚砜共混体系

PSU 端基的不同对 BA-a/PSU 的聚合反应及形态结构与性能有重要的影响[67,68]。

将一系列含不同端基[—Cl、—OH、噁嗪环(—BZ)]的 PSU 低聚物与 BA-a 树脂共混，发现低聚物的引入对 BA-a 树脂固化放热峰的起始温度和终止温度影响不大，但是降低了共混体系的反应热熔。反应性端基(—OH 或—BZ)的引入，对共混体系聚合反应动力学参数的影响较小；而非反应性端基(—Cl)的引入不仅增加了聚合反应活化能，也增加了反应的级数。前者最终为均相体系，而后者则形成了互穿聚合物网络(INP)的结构。低聚物的引入提高了共混体系的热稳定性和交联密度。对比各体系的断裂韧性可以发现，等质量分数时，PSU 的分子量越高，增韧效果越好，而端基对韧性的影响小于骨架结构和分子量对韧性的影响。引入 10%的噁嗪环基团封端的 PSU 树脂(分子量为 12000)，固化物的断裂韧性(K_{IC})由 0.8MPa·m$^{0.5}$ 增至 1.0MPa·m$^{0.5}$[68]。

向 PH-ddm 树脂中引入少量具有催化活性的—SO$_3$H 基团封端的 PSU 树脂(SPSU)，改变了共混体系的固化反应速率与相分离速率，进而影响共混体系固化物最终的形貌，丰富了 PH-ddm/PSU 共混体系的形貌结构[64]。研究表明，与 PH-ddm 相比，PH-ddm/PSU 共混体系的 DSC 固化曲线向高温移动，而 PH-ddm/PSU/SPSU 三元共混体系的 DSC 固化曲线向低温移动。以共混体系中 PSU 和 SPSU 的总含量为 30%(质量分数)为例，当 SPSU 的相对含量为 6%(质量分数)时，DSC 曲线的峰值温度较纯 PH-ddm 降低了 25℃；继续增加 SPSU 的相对含量，DSC 曲线仍向低温移动，但变化不明显。与 PH-ddm/PSU 体系的相形态[图 6.69(A)和(a)]相比，SPSU 的引入增加了共混体系相形态的复杂性[图 6.69(B)和(b)～(E)和(e)]，即除了相反转结构(PSU 连续相薄膜包裹着不规则的 PH-ddm 球形分散相)外，还存在一些微米级(0.59～1.09μm)的"核-壳"结构的分散相(未被刻蚀掉的部分为 PH-ddm 富集相"壳"，被刻蚀掉的部分为 SPSU 富集相形成的"核")。当 SPSU 的相对含量由 3%增至 12%时，"核-壳"结构分散相的尺寸和数量逐渐增加；特别是当 SPSU 的含量相应增至 9%和 12%时，体系中原有的相反转结构逐渐向双连续相结构(PH-ddm 连续相和 PSU 连续相同时存在)转变。

PH-ddm/PSU 和 PH-ddm/PSU/SPSU 共混体系的相分离演化过程及可能的相分离机理，如图 6.70 所示。图 6.70(a)为 PH-ddm/PSU(70/30)体系，通过旋节线相分离机理形成了典型的相反转结构。图 6.70(b)引入 SPUS 后，在较低的温度和较短的固化时间时，PH-ddm 的转化率有所增加，与附近的 SPSU 的相容性变差，PH-ddm 逐渐从 SPSU 中扩散出来，而 SPSU 受到高分子黏弹性的影响逐渐回缩形成 SPSU 富集相；受到 SPSU 的催化作用，周围 PH-ddm 的转化率迅速提高至发生化学凝胶，相形态固定，形成了"核-壳"结构的相形态[图 6.69(b)]。随着固化反应的进行，PSU 与 PH-ddm 的相容性逐渐减弱，体系发生了二次相分离，即 PH-ddm 逐渐从 PSU 中扩散出来。改变 PSU 的相对含量(SPSU 和 PSU 的质量比)，二次相分离可得到相反转结构或双连续结构[图 6.70(d)或(e)的相形态]。

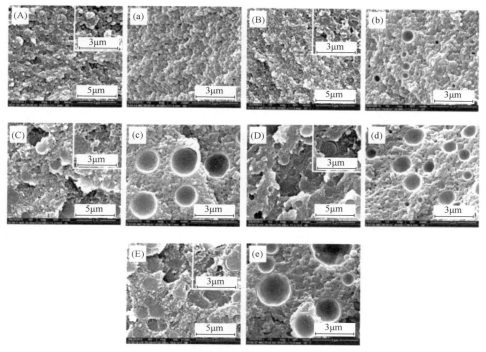

图 6.69　PH-ddm/PSU/SPSU 共混体系淬断面经 DMF 刻蚀后的 SEM 形貌图

共混体系简称 MPS-$X/Y/Z$，其中 X 表 PH-ddm 的相对含量，Y 表示 PSU 的相对含量，Z 表示 SPSU 的相对含量。
图中依次对应：MPS-70/30/0（A），MPS-70/27/3（B），MPS-70/24/6（C），MPS-70/21/9（D）及 MPS-70/18/12（E）

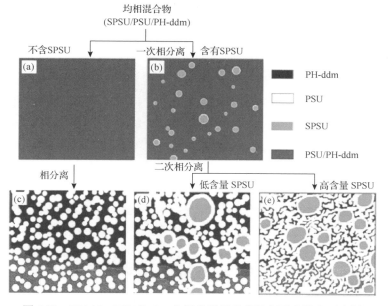

图 6.70　PH-ddm/PSU/SPSU 共混体系相分离及相形态演化示意图

　　与 PH-ddm/PSU(70/30)体系相比，引入少量的 SPSU，共混体系中可观察到多个肩峰，对应于各个富集相的 T_g；通过高斯函数拟合的方法得到了各富集相的 T_g。PH-ddm/PSU/SPSU 三元共混体系固化物各富集相所对应的 T_g 见表 6.31。其中 PH-ddm 富集相和 PSU 富集相的 T_g 略有降低，但仍保持在较高的值；SPSU 富集相的 T_g 较高，为 244～249℃。PH-ddm/PSU/SPSU 共混体系的热力学性能和拉伸性见表 6.32。随着 SPSU 相对含量的增加，PH-ddm/PSU 共混体系 5% 的热失重温度略有降低，10% 的热失重温度保持不变，800℃ 的残炭率略有提高；拉伸模量有所降低，但是拉伸强度、断裂伸长率和断裂韧性均大幅提高；SPSU 的相对含量为 3% 时，PH-ddm/PSU/SPSU 三元共混体系的拉伸强度和断裂伸长率分别可达 110.6±3.3MPa 和 (6.78±0.70)%，此条件下综合性能最优。

表 6.31　PH-ddm/PSU/SPSU 共混体系的 T_g

MPS-$X/Y/Z$	T_g(PH-ddm)/℃	T_g(PSU)/℃	T_g(SPSU)/℃	R^2
70/30/0	194	234	—	0.998
70/27/3	188	222	*	0.999
70/24/6	188	219	244	0.999
70/21/9	186	223	249	0.999
70/18/12	188	223	249	0.999

注："—"表示数据不存在，"*"表示数据未测得。

表 6.32　PH-ddm/PSU/SPSU 共混体系的热稳定性和拉伸性能

MPS-$X/Y/Z$	TGA			拉伸性能			
	$T_{5\%}$/℃	$T_{10\%}$/℃	800℃残炭率/%	模量/GPa	强度/MPa	断裂伸长率/%	韧性/MPa
100/0/0	365	384	47.3%	2.80±0.11	41.9±4.6	1.58±0.32	0.36±0.05
70/30/0	350	386	47.6%	2.42±0.03	99.8±6.7	1.96±0.52	0.40±0.13
70/27/3	342	378	48.8%	2.50±0.09	110.6±3.3	6.78±0.70	3.53±0.07
70/24/6	347	382	50.8%	2.56±0.09	107.6±4.3	5.92±0.63	2.22±0.06
70/21/9	354	387	49.0%	2.61±0.05	106.1±8.2	5.68±0.83	1.49±0.10
70/18/12	349	386	50.1%	2.64±0.10	92.7±5.7	4.63±0.64	0.67±0.13

6. 小结

　　由于 BZ 自身存在的丰富的分子内、分子间氢键，使 BZ/TP 共混体系的研究更加多样化，结构的可设计性也更强。总体来看，分子间氢键存在于所有的 BZ/TP 共混体系中，对初始的混溶性有积极的促进作用，而对共混体系最终混溶性的影响较小(除 PEI 体系外，分子间氢键均随着固化反应温度的升高而逐渐减弱，甚至消失)。此外，分子间氢键一定程度上可以减弱 BZ 自身的分子内氢键相互作用，增加聚合过程中 BZ 链段的柔性，有利于 BZ 的进一步聚合，增加交联密度。BZ

与 TP 树脂物理共混时，韧性的提高较明显，而 BZ 与 TP 之间以共价键相连时，对 T_g 和热稳定性的提高影响更大。总体来说，高性能 TP 树脂的引入会增加体系的初始黏度，降低体系的模量(略有降低)，但对体系的 T_g 和热稳定性影响不大，拉伸强度、断裂伸长率以及断裂韧性均可大幅提高。

6.2.3　苯并噁嗪/热固性树脂共混体系的反应诱导相分离

热塑性树脂可以在改善热固性树脂韧性的同时保持固化物优异的耐热性和热稳定性，是目前广泛采用的一种增韧方式。然而，热塑性树脂分子量大，会明显恶化热固性树脂的加工性能。因此寻找加工性能优异、耐热性和热稳定性优良的增韧方法就成为一个重要的研究方向[69]。

四川大学通过在苯并噁嗪体系中引入反应性的第二组分，利用反应诱导相分离的基本原理，在苯并噁嗪/第二组分热固性树脂体系中引入相分离结构，不仅可以有效地实现增韧，还可以解决传统增韧过程中带来的加工性恶化和耐热性能下降等问题[28, 69, 70]。该方法可以在共混体系固化物中形成海岛结构、双连续相结构和相反转结构，与传统的互穿聚合物网络(IPN)结构具有明显不同。其不同点在于：①IPN 结构形成的结构尺度小，接近分子水平的共混共聚，没有明显的增韧效果；②IPN 结构相对单一，目前报道的 IPN 结构都是以均相结构为主，微小的相分离结构属于双连续相结构的一种；③IPN 结构主要用于功能化，而不是增韧。

为了制备具有不同相分离结构的固化物，在 BA-a/TBMI 体系中引入催化剂咪唑，调整 BA-a 和 TBMI 的组成比例，探索 BA-a/TBMI/咪唑体系组成变化、固化反应、化学流变行为与相分离过程和相结构之间的相互关系，找到热固性/热固性树脂共混体系反应诱导相分离的影响因素和控制方法是非常必要的。

1. 双酚 A 型苯并噁嗪/TBMI/咪唑共混体系的反应诱导相分离

1) 双酚 A 型苯并噁嗪/TBMI/咪唑三元共混体系的相分离结构与性能

从 BTI313[B 代表双酚 A 型苯并噁嗪，T 代表三甲基六亚甲基双马来酰亚胺，I 代表咪唑，313 代表苯并噁嗪与双马来酰亚胺的摩尔比为 3∶1，咪唑的含量为总含量的 3%(质量分数)]、BTI213、BTI113、BTI123 和 BTI133 共混体系固化物淬断面的多功能场发射扫描电子显微镜(FESEM)图(图 6.71)可以看出，共混体系固化物的形貌主要分为三类：(a)、(b)为明显的海岛结构，且海岛结构的尺寸在 1～3μm 之间；(c)初步推断为类似双连续相结构；(d)、(e)为均相结构。从共混体系的组成比例可以推断，在 BTI313 和 BTI213 体系中海岛相为 PTBMI 富集相，基体为 poly(BA-a)富集相。PTBMI 由非共轭的脂肪族链构成，电子密度比较低，因此在 TEM 图像中呈现亮场。利用这一特点，TEM 表征(图 6.72)结果进一步证实了不同比例共混体系固化物的不同相分离结构[71, 72]。

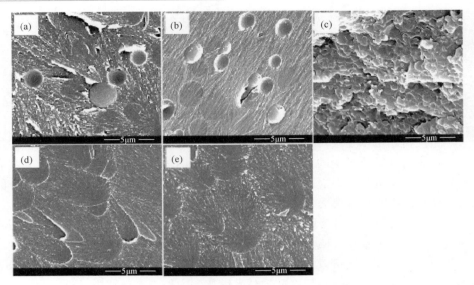

图 6.71　BA-a/TBMI/咪唑共混体系断面 FESEM 形貌
(a) BTI313; (b) BTI213; (c) BTI113; (d) BTI123; (e) BTI133

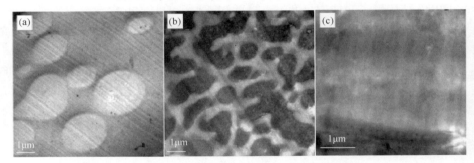

图 6.72　BA-a/TBMI/咪唑共混体系 TEM 图
(a) BTI213; (b) BTI113; (c) BTI123

　　热固性/热固性树脂相分离结构的表征因为两组分固化后不溶(不熔)而存在一定难度(传统的热固性/热塑性共混体系中,热塑性树脂可以溶于一定的溶剂,利于表征)。寻找直接、清晰的表征热固性/热固性树脂体系固化物的相分离结构对进行这一体系的理论和实践研究具有重要的指导意义。而利用三甲基六亚甲基双马来酰亚胺固化物具有很强的荧光特性[73]这一特点,采用激光共聚焦显微镜对固化物的相结构进行表征,可以直接观察到形态结构(图 6.73)。共混体系 BTI213固化物断面中具有强荧光特性的 PTBMI 相以颗粒状形态分散在 poly(BA-a)基体树脂中,颗粒大小为 1~3μm。BTI113 激光共聚焦显微镜照片[图 6.73(b)]呈现出明暗区域相互交错的云团状影像,形成了双连续相的形态结构,其中,亮区为具有强荧光特性的 PTBMI 富集相,而相对较暗或黑色的区域则是 poly(BA-a)富集相。BTI123 固化物图像[图 6.73(c)]整体呈现很强的荧光效应，且均一平整，说明形成的是均相结构。

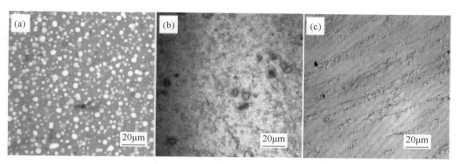

图 6.73　BA-a/TBMI/咪唑共混体系固化物激光共聚焦显微镜图

(a) BTI213;(b) BTI113; (c) BTI123

　　固化物的结构决定性能，室温储能模量可以表示材料的刚性。对于同种材料而言，其刚性的大小主要受到固化体系交联网络的化学结构影响。交联体系中刚性基团越多，体系的交联密度越大，材料的刚性越大。对共混体系固化物的储能模量随温度的变化进行研究(图 6.74)，结果显示，在低温下(50℃)，BTI313、BTI213 和 BTI113 的初始储能模量分别为 4113MPa、3663MPa 和 3366MPa，比 poly(BA-a) 的初始储能模量小，比 PTBMI 的初始储能模量大[其中，poly(BA-a)的初始储能模量为 4217MPa，PTBMI 的初始储能模量为 3071MPa]。在 BTI313 和 BTI213 体系中具有海岛结构，基体为 poly(BA-a)，同时在基体中可能还含有少量的 TBMI/BA-a

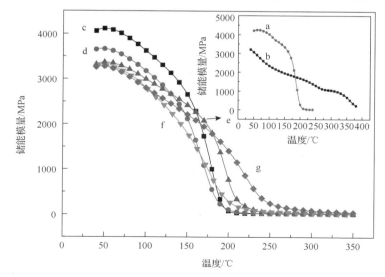

图 6.74　不同体系固化物的储能模量

a. poly(BA-a)/3%咪唑; b.PTBMI/3%咪唑; c. BTI313; d.BTI213; e.BTI113; f. BTI123; g. BTI133

共聚物,在 BA-a 的聚合物中起到了增塑的作用,因此其初始储能模量比 poly(BA-a)的初始储能模量要低。BTI113 体系为双连续结构,其中 poly(BA-a)连续相中由于含有两组分的共聚物而使得初始储能模量降低,同时 PTBMI 连续相由于自身储能模量比较低,所以共混体系的储能模量稍有降低。对于 BTI123 和 BTI133 体系,其储能模量介于 poly(BA-a)和 PTBMI 初始模量之间,且更接近 PTBMI 的初始储能模量。这两个体系混合均匀,其中 TBMI 含量占主要部分,所以其储能模量遵循共混体系的加和作用。

从 tanδ 峰的个数也可以判断共混体系是否发生了相分离。图 6.75 显示了 BTI 体系固化物的 tanδ 曲线。poly(BA-a)为均相结构,只有一个松弛峰,峰值温度为 200℃。PTBMI 为均相结构,没有观察到明显的松弛峰,将其局部放大后得到如图 6.75 b′所示的两个松弛峰,其中一个松弛峰的峰值温度为 75℃,高温峰的峰值温度为 354℃。在单一组分的固化物中出现两个玻璃化转变温度,主要是由 TBMI 自身的结构决定的。由 TBMI 的化学结构可知,TBMI 中间由脂肪族长链连接,所以固化后这部分结构在较低的温度下就可以运动,而固化交联的结构由于交联密度高,需要在更高的温度下(354℃)才能运动。BTI313、BTI213 和 BTI113 的 tanδ 曲线有明显的三个峰。以 BTI313 为例进行说明。三个峰的峰值温度依次为 200℃、253℃和 300℃。对比单体聚合物的玻璃化转变温度可知,200℃的玻璃化转变温度对应于 poly(BA-a)的富集相。253℃的玻璃化转变温度对应于 PTBMI 的富集相,相比 PTBMI 在 354℃的玻璃化转变温度,这一富集相所对应的玻璃化温度有大幅度的降低,这是由于在分相过程中 PTBMI 富集相中含有较多的 poly(BA-a)。

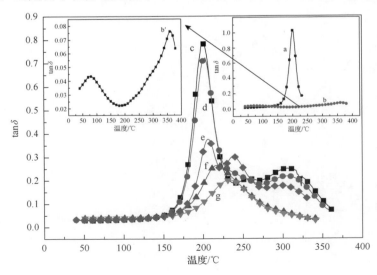

图 6.75　不同共混体系的 tanδ 曲线

a. poly(BA-a)/3%咪唑; b. PTBMI/3%咪唑; c. BTI313; d. BTI213; e. BTI113; f. BTI123; g. BTI133; b′. 曲线 b 的放大图

BTI123 和 BTI133 的 $\tan\delta$ 曲线只有一个松弛峰，分别为 233℃ 和 241℃，介于两种单体固化物玻璃化转变温度之间，且随着 TBMI 含量的增多，T_g 向高温方向移动，峰形结构对称，说明 BTI123 和 BTI133 没有发生分相。

热固/热固共混树脂相分离的最终目的是希望在保持高耐热性前提下通过相结构的调控达到增韧的目的。对 BTI313、BTI213、BTI113、BTI123 和 BTI133 共混体系固化物按照国家标准 GB/T 2567—2008 中无缺口试样进行冲击试验，得到如图 6.76 所示结果。poly(BA-a) 和 PTBMI 的冲击强度分别为 9.8kJ/m^2 和 7.4kJ/m^2。PTBMI 的冲击强度明显比传统的二氨基二苯甲烷型双马来酰亚胺高，这主要是因为 TBMI 中间脂肪族的链接起到了增韧的效果。BT31、BT21、BT11、BT12 和 BT13 体系的冲击强度依次为 13.1kJ/m^2、12.8kJ/m^2、11.4kJ/m^2、9.6kJ/m^2 和 8.9kJ/m^2，冲击强度随着 TBMI 含量的增多而逐渐减小，这主要是由 PTBMI 高的交联密度引起的。相比单体聚合物，共混体系固化物冲击强度的提高是由共混树脂间的协同效应引起的。BTI313、BTI213、BTI113、BTI123 和 BTI133 体系的冲击强度依次为 14.5kJ/m^2、13.8kJ/m^2、20.3kJ/m^2、10.7kJ/m^2 和 9.2kJ/m^2，相比单体和无催化剂体系有较大幅度的提高，其中 BTI113 提高的幅度最大。这说明相分离结构对增韧有明显的效果，且双连续相结构对增韧的提高作用最大。BTI123、BTI133 的冲击强度与 BT12、BT13 相近，这主要是由于共混体系呈现均相，增韧效果不明显。

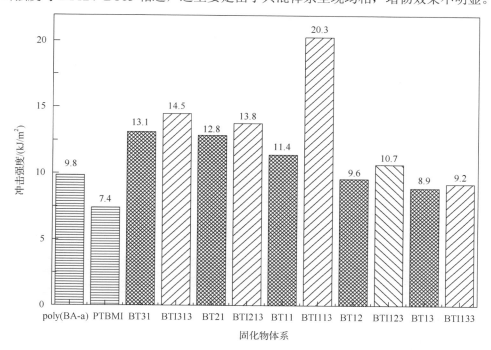

图 6.76　poly(BA-a)、PTBMI、BA-a/TBMI 和 BA-a/TBMI/咪唑共混体系浇铸体无缺口冲击强度

　　目前主要的增韧机理包括孔洞剪切屈服理论、粒子撕裂吸收能量理论、粒子引发裂纹、铆钉作用以及黏结作用等[74-78]。根据冲击试验样品的断口形貌分析,结合固化树脂的分子结构和聚集态结构的观察,对增韧机理进行推断。冲击断面的 FESEM 测试结果(图 6.77)显示,BTI313 和 BTI213 体系断面微裂纹多,且微裂纹遇到球状分散相时发生分叉,说明微裂纹前端遇到颗粒状的分散相后被终止,防止微裂纹进一步发展为裂纹。另外,在这两个体系中可以观察到颗粒状周围存在部分空穴。这种空穴导致界面脱黏,有力学局部剪切带的形成,大量剪切带的生成消耗了大量的能量。共混体系产生空穴的部位少,说明这两个体系的增韧机理以阻止裂纹增长及改变裂纹增长方向为主,以颗粒的空穴化为辅。BTI113 体系的断面更加粗糙,有明显的树脂撕裂的情况出现,同时在断裂面中存在大量的间隙,这主要是因为 BTI113 形成了双连续相结构,相畴尺寸较大,在断裂过程中,微裂纹到达界面发生改变,增韧作用更加明显。对于 BTI123 和 BTI133 体系,断面平整且裂纹较少,呈现明显的脆性断裂。整个断面存在抛物线状的分散,说明这两个体系中存在的应力集中点会部分改变裂纹增长方向,起到增韧作用,但是增韧效果并不明显。

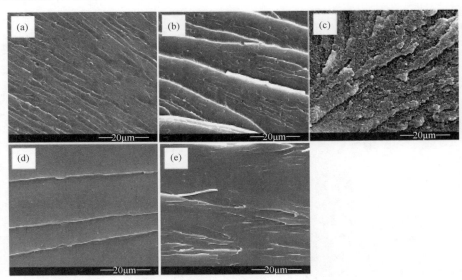

图 6.77　不同共混体系固化物的冲击断面 FESEM 图
(a) BTI313; (b) BTI213; (c) BTI113; (d) BTI123; (e) BTI133

2) 双酚 A 型苯并噁嗪/TBMI/咪唑相分离过程、机理及影响因素

　　传统的反应诱导相分离的反应机理包含旋节线相分离机理(SD)和双节线(成核-生长)相分离机理(NG)。Pascault 等[79]在研究环氧树脂/PEI 共混体系的反应诱导相分离时发现,对于不同组成的体系,分相时将进入不同的分相区域,发生不

同机理的相分离。对于组成在临界浓度附近的体系，直接进入不稳定区域，对无限小振幅的浓度涨落失稳，按照 SD 机理进行相分离，以形成两相互穿的双连续相结构为主。如果组成偏离临界浓度，体系进入介稳态区域，对有限幅度的浓度涨落失稳，按照 NG 机理进行相分离，大多形成一相分布在另一相中的球状相结构。Inoue 等[80]运用光散射方法证明聚丙烯腈/丁二烯/双酚 A 环氧固化体系的相分离遵循 SD 机理发生分相。对相分离机理进行研究可以为更好地调控相结构提供理论依据，是很多学者研究反应诱导相分离的重点。

　　不同于传统的热固性树脂/热塑性树脂反应诱导相分离，在热固性树脂/热固性树脂体系中，两组分的顺序固化是实现相分离结构的前提[71, 72]。BA-a/TBMI 体系的反应研究如前面章节所述，两者共混后由于同时反应且存在相互反应，最终是均相结构（DMA 结果）。加入咪唑可以有效地调节两者的固化反应速率（图 6.78）。将3%（质量分数）的咪唑分别加入到 BA-a 和 TBMI 单体中在 120℃进行等温 DSC 测试，得到固化转化率和时间的关系曲线（图 6.78）。可以看到，TBMI 的固化度迅速增加，120min 后固化转化率接近 60%，而 BA-a 的固化度增加缓慢，120min 后固化转化率低于 10%，表明咪唑的加入可以使共混体系中 TBMI 先于 BA-a 发生反应。

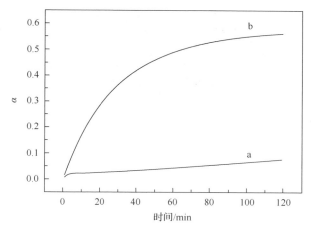

图 6.78　不同体系转化率随时间的关系
a. BA-a/3%咪唑; b. TBMI/3%咪唑

　　另外，关于反应诱导相分离机理研究的直接、有利的手段是采用光学方法。经不同机理出现相分离时具有明显不同的特征，如 Pascault 等[79]所得结论，SD 机理出现分相的瞬间以双连续相结构为主，而 ND 机理出现分相的瞬间以海岛结构为主。根据这一原则，可以通过跟踪相分离的过程对相分离机理进行判断。采用FESEM 对 BTI213 和 BTI113 两个体系进行了离位的淬断面形貌检测和相分离过程分析。从图 6.79(a)～(c)可以看出，在 120℃情况下，BTI213 固化 50min 时，样品断面呈现均相结构，没有发生相分离；固化到 60min 时，断面出现颗粒状结构；固化到 80min 时，断面的颗粒变得更加明显，相区尺寸在 1～3μm 之间。对 120℃固化 180min 后的样品在四氢呋喃溶剂中进行刻蚀，刻蚀时间为 15min。如图 6.79(d)可以看到，样品中一种组分能够被刻蚀掉，呈现出明显的球形颗粒状结构。随着固化时间的延长，球形颗粒的尺寸明显增大；当固化温度升至 160℃后，随着固化时间的延长，共混体系中的两种组分均达到较高的固化程度，原来易被刻蚀的组分逐渐变得难以刻蚀，清晰的球形颗粒形貌逐渐变得模糊。从图 6.79 可以看出，BTI213 体系发生相分离的时间点(浊点)在 50～60min 之间，并且出现分相的瞬间就呈现海岛状结构，这一过程符合双节线(成核-生长)相分离机理。

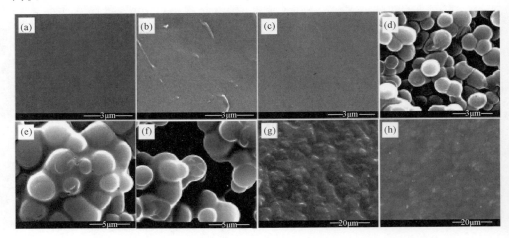

图 6.79   BTI213 体系不同温度固化不同时间的 FESEM 图
(a)120℃/50min; (b)120℃/60min; (c)120℃/80min; (d)120℃/180min; (e)120℃/4h 并升温到 160℃;
(f)120℃/4h，160℃/30min; (g)120℃/4h，160℃/1h; (h)120℃/4h，160℃/90min

为了进一步建立共混体系固化反应、化学流变行为与相分离过程之间的关系，测试了 BTI213 体系在 120℃时的等温 DSC 曲线和恒温黏度变化。利用公式 $\alpha = H_t / H_{all}$ 计算出在 120℃时，BTI213 体系反应时间为 t 时的转化率。其中，H_t 为反应时间为 t 时的反应热焓；H_{all} 为共混体系的总热焓，总热焓为不同升温速率下热焓的平均值，结果如图 6.80(a)所示。在出现相分离的初期(120℃，50～60min)，BTI213 的转化率在 0.15～0.17 之间。热固性树脂体系的凝胶化时间(t_{gel})表示热固性树脂在一定的温度下初步形成交联网络结构所需的时间。t_{gel} 可以定性地表征树脂体系固化反应的快慢。等温化学流变测试结果中储能模量(E')和损耗模量(E'')交点处所对应的时间可用以表示树脂体系的 t_{gel}。BTI213 体系在 120℃

时的恒温流变行为曲线[图 6.80(b)]显示，BTI213 体系 $t_{gel}=5200s$，对应于图 6.80(a)中的转化率约为 0.25。从图 6.80 可知，BTI213 体系相分离发生的时间点在体系发生凝胶之前，此时 BTI213 体系具有很强的流动性，有利于相分离的进一步发生。当固化时间达到 5200s 后，体系出现凝胶，相结构基本固定，流动困难，后续的相结构的进一步演变主要是以体系中两组分的局部扩散为主。

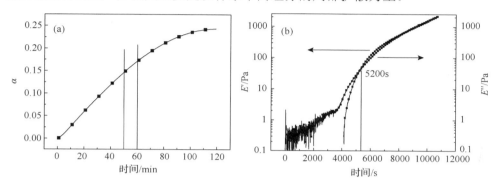

图 6.80　BTI213 在 120℃转化率-时间曲线(a)和恒温流变行为曲线(b)

不同于 BTI213 体系，BTI113 体系的相分离过程如图 6.81 所示。图 6.81 中，(A)～(D)是 BTI113 在 120℃固化不同时间取样后在液氮中淬断的 FESEM 断面形貌；而(a)～(d)则是对应的试样经刻蚀后的断面形貌。BTI113 在 120℃固化反应 60min 后[图 6.81(A)]，整个体系仍呈现均相体系。当固化反应进行到 80min 后[图 6.81(B)、(b)]，共混体系发生了明显的相分离，形成双连续相结构，随着固化

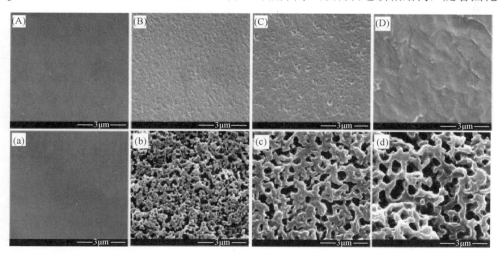

图 6.81　BTI113 在 120℃固化不同时间后[(A) 60min；(B) 80min；(C) 100min；(D) 120min]和对应的在 THF 中刻蚀后[(a)、(b)、(c)和(d)]的 FESEM 图

反应的进行，双连续相结构不断粗化，其相结构的演化过程与热固性/热塑性共混体系的反应诱导相分离现象相似；当反应达 120min 后，整个体系的相结构固定，此时的刻蚀试样经 FESEM 观察到的表面形貌与图 6.72(b) 中完全固化试样经 TEM 观察到的相形态完全相同。从 BTI113 体系相分离的过程可以判断，BTI113 体系的相分离点(浊点)出现在 60～80min 之间，并且在出现相分离的初始状态体系就呈现出双连续相结构，所以这一体系的相分离过程符合旋节线相分离机理。

BTI113 体系在 120℃的固化转化率和恒温黏度的结果(图 6.82)显示，在出现相分离的初期[图 6.82(a)，120℃，60～80min]，BTI113 体系的转化率在 0.25～0.37 之间，BTI113 体系的 t_{gel}=5600s[图 6.82(b)]，对应的转化率大约为 0.4。说明 BTI113 体系在凝胶点前就发生相分离，随后体系固化转化率接近凝胶，相形态基本固定下来。随后的相分离过程主要以组分的局部扩散为主。对于 BTI 体系，相分离发生在凝胶点之前，且随着组成比例的变化，相分离发生的机理不同、距离凝胶点的距离不同。可以推测，BTI113 体系中两组分的组成更加接近临界浓度组成。

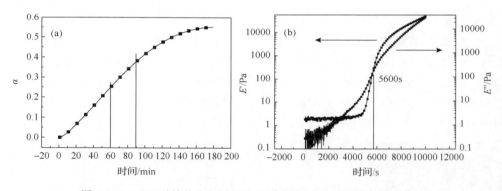

图 6.82　120℃时转化率与时间的关系曲线(a)和流变行为曲线(b)

共混体系两组分热力学上的差异应是决定相分离能否发生的重要决定性因素[69]。对 BTI 中两组分的热力学参数进行计算可以有效地分析热固/热固相分离的影响因素。从 Flory-Huggins 似晶格模型[81]出发，对两组分的临界相互作用参数 χ_c 进行推导。可以发现，随着反应的进行，χ_c 逐渐减小，当相互作用参数 $\chi > \chi_c$ 时，共混体系在热力学上不再相容。这一现象说明共混体系属于反应诱导相分离，是由于反应导致分子量增长且两组分分子量存在较大差异而发生相分离的。当发生分相时，实际上是由 TBMI 低聚物较高分子量部分和其余组分的均相体系进行分相，两者之间的溶解度参数与两种单体之间的溶解度参数存在差异。在分相的瞬间，由于分相的其中一种组分含有较多的 TBMI，使得实际的 χ_1 要比计算值小，也就是在相同的固化温度下，共混体系需要反应更长的时间、更高的转化率，才

能达到 $\chi_1 > \chi_{1c}$，实现热力学上的不相容。同样的道理，如果在分相的瞬间，分相的其中一种组分含有较少的 TBMI，实际的 χ_1 就会和计算值接近，相比 TBMI 含量多的体系，不需反应更长的时间就可以实现热力学上的不相容。这一理论解释了 TBMI 含量较少的组分出现相分离时转化率比较低的现象。

热固性树脂的化学反应引起了黏度的变化。因此可以通过对热固性树脂化学流变学中相关参数的求解反过来研究热固性树脂体系自身的物理特性。目前，广泛采用的热固性树脂的化学流变学可以使用多种数学模型，如经验或半经验模型[82]。本节采用双 Arrhenius 模型[83, 84]对共混体系初始状态的流动性进行了拟合，结果列于表 6.33。

表 6.33　由黏度模型得到的 E_η

体系	BTI313	BTI213	BTI113	BTI123	BTI133
E_η	150.3	148.6	139.9	133.6	127.5

在热固性树脂的固化过程中，温度 T 的升高有利于树脂分子的运动，导致黏度 η 降低；同时固化度增加、体系反应加快、交联点增多、分子链运动受阻，导致黏度 η 升高。热固性树脂体系最终的 η 由双 Arrhenius 公式决定，通过计算和拟合可以得到体系的 Arrhenius 活化能 E_η（反映了分子从一个位置运动到另一个位置的难易）。E_η 越大，分子的流动扩散越困难，而 E_η 越小，分子的流动扩散就越容易。从表 6.33 可以看出，共混体系中，随着 TBMI 含量的增加，其 E_η 逐渐减小，说明其分子的流动扩散越容易（这主要是因为 TBMI 中脂肪链易于运动）。

E_η 反映的是体系在两组分都未发生反应的情况下分子运动的能力（不涉及反应）。在体系初始状态时，发生分相的可能性随着 TBMI 含量增多而增大。实际发生相分离时，体系中 TBMI 先发生聚合，由 TBMI 分子结构导致的流动扩散能力增强的现象会随着反应的进行逐渐消失。体系 E_η 会随着反应的进行而逐渐增大，可以预见，随着 TBMI 含量的增多，E_η 增大的幅度会大幅增加，影响到相分离的发生过程，导致在 TBMI 含量较高的体系中分子链运动困难，相分离发生困难。这说明体系相分离过程主要受到固化反应动力学的控制，与初始状态体系中两组分的运动能力无关。

2. 苯并噁嗪/环氧树脂共混体系的反应诱导相分离

苯并噁嗪和环氧树脂可作为各自的改性剂，两者共混后能实现综合性能的协同提高，已获得广泛应用，是最有价值的研究体系之一。同时，环氧树脂是目前开发最完善的热固性树脂，结构和种类齐全、固化剂/催化剂的种类较多，可以满足从低温到高温不同使用条件的需求，是研究苯并噁嗪/热固性树脂共混体系反应诱导相分离最佳的热固性树脂体系。鉴于此,本节将以苯并噁嗪/环氧树脂共混体系为研究对象,阐述向热固性树脂/热固性树脂共混体系中原位引入多相结构的方法,总结相形态的影响因素以及结构与性能的关系。

1) 多相结构的制备方法

环氧基团可以与 BZ 开环产生的酚羟基反应,减少 PBZ 交联网络中的氢键等物理相互作用,增加体系的化学交联密度;同时向交联网络中引入柔性的醚键结构,一定程度上可以在保持 PBZ 高耐热性的同时改善其韧性。而共混体系的性能不仅与化学结构和物理相互作用有关,还与共混体系中的相形态紧密相关。由于苯并噁嗪/环氧树脂共混体系中,两者的共聚反应活性远大于各自的均聚反应[14],所以向苯并噁嗪/环氧树脂共混体系中原位引入多相结构并不容易。目前,该方面的研究主要集中在以下三个方面。

a. 降低热力学相容性

从化学结构的角度出发,降低苯并噁嗪和环氧树脂的热力学相容性是制备具有多相结构的苯并噁嗪/环氧树脂共混体系的方法之一[28]。以顺丁烯环氧树脂(PB-ER)为例,其主链结构中不含苯环、脂环、杂环等刚性基团(图 6.83),与 PH-ddm 树脂的化学结构相差较大;经计算,PB-ER 与 BZ 树脂间的 Flory-Huggins 相互作用参数(χ=4.48)和界面张力(γ=6.95mN/m)较大,热力学性质差异较大[28]。通过溶液共混的方法可制备 PH-ddm/PB-ER 共混体系。初始时,共混体系为均相结构;140℃固化 4~6h,体系可观察到明显的相分离现象。SEM 结果(图 6.84 显示),PB-ER 的相对含量由 10%(质量分数)增加至 40%时,可分别形成海岛结构、近双连续相结构及相反转结构的相形态,继续升高固化温度,形貌保持不变。

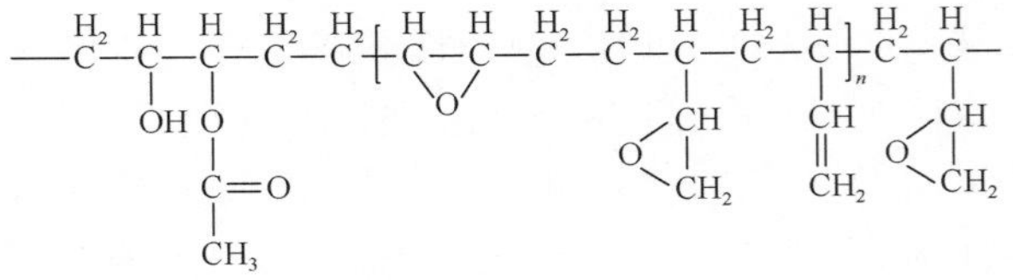

图 6.83　顺丁烯环氧树脂的化学结构示意图

PB-ER 树脂一般是由聚丁二烯在过氧乙酸等有机酸的作用下环氧化而制得。因此,其化学结构和组成非常复杂,不仅包括环氧基团、不饱和双键,还通常残余有部分的有机酸[85]。红外测试结果中 1775cm^{-1} 处酯基和 1722cm^{-1} 处羧基的特征吸收峰,进一步证实有机酸的存在。以环氧树脂 E44 和乙二酸为模型化合物(图 6.85a),证实 PB-ER 树脂(图 6.85b)在 140℃左右的固化放热峰(峰 1)对应于环氧基团在有机酸催化作用下的固化反应,且反应程度较低。对比 PB-ER(图 6.85b)和 PH-ddm(图 6.85d)的固化放热曲线,发现 PH-ddm/PB-ER(图 6.85c)中 PB-ER

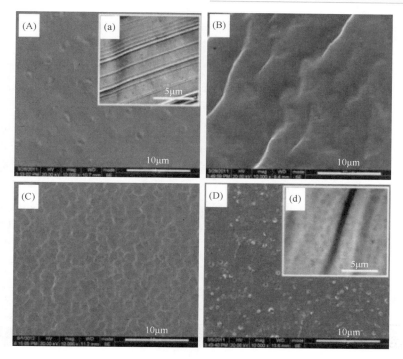

图 6.84 PH-ddm/PB-ER 固化物脆断面的 SEM[(A)～(D)]和 TEM[(a)和(d)]形貌图
PB-ER 的相对含量分别为 10%(A)、20%(B)、30%(C)、40%(D)；共混体系的固化工艺为 140℃/6h + 160℃/2h

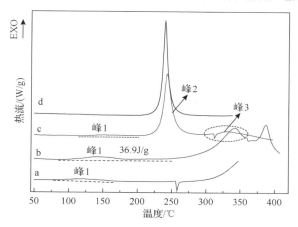

图 6.85 DSC 固化放热曲线
a. E44/乙二酸模型化合物；b. PB-ER 树脂；c. PH-ddm/PB-ER；d. PH-ddm 树脂

树脂在有机弱酸的催化下优先反应(峰 1)，形成轻度交联的三维网络结构；升高温度，PH-ddm 树脂发生热开环聚合，PH-ddm 开环产生的酚羟基与 PB-ER 树脂链端的环氧基共聚(峰 2)；继续升高温度，PB-ER 树脂结构中的不饱和双键以及主链上的环氧基发生聚合(峰 3)。共混体系于 140℃固化 4～6h 时即可观察到相分离现象，而在这一温度下发生的主要是 PB-ER 在有机酸催化下的轻度交联反应，混合熵的变化很小。由于两者的热力学性质差异较大，混合热焓高，需要加热等方式才能维持热力学上的平衡，因此，PB-ER 的聚合是共混体系相分离的推动力，而热力学性质的差异则是该体系发生相分离的决定因素。

共混体系动态热机械分析和冲击强度的测试结果见表 6.34。PH-ddm/PB-ER固化物有两个 T_g，随着 PB-ER 相对含量的增加，PB-ER 富集相的 $T_g[T_g(\text{PB-ER})]$逐渐降低，而 PH-ddm 富集相的 $T_g[T_g(\text{PH-ddm})]$逐渐增加。增加 PB-ER 的相对含量，共混体系的储能模量(E')逐渐降低，冲击强度呈先升高后降低的变化趋势。综合来看，当 PB-ER 的相对含量为 10%(质量分数)时，$T_g(\text{PH-ddm})$可达到211.3℃；储能模量约为 3916MPa，冲击强度增至 21.5kJ/m^2，较 PH-ddm 固化物提高了 24%，此条件下综合性能最佳。

表 6.34　PH-ddm/PB-ER 固化物的基本性能

PB-ER 含量(质量分数)%	$E'(50℃)$/MPa	$T_g(\text{PB-ER})^a$/℃	$T_g(\text{PH-ddm})^a$/℃	冲击强度/(kJ/m^2)
0	4732	—	197.3	17.4
10	3916	129.9	211.3	21.5
20	3572	115.5	212.1	21.6
30	3052	107.8	219.2	20.9
40	2553	96.5	226.7	18.6

a. tan δ(损耗角正切)的峰值温度。

b. 增加动力学不对称性

增加苯并噁嗪和环氧树脂的动力学不对称性，如选用与苯并噁嗪树脂的分子量、T_g、黏度等差异较大的环氧树脂作为改性剂，也是制备具有多相结构的苯并噁嗪/环氧树脂共混体系的方法之一[14]。以双酚 A 型环氧树脂 DGEBA-ER 为例，其化学结构与 PH-ddm 树脂相近，Flory-Huggins 相互作用参数 $\chi \approx 0.024$，两者具有很好的热力学相容性。将具有不同初始分子量的双酚 A 型环氧树脂与 PH-ddm 共混，可得到透明的亮黄色胶液；通过调节各体系中环氧树脂的相对含量，可得到一系列全透明、半透明或不透明的共混树脂固化物(图 6.86)。当 DGEBA-ER 的分子量小于等于 1854 时，共混体系只能得到全透明的均相体系；当 DGEBA-ER 的分子量大于该值时，共混体系的透明性依赖于 DGEBA-ER 的相对含量和分子量，并且 DGEBA-ER 的相对含量越低，越容易观察到相分离现象；DGEBA-ER 的分子量越高，相分离(不透明)所需的含量越高。

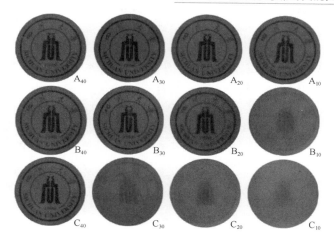

图 6.86　PH-ddm/DGEBA-ER 共混体系固化物的透明性

A、B 和 C 表示体系所用 ER 树脂的分子量分别为 1854、4370 和 5116；脚标 40、30、20 和 10 对应体系中
DGEBA-ER 的相对含量为 40%、30%、20% 和 10%

　　DGEBA-ER 的分子量为 5116 时，共混体系的相分离现象最明显，相形貌丰富多样。如图 6.87 所示，增加 DGEBA-ER 的相对含量，共混体系的相形貌可依

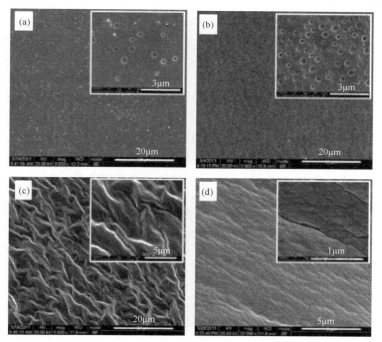

图 6.87　PH-ddm/DGEBA-ER 共混体系固化物淬断面经丙酮刻蚀后的形貌

DGEBA-ER 的 M_n=5116，相对含量分别为 10%（a）、20%（b）、30%（c）和 40%（d）；
共混体系固化工艺为 130℃/2h + 150℃/10h

次呈现海岛结构[10%~20%(质量分数)]、编织的双连续相结构(30%)和相反转结构(40%)。该共混体系固化物的力学损耗模量曲线可观察到两个松弛峰，分别对应于 DGEBA-ER 富集相的 T_g(图 6.88，峰 1)和 PH-ddm 固化物富集相的 T_g(图 6.88，峰 2)。随着 DGEBA-ER 相对含量的增加，峰 1 的高度和相对面积逐渐增加，而峰 2 的高度和相对面积逐渐减小；当 DGEBA-ER 的相对含量大于 20%时，峰 1 的峰高和面积均大于峰 2，表明 DGEBA-ER 富集相已由分散相转变为连续相[86]，与 SEM 的结果一致。

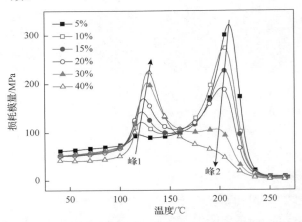

图 6.88　PH-ddm/DGEBA-ER 共混体系固化物的损耗模量随 DGEBA-ER 相对含量的变化

c. 调节聚合反应顺序

苯并噁嗪开环聚合产生的酚羟基与环氧基团之间的共聚反应活性高于苯并噁嗪和环氧树脂各自的均聚反应活性。引入合适的催化剂，增加两组分聚合反应活性的差异，使环氧树脂在苯并噁嗪开环聚合前能优先聚合、达到较高的分子量(大于 1850)，是原位制备具有多相结构的苯并噁嗪/环氧树脂共混体系最理想的方法[87, 88]。该方法可以避免选用热力学性能差异较大的组分(初始相容性差)和初始动力学不对称性较大的组分(黏度、分子量差异等)制备相分离结构时对加工性能带来的负面影响。

在苯并噁嗪树脂聚合反应活性不变的情况下，提高环氧树脂的聚合反应活性，有利于增加苯并噁嗪和环氧树脂的反应活性差异，实现相分离[87]。咪唑类催化剂对环氧树脂的催化活性远高于苯并噁嗪树脂，是调节两组分聚合反应顺序的有效催化剂[25]。以 2-乙基-4 甲基咪唑(2E4MZ)和咪唑(IMZ)为例，两者都是环氧树脂常用的咪唑类催化剂。从结构上讲，IMZ 和 2E4MZ 催化环氧树脂的聚合反应机理相近；但是由于前者的咪唑环上没有取代基，减少了空间位阻对环氧树脂聚合反应的阻碍作用，一定程度上加速了环氧树脂聚合。如图 6.89(a)所示，与 2E4MZ 相比，以 IMZ 为催化剂时，E44 树脂固化放热曲线的起始温度和峰值温度分别降低了 50℃和 20℃左右。在这种情况下，虽然两者的催化机理相同，即 IMZ 与环氧基团(摩尔比 1：2)加成反应形成的氧负离子也对苯并噁嗪树脂具有一定的催化作用，但是环氧树脂聚合反应活性的提高间接地增加了环氧树脂和 PH-ddm 聚合反应活性的差异。因此，以 IMZ 为催化剂时，PH-ddm/E44 体系中可原位实现相分离、引入多相结构[图 6.90(A)和(a)]；而在相同的组成比例下，以 2E4MZ 为催化剂的共混体系中仅得到了均相体系[图 6.90(B)和(b)]。

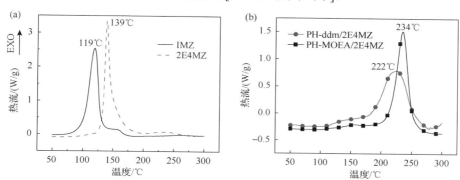

图 6.89　(a)E44 树脂与 3%(质量分数)的 IMZ 或 2E4MZ 共混物的 DSC 放热曲线；
(b)2E4MZ 催化 PH-ddm 和 PH-MOEA 的 DSC 放热曲线

图 6.90　PH-ddm/E44/IMZ [(A)和(a)]、PH-ddm/E44/2E4MZ[(B)和(b)]，
PH-MOEA/E44/2E4MZ[(C)和(c)]体系于 110℃固化 24h 后的透明性及淬断面的 SEM 形貌图

　　在环氧树脂的聚合反应活性不变的情况下，降低苯并噁嗪的聚合反应速率，可增加两组分反应活性的差异，也是向共混体系中原位引入多相结构的有效方法[28]。苯酚-3,3′-二乙基-4,4′-二氨基-二苯甲烷型苯并噁嗪(PH-MOEA)与 PH-ddm 的结构相近，与双酚 A 型环氧树脂间的热力学相容性都较好($\chi \approx 0.022$)。如图 6.89(b)所示，在 2E4MZ 的催化作用下，PH-MOEA 的固化反应峰值温度较 PH-ddm 体系向高温移动了 12℃，聚合反应活性较 PH-ddm 体系有所降低。通过这种方法，在

PH-MOEA/ E44/2E4MZ 共混体系中也观察到了多相结构，形成了以 E44 富集相为球形分散相，而 PH-MOEA 固化物为连续相的相形态[图 6.90（C）和（c）]。

2）PH-ddm/E44/咪唑体系的反应诱导相分离

与 BZ/TP 共混体系相比，BZ/ER 共混体系相分离的研究仍处于初级阶段，关于 BZ/ER 共混体系相分离的影响因素、相分离机理以及结构性能的关系等相关研究正处于探索阶段。以 PH-ddm/E44/IMZ 共混体系为例，总结了该方面的相关研究。为了便于描述，三元共混体系的组成以大写字母 A、B、C、D 和数字 1、3、5、8、12 和 15 等表示。前者对应 E44 的相对含量为 10%、20%、30% 和 40%（质量分数），后者表示 IMZ 相对于 E44 的百分含量。以 B-8 为例，它表示三元共混体系中，E44 的相对含量为 20%，IMZ 的相对含量为 E44 用量的 8%。

a. 相形态及影响因素

IMZ 对 PH-ddm 树脂和 E44 树脂均有一定的催化效果，但是对后者的催化效果优于前者。三元共混体系中，110℃等温固化可实现 E44 和 PH-ddm 树脂的顺序聚合，共混体系是否发生相分离主要与 ER 的含量和 IMZ 的相对含量有关。由图 6.91 可知，高的 IMZ 含量是相分离的必要条件。E44 的相对含量越高，体系发生相分离所需的 IMZ 的相对含量也相应增加。IMZ 相对含量一定时，E44 的相对含量越低，越有利发生相分离。E44 的相对含量少于 20% 时，共混体系为海岛结构的相形态，其中优先聚合的 E44 富集相为分散相，而 PH-ddm 富集相为连续相。随着 IMZ 相对含量的增加，分散相的尺寸逐渐增大，有形成连续相的趋势。E44 的相对含量为 30% 时，共混体系可形成双连续相结构。而 E44 的相对含量为 40%

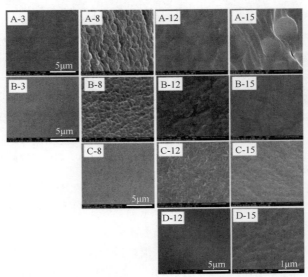

图 6.91　PH-ddm/E44/IMZ 三元共混体系的相形貌（图中被 THF 刻蚀掉的部分为 PH-ddm 富集相）

时，则形成了相反转结构的相形态，但相尺寸较小。当 E44 的相对含量大于 40% 时，仅能得到均相结构。

b. 固化反应活性与相分离之间的关系

如图 6.92 所示，PH-ddm/E44/IMZ 共混体系的 DSC 固化放热曲线一般有两个明显的主峰，采用 Peak Fit 软件对各体系的固化放热峰进行处理，可以得到四个拟合度良好的峰。峰 1 和峰 2 分别对应于 E44 与 IMZ 的加成反应和链增长反应；而峰 3 和峰 4 主要为 PH-ddm 树脂的热聚合、与 IMZ 的催化聚合以及与残余环氧基团间的共聚反应。因此，E44 和 PH-ddm 树脂能否顺序聚合，主要取决于相邻的两峰 (峰 2 和峰 3) 反应活性的差异。借助 Ozawa 方程，计算得到两峰对应的活化能 (E_{a2} 和 E_{a3})。通过 $\Delta[(E_{a3}-E_{a2})/E_{a2}]$ 将两组分反应活性的差异数字化，发现增加 IMZ 的相对含量或减少 E44 的相对含量，共混体系的 Δ 值逐渐增加；$\Delta>40\%$ 的共混体系均发生了相分离，而 Δ 值较低的共混体系，如 B-3 和 C-8 体系，则为均相结构 (表 6.35)。Δ 反映了共混体系中 E44 与 PH-ddm 树脂固化反应活性的差异，是决定两者固化反应能否顺序进行的先决条件。Δ 越大表明 PH-ddm 与 ER 固化反应活性的差异越大，该差异保证了 E44 树脂的分子量可先于 PH-ddm 树脂的分子量原位增长至较高的值。增加两组分间的动力学不对称性，是相分离发生的必要条件，而 $\Delta \geqslant 40\%$ 可以作为 PH-ddm/E44/IMZ 三元共混体系能否发生相分离的初级判断依据。

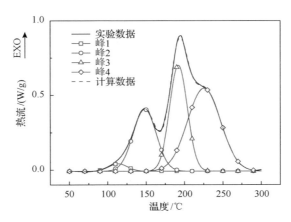

图 6.92　B-8 体系 DSC 固化放热曲线分峰的结果

表 6.35　PH-ddm/E44/IMZ 共混体系中 E44 与 PH-ddm 反应活性的差异 (Δ) 及相分离

PH-ddm/E44/IMZ	A-3	A-8	A-12	B-3	B-8	B-12	C-8	C-12
Δ/%	41.68	57.83	57.92	34.72	51.52	52.85	31.06	42.02
相分离 [a]	是	是	是	否	是	是	否	是

a. 根据 SEM 的结果判断。

c. 相分离机理

IMZ 催化环氧树脂的聚合反应分为两步：①IMZ 与环氧基团的 1∶2 加成反应；②氧负离子引发环氧基团的聚合反应[89]。反应①和②是顺序进行的，即 IMZ 与环氧树脂的加成反应结束后，再由生成的氧负离子引发剩余的环氧基聚合，形成交联网络结构[90,91]。因此，增加 IMZ 的相对含量有利于 E44 树脂聚合形成线型或轻度交联的聚合物，且 IMZ 的相对含量越高，生成的环氧聚合物的交联密度越低，交联点间的平均分子量越高，交联网络的 T_g 越低（表6.36）；可以在增加 PH-ddm 与 E44 树脂动力学不对称性的同时，避免 E44 的聚合反应而引起的共混体系的玻璃化，有利于相分离的进行。

表 6.36　IMZ 相对含量对 E44/IMZ 共混体系的交联密度和交联点间平均分子量的影响

IMZ 相对含量（质量分数）/%	E'/MPa	T_g/℃	$\rho/(\times 10^3\,\text{mol/m}^3)$	$M_n/(\text{g/mol})$
1	134.5	191.0	11.6	105.2
3	33.9	164.5	3.1	393.5
8	9.7	149.3	0.9	1355.6

PH-ddm/E44/IMZ 共混体系中，增加 IMZ 的相对含量，加速了体系的化学凝胶，但同时保持了体系相对较低的复合黏度（图6.93）[87]。快速凝胶加速了分子链的增长及交联网络的形成，有利于降低体系的混合熵、增加 PH-ddm 和 E44 树脂间的动力学不对称性，推动相分离。同时，相对较低的复合黏度可以使 PH-ddm 在 E44 交联网络中自由地扩散，从动力学角度保证了相分离的可能性。因此，提高 PH-ddm/E44/IMZ 三元共混体系中 IMZ 的相对含量，平衡了固化反应引起的混合熵的减小（推动）及黏度的增加（阻碍）对相分离所起到的对立的作用，是相分离的关键。

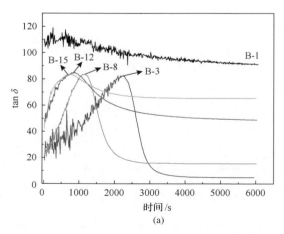

(a)

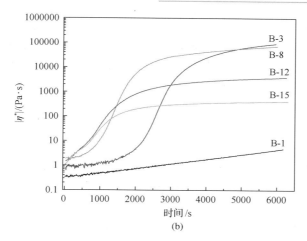

图 6.93　PH-ddm/E44/IMZ 共混体系于 110℃的等温流变行为

(a)力学损耗因子随时间的变化曲线；(b)黏度随时间的变化曲线[E44 的相对含量为 20%(质量分数)]

　　固化反应前，PH-ddm/E44/IMZ 共混体系呈亮黄色透明胶液，为均相结构。110℃等温固化过程中，IMZ 优先催化 E44 树脂的聚合反应，先生成了 ER/IMZ(1：2)加成物，随后加成物中的氧负离子继续引发 ER 的聚合反应，生成 ER 交联网络[89-91]。三元共混体系能否发生相分离与 IMZ 的相对含量密切相关，其对相分离过程及机理的影响如图 6.94 所示。

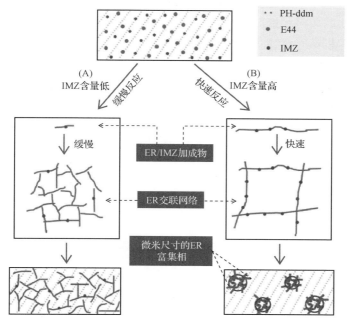

图 6.94　PH-ddm/E44/IMZ 体系相分离过程及机理示意图

(A)如果 IMZ 的相对含量较低(≤3%),则反应初期,IMZ 对 ER 的催化作用不明显,不能有效地增大 ER 和 PH-ddm 树脂反应活性的差异、增加 PH-ddm 和 ER 树脂之间的动力学不对称性。同时,ER 的聚合反应较为缓慢,不能有效地降低体系的混合熵、打破热力学上的平衡状态,也不利于相分离。此外,由于反应初期生成的 ER/IMZ 加成产物的分子量较小,最终形成了紧密的 ER 交联网络结构。该结构的形成虽然极大地降低了混合熵,但是增加了体系的黏度,使 ER 网络丧失了自由运动的能力,阻碍了相分离的进行。体系最终为均相结构。

(B)如果 IMZ 的相对含量较高(≥8%),则反应初期,IMZ 对 ER 的催化作用明显,有效地增加了 ER 和 PH-ddm 树脂反应活性的差异,极大地提高了 PH-ddm 树脂聚合前 ER 的转化率,增加了 ER 和 PH-ddm 树脂初始的动力学不对称性,有利于相分离。同时,ER 的聚合反应非常迅速,使体系的混合熵迅速降低,推动了相分离。此时,由于初始阶段生成的 ER/IMZ 加成物的分子量较高,最终形成了疏松的 ER 交联网络。该结构的形成一方面降低了混合熵,另一方面使体系具有较低的平衡黏度。同时,因为 ER 交联点的平均分子量较高,ER 网络仍保持了高分子的黏弹性。所以,随着混合熵的减小,两组分的热力学相容性下降,ER 链段仍可通过链段的收缩将 PH-ddm 树脂排出,形成微纳米尺寸的 ER 富集相。

d. 形态结构-性能关系

如表 6.37 所示[28],对于 PH-ddm/E44/IMZ 三元共混体系而言,增加 IMZ 的相对含量或 E44 的相对含量,共混体系的储能模量逐渐降低;但是当体系发生相分离形成以 PH-ddm 为连续相的相结构时,体系的组成对储能模量的影响较小。一般而言,增加 IMZ 的相对含量,PH-ddm 和 E44 固化物各自的 T_g 均有所下降。但

表 6.37 PH-ddm/E44/IMZ 体系的储能模量、T_g 和冲击强度

共混体系	DMA 测试		冲击强度/(kJ/m²)
	储能模量/MPa	T_g/℃	
A-1	4501	218	20.89
A-3[a]	4387	222	30.38
A-8[a]	4316	227	33.84
A-12[a]	4277	220	28.45
B-3	4135	211	26.87
B-8[a]	4135	210	28.70
B-12[a]	4135	209	—[b]
C-8	2754	194	21.44
C-12[a]	4410	191	27.21

a. 共混体系发生了相分离;b. 未测试。

是当三元共混体系发生相分离形成以 E44 为分散相的相结构时，IMZ 的相对含量对体系 T_g 的影响较小。通过在 PH-ddm/E44 共混体系中原位引入多相结构的方法既保持了 PH-ddm 优异的热力学性能，也有效地提高了 PH-ddm 的冲击强度（韧性）。特别是当 E44 的相对含量为 10%（质量分数）时，相分离结构的引入使三元共混体系的冲击强度增至 33.84kJ/m²，较 PH-ddm/IMZ 体系提高了 1.5 倍，较均相结构的 PH-ddm/E44 和 PH-ddm/E44/IMZ 分别提高了 42.8%和 62.0%。

3. 苯并噁嗪/氰酸酯共混体系的反应诱导相分离

一般说来，共混体系中两组分的相互作用参数(χ)越大，则两组分越容易发生相分离。由计算和实验结果可知，PH-ddm/BADCy 的 χ 值仅为 0.46，在实验中难以形成相分离结构。鉴于苯并噁嗪的结构具有很强的可设计性，人们在其结构中引入烷基长链，合成了腰果酚型苯并噁嗪 CA-ddm（结构式如图 6.95 所示）。烷基长链的引入显著地增大了两组分的热力学不相容性，CA-ddm/BADCy 体系的 χ 为 9.07，容易发生相分离。

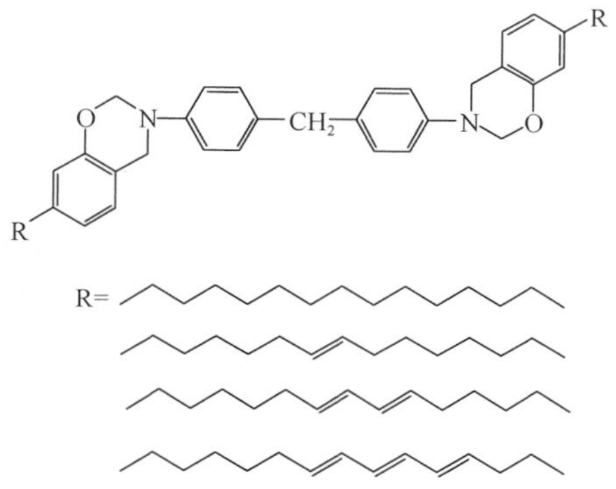

图 6.95 腰果酚型苯并噁嗪 CA-ddm 的结构式

1) 热聚合体系

将不同比例的 CA-ddm/BADCy 体系熔融混合后，胶液透明（图 6.96，a_1、b_1、c_1），在 120℃固化 12h 后观察，除了 5/5 体系，其余三个体系（7/3、8/2、9/1 体系）固化物均为宏观不透明。将这三个体系的固化物经冷冻淬断后，在扫描电镜下对断面形貌进行观察。在 b_2 中，8/2 体系出现了明显的相分离，相结构为海岛状，且在海岛相的表面观察到白色枝状结构。而 7/3 和 9/1 体系的相形貌（a_2 和 c_2）均不明显。将各体系的淬断样品在丙酮中刻蚀 30 min。经过刻蚀，8/2 体系中的海岛相区域变为孔洞（b_3），同时枝状结构消失，说明海岛相被刻蚀掉了。在 9/1 体系中也出现了海岛状的孔洞（c_3），说明 9/1 体系中同样发生了海岛结构的相分离，且相区尺寸较 8/2 体系大。而 7/3 体系经过刻蚀，观察到了双连续的相结构（a_3）。

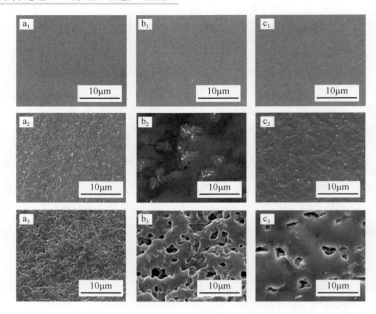

图 6.96　CA-ddm/BADCy 固化物的扫描电镜图

a、b、c 分别为 7/3 体系、8/2 体系、9/1 体系；1、2、3 对应的处理分别为未固化的、在 120℃固化 12h、
在 120℃固化 12h 后再经丙酮刻蚀 30min

　　将刻蚀后的溶液以及不溶物分别进行红外光谱测试。在溶液的红外谱图上 (图 6.97)，960cm^{-1} 处为噁嗪环的特征峰，而氰基的特征峰已消失。而在不溶物的红外谱图上，在 1575cm^{-1}、1367cm^{-1} 处出现了明显的三嗪环的特征峰，说明不溶物是聚氰酸酯的富集相，被刻蚀掉的是未聚合的苯并噁嗪组分。因此 8/2 和 9/1 体系中的海岛相对应于苯并噁嗪富集相，其中的枝状结构可能是由冷却后 CA-ddm 重新结晶形成的。

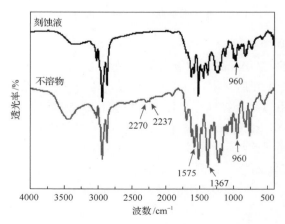

图 6.97　8/2 体系的丙酮刻蚀液和不溶物的红外谱图

由图 6.96 知，体系中氰酸酯的含量越小，相区尺寸越大，分离程度越高。这是因为在 CA-ddm/BADCy 体系的固化过程中，首先发生的是 CA-ddm 开环后催化 BADCy 的聚合，并通过共聚反应逐渐形成交联网络结构。当氰酸酯比例较小时，体系黏度增长较慢，CA-ddm 能从交联网络中扩散出来，形成海岛相，此时相分离程度也较高。随着 BADCy 比例的增大，体系黏度加快增长，CA-ddm 的扩散受阻，相分离程度降低，同时相形貌向双连续相结构转变。当两组分比例相等时，体系黏度增长迅速，因此 5/5 体系无法发生相分离。

2) 催化聚合体系

选用乙酰丙酮铜(CA)作为催化剂，将 1%(质量分数)的乙酰丙酮铜加入 CA-ddm/BADCy 体系，熔融后均匀透明(图 6.98，a_1、b_1、c_1)。在 120℃固化 12h 后，CA-ddm/BADCy 体系的固化物为宏观不透明，扫描电镜观察到三个体系的断面均出现了相分离，相结构为海岛状(a_2、b_2、c_2)，且经丙酮刻蚀 30min 后，海岛相未被刻蚀，且呈颗粒状(a_3、b_3、c_3)。因此，在加入了催化剂的 CA-ddm/BADCy 体系中，颗粒状的海岛相对应于聚氰酸酯富集相，这正好与未加催化剂体系的相结构相反。

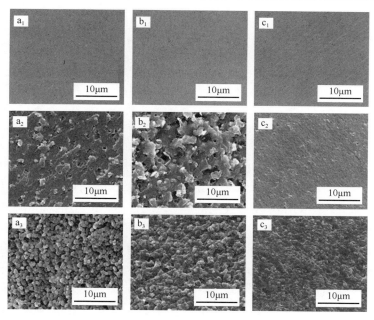

图 6.98　CA-ddm/BADCy/乙酰丙酮铜体系的扫描电镜图

a、b、c 分别为 7/3 体系、8/2 体系、9/1 体系；1、2、3 对应的处理分别为未固化的、
在 120℃固化 12h、在 120℃固化 12h 后再经丙酮刻蚀 30min

在苯并噁嗪/氰酸酯共混体系的 DSC 曲线上，低温的放热峰对应于氰酸酯的聚合，高温的放热峰则为苯并噁嗪的放热峰[38]。加入 CA 后，共混体系中 BADCy

的固化温度大幅度降低，两放热峰的峰值温差扩大。因此，固化过程中首先发生的是氰酸酯的自聚反应，随着反应的进行，聚氰酸酯逐渐从苯并噁嗪中分离出来，形成海岛相。同时，随着体系中氰酸酯含量的增多，海岛相的尺寸增大。

6.3 引入额外氢键受体或供体调控聚苯并噁嗪的氢键作用

氢键对苯并噁嗪聚合及性能影响很大，故改变氢键可改变聚苯并噁嗪性能。基于聚苯并噁嗪氢键特点，从氢键受体和供体入手，在聚苯并噁嗪中引入额外氢键受体或供体将改变其性能。

6.3.1 线型聚苯并噁嗪/4,4′-联吡啶共混体系[92-94]

从前面章节可知，OH⋯N 形式氢键影响苯并噁嗪聚合。因此，本节将额外强氢键受体 4,4′-联吡啶（图 6.99，4,4′-bipyridine，BPy）与线型聚苯并噁嗪混合，通过改变聚苯并噁嗪氢键形式来改善聚合。下面以对甲酚/苯胺型（pC-a）、对甲酚/苄胺型（pC-ba）和对甲酚/环己胺型（pC-c）苯并噁嗪为例进行研究。

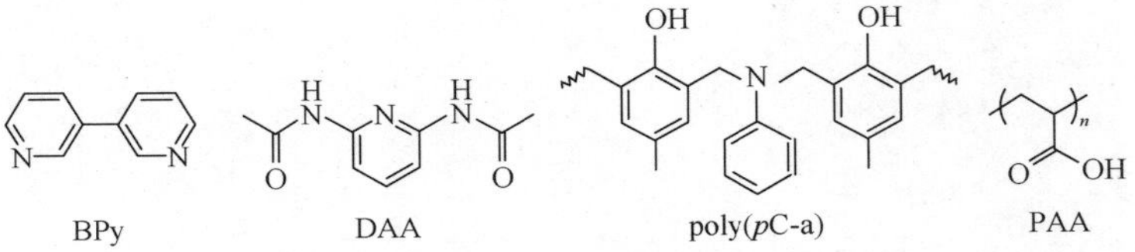

图 6.99   本节所涉及的化合物及聚合物的化学结构

采用 FTIR 和计算机模拟技术对线型聚苯并噁嗪/4,4′-联吡啶共混物 [poly（pC-a）/BPy、poly（pC-ba）/BPy 和 poly（pC-c）/BPy]的氢键进行研究，如图 6.100 所示。从图 6.100 可以看出，4,4′-联吡啶可与聚苯并噁嗪酚羟基形成 II 型 OH⋯N 氢键，且聚苯并噁嗪 OH⋯N 形式氢键（I 型 OH⋯N 氢键）的含量降低。例如，poly（pC-a）/BPy、poly（pC-ba）/BPy 和 poly（pC-c）/BPy 体系聚合 24h 后，II 型 OH⋯N 氢键的含量分别为 34.9%、42.4%和 22.8%，而 I 型 OH⋯N 氢键的含量则分别由 86.2%、86.9%和 93.0%降至 55.0%、57.6%和 77.2%，说明额外氢键受体可对聚苯并噁嗪氢键进行调控[92-94]。

由于酚羟基邻位电子云密度影响苯并噁嗪聚合，采用计算机模拟技术计算了形成 II 型 OH⋯N 氢键后酚羟基邻位碳原子上的电子云密度。结果表明，poly（pC-a）/BPy、poly（pC-ba）/BPy 和 poly（pC-c）/BPy 三体系的酚羟基邻位电子云密度分别为 −0.061、−0.053 和−0.057，较之形成 I 型 OH⋯N 氢键（分别为−0.056、−0.051 和−0.050）有所提高。这说明，4,4′-联吡啶引入后可增加酚羟基邻位电子云密度，促进苯并噁嗪聚合反应的进行。

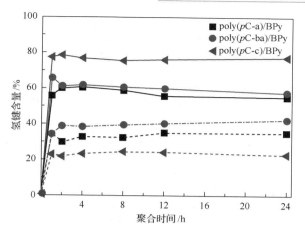

图 6.100　在 160℃下 poly (pC-a)/BPy、poly (pC-ba)/BPy 和 poly (pC-c)/BPy 三个体系的 OH⋯N 氢键含量-聚合时间关系曲线
— I 型 OH⋯N 氢键；--- II 型 OH⋯N 氢键

　　进一步的研究表明，在所研究条件下，4,4′-联吡啶与苯并噁嗪之间不发生化学反应，但随着混合体系中氢键形式变化，苯并噁嗪的转化率和聚苯并噁嗪的分子量均明显增加，如图 6.101 所示。加入额外氢键受体前，pC-a、pC-ba 和 pC-c 于 160℃下聚合 24h 后的分子量分别为 1093、770 和 725；引入 4,4′-联吡啶后，pC-a、pC-ba 和 pC-c 聚合 24h 后，分子量分别增加至 3408、1554 和 1021。分子量的变化情况与氢键变化一致，证明通过调控氢键的方法可以改善苯并噁嗪聚合。

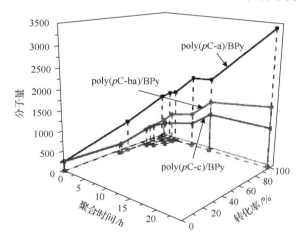

图 6.101　160℃下三种混合体系的转化率(α)和分子量(M_n)-聚合时间曲线

6.3.2　双酚 A-苯胺型聚苯并噁嗪/4,4′-联吡啶共混体系

对于交联型聚苯并噁嗪，引入额外氢键受体 4,4′-联吡啶，同样可以调控混合体系氢键，改善聚合[95-97]。图 6.102 是采用 FTIR 分峰计算得到的 poly(BA-a)/4,4′-联吡啶混合体系中各种氢键含量与 4,4′-联吡啶摩尔分数之间的关系。结果表明，当加入 4,4′-联吡啶后，混合体系中形成了Ⅱ型 OH…N 形式氢键，并且随着 4,4′-联吡啶量的增加，Ⅱ型 OH…N 形式氢键含量逐渐增加至 34.4%；而Ⅰ型 OH…N 形式氢键及 OH…π 和 OH…O 形式氢键的含量逐渐降低。其中，Ⅰ型 OH…N 形式氢键含量由 79.5% 下降至 56.4%，OH…π 和 OH…O 形式氢键含量则由 20.5% 降至 9%。

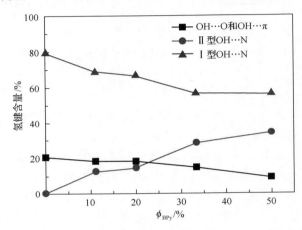

图 6.102　poly(BA-a)/4,4′-联吡啶混合体系中各种氢键含量与 4,4′-联吡啶摩尔分数之间的关系

表 6.38 列出了 poly(BA-a) 及 poly(BA-a)/4,4′-联吡啶混合体系薄膜的拉伸性能。比较表中的数据可见，减少Ⅰ型 OH…N 形式氢键含量可改善苯并噁嗪聚合，提高交联密度，使得引入 4,4′-联吡啶后，poly(BA-a) 混合体系薄膜的拉伸力学性能发生了不同的变化，拉伸强度、断裂伸长率和韧性均较双酚 A/苯胺型聚苯并噁嗪薄膜显著升高，但是模量下降了。另外，当 4,4′-联吡啶的摩尔分数为 0.5 时，混合体系薄膜的拉伸综合性能最佳。

表 6.38　poly(BA-a) 及 poly(BA-a)/4,4′-联吡啶共混物薄膜拉伸性能

样品	拉伸模量/GPa	拉伸强度/MPa	断裂伸长率/%	韧性/MPa
poly(BA-a)	2.51±0.30	32.5±4.0	1.55±0.54	0.26±0.11
poly(BA-a)/BPy 0.125	1.40±0.45	25.2±3.7	2.17±0.20	0.30±0.11
poly(BA-a)/BPy 0.25	1.95±0.39	37.6±3.1	2.35±0.41	0.47±0.08
poly(BA-a)/BPy 0.5	2.38±0.43	43.0±8.1	2.04±0.40	0.46±0.17
poly(BA-a)/BPy 1	2.33±0.21	39.2±3.7	1.90±0.25	0.40±0.07

6.3.3　线型聚苯并噁嗪/吡啶酰胺共混体系[98]

引入氢键受体虽可改变聚苯并噁嗪氢键，从而改善其性能，但由于聚苯并噁嗪氢键供体的数量远少于氢键受体，且氢键具有饱和性，本节将含有氢键供体的化合物加入到聚苯并噁嗪中，讨论混合体系的氢键形式。

一般说来，羟基、氨基、羧基等基团既是氢键供体，又是氢键受体。将这些氢键供体基团引入聚苯并噁嗪后，会带来一系列问题，即：这些基团是否会增强聚苯并噁嗪氢键？形成什么类型的氢键？这些基团之间形成氢键还是与聚苯并噁嗪形成氢键？为解决上述问题，本节以对甲酚/苯胺型聚苯并噁嗪[poly(pC-a)]和吡啶酰胺（DAA）为研究对象，通过研究 poly(pC-a)、DAA 和 poly(pC-a)/DAA [poly(pC-a)重复单元/DAA摩尔比为1∶1]氢键来讨论引入额外氢键供体对聚苯并噁嗪氢键的影响[98]。

利用 FTIR 分峰技术得到 poly(pC-a)、DAA 和 poly(pC-a)/DAA 三体系各种氢键的含量，见表 6.39。从表 6.39 可以看出，poly(pC-a)中占主导的氢键为 OH···N 形式氢键，含量为 87.1%；DAA 中，占主导的氢键为酰胺基团—NH 与 O=C 形成的 NH···O=C 氢键，含量为 75.1%；另一种为—NH 与吡啶环结构上氮原子之间形成的 NH···N 氢键，含量为 24.9%。poly(pC-a)和 DAA 氢键示意图如图 6.103 所示。

表 6.39　poly(pC-a)、DAA 和 poly(pC-a)/DAA 三体系各种氢键含量(%)

样品	OH···OH	OH···N	NH···N	NH···O=C	OH···NH	OH···O=C
poly(pC-a)	12.9	87.1	不存在	不存在	不存在	不存在
DAA	不存在	不存在	24.9	75.1	不存在	不存在
poly(pC-a)/DAA	2.8	61.7	不存在	13.5	2.1	19.9

引入额外氢键供体 DAA 后，通过分子模拟得到 poly(pC-a)/DAA 混合体系除形成 OH···OH 和 OH···N 形式氢键及 NH···O=C 和 NH···N 形式氢键外，聚苯并噁嗪酚羟基—OH 可与 DAA 的 O=C 和—NH 基团分别形成 OH···O=C 和 OH···NH 形式氢键。这说明聚苯并噁嗪可与加入的氢键供体形成氢键。此外，

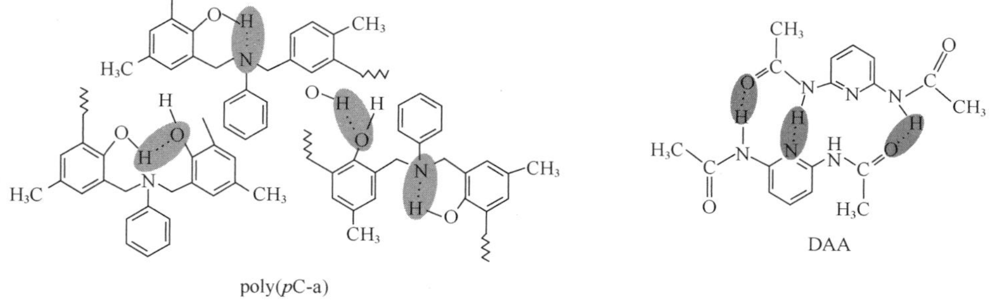

poly(pC-a)

DAA

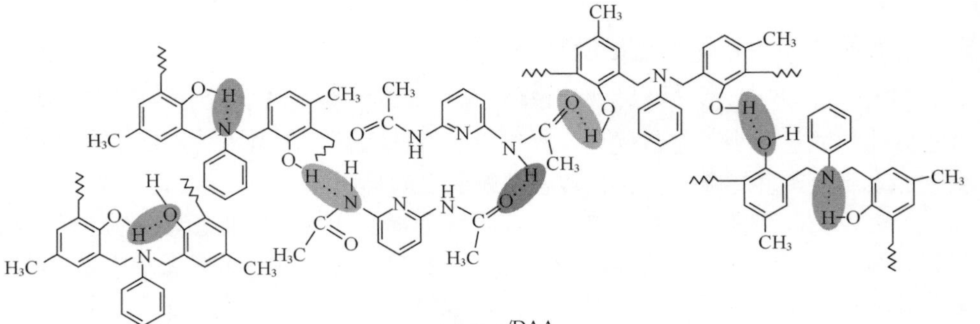

poly(pC-a)/DAA

图 6.103   poly(pC-a)、DAA 及 poly(pC-a)/DAA 氢键示意图

poly(pC-a)/DAA 中 OH···N 形式氢键的键长由 1.872Å 缩短至 1.827Å；OH···O=C 形式氢键的键长为 1.807Å。氢键作用力与键长相关，说明 DAA 不仅有利于增强聚苯并噁嗪氢键，且可与聚苯并噁嗪之间形成作用力更强的氢键。

6.3.4   双酚 A-苯胺型聚苯并噁嗪/聚丙烯酸共混体系[95, 99]

聚丙烯酸(PAA，图 6.99)也是一种可提供氢键供体的聚合物，其羧基可提供氢键供体。将 PAA 和 BA-a 按官能团摩尔比 0∶1、0.25∶1、0.5∶1、1∶1、2∶1 和 1∶0 进行称量、混合、固化后，依次命名为 poly(BA-a)、poly(BA-a)/PAA0.25、poly(BA-a)/PAA0.5、poly(BA-a)/PAA1、poly(BA-a)/PAA2 和 PAA。

采用 MDSC 测得 poly(BA-a)及 poly(BA-a)/PAA 共混物的玻璃化转变温度(T_g)，结果显示共混物均只有一个 T_g，这说明 poly(BA-a)可与 PAA 很好地相容。此外，当 PAA 与 poly(BA-a)官能团摩尔比小于 1 时，poly(BA-a)/PAA 共混物的 T_g 高于 poly(BA-a)。采用 Fox 方程可研究两种聚合物组分间是否存在相互作用力，Fox 方程见式(6-2)：

$$\frac{1}{T_g} = \frac{w_1}{T_{g1}} + \frac{w_2}{T_{g2}} \tag{6-2}$$

式中：w_1 和 w_2 分别为聚合物共混物中组分 1 和组分 2 的质量分数；T_{g1} 和 T_{g2} 分别为两种聚合物组分的玻璃化转变温度。图 6.104 即为 poly(BA-a)/PAA 共混物的 T_g 曲线和 Fox 方程曲线。可以看出，共混物的 T_g 均高于 Fox 方程计算结果，说明 poly(BA-a)和 PAA 之间存在相互作用力。由于 poly(BA-a)与 PAA 之间不存在化学相互作用，所以影响二者的相互作用力应为氢键。

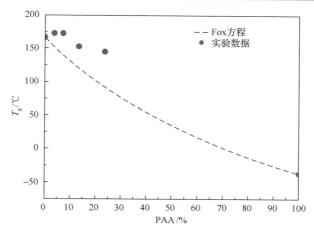

图 6.104　poly(BA-a)/PAA 共混物 T_g 与 PAA 含量(质量分数)关系图

采用 FTIR 研究 poly(BA-a)/PAA 共混物的氢键。对羟基(3600～2000cm^{-1})和羧基(1780～1600cm^{-1})的 FTIR 谱图进行分析，发现随着 PAA 含量的增加，羟基吸收峰的强度增强，这可能是因为—OH 的量增加；对于羧基，PAA 出现了两个羧基吸收峰，分别是 1714cm^{-1} 处游离羧基特征吸收峰和 1616cm^{-1} 处氢键键合的羧基吸收峰。而在共混物的红外谱图中，于 1660cm^{-1} 处出现了新的羧基吸收峰，该吸收峰应为 poly(BA-a)酚羟基与 PAA 羧基所形成氢键的特征吸收峰，这也进一步说明 poly(BA-a)与 PAA 之间存在氢键相互作用。

在 poly(BA-a)/PAA 共混物中，羟基为唯一的氢键供体，故以羟基吸收峰(3600～2000cm^{-1})为研究对象，结合文献报道，通过分峰、计算，得到氢键的相对量及各类型氢键的含量，如图 6.105 所示。从图 6.105 可以看出，随着 PAA 含

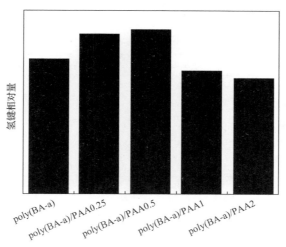

图 6.105　poly(BA-a)和 poly(BA-a)/PAA 共混物氢键的相对量(氢键的相对量由 FTIR 求得，为氢键相关吸收峰与 749cm^{-1} 处吸收峰的面积之比)

量的增加，共混物氢键的量先增加后降低，在 poly(BA-a)/PAA0.5 处达到最大值，这说明一定量额外氢键供体的加入有利于在聚苯并噁嗪中形成更多的氢键；但随着 PAA 含量继续增加，共混物氢键的相对量减少。此外，PAA 的加入还降低了 poly(BA-a) 中 OH···N 形式氢键的含量，如 poly(BA-a)、poly(BA-a)/PAA0.5 和 poly(BA-a)/PAA2 的 OH···N 形式氢键含量分别为 83.7%、81.4%和 59.2%，这将会改善 BA-a 聚合，提升聚合物性能。

采用 DMA 测得了 poly(BA-a) 及其共混物的玻璃化转变温度，见表 6.40。测试结果与共混物氢键量的变化一致，T_g 随 PAA 含量的增加呈现先升高后降低的趋势。其中，poly(BA-a)/PAA0.5 具有最高的 T_g，T_g(tanδ) 比 poly(BA-a) 提高了 11.1℃。

表 6.40　poly(BA-a) 和 poly(BA-a)/PAA 共混物的 DMA 测试结果

样品	$T_g(E')$ /℃	$T_g(\tan\delta)$ /℃	$T_g(E'')$ /℃
poly(BA-a)	174.1	192.7	175.9
poly(BA-a)/PAA0.25	173.3	194.0	177.2
poly(BA-a)/PAA0.5	175.9	203.8	181.7
poly(BA-a)/PAA1	161.3	182.7	166.1
poly(BA-a)/PAA2	144.6	170.1	147.2

测试共混体系的薄膜拉伸性能，见表 6.41。测试结果表明，拉伸模量的变化规律也与共混物氢键量的变化一致。随着 PAA 含量的增加，共混物的拉伸模量先升高后降低，但均高于 poly(BA-a)。其中，poly(BA-a)/PAA0.5 具有最大的拉伸模量，为 3.18GPa。此外，当 PAA 与 poly(BA-a) 官能团摩尔比大于 0.5 时，共混物的拉伸强度和断裂伸长率均增加。

表 6.41　poly(BA-a) 和 poly(BA-a)/PAA 共混物拉伸性能

样品	拉伸模量/GPa	拉伸强度/MPa	断裂伸长率/%
poly(BA-a)	2.51±0.30	32.5±4.0	1.55±0.54
poly(BA-a)/PAA0.25	2.59±0.10	24.0±6.9	1.07±0.37
poly(BA-a)/PAA0.5	3.18±0.31	38.1±0.3	1.32±0.21
poly(BA-a)/PAA1	3.02±0.57	38.8±8.0	1.41±0.56
poly(BA-a)/PAA2	3.05±0.20	44.3±6.3	1.74±0.15

综上所述，将含有氢键供体的聚合物——聚丙烯酸(PAA)引入双酚 A/苯胺型聚苯并噁嗪后，可调控 poly(BA-a) 氢键，进而提升其性能。结果表明，PAA 可为 poly(BA-a) 提供额外的氢键供体。随着 PAA 含量增加，共混物氢键的总量先增加后降低，而 OH···N 形式氢键的含量却逐渐降低。此外，共混物的玻璃化转变温

度和拉伸模量的变化规律与共混体系氢键量的变化一致。这说明，在聚苯并噁嗪中引入额外氢键供体可调控聚苯并噁嗪氢键，进而改善其性能。

参 考 文 献

[1] 黄发荣, 焦杨声. 酚醛树脂及其应用. 北京: 化学工业出版社, 2003.

[2] 殷荣忠. 酚醛树脂及其应用. 北京: 化学工业出版社, 1994: 1-2.

[3] 王艳志, 马勤, 冯辉霞. 酚醛树脂的复合改性研究进展. 应用化工, 2009, 38: 286-288.

[4] Dunkers J, Ishida H. Reaction of benzoxazine-based phenolic resins with strong and weak carboxylic acids and phenols as catalysts. Journal of Polymer Science Part A: Polymer Chemistry, 1999, 37: 1913-1921.

[5] Rimdusit S, Kampangsaeree N, Tanthapanichakoon W, et al. Development of wood-substituted composites from highly filled polybenzoxazine-phenolic novolac alloys. Polymer Engineering & Science, 2007, 47: 140-149.

[6] 刘锋, 赵西娜, 冯雪梅. 酚醛改性苯并噁嗪树脂耐烧蚀材料的研究. 热固性树脂, 2007, 22: 4-6.

[7] 何启迪. 苯并噁嗪与线型酚醛树脂共混体系结构与性能的研究. 成都: 四川大学, 2011.

[8] Rimdusit S, Ishida H. Development of new class of electronic packaging materials based on ternary systems of benzoxazine, epoxy, and phenolic resins. Polymer, 2000, 41: 7941-7949.

[9] Rimdusit S, Ishida H. Kinetic studies of curing process and gelation of high performance thermosets based on ternary systems of benzoxazine, epoxy and phenolic resins. 46th International SAMPE Symposium and Exhibition, Long Beach, 2001: 1466-1480.

[10] Rimdusit S, Ishida H. Gelation study of high processability and high reliability ternary systems based on benzoxazine, epoxy, and phenolic resins for an application as electronic packaging materials. Rheologica Acta, 2002, 41: 1-9.

[11] 刘富双. 双酚 A 型苯并噁嗪与环氧树脂共混物性能的研究. 成都: 四川大学, 2009.

[12] Ishida H, Allen D J. Mechanical characterization of copolymers based on benzoxazine and epoxy. Polymer, 1996, 37: 4487-4495.

[13] Agag T, Takeichi T. Synthesis, characterization and clay-reinforcement of epoxy cured with benzoxazine. High Performance Polymers, 2002, 14: 115-132.

[14] Zhao P, Zhou Q, Liu X, et al. Phase separation in benzoxazine/epoxy resin blending systems. Polymer Journal, 2013, 45: 637.

[15] Kimura H, Matsumoto A, Hasegawa K, et al. Epoxy resin cured by bisphenol a based benzoxazine. Journal of Applied Polymer Science, 1998, 68: 1903-1910.

[16] 王宏远. 苯并噁嗪的链增长机理及其环氧树脂共混体系的固化反应和结构性能的调控. 成都: 四川大学, 2016.

[17]郝瑞, 李江, 杨坡, 等. 苯并噁嗪/环氧树脂/酸酐三元体系固化反应研究. 热固性树脂, 2016, 31: 1-6.

[18] 顾宜, 鲁在君, 谢美丽, 等. 开环聚合酚醛树脂基纤维增强复合材料: 中国, CN94111852. 1994.

[19] Blyakhman Y, Tontisakis A, Senger J. Novel high performance matrix systems. 46th International SAMPE Symposium and Exhibition, Long Beach, 2001: 533-545.

[20] 王洲一. 二胺型苯并噁嗪与环氧树脂共混物性能的研究. 成都: 四川大学, 2010.

[21] 张华. 双酚 A 型苯并噁嗪与环氧树脂 E44 共混体系性能研究. 成都: 四川大学, 2011.

[22] 张娜. 苯并噁嗪与环氧共混树脂性能研究. 成都: 四川大学, 2009.

[23] 刘欣, 顾宜. 苯并噁嗪-环氧化合物-胺类催化剂体系开环聚合反应的研究. 高分子材料科学与工程, 2002, 18: 168-173.

[24] Ooi S K, Cook W D, Simon G P, et al. DSC studies of the curing mechanisms and kinetics of DGEBA using imidazole curing agents. Polymer, 2000, 41: 3639-3649.

[25] Wang H, Zhao P, Ling H, et al. The effect of curing cycles on curing reactions and properties of a ternary system based on benzoxazine, epoxy resin, and imidazole. Journal of Applied Polymer Science, 2013, 127: 2169-2175.

[26] 郝瑞. 苯并噁嗪/环氧树脂/酸酐共混体系固化反应及结构与性能的研究. 成都: 四川大学, 2016.

[27] Wang Y X, Ishida H. Cationic ring-opening polymerization of benzoxazines. Polymer, 1999, 40: 4563-4570.

[28] 赵培. 苯并噁嗪/聚醚酰亚胺及苯并噁嗪/环氧树脂共混体系反应诱导相分离及结构与性能的研究. 成都: 四川大学, 2012.

[29] Karger-Kocsis J. Epoxy polymers: new materials and innovations. Macromolecular Chemistry and Physics, 2010, 211: 1836.

[30] 赵培, 朱蓉琪, 顾宜. 苯并噁嗪/环氧树脂/4,4′-二氨基二苯砜三元共混体系玻璃化转变温度的研究. 高分子学报, 2010, (1): 65-73.

[31] 郭茂, 凌鸿, 郑林, 等. 苯并噁嗪和双马来酰亚胺共混树脂性能的研究. 热固性树脂, 2008, 23: 4-7.

[32] Wang Z, Ran Q, Zhu R, et al. Curing behaviors and thermal properties of benzoxazine and N,N'-(2,2, 4-trimethylhexane-1, 6-diyl) dimaleimide blend. Journal of Applied Polymer Science, 2013, 129: 1124-1130.

[33] Wang Z, Zhao J, Ran Q, et al. Research on curing mechanism and thermal property of bis-allyl benzoxazine and N, N'-(2, 2, 4-trimethylhexane-1, 6-diyl) dimaleimide blend. Reactive and Functional Polymers, 2013, 73: 668-673.

[34] Wang Z, Cao N, Miao Y, et al. Influence of curing sequence on phase structure and properties of bisphenol A-aniline benzoxazine/N,N'-(2,2,4-trimethylhexane-1,6-diyl) bis(maleimide)/imidazole blend. Journal of Applied Polymer Science, 2016, 133: 43259-43266.

[35] Takeichi T, Saito Y, Agag T, et al. High-performance polymer alloys of polybenzoxazine and bismaleimide. Polymer, 2008, 49: 1173-1179.

[36] Kumar K S S, Nair C P R, Ninan K N. Investigations on the cure chemistry and polymer properties of benzoxazine-cyanate ester blends. European Polymer Journal, 2009, 45: 494-502.

[37] Kimura H, Ohtsuka K, Matsumoto A. Curing reaction of bisphenol-A based benzoxazine with cyanate ester resin and the properties of the cured thermosetting resin. Express Polymer Letters, 2011, 5: 1113-1122.

[38] Li X, Gu Y. The co-curing process of a benzoxazine-cyanate system and the thermal properties of the copolymers. Polymer Chemistry, 2011, 2: 2778-2781.

[39] 罗小勇, 朱蓉琪, 冉起超, 等. 苯并噁嗪/氰酸酯共混物固化中三嗪环的稳定性. 热固性树脂, 2014, 29: 1-5.

[40] Jubsilp C, Damrongsakkul S, Takeichi T, et al. Curing kinetics of arylamine-based polyfunctional benzoxazine resins by dynamic differential scanning calorimetry. Thermocimica Acta, 2006, 447: 131-140.

[41] Scott J M, Phillips D C. Carbon fibre composites with rubber toughened matrices. Journal of Materials Science, 1975, 10: 551-562.

[42] Jang J, Seo D. Performance improvement of rubber-modified polybenzoxazine. Journal of Applied Polymer Science, 1998, 67: 1-10.

[43] Lee Y H, Allen D J, Ishida H. Effect of rubber reactivity on the morphology of polybenzoxazine blends investigated by atomic force microscopy and dynamic mechanical analysis. Journal of Applied Polymer Science, 2006, 100: 2443-2454.

[44] Ishida H, Lee Y H. Synergism observed in polybenzoxazine and poly(ε-caprolactone) blends by dynamic mechanical and thermogravimetric analysis. Polymer, 2001, 42: 6971-6979.

[45] Huang J M, Yang S J. Studying the miscibility and thermal behavior of polybenzoxazine/poly(ε-caprolactone) blends using DSC, DMA, and solid state ^{13}C NMR spectroscopy. Polymer, 2005, 46: 8068-8078.

[46] Ishida H, Lee Y H. Study of hydrogen bonding and thermal properties of polybenzoxazine and poly-(ε-caprolactone) blends. Journal of Polymer Science Part B: Polymer Physics, 2001, 39: 736-749.

[47] Schäfer H, Hartwig A, Koschek K. The nature of bonding matters: benzoxazine based shape memory polymers. Polymer, 2018, 135: 285-294.

[48] Zheng S, Lü H, Guo Q. Thermosetting blends of polybenzoxazine and poly(ε-caprolactone): phase behavior and intermolecular specific interactions. Macromolecular Chemistry and Physics, 2004, 205: 1547-1558.

[49] Su Y C, Chen W C, Ou K I, et al. Study of the morphologies and dielectric constants of nanoporous materials derived from benzoxazine-terminated poly(ε-caprolactone)/polybenzoxazine co-polymers. Polymer, 2005, 46: 3758-3766.

[50] Ishida H, Lee Y H. Study of exchange reaction in polycarbonate-modified polybenzoxazine via model compound. Journal of Applied Polymer Science, 2002, 83: 1848-1855.

[51] Ishida H, Lee Y H. Infrared and thermal analyses of polybenzoxazine and polycarbonate blends. Journal of Applied Polymer Science, 2001, 81: 1021-1034.

[52] Lü H, Zheng S. Miscibility and phase behavior in thermosetting blends of polybenzoxazine and poly(ethylene oxide). Polymer, 2003, 44: 4689-4698.

[53] Huang J M, Kuo S W, Lee Y J, et al. Synthesis and characterization of a vinyl-terminated benzoxazine monomer and its blends with poly(ethylene oxide). Journal of Polymer Science Part B: Polymer Physics, 2007, 45: 644-653.

[54] Li Y, Zhang C, Zheng S. Microphase separation in polybenzoxazine thermosets containing benzoxazine-terminated poly(ethylene oxide) telechelics. European Polymer Journal, 2011, 47: 1550-1562.

[55] Brown E A, Rider D A. Pegylated polybenzoxazine networks with increased thermal stability from miscible blends of tosylated poly(ethylene glycol) and a benzoxazine monomer. Macromolecules, 2017, 50: 6468-6481.

[56] Tiptipakorn S, Keungputpong N, Phothiphiphit S, et al. Effects of polycaprolactone molecular weights on thermal and mechanical properties of polybenzoxazine. Journal of Applied Polymer Science, 2015, 132: 41915-41925.

[57] Tiptipakorn S, Damrongsakkul S, Ando S, et al. Thermal degradation behaviors of polybenzoxazine and silicon-containing polyimide blends. Polymer Degradation and Stability, 2007, 92: 1265-1278.

[58] Takeichi T, Agag T, Zeidam R. Preparation and properties of polybenzoxazine/poly(imide-siloxane) alloys: *in situ* ring-opening polymerization of benzoxazine in the presence of soluble poly(imide-siloxane)s. Journal of Polymer Science Part A: Polymer Chemistry, 2001, 39: 2633-2641.

[59] Takeichi T, Guo Y, Rimdusit S. Performance improvement of polybenzoxazine by alloying with polyimide: effect of preparation method on the properties. Polymer, 2005, 46: 4909-4916.

[60] Takeichi T, Kawauchi T, Agag T. High performance polybenzoxazines as a novel type of phenolic resin. Polymer Journal, 2008, 40: 1121.

[61] Zhao P, Liang X, Chen J, et al. Poly(ether imide)-modified benzoxazine blends: influences of phase separation and hydrogen bonding interactions on the curing reaction. Journal of Applied Polymer Science, 2013, 128: 2865-2874.

[62] 梁晓敏, 赵培, 顾宜. 苯并噁嗪/聚醚砜共混体系的相结构与性能. 高分子材料科学与工程, 2012, 28: 109-111.

[63] Xia Y, Yang P, Zhu R, et al. Blends of 4,4′-diaminodiphenyl methane-based benzoxazine and polysulfone: morphologies and properties. Journal of Polymer Research, 2014, 21: 387.

[64] Xia Y, Yang P, Miao Y, et al. Blends of sulfonated polysulfone/polysulfone/4,4′-diaminodiphenyl methane-based benzoxazine: multiphase structures and properties. Polymer International, 2015, 64: 118-125.

[65] Bonnet A, Pascault J P, Sautereau H, et al. Epoxy-diamine thermoset/thermoplastic blends. 2. Rheological behavior before and after phase separation. Macromolecules, 1999, 32: 8524-8530.

[66] 梁晓敏. 二胺型苯并噁嗪/聚醚砜共混体系相分离及结构与性能的研究. 成都: 四川大学, 2012.

[67] Hamerton I, McNamara L T, Howlin B J, et al. Kinetics and cure mechanism in aromatic polybenzoxazines modified using thermoplastic oligomers and telechelics. Macromolecules, 2014, 47: 1935-1945.

[68] Hamerton I, McNamara L T, Howlin B J, et al. Toughening mechanisms in aromatic polybenzoxazines using thermoplastic oligomers and telechelics. Macromolecules, 2014, 47: 1946-1958.

[69] 王智. 苯并噁嗪/双马来酰亚胺共混体系的反应诱导相分离及结构与性能研究. 成都: 四川大学, 2013.

[70] 王智. 热固性树脂增韧方法及应用. 北京: 化学工业出版社, 2018.

[71] Wang Z, Ran Q, Zhu R, et al. Reaction-induced phase separation in a bisphenol A-aniline benzoxazine‐N, N'-(2, 2, 4-trimethylhexane-1,6-diyl) bis (maleimide)-imidazole blend: the effect of changing the concentration on morphology. Physical Chemistry Chemical Physics, 2014, 16: 5326-5332.

[72] Wang Z, Ran Q, Zhu R, et al. A novel benzoxazine/bismaleimide blend resulting in bi-continuous phase separated morphology. RSC Advances, 2013, 3: 1350-1353.

[73] Phelan J C, Sung C S P. Cure characterization in bis (maleimide)/diallylbisphenol A resin by fluorescence, FT-IR, and UV-reflection spectroscopy. Macromolecules, 1997, 30: 6845-6851.

[74] Merz E, Claver G, Baer M. Studies on heterogeneous polymeric systems. Journal of Polymer Science, 1956, 22: 325-341.

[75] Newman S, Strella S. Stress-strain behavior of rubber-reinforced glassy polymers. Journal of Applied Polymer Science, 1965, 9: 2297-2310.

[76] Bucknall C B. Fracture and failure of multiphase polymers and polymer composites//Andrews E H. Failure in Polymers.Berlin, Heidelberg: Springer, 1978: 121-148.

[77] Bucknall C, Clayton D, Keast W E. Rubber-toughening of plastics. Journal of Materials Science, 1972, 7: 1443-1453.

[78] Bragaw C G. The Theory of Rubber Toughening of Brittle Polymers. Washington DC.: American Chemical Society, 1970: 39.

[79] Girard-Reydet E, Sautereau H, Pascault J P, et al. Reaction-induced phase separation mechanisms in modified thermosets. Polymer, 1998, 39: 2269-2279.

[80] Kim B S, Chiba T, Inoue T. Morphology development via reaction-induced phase separation in epoxy/poly (ether sulfone) blends: morphology control using poly (ether sulfone) with functional end-groups. Polymer, 1995, 36: 43-47.

[81] Flory P J. Principles of Polymer Chemistry. Ithaca: Cornell University Press,1953: 464-469 + 576-581.

[82] 陈淳, 苏玉堂. 热固性树脂的化学流变性. 玻璃钢/复合材料, 2005, (4): 31-33.

[83] Halley P J, Mackay M E. Chemorheology of thermosets—an overview. Polymer Engineering & Science, 1996, 36: 593-609.

[84] 路遥, 段跃新, 梁志勇, 等. 钡酚醛树脂体系化学流变特性研究. 复合材料学报, 2001, 18: 34-39.

[85] Barcia F L, Amaral T P, Soares B G. Synthesis and properties of epoxy resin modified with epoxy-terminated liquid polybutadiene. Polymer, 2003, 44: 5811-5819.

[86] Girard-Reydet E, Vicard V, Pascault J, et al. Polyetherimide-modified epoxy networks: influence of cure conditions on morphology and mechanical properties. Journal of Applied Polymer Science, 1997, 65: 2433-2445.

[87] Zhao P, Zhou Q, Deng Y Y, et al. Reaction induced phase separation in thermosetting/thermosetting blends: effects of imidazole content on the phase separation of benzoxazine/epoxy blends. RSC advances, 2014, 4: 61634-61642.

[88] Zhao P, Zhou Q, Deng Y, et al. A novel benzoxazine/epoxy blend with multiphase structure. RSC Advances, 2014, 4: 238-242.

[89] Heise M, Martin G. Curing mechanism and thermal properties of epoxy-imidazole systems. Macromolecules, 1989, 22: 99-104.

[90] 陈平, 刘立柱. 2-乙基-4-甲基咪唑固化环氧树脂的固化反应机理、动力学及其反应活性. 高分子学报, 1994, (6): 641-646.

[91] Heise M S, Martin G C. Analysis of the cure kinetics of epoxy/imidazole resin systems. Journal of Applied Polymer Science, 1990, 39: 721-738.

[92] 杨坡, 白耘, 顾宜. 氢键对苯并噁嗪聚合的影响与控制. 2015 年全国高分子学术论文报告会论文摘要集——主题 J: 高性能高分子, 2015: 1594.

[93] 白耘. 线性聚苯并噁嗪的氢键热响应与调控研究. 成都: 四川大学, 2016.

[94] Bai Y, Yang P, Song Y, et al. Effect of hydrogen bonds on the polymerization of benzoxazines: influence and control. RSC Advances, 2016, 6: 45630-45635.

[95] 王彬. 双酚型聚苯并噁嗪的氢键调控与性能研究. 成都: 四川大学, 2017.

[96] 王彬, 杨坡, 徐宏彬, 等. 双酚 A-苯胺型聚苯并噁嗪/4, 4′-联吡啶共混物研究. 热固性树脂, 2017, 32: 25-29.

[97] Luan X, Wang B, Yang P, et al. Enhancing the performances of polybenzoxazines by modulating hydrogen bonds. Journal of Polymer Research, 2019, 26: 85.

[98] Bai Y, Yang P, Wang T, et al. Hydrogen bonds in the blends of polybenzoxazines and N, N′-(pyridine-2,6-diyl) diacetamide: inter-or intra-molecular hydrogen bonds? Journal of Molecular Structure, 2017, 1147: 26-32.

[99] Wang B, Yang P, Li Y, et al. Blends of polybenzoxazine/poly(acrylic acid): hydrogen bonds and enhanced performances. Polymer International, 2017, 66: 1159-1163.

第7章

无机填料杂化/复合改性聚苯并噁嗪

无机填料杂化/复合改性是有机高分子材料高性能化的一条重要途径，已得到广泛的研究和应用。苯并噁嗪树脂作为一种在传统酚醛树脂上发展起来的新型树脂，不仅保持了传统的酚醛树脂的优点，而且克服了传统酚醛树脂的缺点。但是苯并噁嗪树脂也存在一些缺点：苯并噁嗪树脂黏度相对较小，难以满足现有的工艺要求；热固化温度高，固化诱导期及固化时间长，交联密度低，与许多热固性树脂一样存在着固化物脆性大的问题。因此，常利用无机微纳米粒子，如碳纳米管、纳米炭粉和有机化蛭石等与苯并噁嗪树脂进行共混以提高其韧性或耐热性。例如，Ishida 最早申请了有关苯并噁嗪/蒙脱土纳米复合材料制备与表征的世界专利[1]；Lee 等成功地制备了聚苯并噁嗪/多面体低聚倍半硅氧烷（POSS）有机/无机纳米复合材料[2]；Takeichi 等采用溶胶-凝胶法分别制备聚苯并噁嗪/二氧化硅和聚苯并噁嗪/二氧化钛杂化材料[3-4]。本章主要介绍了四川大学的部分工作，主要研究了层状硅酸盐、POSS、过渡金属氧化物和金属氢氧化物等无机填料对复合材料性能的影响。

7.1 层状硅酸盐/苯并噁嗪复合体系

层状硅酸盐，如蛭石、滑石粉、蒙脱土等，因其本身具有纳米尺度的层状结构，是最适宜用于制备纳米材料的无机相之一。纳米插层复合材料具有高强度、高模量、高耐热性等优良性能，在多个领域得到应用。近年来，对苯并噁嗪/层状硅酸盐纳米复合体系的研究成为该领域中的一个新的热点，其主要集中在该材料的制备与表征、复合物的类型（插层和/或剥离）以及有关性能的研究等方面。

7.1.1 蛭石/苯并噁嗪复合体系及其摩擦性能

蛭石是具有独特高温（600～950℃）灼热膨胀性的层状硅酸盐，有与蒙脱土相类似的片层结构和阳离子交换性能。一般通过类似于蒙脱土的胺有机化法来处理蛭石或用更简单的直接灼热膨胀法来拓宽其层间距，然后采用直接熔融法或溶液法插层蛭石来制备苯并噁嗪/蛭石纳米复合物。

1. 蛭石的有机化[5]

在层状硅酸盐的有机化处理中，常用烷基铵阳离子$[CH_3(CH_2)_nNH_3^+]$来置换取代层状硅酸盐晶层间的水合金属离子（如 Mg^{2+}、Na^+、Ca^{2+}）。经有机化处理后，置换进入层间的烷基铵阳离子的长链结构会撑大层状硅酸盐的层间距，并改变其油水亲和性。有机化过程的反应式为

$$CH_3—(CH_2)_n—NR_3X +M\text{-vermiculite (mont)} \longrightarrow CH_3—(CH_2)_n—NR_3\text{-vermiculite (mont)} +MX$$

式中：R 为 H、CH_3；X 为 Cl、Br、I；M 为 Na^+、Ca^{2+}、Mg^{2+}。

蛭石生片有机化后，蛭石层间距 d_{001} 从有机化前的 1.46nm 增至有机化后的 2.68nm，增加 1.22nm，并在衍射角 6.5°处出现很强的二级衍射峰 $d_{002}=1.34$nm，表明该蛭石生片中的蛭石晶层的有机化效果较明显。红外谱图上，有机化后出现了亚甲基的 $v_{as}(C—H)=2920$cm^{-1}，$v_s(C—H)=2851$cm^{-1}，$\delta(C—H)=1471$cm^{-1}，以及 4 个以上亚甲基相连时的 $\delta(C—H)=727$cm^{-1} 等峰。因 $v(C—N)=1010$cm^{-1}，$v(Si—O)$ 在 1010cm^{-1} 的峰加强，$v(N—H)$ 和层间水的 $v(O—H)$ 的峰在 3432cm^{-1} 附近重叠而变宽。这些都表明存在有机铵离子，又因洗涤时已洗尽表面吸附的有机铵离子，因此有机铵离子是插入层间的。

2. 苯并噁嗪树脂插层有机化蛭石[5]

1）熔融插层

在 X 射线的广角衍射范围内（最低为 3°，图 7.1），双酚 A 型苯并噁嗪（BA-a）直接熔融插层有机化蛭石后，只出现了二级衍射峰 $d_{002}=1.82$nm 和三级衍射峰

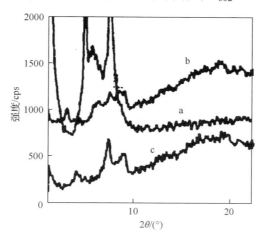

图 7.1　双酚 A 型苯并噁嗪插层有机化蛭石（含量为 30%）的 XRD 谱图

a. 有机化蛭石；b. 树脂插层物（固化前）；c. 树脂插层物（固化后）

d_{003}=0.91nm，经计算 d_{001}=3.63nm，表明 BA-a 的插层进一步使层间距加宽了约
0.95nm。按程序升温固化后，蛭石和水金云母的特征峰都消失了，说明在固化过
程中苯并噁嗪树脂可以进一步插层并剥离蛭石。

　　2）溶液插层

　　多元酚型苯并噁嗪树脂在丙酮溶液中插层有机化膨胀蛭石后，虽然未出现有
机化蛭石生片那样较明显的二级（d_{002}）、三级（d_{003}）衍射峰，但有机化膨胀蛭石原
来的 d_{001}=2.68nm 峰却也消失了（图 7.2），这表明多元酚型苯并噁嗪树脂也能插入
膨胀蛭石的层间形成纳米复合物。

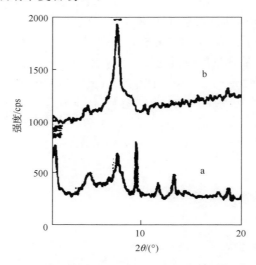

图 7.2　多酚型苯并噁嗪树脂插层有机化膨胀蛭石的 XRD 谱

a. 有机化蛭石；b. 树脂化插层物（固化前）

3. 蛭石/苯并噁嗪纳米插层复合体系的固化行为[6]

　　在 160℃时，由平板小刀法测得不同含量的蛭石/BA-a 纳米插层复合物的凝胶
化时间 t_{gel} 的变化（图 7.3）。由图 7.3 可知，未经有机化蛭石的加入对苯并噁嗪的
固化无明显影响。而在有机化蛭石/BA-a 纳米插层复合物的凝胶化时间曲线中，
随蛭石含量的增加，凝胶化时间延长，在 3%时长达 1800s，比纯树脂延长约 420s。
3%～5%时，凝胶化时间急剧缩短约 210s，随后就几乎没有变化，约为 1600s，比
纯树脂延长约 210s。这表明不同含量的有机化蛭石颗粒对 BA-a 热固化行为有明
显不同的阻碍作用。蛭石含量在 3%左右时，蛭石/BA-a 纳米插层复合物热固化，
在形成剥离型纳米固化物的过程中，对 BA-a 热固化阻碍作用最大，当含量小于
3%时，虽然也形成剥离型固化物，但其体积分数较低，阻碍作用没有 3%时那样
明显。当含量大于5%时，逐渐形成以插层型为主的纳米固化物，插层纳米分散的

蛭石颗粒对其热固化具有一定的阻碍作用，同时具有微米颗粒的特性，凝胶化时间不随含量而变化。随着温度的升高，在 180℃时还可以看出这种影响（图 7.4），而在 190℃、210℃时，特别是在 210℃时，几乎就看不到了，说明温度只是加快了这一作用过程的进程。吕建坤等其他研究者在分析环氧树脂(E51)/黏土插层纳米复合物固化(固化剂 4,4-二氨基二苯甲烷)过程中温度对黏土的剥离行为的影响时，也得出类似的结论[7]。

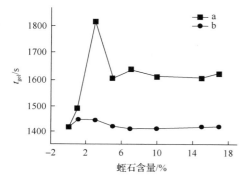

图 7.3　不同复合体系的凝胶化时间

a. 有机化蛭石/苯并噁嗪体系；b. 蛭石/苯并噁嗪体系

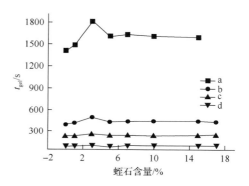

图 7.4　有机化蛭石/苯并噁嗪复合体系在不同温度下的凝胶化时间

a. 160℃；b. 180℃；c. 190℃；d. 210℃

对蛭石/BA-a 纳米插层复合物固化过程的 DSC 分析（表 7.1）表明，长链烷基铵阳离子对 BA-a 的热开环聚合反应没有表现出催化作用，也不影响纳米复合物的结构形态。不同蛭石含量的插层纳米复合物，在形成不同纳米分散状态的纳米复合物的过程中，蛭石晶片对 BA-a 的热开环聚合均具有明显的阻碍作用，蛭石含量为 3%的纳米插层复合物 160℃的凝胶化时间较纯树脂延长约 420s，活化能升高约 8kJ/mol，固化反应热焓降低约 14J/g，使得固化物的固化程度较纯树脂降低 7%～10%，阻碍作用最大，其他含量的次之。

表 7.1　BA-a/有机化蛭石复合体系的 DSC 测试数据

有机化蛭石含量(质量分数)/%	预处理条件	反应起始温度/℃	反应峰值温度/℃	反应热焓 (ΔH)/(J/g_{resin})
0	140～150℃/真空	176	221	247.4
3	140～150℃/真空	181	219	233.4
10	140～150℃/真空	182	221	247.4

相对于 BA-a 自身的热开环聚合，酸性质子和 Lewis 酸作用下的阳离子开环聚合能较显著地降低开环温度及反应活化能，两者具有不同的聚合机理[8,9]。与此相类似，在蛭石颗粒内外 BA-a 有不同的聚合机理，吸附在蛭石晶片表面上的长链烷基铵离子及 Mg^{2+}、Ca^{2+}等阳离子失去在两晶片间形成的电荷平衡，使其更显

Lewis 酸性，引发 BA-a 的阳离子开环聚合；尽管释放的反应热也促进链的增长，但主要以有用功的形式反抗蛭石晶片间的吸引力使其"膨胀"，进而终止链增长，使其表观凝胶化活化能升高，层间发生的阳离子开环聚合温度又被蛭石晶片隔绝；蛭石颗粒外的中间体进入层间引起新的阳离子开环聚合，该过程直到遇到空间或树脂黏度等方面的阻碍才停止；始终没能进入层间的 BA-a 则发生热开环聚合，形成较大分子链。

4. 蛭石/苯并噁嗪纳米插层复合物的摩擦性能[10]

表 7.2 为台架实验相关的实验数据。从表 7.2 可以具体地看出：在第一轮不同的制动初速度下，制动初速度为 100km/h、80km/h、60km/h、40km/h 时，其相应的距离平均摩擦系数分别为 0.368、0.376、0.377、0.414，平均为 0.384，摩擦系数比较平稳；在第二轮制动试验下，当制动初速度为 100km/h、80km/h、60km/h、40km/h 时，其相应的距离平均摩擦系数分别为 0.381、0.396、0.424、0.404，平均为 0.401，略微有点过恢复，没有出现热衰退现象。这说明用插层膨胀蛭石为主要原料研发的低摩擦系数的火车合成闸瓦，由于蛭石晶片的热阻隔作用，制动器在制动时迅速产生的高温所造成的热冲击不容易使被蛭石晶片隔开的邻近摩擦面的树脂分解变质或碳化，摩擦前后的摩擦面几乎都是完全一样的新表面，摩阻材料就不易产生"过恢复"和"热衰退"等现象。

表 7.2   制动实验数据

序号	1	2	3	4	5	6	7	8
制动初速度/（km/h）	100	80	60	40	40	60	80	100
实制动距离/m	828.8	501.3	283.4	111.5	112.9	252.3	402.5	761.6
实制动时间/s	55.5	43.4	33.0	19.8	21.4	29	42.4	54.6
距离平均摩擦系数	0.368	0.376	0.377	0.414	0.404	0.424	0.396	0.381
路面最高温度/℃	146	114	79	65	65	80	106	166

7.1.2　滑石粉/苯并噁嗪复合体系及其力学性能[11]

滑石粉作为高分子材料中一种常用的功能改性填料，凭借其自身良好的电绝缘性、耐热性、耐化学腐蚀性以及结构上的表面两亲性、高的横纵比、润滑性等特点，被广泛用于许多高分子材料中，用以降低成本，改善并提高材料的物理机械性能、电绝缘性、热稳定性、耐候性、阻燃性、加工流动性、制品表面光滑程度、透明性、尺寸稳定性、硬度等。因此，基于滑石粉结构上的鲜明特点以及对其他高分子材料良好的改性效果，特别是增强-增韧两方面考虑，设计制备了聚苯并噁嗪/滑石粉复合材料，通过充分认识并发挥滑石粉与两种热稳定性聚合物间的相互作用，来更好地利用滑石粉高的横纵比、层间易于滑移的结构特点达到增强-

增韧聚苯并噁嗪的目的。

1. 滑石粉与苯并噁嗪的相互作用及增韧效果

研究表明，苯并噁嗪树脂开环固化过程中，复合材料界面处的树脂能够与滑石粉端面活性基团形成 Si—O—C 化学键结构，这种柔性化学键合作用的形成进一步改善了滑石粉与聚苯并噁嗪树脂(PBZ)两相间的界面粘接性，为提高复合材料力学性能提供了结构上的保证。复合材料的性能测试及断面分析结果(图 7.5、图 7.6)证明，当滑石粉含量为树脂的 1%(质量分数)(PBT-1)时，复合材料综合力学性能最佳，并在一定程度上表现出韧性断裂的特征。

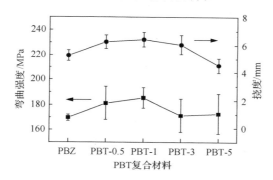

图 7.5　滑石粉/苯并噁嗪复合材料的弯曲性能

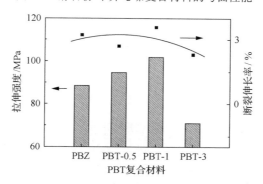

图 7.6　滑石粉/苯并噁嗪复合材料的拉伸性能

2. 氢氟酸表面刻蚀改性滑石粉及增韧效果

根据两相间形成化学键合这一相互作用机理，通过氢氟酸表面刻蚀改性滑石粉，设计增加滑石粉表面的活性基团数量及表面粗糙度，并将其用于制备聚苯并噁嗪复合材料，通过增强滑石粉表面与基体树脂间的化学键合及物理相互作用，进一步提高了滑石粉增强-增韧聚苯并噁嗪的能力。当改性滑石粉含量为树脂的

1%(质量分数)(PBT-HF-1)时,相比聚苯并噁嗪,复合材料弯曲强度提高近30MPa,挠度提高47%(图7.7)。

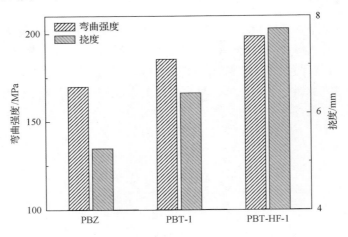

图 7.7   PBZ、PBT-1 和 PBT-HF-1 的弯曲性能

3. 滑石粉/苯并噁嗪复合物的力学性能及断面形貌分析

对 PBT 系列复合材料弯曲断面形貌进行分析,如图 7.8 所示,相比于 PBZ[图 7.8(a)],PBT-1 的弯曲断面表现得粗糙、更为不平整,形变更大[图 7.8(b)]。由于适量填充的滑石粉与树脂间存在良好的物理相容性及化学键合作用,应力得以在材料中连续传递,当材料受力时,滑石粉片层先发生滑移吸收一定的能量,同时滑移导致的孔洞化及复合材料柔性界面层树脂的屈服使材料断面呈现出一定韧性断裂的特征,这与对应复合材料弯曲性能的结果相一致;而当滑石粉含量继续增加时,由于滑石粉存在一定程度上的团聚[图 7.8(c)],材料力学性能下降。

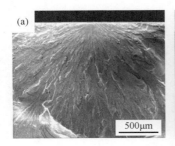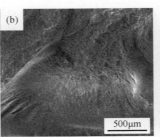

图 7.8   PBT 复合材料弯曲断裂表面 SEM 图
(a)PBZ;(b)PBT-1;(c)PBT-5

PBT 系列复合材料拉伸断裂表面形貌如图 7.9 所示。各拉伸断面均可观察到明显的断裂源,且 PBZ 断裂源镜面区的范围较大。随着滑石粉含量的增加,复合

材料拉伸断面镜面区越来越小，滑石粉含量达 1%时，光滑的镜面区基本消失，断面表面粗糙、不平，形变较大[图 7.9(c)]，与弯曲断面的分析结果相似。这可能是适量滑石粉的引入，使滑石粉层间在应力作用下发生滑移引发孔洞化效应，诱发了界面处基体的形变，从而改变了聚苯并噁嗪树脂的断裂方式，使其表现出一定的韧性断裂特征。

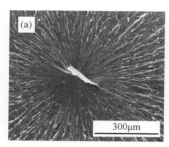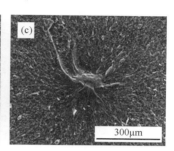

图 7.9　PBT 复合材料拉伸断裂表面的 SEM 图
(a) PBZ；(b) PBT-0.5；(c) PBT-1

7.2　多面体低聚倍半硅氧烷/苯并噁嗪复合体系

笼形多面体低聚倍半硅氧烷(POSS)是近几年发展起来的一种特殊的有机-无机纳米杂化材料，分子式为 $(RSiO_{3/2})_n$，n 一般为 6、8、10、12 等[12]，其中以 $n=8$ 最为典型。其无机框架由硅氧键组成，分子呈笼形结构，在硅的上面可带有有机取代官能团，这些取代基可以是烃基，也可以是极性的官能团。POSS 能与多种聚合物共混配合使用，形成有机-无机杂化纳米增强复合材料，POSS 的引入可以明显提高聚合物的力学性能和热性能。POSS 由于其自身独特的有机-无机杂化结构，也具备一些优越的性能，例如，POSS 分子具有特殊的热力学性能、光学性能、介电性能、磁性和声学性质。POSS 作为一种新型结构的纳米粒子，引起了国际众多科研工作者极大的研究热潮，有学者将其作为纳米构筑单元，来制备新型的有机-无机杂化材料[13,14]。Lee 等[2,15]率先制备出了苯并噁嗪树脂与 POSS 的纳米复合材料，与基体树脂相比较，POSS 分子的引入提高了苯并噁嗪树脂的玻璃化转变温度和热降解温度。但是，可以发现 POSS 分子与苯并噁嗪树脂的相容性不理想，易发生团聚，固化产生相分离结构，因此当 POSS 的含量增加到一定程度后，复合体系的热稳定性能反而会下降。

7.2.1　苯并噁嗪基 POSS 的合成与表征[16]

为解决 POSS 相容性的问题，按照如图 7.10 所示合成路线，以三氯乙烯为原料，氢氧化钾乙醇溶液为催化剂，经水解缩合成了八苯基 POSS(T_8)。然后在室

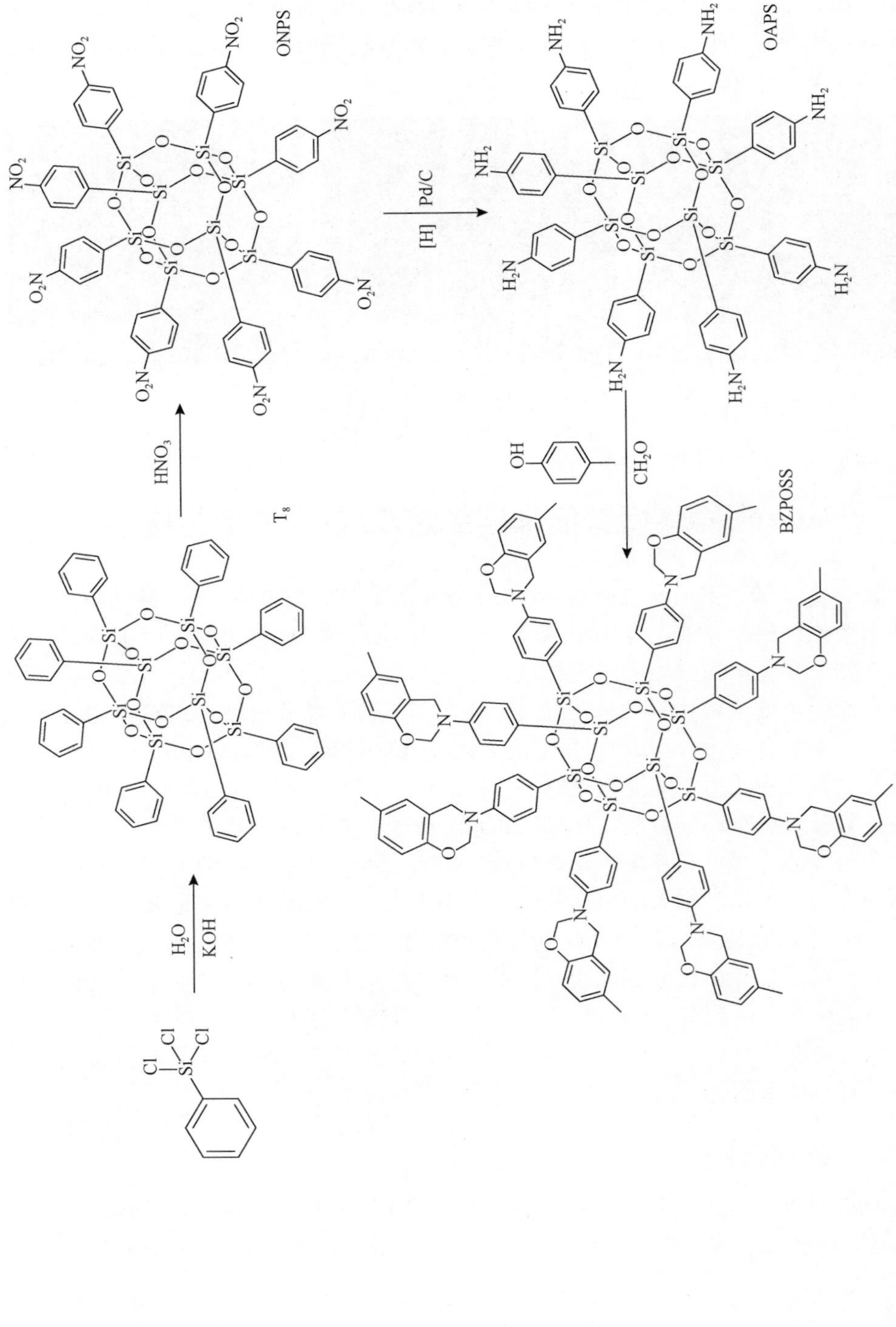

图7.10 BZPOSS的合成路线

温下用亚硝酸硝化 T_8，得到八（硝基苯基）POSS（ONPS）。以 Pd/C 和无水三氯化铁为催化剂，水合肼还原 ONPS 合成八（氨基苯基）POSS（OAPS）。最后，以 OAPS、对甲酚和多聚甲醛为原料，在 80℃下经 Mannich 缩合反应合成了苯并噁嗪基改性 POSS（BZPOSS）。生成的 BZPOSS 为淡黄色粉末。红外及核磁表征结果如下：FTIR（KBr，cm^{-1}）：1502（1,2,4-三取代苯的 C—C），1228（C—O—C），1117（Si—O—Si），944（噁嗪环），812（1,2,4-三取代苯的 C—H）；^{1}H NMR（DMSO-d_6，400MHz，ppm）：8.43～6.10（Ar—H），5.09（O—CH$_2$—N），4.25（Ar—CH$_2$—N），2.08（—CH$_3$）。

7.2.2　BZPOSS/BA–a/BADCy 复合体系及其介电性能

1. BZPOSS 在 poly（BZPOSS/BA-a/BADCy）中的相结构

将 BA-a 与 BADCy 以质量比 5∶3 混合后，添加质量分数为 1%～9%的 BZPOSS 制备复合薄膜，并对复合材料薄膜断面进行观察。由图 7.11 可以看到，无添加的树脂材料断面平滑、均匀，而添加 BZPOSS 之后复合材料断面出现了微相分离形貌，这说明 BZPOSS 在树脂基体中形成了微核。

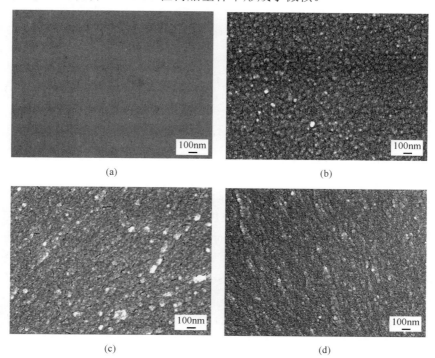

图 7.11　不同比例 BZPOSS 改性 poly（BA-a/BADCy）的 SEM 图
(a) 0%；(b) 1%；(c) 5%；(d) 9%

2. poly(BZPOSS/BA-a/BADCy)复合物的介电性能

图 7.12 是复合薄膜的介电性能。结果表明，随着 BZPOSS 的添加量增加，体系的介电常数逐渐降低，当 BZPOSS 添加量为 9%时，介电常数最低，为 2.88(1MHz)。但相比于无添加的体系，BZPOSS 的加入使得介电损耗有所升高，这主要是 BZPOSS 的引入使树脂的自由体积增大，从而增大介电损耗。

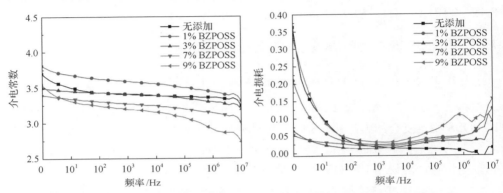

图 7.12   不同比例 BZPOSS 改性 poly(BA-a/BADCy)的介电性能

7.2.3   BZPOSS/BADCy 复合体系及其介电性能[16]

1. BZPOSS/BADCy 复合体系的固化行为

纯 BADCy 的固化峰值温度高达 317℃。然而，将 BZPOSS 与双酚 A 型氰酸酯(BADCy)混合后，由于 BZPOSS 中噁嗪环未完全闭环，残存的酚羟基对氰酸酯聚合的催化作用促使 BADCy 的固化峰值温度大幅降低并与 BZPOSS 的固化峰值温度在 216℃附近重叠，复合体系只出现一个固化放热峰。

红外测试的结果同样表明，加入 BZPOSS 的体系氰基的特征峰将在更低的温度消失，随之出现三嗪环的特征峰，从而证明 BZPOSS 能有效地催化氰酸酯聚合并降低其固化温度。

同时红外测试的结果还说明，BZPOSS 加入量会对复合材料的交联结构产生影响。当少量[<40%(质量分数)]的 BZPOSS 加入时，三嗪环的特征吸收峰在 1560cm^{-1}、1367cm^{-1} 和 1209cm^{-1} 处出现且吸收强度较大，表明共聚物的主要结构为氰酸酯。随着 BZPOSS 的增加，三嗪环的吸收峰逐渐减少并最终消失。在此期间，观察到在 1480cm^{-1} 处 1,2,3,5-四取代苯、3373cm^{-1} 处酚羟基和 1093cm^{-1} Si—O—Si 的吸收增强，表明共聚物的主要结构已转变为聚苯并噁嗪。值得注意的是，随着 BZPOSS 的增加，1665cm^{-1} 处 N=C—O 的吸收峰也越来越强，表明此时三嗪环

已无法成环，而以亚氨基碳酸酯的结构存在。BZPOSS 与 BADCy 的共聚反应如图 7.13 所示。

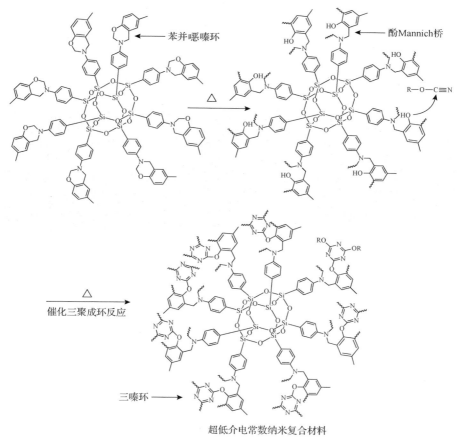

图 7.13 BZPOSS 与 BADCy 的共聚反应

2. BZPOSS 在 poly(BZPOSS/BADCy)中的分散性

用 SEM 对纳米复合材料的微观形貌进行了表征(图 7.14)。加入量为 10%(质量分数)的 BZPOSS 均匀地分散在基体中，尺寸为 10～80nm。当 BZPOSS 的加入量为 20%(质量分数)和 30%(质量分数)时，POSS 相和聚合物相的界面变得模糊，同时 POSS 表面变为颗粒状。据推测，BADCy 与 BZPOSS 共聚形成了球形纳米复合粒子，且随 BZPOSS 加入量的增多，颗粒尺寸增大。

同时，能量色散 X 射线谱仪(EDS)给出了硅元素的截面分布图(图 7.15)。分布图中的小白点代表了硅元素的位置。很明显，这些点均匀地分散在复合材料中，由于硅元素只存在于 BZPOSS 中，因此可以认为 BZPOSS 在复合材料中是均匀分散的。

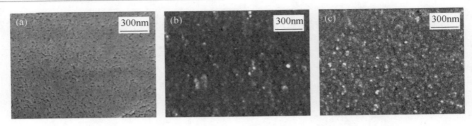

图 7.14　不同 BZPOSS 含量 poly（BZPOSS/BADCy）的 SEM 图
(a) 10%；　(b) 20%；　(c) 30%

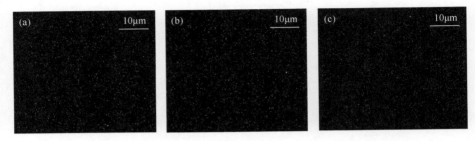

图 7.15　不同 BZPOSS 加入量 poly（BZPOSS/BADCy）的硅元素分布图
(a) 10%；　(b) 20%；　(c) 30%

3. poly（BZPOSS/BADCy）复合物的介电性能

聚氰酸酯具有优良的介电性能，而笼形结构 BZPOSS 的加入将进一步提高聚氰酸酯的介电性能。在图 7.16 中可以看到，复合材料的介电常数先随 BZPOSS 含量的增加而降低，当加入量为 15%时达到最小值 2.01（1MHz），随后 BZPOSS 进一步增多，介电常数反而增大。可能的原因是，当 BZPOSS 较少时，复合材料的主要结构为聚氰酸酯，即以对称和稳定的偶极矩小、低介电常数的三嗪环为主要结构，同时 BZPOSS 的加入引入了纳米多孔结构，进一步降低了介电常数。然而，

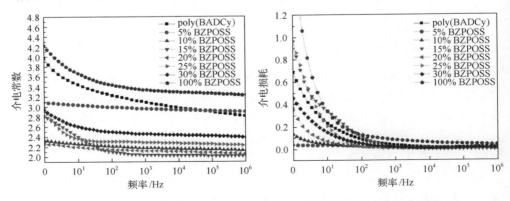

图 7.16　不同比例 BZPOSS 加入量 poly（BZPOSS/BADCy）的介电性能

一旦 BZPOSS 的加入量超过一定比例，复合材料结构中聚苯并噁嗪成分增多，三嗪环结构减少，同时极性的酚羟基增多，导致介电常数增加。因此，15%为最佳比例，此时体系的介电损耗是最低的。

7.3　过渡金属氧化物/苯并噁嗪复合体系

为了推动苯并噁嗪树脂在航空、航天等高新技术领域的应用，需进一步提高其热稳定性及残炭率。苯并噁嗪结构中的苯环、酚羟基、Mannich 桥上的氮原子，都有可能与过渡金属原子的空轨道发生配位作用，从而影响苯并噁嗪树脂的热稳定性及残炭率。

7.3.1　过渡金属氧化物在苯并噁嗪树脂中的分散性

将一定量的纳米或微米过渡金属氧化物与苯并噁嗪中间体 PH-a 和溶剂在行星式球磨机中充分研磨分散后，转移至三颈瓶中 90℃下搅拌分散 6h 以上，然后在 120℃、搅拌状态下抽真空脱除溶剂，最后浇铸、固化。

采用此方法不但可将质量分数≤10%的纳米或微米过渡金属氧化物均匀地分散在苯并噁嗪树脂中，而且明显增强金属氧化物与树脂间的接触及相互作用，使得固化树脂的热稳定性获得一定程度的提高。

同时，5% La$_2$O$_3$/PH-a 体系在 90℃下搅拌不同时间后固化产物的 TGA 曲线表明，800℃的残炭率随着搅拌混合时间的延长而增加(图 7.17)。

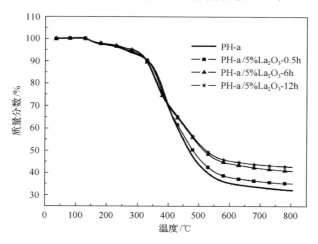

图 7.17　不同固化时间 5% La$_2$O$_3$/PH-a 固化物的 TGA 曲线

7.3.2　过渡金属氧化物的表面接枝改性研究

为了进一步改善金属氧化物在苯并噁嗪树脂中的分散性，研究者以纳米二氧化钛为例，采用硬脂酸、KH560 等对其进行了表面改性。实验结果表明，在初期用超声波对 TiO_2 分散处理时，最佳的温度在 20℃左右，超声波作用时间为 30min；采用硬脂酸为改性剂时，其最佳用量为 20%（质量分数），反应时间为 6h，反应温度为 70℃；采用 KH560 为改性剂时，其最佳用量为 10%（质量分数），反应时间为 5h，反应温度为 100℃。红外光谱分析表明，硬脂酸和 KH560 均已接枝到 TiO_2 颗粒的表面，其表面由亲水性转变为亲油性。未改性的 TiO_2 颗粒在有机溶剂中的分散性较差，改性后的 TiO_2 颗粒在不同有机溶剂中分散性不同。由于硬脂酸的一端为非极性的长碳链，由其改性后的 TiO_2 颗粒在极性较小的甲苯中分散性较好；而 KH560 的一端为极性较强的环氧基，因而由其改性后的 TiO_2 颗粒在极性较大的丙酮中分散性较好。图 7.18 为改性后 TiO_2 颗粒的扫描电镜照片。然而，长脂肪链的引入对热稳定性产生负面影响。

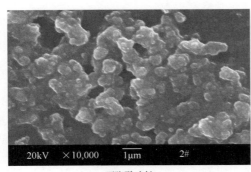

硬脂酸改性　　　　　　　　　　　　　　KH560改性

图 7.18　不同改性剂改性后 TiO_2 的 SEM 图

7.3.3　La₂O₃/不同结构苯并噁嗪复合体系[17]

如表 7.3 所示，以不同取代基的苯胺、苯酚为原料，合成了八种结构苯并噁嗪。

表 7.3　不同结构苯并噁嗪

原料	苯并噁嗪
苯胺+苯酚	PH-a
苯胺+4-甲基苯酚	*p*C-a
苯胺+4-氯苯酚	*p*Cl-a
4-甲基苯胺+苯酚	PH-*pt*
4-硝基苯胺+苯酚	PH-4na
4-甲基苯胺+4-甲基苯酚	*p*C-*pt*
4-硝基苯胺+4-甲基苯酚	*p*C-4na
3-硝基苯胺+4-甲基苯酚	*p*C-3na

1. La₂O₃ 对聚苯并噁嗪热降解的影响

由图 7.19 热解气体的红外谱图可见，对于 PH-a 固化物而言，从 330℃开始在 965cm⁻¹ 和 930cm⁻¹ 处出现氨气的特征峰，在 665cm⁻¹ 处出现苯的吸收峰，意味着 C—N 键开始断裂；330℃时，在 3492cm⁻¹ 和 3408cm⁻¹ 处开始出现伯胺的特征峰，750cm⁻¹ 和 690cm⁻¹ 处出现 1-取代苯环的吸收峰，表示苯胺开始挥发；350℃时，在 3657cm⁻¹ 处出现酚羟基的特征峰，说明酚类气体开始出现。这表明 PH-a 聚合物的初始热分解过程为：随着温度的升高，C—N 键和 C—C 键发生断裂，释放出氨气和苯，随后苯胺类气体开始挥发，酚类气体的出现晚于胺类，其初始热分解过程如图 7.20 所示。

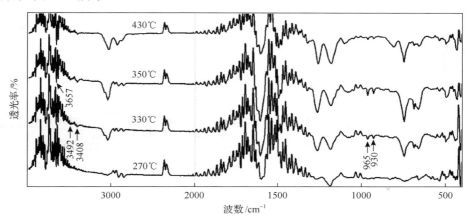

图 7.19　PH-a 固化物的热分解气体红外谱图

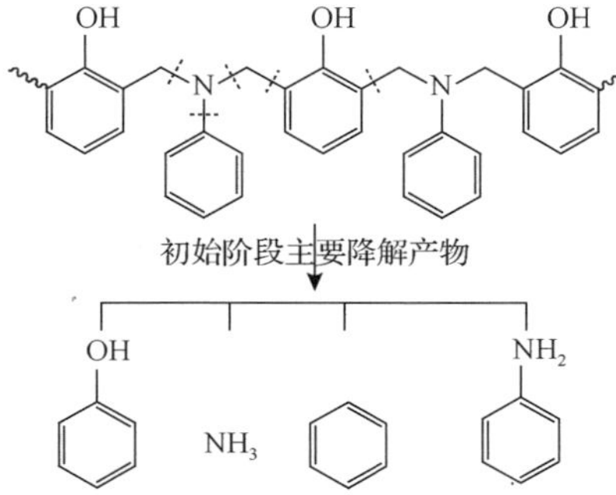

图 7.20　PH-a 固化物的热分解过程

对于 5% La₂O₃/PH-a 复合体系来说，在 240～330℃之间，图 7.21 中 3750cm⁻¹ 附近气态水的吸收峰是由 La₂O₃ 粒子表面吸附水挥发造成的。从图 7.21 可见，5% La₂O₃/PH-a 热分解过程中，氨气和苯的特征峰在 240℃开始出现；在 290℃时，

$3655cm^{-1}$ 处酚羟基的吸收峰和 $750cm^{-1}$、$690cm^{-1}$ 处 1-取代苯环吸收峰的出现意味着苯酚开始挥发；330℃时，伯胺的特征峰开始出现，表示苯胺开始挥发。

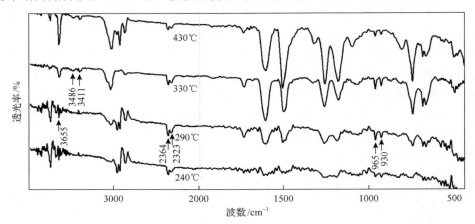

图 7.21　5% La_2O_3/PH-a 体系的热分解气体红外谱图

在 PH-a 固化物热分解过程中，La_2O_3 的引入没有改变其热分解气体种类，只是使氨气、苯和酚类气体的出现提前。而氨气、苯和酚类的生成意味着 C—N 键的断裂，这说明 La_2O_3 促进了 C—N 键的断裂。但 5% La_2O_3/PH-a 固化物中，苯胺气体的出现晚于苯酚类气体，这意味着 La_2O_3 推迟了苯胺的挥发，说明苯胺随 La_2O_3 的引入而被锚固。可见，La_2O_3 一方面促进了 PH-a 固化物中 C—N 键的断裂，另一方面也稳定了苯胺，推迟了苯胺的挥发。这说明 La_2O_3 与 N 原子之间形成了某种较强的相互作用，并且很有可能是 La^{3+} 与 N 原子之间发生了配位作用，导致 N 原子上的孤对电子向 La^{3+} 的空轨道移动，使得 N 上的电子云密度减弱，削弱了与之相连的 C—N 键，使其更容易断裂；同时，La^{3+} 与 N 的配位作用使苯胺被锚固，阻碍了其挥发。

此外，通过比较 PH-a 和 5% La_2O_3/PH-a 固化物的热失重结果以及 TGA-FTIR 测试中热分解气体的变化，可以推断 La_2O_3 使 PH-a 热失重速率改变的原因。在 290～350℃范围内，5% La_2O_3/PH-a 复合材料热失重速率增加的原因是 La_2O_3 促进了 PH-a 中 C—N 键的断裂，加速了氨气、苯和酚类的挥发。在 350～500℃之间，PH-a 及 5% La_2O_3/PH-a 的热降解气体基本相同，主要为氨气、酚类和苯胺类气体，5% La_2O_3/PH-a 在此温度段内热失重速率降低可能是由 La_2O_3 阻碍了苯胺气体的挥发所引起。此外，也有可能是 La_2O_3 所形成的金属氧化物网络减弱了在高温下热对苯并噁嗪的影响。

还有一个值得关注的现象是，La_2O_3 的引入使 PH-a 从 240℃时左右开始在 $2323cm^{-1}$ 和 $2364cm^{-1}$ 处出现 CO_2 的特征峰。这表明在较高温度下，La_2O_3 促进了

PH-a 的氧化并进一步生成 CO_2。因此，La_2O_3 的引入可提高 PH-a 固化物的阻燃性。

2. La_2O_3 对 PH-a、pC-a 和 pCl-a 固化物热稳定性影响的比较

从 TGA 和 TGA-FTIR 结果来看，PH-a、pC-a 和 pCl-a 固化物的初始热分解机理是一致的，都是 C—C 键和 C—N 键的断裂，并释放出相应的胺类、氨气、苯和酚类气体等。而且，La_2O_3 都可和 PH-a、pC-a 和 pCl-a 固化物中的 N 原子发生配位作用，但配位作用对它们热降解过程中胺类挥发的影响有所不同。其中，La_2O_3 与 N 原子间的配位作用可抑制 PH-a 和 pC-a 固化物中胺类的挥发。但这种配位作用对 pCl-a 固化物热降解过程中的胺类挥发几乎无影响，一方面可能是由于 pCl-a 固化物自身结构的特点；另一方面，酚羟基对位强吸电子基 Cl 原子的取代也可能通过诱导效应使 N 原子上的电子云密度降低，从而使 N 原子与 La_2O_3 之间的配位作用较弱，该作用随温度的升高而消失，使得胺类的挥发几乎不受影响。

从 PH-a、pC-a 和 pCl-a 单体的开环聚合峰值温度及 PH-a、pC-a 和 pCl-a 固化物的热失重曲线上很容易看出酚环上不同取代基电子效应可对 N 上电子云密度产生影响。

从图 7.22 可以明显看出取代基电子效应对其开环聚合的影响。图 7.23 表明，与 PH-a 中的 O 原子和 C—O 键相比，当酚环上连有供电子基甲基时，由于诱导效应，O 原子上的电子云密度增加、C—O 键增强，即 C—O 键的断裂变难，使噁嗪环的开环和聚合反应的峰值温度向高温移动；当被强吸电子基 Cl 原子取代时，诱导效应使得 O 原子上的电子云密度减小、C—O 键减弱，因而噁嗪环的开环和聚合反应的峰值温度向低温移动。既然酚羟基对位的取代基通过诱导效应可影响 C—O 键，那么也会对 C—N 键造成影响，并进而影响 N 原子上的电子云密度。

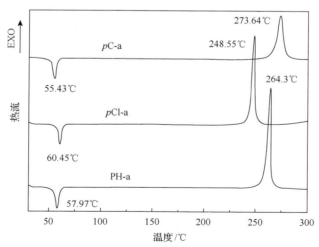

图 7.22　PH-a、pC-a 和 pCl-a 的 DSC 曲线

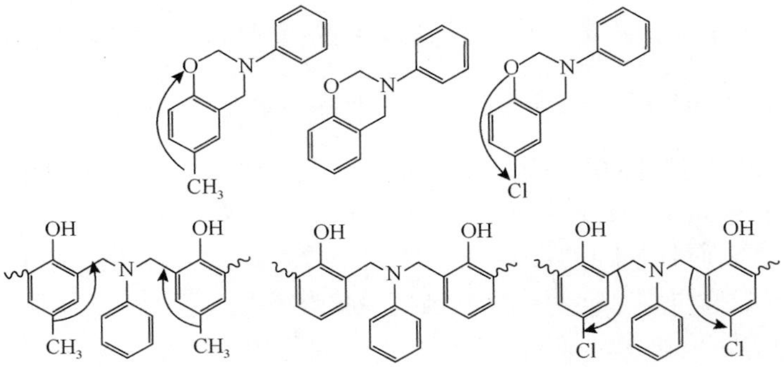

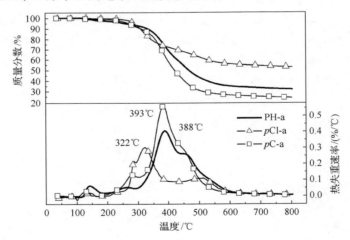

图 7.23　PH-a、pC-a 和 pCl-a 的单体及聚合物结构

　　此外，从 PH-a、pC-a 和 pCl-a 固化物的热失重微分曲线（图 7.24）也很容易看出取代基电子效应对 C—N 键的影响。PH-a、pC-a 和 pCl-a 固化物的最大失重峰温度分别为 388℃、393℃ 和 322℃。由于它们的热分解机理一致，而且最大失重峰对应着 C—N 键的大量断裂、酚类和胺类等的大量挥发，这表明 Cl 原子的引入使 C—N 键明显被削弱，导致 pCl-a 的最大热失重温度比 PH-a 提前了 66℃，这也意味着 Cl 原子的引入使 N 原子上的电子云密度明显减少。PH-a 和 pC-a 的最大热失重温度相差不大，说明甲基在酚羟基对位的取代对 C—N 键的影响较弱，意味着甲基的引入对 N 原子上的电子云密度影响较小。

图 7.24　PH-a、pC-a 和 pCl-a 固化物的 TGA 图

　　因此，对 pCl-a 来说，强吸电子基 Cl 原子在酚羟基对位的取代，引起了 N 原子上电子云密度的下降，使得 N 原子与 La_2O_3 间的配位作用较弱，随温度的升高而消失，因而对 pCl-a 固化物中胺类的挥发几乎没有影响。

　　总之，酚羟基对位取代基电子效应的不同，导致了 La_2O_3 与 N 原子间配位作

用的差异,也使 La$_2$O$_3$ 对 PH-a 和 *p*C-a 热降解过程中胺类挥发的影响与 *p*Cl-a 有所不同。

3. 苯胺环上取代基电子效应对 La$_2$O$_3$/苯并噁嗪相互作用及其热稳定性的影响[18]

以 La$_2$O$_3$/PH-*pt*、La$_2$O$_3$/PH-4na、La$_2$O$_3$/*p*C-*pt*、La$_2$O$_3$/*p*C-4na、La$_2$O$_3$/*p*C-3na 体系为模型,研究了苯胺环上取代基电子效应对过渡金属氧化物 La$_2$O$_3$ 与苯并噁嗪中 N 原子间相互作用的影响,以及这种影响给苯并噁嗪热稳定性所带来的变化。Materials Studio 4.0 中 Dmol^3 模块的计算结果表明,强吸电子基硝基的引入可使苯并噁嗪中 N 原子上的电荷明显减少,而供电子基甲基的引入则使 N 原子上的电荷略有增加(图 7.25)。

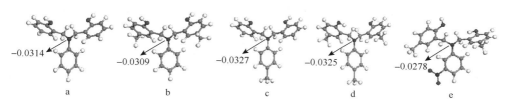

图 7.25 苯并噁嗪二聚体 N 原子上电荷模拟

a. PH-a;b. *p*C-a;c. PH-*pt*;d. *p*C-*pt*;e. *p*C-3na

由于苯胺环上硝基的取代引起 N 原子上电荷的下降,La$_2$O$_3$ 与 PH-4na、*p*C-4na 和 *p*C-3na 三种苯并噁嗪中的 N 原子之间难以发生配位作用,并且硝基的引入使 PH-4na 和 *p*C-4na 固化物在热分解过程中几乎没有胺类和酚类的挥发,导致 La$_2$O$_3$ 的引入几乎不影响 PH-4na 和 *p*C-4na 的热降解过程和 800℃残炭率。而苯胺环上甲基的取代使 N 原子上的电荷有所增加,因此与 PH-a 和 *p*C-a 一样,PH-*pt* 和 *p*C-*pt* 固化物中的 N 原子可与 La$_2$O$_3$ 发生配位作用,并引起 PH-*pt* 和 *p*C-*pt* 热降解过程中苯胺的挥发被推迟,导致一定温度范围内 PH-*pt* 和 *p*C-*pt* 固化物的热失重速率降低,使得这两种苯并噁嗪的 800℃残炭率增加;同时由于 La$_2$O$_3$ 促进了 C—N 键的断裂,也引起 PH-*pt* 和 *p*C-*pt* 降解过程中酚类挥发的增加。此外,由于苯胺环上甲基的引入使配位作用对 PH-*pt* 和 *p*C-*pt* 固化物中 C—N 键的影响较 PH-a 和 *p*C-a 的弱,因此 La$_2$O$_3$ 对 PH-*pt* 和 *p*C-*pt* 热分解过程的影响也较 PH-a 和 *p*C-a 的小。

总之,苯胺环上不同电子效应取代基的引入导致 La$_2$O$_3$ 与苯并噁嗪中 N 原子间相互作用的差异,并引起 La$_2$O$_3$ 对这些苯并噁嗪热降解过程的影响也有不同。

7.3.4 不同过渡金属氧化物/二胺型苯并噁嗪树脂复合体系的研究[19]

黏度测试和 FTIR 结果表明过渡金属氧化物可促进 PH-ddm 在初期的开环聚合,但过渡金属氧化物并不影响 PH-ddm 固化物的最终固化程度和化学结构。通过 DMA 比较了 200℃固化 1h 和 200℃固化 2h 的 PH-ddm 和 PH-ddm 复合材料的

T_g 变化。结果表明，PH-ddm 在经过 200℃固化 2h 后，由于固化程度进一步提高，其 T_g 比 200℃固化 1h 的高；过渡金属氧化物(ZnO 除外)与 PH-ddm 中 N 原子间配位作用的形成削弱了 C—N 键，使 C—N 键更易断裂，导致 PH-ddm 复合材料在经过 200℃固化 2h 后，由于 C—N 键的断裂，其 T_g 比 200℃固化 1h 的低。由于 PH-ddm 固化物的芳香胺结构存在于化学交联网络中，已经比较稳定，且配位作用的形成削弱了 C—N 键，因此过渡金属氧化物的添加几乎不影响胺类的挥发，仅仅促进了 PH-ddm 热分解过程中酚类化合物的挥发，导致其在 350～550℃之间的热失重速率增加，并引起 PH-ddm 固化物的 800℃残炭率下降。

　　与 TiO_2、CuO、Cu_2O、ZrO_2、Y_2O_3、La_2O_3、CeO_2、Pr_6O_{11}、Sm_2O_3 和 Gd_2O_3 等其他过渡金属氧化物不同的是，ZnO 与 PH-ddm 固化物中的 N 原子间仅形成较弱的配位作用。如图 7.26 可知，ZnO 的引入使 PH-ddm 的 T_g 增加，这是由于 ZnO 与 PH-ddm 中 N 原子间配位作用的形成抑制了链段的运动，同时配位作用形成后固化物中 OH···N 氢键减少引起初始储能模量的下降。但这种配位作用在高温下被破坏，几乎不影响 C—N 键的分解。因此，200℃固化 1h 和 200℃固化 2h 的 PH-ddm/ZnO 复合材料的 T_g 几乎无变化。此外，ZnO 形成的金属氧化物网络减弱了热对 PH-ddm 的影响，使得 PH-ddm 在 350～550℃间的热失重速率降低，并引起 PH-ddm 的 800℃残炭率增加。

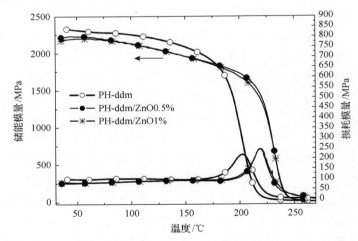

图 7.26　PH-ddm 和 PH-ddm/ZnO 复合物的 DMA 图

7.4　金属氢氧化物/苯并噁嗪体系[20]

　　添加氢氧化铝(ATH)、氢氧化镁等无机填料可以提高聚苯并噁嗪的阻燃性。图 7.27 是 PH-ddm/氢氧化铝复合体系的垂直燃烧测试总时间随氢氧化铝加入量的变化关系图。可以看到，随着氢氧化铝添加量的增加，复合体系的垂直燃烧时间迅速减小。当添加量达到 20%（质量分数）时，测试结果小于 50s，达到 UL94 V0 级别。进一步增加氢氧化铝的添加量，其燃烧时间还会进一步缩短。与之相比，对于环氧树脂 E51，氢氧化铝的添加量要达到 33%以上才能够达到相同的阻燃级别。显然，由于聚苯并噁嗪自身具有一定阻燃性，只需加入相对较少的阻燃剂就可达到所需的阻燃效果。

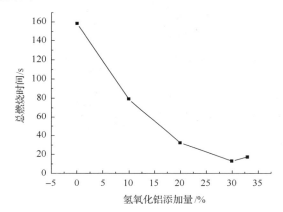

图 7.27　氢氧化铝的添加量对 PH-ddm 垂直燃烧测试结果的影响

　　使用锥形量热法对添加了 33%氢氧化铝的 PH-ddm 复合体系进行了分析，见表 7.4。加入氢氧化铝之后，树脂体系的点燃时间（TTI）有较大程度的延长，说明加入氢氧化铝后，聚苯并噁嗪更难点燃。同时，热释放速率峰值（pk-HRR）、平均热释放速率（av-HRR）和平均比消光面积（av-SEA）均显著降低。此外，引火倾向指数（FPP）、烟释放速率（SPR）等测试结果也显示出氢氧化铝的加入抑制了树脂体系的燃烧。

表 7.4　PH-ddm 与氢氧化铝复合体系的锥形量热测试数据

样品	TTI/s	pk-HRR/ (kW/m²)	FPP/ [kW/(m²·s)]	av-HRR/ (kW/m²)	av-EHC/ (MJ/kg)	pk-EHC/ (MJ/kg)	av-SEA/ (m²/kg)	TSR/ (m²/m²)
poly（PH-ddm）	33	635.4	19.255	185.2	27.45	77.55	709.82	2578.5
PH-ddm/33% ATH	56	226.25	4.04	124.34	25.80	76.73	218.37	1154.24

　　另外，从锥形量热测试后的样品照片（图 7.28）可以看出，添加了氢氧化铝的聚苯并噁嗪燃烧后，表面被白色的三氧化二铝所覆盖，可以起到隔热、隔氧、抑制燃烧的作用。

　　氢氧化铝在苯并噁嗪树脂中发生的阻燃机理如下：在 200℃以上，氢氧化铝开始脱水分解，并吸收大量热量，抑制聚苯并噁嗪树脂的热分解，增加残炭率；

同时，氢氧化铝受热分解释放出大量的水蒸气，稀释了可燃性气体和氧气的浓度，降低温度，阻止燃烧，而氢氧化铝脱水生成三氧化二铝覆盖在样品表面，可以隔绝空气、阻止燃烧。因此，氢氧化铝的阻燃机理可以概括为脱水吸热作用、增加残炭率、水蒸气稀释作用及三氧化二铝的隔离作用，其对气相的阻燃抑制作用较小，主要在凝聚相发挥作用。

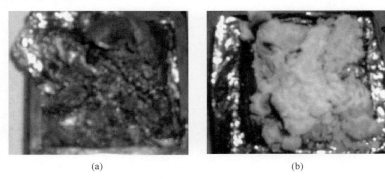

(a)　　　　　　　　　　　　　　　(b)

图 7.28　不同体系锥形量热测试后的样品照片
(a) poly（PH-ddm）；　(b) PH-ddm/33% ATH

氢氧化镁具有与氢氧化铝相同的特性，氢氧化镁的加入同样能够起到提高聚苯并噁嗪阻燃性的效果。研究表明，当氢氧化镁的含量大于 20%时，PH-ddm 复合体系的阻燃性可以达到 UL94 V0 级。与加入氢氧化铝类似，加入氢氧化镁后的苯并噁嗪树脂的热释放速率、总热释放量、平均比消光面积及总烟释放量均有较大程度的降低，说明对于苯并噁嗪树脂体系，氢氧化镁也是一种既阻燃又抑烟的阻燃剂。

7.5　总　　结

苯并噁嗪树脂作为一类新型热固性工程塑料，具有良好热稳定性、阻燃性、分子可设计性、低吸水率、固化时无小分子释放等优良特性。然而，苯并噁嗪树脂仍存在耐热性及韧性不足的问题，需要对其改性。由于纳米材料具有极大的比表面积，其性能优于普通复合材料，或出现一些新奇的性能。层状硅酸盐、硅氧化合物、金属氧化物及氢氧化物等无机填料对苯并噁嗪的改性结果表明，其不仅使苯并噁嗪树脂的耐热性能或力学性能得到提高，而且使苯并噁嗪树脂具有良好的阻燃性能和介电性能，具有良好的应用前景。

参 考 文 献

[1] Ishida H. Polybenzoxazine nanocomposites of clay and method for making same: USA, US6323270B1. 2001.

[2] Lee Y J, Huang J M, Kuo S W, et al. Synthesis and characterizations of a vinyl-terminated benzoxazine monomer and its blending with polyhedral oligomeric silsesquioxane (POSS). Polymer, 2005, 46: 2320-2330.

[3] Agag T, Takeichi T. Synthesis and properties of silica-modified polybenzoxazine. Materials Science Forum, 2004, 449-452: 1157-1160.

[4] Agag T, Tsuchiya H, Takeichi T. Novel organic-inorganic hybrids prepared from polybenzoxazine and titania using sol-gel process. Polymer, 2004, 45: 7903-7910.

[5] 叶朝阳, 顾宜. 苯并噁嗪树脂插层蛭石纳米复合材料的制备与表征. 四川大学学报(工程科学版), 2002, 34(4): 71-75.

[6] 叶朝阳, 顾宜. 苯并噁嗪中间体蛭石插层纳米复合物热固化行为的研究. 高分子学报, 2004, (2): 208-212.

[7] 吕建坤, 漆宗能, 益小苏, 等. 插层聚合制备黏土/环氧树脂纳米复合材料过程中黏土剥离行为的研究. 高分子学报, 2000, (1): 85-89.

[8] Wang Y X, lshida H. Cationic ring-opening polymerization of benzoxazines. Polymer, 1999, 40: 4563-4570.

[9] lshida H, Rodriguez Y. Catalyzing the curing reaction of a new benzoxazine-based phenolic resin. Journal of Applied Polymer Science, 1995, 58: 1751-1760.

[10] 叶朝阳. 苯并噁嗪树脂/蛭石插层纳米复合材料的研究. 成都: 四川大学, 2002.

[11] 吴敏. 滑石粉/聚酰亚胺和滑石粉/聚苯并噁嗪的相互作用及其复合材料性能研究. 成都: 四川大学, 2010.

[12] Lichtenhan J D, Schwab J J. Structural development during deformation of polyurethane containing polyhedral oligomeric silsesquioxanes (POSS) molecules. Polymer, 2001, 42: 599-611.

[13] Leu C M, Reddy G M, Wei K H. Synthesis and dielectric properties of polyimide-chain-end tethered polyhedral oligomeric silsesquioxane nanocomposites. Chermistry of Material, 2003, 15: 2261-2265.

[14] Leu C M, Chang Y T, Wei K H. Synthesis and dielectric properties of polyimide-tethered polyhedral oligomeric silsesquioxane (POSS) nanocomposites via POSS-diamine. Macromolccules, 2003, 36: 9122-9127.

[15] Chen Q, Xu R, Zhang J, et al. Polyhedral oligomeric silsesquioxane (POSS) nanoscale reinforcement of thermosetting resin from benzoxazine and bisoxazoline. Macromolecular Rapid Communication, 2005, 26: 1878-1882.

[16] Zhang S, Yan Y, Li X, et al. A novel ultra low-k nanocomposites of benzoxazinyl modified polyhedral oligomeric silsesquioxane and cyanate ester.European Polymer Journal, 2018, 103: 124-132.

[17] 朱永飞, 顾宜. La$_2$O$_3$ 对双酚A和对氯苯酚型聚苯并噁嗪热稳定性的影响. 高分子材料科学与工程, 2014, 30(3): 43-48.

[18] 朱永飞, 顾宜. 取代基电子效应对聚苯并噁嗪热稳定性影响研究. 塑料工业, 2010, (9): 81-85.

[19] 朱永飞, 顾宜. 过渡金属氧化物对苯并噁嗪热稳定性影响研究. 热固性树脂, 2011, (4): 5-10.

[20] 凌鸿, 顾宜. 氢氧化铝改性苯并噁嗪及阻燃性的研究. 材料工程, 2011, (6): 5-10.

第8章

纤维增强苯并噁嗪树脂基复合材料

树脂基复合材料的主要组成为树脂和纤维或织物。在组成中，起到承力作用的为纤维。纤维可选用玻璃纤维、碳纤维、有机纤维、玄武岩纤维等。其中，玻璃纤维和碳纤维复合材料已经广泛应用于航空航天、电子电器、轨道交通、运动器械等领域。复合材料的组成中的树脂可为热固性树脂和热塑性树脂。相较于热塑性树脂，热固性树脂在复合材料基体树脂中应用得更多，这是因为它们的初始黏度低，利于加工成各种复杂形状。常见的热固性树脂基体有环氧树脂、不饱和聚酯、酚醛树脂、双马来酰亚胺树脂、聚酰亚胺等。苯并噁嗪作为一类新型高性能热固性树脂，其熔融黏度低、固化无小分子释放、固化收缩小等工艺特性以及良好的综合使用性能使其特别适宜用于纤维增强复合材料。

8.1 复合材料成型加工性

树脂能否用于制备复合材料，其工艺性起到决定性作用。树脂基复合材料的成型加工包括树脂对纤维或织物的浸润过程及树脂基体的固化过程。苯并噁嗪树脂特有的工艺特性已经使其应用于复合材料的制备，包括层压成型工艺、RTM 成型工艺、拉挤成型工艺、模压成型工艺等。

8.1.1 层压成型工艺

层压成型工艺是复合材料成型工艺中发展较早，也较稳定的一种成型方法。层压成型工艺是先将增强材料浸渍树脂溶液，烘干得到预浸料，预浸料经过裁切、叠合送入压力机内，在一定温度和压力下保持适宜的时间，最终得到层压制品[1]。预浸料的制备分为湿法和干法两类，其中，湿法要求树脂在常用溶剂中具有良好的溶解性，树脂溶液具有较长的储存期；干法则要求树脂熔融温度低且在熔融后具有较低的黏度，同时要求树脂与纤维具有良好的浸润性。苯并噁嗪树脂通常不溶于醇类溶剂，但可溶于丙酮、丁酮、甲苯、DMF 等常用溶剂，可通过湿法工艺制备预浸料。部分苯并噁嗪树脂在适宜的温度下具有较低的黏度，也可用于干法制备预浸料。

预浸料的压制成型通常在热压成型机或热压罐中进行，这个过程要求树脂在一定压力及固化温度下能够快速反应并凝胶化，否则树脂会因黏度较低而发生流胶现象，最终导致层压板缺胶及性能恶化。例如，PH-ddm 是一种综合性能优异的苯并噁嗪树脂体系，但其固化温度较高，160℃下发生凝胶化需要 2h，因此 PH-ddm 是无法独自用于层压工艺的。通过加入催化剂缩短其固化时间可有效改善其加工性。如表 8.1 所示，加入己二酸或咪唑后，PH-ddm 的凝胶化时间明显缩短，在 160℃下已降至约 10min 以内，基本满足层压工艺要求。将固化动力学与流变特性相结合，再基于达西定律，可得到该树脂体系用于层压工艺的最佳成型工艺条件(图 8.1)：在 130℃加压 0.05MPa，保温 20min 后加压至 1MPa，继续保温 40min；然后以 2℃/min 升温至 160℃后，保温 5min；再以 2℃/min 速率升温至 190℃，伴随加压至 2.5MPa，保温 70min 后，降温至室温[2,3]。此外，由此树脂体系制备的预浸料的凝胶化时间在长达半年的室温储存期中可基本保持不变，表明该树脂预浸料具有十分优良的储存稳定性，这也是苯并噁嗪预浸料的优点之一。

表 8.1　PH-ddm 及催化作用下的凝胶化时间 (s) [2]

样品	150℃	160℃	170℃	180℃	190℃	200℃
PH-ddm	—	7350	—	2040	1262	742
PH-ddm/己二酸	1784	606	504	378	300	—
PH-ddm/咪唑	1187	455	—	—	—	—

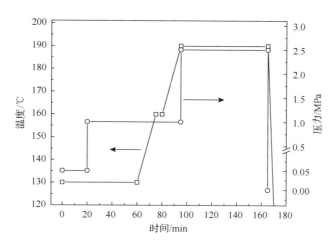

图 8.1　改性 PH-ddm 预浸料的层压工艺

苯并噁嗪树脂除了单独使用外，还可与环氧树脂、酚醛树脂、双马来酰亚胺树脂等共混作为树脂基体。例如，PH-ddm 与线型酚醛树脂和环氧树脂 F-51 共混制得的共混树脂体系，其固化起始反应温度降到了 130℃，以配方体系来改善苯并噁嗪树脂的工艺性，希望得到固化温度更低、固化时间更长的体系，160℃下凝胶化时间缩短至 7min，可用于层压工艺[4]。此外，将 BA-a 与环氧树脂和线型酚醛共混以后使得基体树脂具有较宽的加工温度，主要是由于其中的环氧树脂为液态。但随着线型酚醛含量的增加，体系黏度上升得较快，这是因为酚醛树脂的酚羟基可以催化苯并噁嗪树脂的开环反应。值得注意的是，该树脂基体在室温下的储存期可以达到 270 天[5]。

对于 PH-ddm 与双马来酰亚胺(BMI)树脂和 4,4′-二氨基二苯甲烷(DDM)配合制备的基体树脂胶液，当其固含量在 60%时，室温下的黏度在 44～60mPa·s 范围内，可满足浸胶工艺。当三者配比为 PH-ddm/BMI/DDM=8∶8∶1 时，160℃下凝胶化时间为 10min，满足层压成型工艺。基于 DSC 研究不同升温速率下的峰值温度，外推得到升温速率为零时固化温度为 187℃，可选择 190℃作为最终的固化温度[6]。

对于制备 F 级层压板所需的苯并噁嗪树脂溶液，要求其固含量在 50%～60%之间、25℃4 号杯黏度为 13～18s、160℃凝胶化时间为 4～8min，由此制备的层压板具有优异的耐热性能和力学性能[7]。

8.1.2　树脂传递模塑成型工艺

树脂传递模塑(RTM)是从湿法铺层和注射工艺中演衍而来的一种新型复合材料成型工艺。RTM 成型是一种闭合模塑技术，在成型时，增强材料预成型件放入成型模腔中，将已与固化剂混合的树脂注入模腔并使其在模腔内的预成型件中流动，浸渍预成型件，然后再在一定温度下使树脂通过交联反应而固化，得到复合材料制件。RTM 成型工艺对基体树脂的工艺性要求较高，既要求树脂在注射时有低的黏度及较长的适用期，又要求在固化时反应速率快，且反应温度尽可能较低，在固化过程中不放出或很少放出挥发性副产物[8]。

苯并噁嗪树脂具有熔融黏度低、适用期长、固化收缩率低、固化无小分子释放等特点，特别适用于 RTM 成型工艺。对于典型的 PH-ddm，其在 100℃时的起始黏度为 0.22Pa·s，黏度随时间的变化较为缓慢，经过 4h 后，其黏度仅增加到 0.33Pa·s，表明其可满足 RTM 成型工艺的要求，其作为 RTM 成型基体树脂时，有着较宽的温度加工窗口，便于 RTM 成型。

基于 PH-ddm 良好的低黏度特性，可通过与其他树脂共混得到性能更加优良的树脂基体体系。在 PH-ddm 中加入单环苯并噁嗪 PH-a 可进一步降低体系的黏度，其在 100℃下 4h 后的黏度不超过 0.3Pa·s。将 PH-ddm 与烯丙基双酚 A/苯胺型苯并噁嗪(AP-a)和双马来酰亚胺树脂共混，通过调节组分的配比也可得到满足 RTM 工艺要求的基体树脂体系。另外，在 PH-ddm 中加入液态橡胶并以脂环族环氧树脂作为反应性稀释剂后，体系的黏度也能满足 RTM 工艺的要求[9]。另外，将单环苯酚/烯丙基胺型苯并噁嗪(PH-aa)与 PH-ddm 共混，体系在 80℃恒温 5h 的黏度从345mPa·s 升至 460mPa·s，可用于 RTM 工艺[10]。此外，在 PH-ddm 中加入另一种单环苯并噁嗪树脂含醛基苯并噁嗪树脂(APH-a)，也可得到一种在 90℃下的初始黏度为 250mPa·s 以下且 5h 后的黏度增量只有 100mPa·s 左右的 RTM 用树脂基体PH/APH，基于双 Arrhenius 公式对其流变性能进行研究可得到其温度-时间-黏度曲线，如图 8.2 所示。该模型可揭示树脂体系在不同温度及时间的黏度情况，基于此能合理制定出 RTM 的工艺参数。通过对图分析得到树脂体系的 RTM 注射温度可选择 95～115℃。同时，基于 DSC 固化程度的研究可知，该体系在 220℃固化 2h 后的固化转化率可达到 99%[11]。将 PH/APH 体系与环氧树脂配合可得到一种用于 RTM 工艺的共注射树脂体系，其注射温度可进一步降低至 85～90℃[12]。

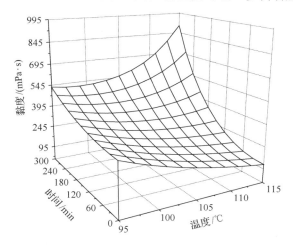

图 8.2　PH/APH 的温度-时间-黏度曲线

　　为了进一步降低 RTM 的注射温度，将单环苯并噁嗪 PH-a 与环氧树脂 F-51共混可得到一种注射温度低至 40℃的树脂基体，其温度-时间-黏度曲线如图 8.3所示，通过流变学模拟可得到该树脂体系的加工窗口为 39～60℃，而且体系具有较长的适用期[13]。

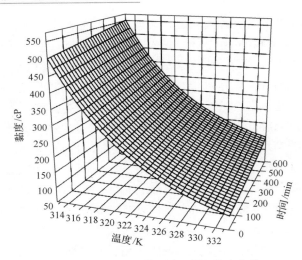

图 8.3   PH-a/F-51 的温度-时间-黏度曲线

8.1.3   拉挤成型工艺

拉挤成型工艺是生产纤维增强树脂基复合材料的一种方法。在成型过程中，连续纤维在拉力作用下，经过树脂胶液浸渍，通过具有一定截面形状的成型模具，并在模腔内直接预固化成型，之后经后固化、切割得到制品。拉挤成型工艺一般要求基体树脂具有以下特性：黏度在 400~1000mPa·s 之间，使树脂和纤维在成型过程中易于充满模腔；适用期长、凝胶化时间短，满足连续成型和快速固化的要求；固化过程中挥发物较少或无挥发物释放；固化收缩率较低，避免内应力导致的制品缺陷[14]。

基于拉挤成型工艺的特点，通过配方设计，苯并噁嗪树脂也可用于拉挤成型工艺。为了获得适宜的黏度，可选用低黏度的苯并噁嗪树脂，并加入低黏度的环氧树脂；为了实现快速成型，需要在树脂体系中加入催化剂。将苯并噁嗪树脂 PH-a 和 PH-ddm 共混后，再与 F-51 按照质量比 7∶3 共混，该苯并噁嗪与环氧树脂共混体系在 60℃时的黏度为 471mPa·s，并且在 6h 内黏度保持在 800mPa·s 以下，可满足拉挤成型工艺。为了缩短凝胶化和固化时间，以 1%（质量分数）的 2-乙基-4-甲基咪唑为该树脂体系的催化剂，可使其凝胶活化能由 82.1kJ/mol 降低至 65kJ/mol，180℃的凝胶化时间由 1769s 缩短至 66s，催化效果明显。加入催化剂的树脂体系在 160℃下 3min 即可凝胶，满足拉挤成型工艺对树脂凝胶快的要求。需要注意的是，加入咪唑类催化剂后，由于共混树脂中环氧树脂的存在，体系在低温下即可发生反应，导致其在 60℃时的恒温黏度相比未加入催化剂的体系增加得略快，在 4.5h 后达到 1000mPa·s[15]。基于该苯并噁嗪/环氧树脂共混体系，可制备玻璃纤维增强 Z-pin 拉挤成型复合材料，优化的拉挤成型工艺参数为：胶槽温度 70℃，模具温度 140℃，后固化烘道温度 200℃，拉挤速率 3mm/min[16]。

8.1.4　模压成型工艺

　　模压成型工艺过程是将一定量的模压料放入金属对模中，在一定温度和压力下，使模压料流动充满模腔，并完成固化反应。模压成型工艺要求基体树脂有适当的黏度，初始黏度要低，以适于增强体的浸渍；树脂对增强材料有良好的浸润性，以提高界面的黏结强度；树脂要有较快的固化速率，在固化温度下具有较高的反应活性。目前，用作模压成型工艺的基体树脂主要有酚醛树脂、环氧树脂及不饱和聚酯树脂等。

　　相对于层压及液体成型工艺，将苯并噁嗪树脂用于模压成型工艺的研究较少。这主要是因为苯并噁嗪的固化温度较高、固化时间较长。但是，苯并噁嗪可以通过与环氧树脂、酚醛树脂以及固化剂等共混来达到模压成型工艺的要求。将环氧树脂及胺类固化剂加入苯并噁嗪 PH-ddm 中，可以使其 150℃凝胶化时间缩短至2min，其黏度在 110℃后开始迅速增加，表明改性后的苯并噁嗪树脂体系具有更低的固化反应温度和更快的固化速率，满足模压成型工艺的要求[17]。

8.2　复合材料的性能

8.2.1　玻璃布层压板的性能

　　玻璃布层压板是苯并噁嗪树脂制备成复合材料最广泛的一种形式。表 8.2～表 8.6 列举了其中一些高性能苯并噁嗪树脂或共混树脂基玻璃布层压板的性能。

表 8.2　苯并噁嗪用作 F 级绝缘材料的玻璃布层压板的性能[7]

性能	数值
密度/(g/m^3)	1.80
吸水率/%	0.4
吸附力/N	8338
冲击强度/(kJ/m^2)	353
马丁温度/℃	>244
体积电阻率/(Ω·m)	
25℃	3.54×10^{12}
155℃	1.15×10^{11}
水中，24h	3.4×10^{10}
表面电阻率/Ω	
25℃	6.34×10^{13}

性能	数值
155℃	7.75×10^{12}
水中, 24h	6.50×10^{11}
介电强度/(MV/m)	
25℃	25.1
水中, 24h	21.8
介电损耗因数	
25℃	0.0076
155℃	0.0610
介电常数	
25℃	4.7
155℃	5.1
水中, 24h	5.1
极限氧指数/%	44.2

表 8.3　苯并噁嗪用作 H 级电绝缘材料的的玻璃布层压板的性能[18]

性能	数值
树脂含量/%	35
密度/(g/cm³)	1.93
吸水率/%	0.03
弯曲模量/MPa	
25℃	523
180℃	441
附着力/N	7318
冲击强度/(kJ/m²)	244
极限氧指数/%	48
阻燃性	V0
T_g/℃	287
介电强度/(MV/m)	24.5
体积电阻率/(Ω·m)	
25℃	3.46×10^{12}
180℃	5.71×10^{10}
水中, 24h	2.60×10^{11}
介电常数	5.0
介电损耗因数	0.017

表 8.4　高性能聚苯并噁嗪树脂基玻璃布层压板的常温及高温机械性能[4]

性能		数值 a	数值 b
弯曲强度/MPa	22℃	711	679.4
	180℃	519.2	570.1
弯曲模量/GPa	22℃	37.1	38.4
	180℃	17.4	16.1
拉伸强度/MPa	22℃	458.7	459.9
	180℃	405.5	389.2
压缩强度/MPa	22℃	408.1	381.5
压缩模量/GPa	22℃	25.3	25.7

a. 基体为 PH-ddm/咪唑；b. 基体为 PH-ddm/酚醛树脂/环氧树脂的混合物。

表 8.5　苯并噁嗪/含磷环氧共混树脂基阻燃覆铜板的性能[19]

性能	数值
吸水率/%	0.1
耐焊接性（288℃）/s	＞400
T_g/℃	160.8
弯曲强度/MPa	
径向	630.6
纬向	576.4
热膨胀系数/(ppm/℃)	58
剥离强度（90º）/(N/cm)	13.6
阻燃性	V0

表 8.6　苯并噁嗪/F-51/咪唑共混树脂基玻璃布层压板性能[20]

性能	10/0/0.3*	9/1/0.025	8/2/0.017	7/3/0.011	6/4/0.013	5/5/0.015
T_g/℃	225.5	232.1	232.7	215.7	171.0	154.0
弯曲强度/MPa	656.9	691.0	674.6	688.4	729.3	724.1
弯曲模量/GPa	25.14	26.84	24.47	27.92	27.01	24.46
拉伸强度/MPa	249.2	264.0	220.7	258.7	291.7	265.2
拉伸模量/GPa	2.05	2.14	1.87	2.15	2.34	1.95
冲击强度/(kJ/m²)	203.6	212.1	218.5	226.4	233.8	219.4

*表示苯并噁嗪、F-51 和咪唑的质量比。

此外，其他研究者也对苯并噁嗪树脂基玻璃布层压板进行了大量的研究。例如，基于含硼苯并噁嗪的层压板的性能研究，见表 8.7，其阻燃等级可达到 V0，200℃弯曲强度可达 367MPa。另外，基于苯并噁嗪树脂优良的耐热性和残炭性，将苯并噁嗪树脂与酚醛树脂共混制备出以高硅氧玻璃布为增强体的层压板，其力学性能、高温稳定性均优于酚醛树脂层压板，并且共混树脂层压板烧蚀后的碳化层结构致密，树脂附着力强，表现出强抗烧蚀性能，性能比较见表 8.8。

表 8.7　基于含硼苯并噁嗪的玻璃纤维层压板的性能[21]

性质	数值
密度/(g/cm³)	1.93
吸水性/mg	12.5
弯曲强度/MPa	
25℃	623
180℃	464
200℃	367
拉伸强度/MPa	351
层间剪切强度/MPa	47
冲击强度/(kJ/m²)	112
极限氧指数/%	48
阻燃性	V0
T_g/℃	287
油中的击穿电压(90℃)/kV	
平行层	36
垂直层	21
介电常数	4.7
介电损耗因数	0.03

表 8.8　苯并噁嗪/酚醛树脂基石英纤维布层压板的力学性能和线烧蚀率[22]

性能	酚醛树脂层压板		酚醛树脂/苯并噁嗪树脂层压板	
	室温处理	220℃/3h 处理	室温处理	220℃/3h 处理
拉伸强度/MPa	125	92.3	214	123
拉伸模量/GPa	16.5	—	24.1	—
压缩强度/MPa	76.5	95	217	132
压缩模量/GPa	7.68	—	17.1	—
弯曲强度/MPa	210	172	332	125
弯曲模量/GPa	18.8	—	24	—
层间剪切强度/MPa	31.7	17.6	28	21.6
线烧蚀率/(mm/s)	0.146		0.118	

8.2.2　碳纤维单向板的性能

碳纤维较玻璃纤维具有更高的力学强度，常用碳纤维单向板的力学性能来评价基体树脂。四川大学以典型的二胺型苯并噁嗪 PH-ddm 及其改性树脂为基体，制备了苯并噁嗪、苯并噁嗪/F-51 和 PH-ddm/F-51/咪唑三种树脂体系的碳纤维单向板，并对其力学性能进行了分析，结果见表 8.9 和表 8.10。

表 8.9　苯并噁嗪及苯并噁嗪/F-51 碳纤维单向板性能[23]

体系	弯曲强度/MPa	弯曲模量/GPa	压缩强度/MPa	压缩模量/GPa	剪切强度/MPa
PH-ddm	2186	112	897	125	85
PH-ddm/F-51	1801	105	897	130	93

表 8.10　PH-ddm/F-51/咪唑碳纤维单向板性能[24]

性能	10/0/0.3*	9/1/0.025*
T_g/℃	204.7	196.5
弯曲强度/MPa	2186.1	1915.2
弯曲模量/GPa	112.4	105.5
压缩强度/MPa	956.6	897.0
压缩模量/GPa	136.6	130.4
剪切强度/MPa	85.6	96.1

*代表 PH-ddm/F-51/咪唑的质量比。

此外，基于联苯酚或羰基二酚型苯并噁嗪制备的碳纤维单向板的机械性能优于双马来酰亚胺复合材料，它们的弯曲强度、弯曲模量、层间剪切强度分别为 2300MPa 和 2082MPa、242GPa 和 212GPa、64.4MPa 和 81.8MPa[25]。通过对碳纤维表面进行处理，基于 BA-a 制备的碳纤维单向板的层间剪切强度和弯曲强度可分别由 45MPa 和 800MPa 提高到 63MPa 和 1382MPa[26]。

参 考 文 献

[1] 黄家康. 复合材料成型技术及应用. 北京: 化学工业出版社, 2011.

[2] 张弛. 苯并噁嗪树脂化学流变性和层压复合材料加工性的研究. 成都: 四川大学, 2010.

[3] 张弛, 郑林, 何启迪, 等. 苯并噁嗪树脂复合材料层压工艺的研究. 第十五届全国复合材料学术会议论文集(上册), 2008: 453-456.

[4] 郑林, 张弛, 曹艳肖, 等. 苯并噁嗪共混树脂及层压制品性能的研究. 第十五届全国复合材料学术会议论文集（上册）, 2008: 368-371.

[5] Rimdusit S, Jongvisuttisun P, Jubsilp C, et al. Highly processable ternary systems based on benzoxazine, epoxy, and phenolic resins for carbon fiber composite processing. Journal of Applied Polymer Science, 2009, 111(3): 1225-1234.

[6] 郭茂. 苯并噁嗪与双马来酰亚胺共混树脂性能的研究. 成都: 四川大学, 2008.

[7] 凌鸿, 顾宜. F 级苯并噁嗪树脂基玻璃布层压板的研制. 绝缘材料, 2001, (1): 20-23.

[8] 阎业海, 赵彤, 余云照. 复合材料树脂传递模塑工艺及适用树脂. 高分子通报, 2001, (3): 24-35.

[9] 向海. RTM 成型用高性能苯并噁嗪树脂的分子设计、制备及性能研究. 成都: 四川大学, 2005.

[10] 张洪春. 适用于 RTM 成型工艺的耐热苯并噁嗪树脂的制备与性能研究. 济南: 山东大学, 2009.

[11] 冉起超. 含醛基苯并噁嗪的合成、性能及其在 RTM 工艺中的应用研究. 成都: 四川大学, 2009.

[12] 尹昌平, 肖加余, 曾竟成, 等. 苯并噁嗪树脂流变特性及工艺窗口预报研究. 材料工程, 2008, (6): 5-8.

[13] 李培源. 适用于中低温注射成型的改性苯并噁嗪树脂的研究. 成都: 四川大学, 2011.

[14] 孙阳, 刘廷华. 拉挤成型技术研究进展. 塑料挤出, 2004(5): 1-9.

[15] 王宏远, 张华川, 冉起超, 等. 一种可用于拉挤成型的改性苯并噁嗪树脂体系. 热固性树脂, 2012, 27(3): 31-35.

[16] 张向阳. Z-pin 增强苯并噁嗪层合板制备及力学性能研究. 南京: 南京航空航天大学, 2013.

[17] 张建, 刘向阳, 顾宜. 高性能苯并噁嗪模压复合材料的研究. 塑料工业, 2009, 37(3): 78-81.

[18] 谢美丽, 顾宜, 胡泽容, 等. 苯并噁嗪树脂基玻璃布层压板的研究. 绝缘材料通讯, 2000, (5): 21-25.

[19] 凌鸿, 王劲, 向海, 等. 一种新型无卤阻燃覆铜箔板基板材料的制备. 化学研究与应用, 2004, 16(1): 55-57.

[20] 王洲一, 张华川, 顾宜. 苯并噁嗪/环氧树脂/咪唑体系的层压板性能研究. 热固性树脂, 2010, 25(5): 27-31.

[21] 刘锋, 赵恩顺, 马庆柯, 等. 含硼苯并噁嗪玻璃布层压板的研制. 热固性树脂, 2009, 24(2): 23-25.

[22] 刘锋, 赵西娜, 陈轶华. 酚醛改性苯并噁嗪树脂及其复合材料性能. 复合材料学报, 2008, 25(5): 57-63.

[23] 王智, 王洲一, 顾宜. 碳纤维/聚苯并噁嗪复合材料性能研究. 材料工程, 2009, (s2): 461-462.

[24] 王洲一. 二胺型苯并噁嗪与环氧树脂共混物性能的研究. 成都: 四川大学, 2010.

[25] Shen S B, Ishida H. Development and characterization of high-performance polybenzoxazine composites. Polymer Composites, 2010, 17(5): 710-719.

[26] 赵明月, 陆春, 陈平, 等. 苯并噁嗪树脂基复合材料的制备及性能表征. 纤维复合材料, 2015, 32(1): 3-8.

第9章

聚苯并噁嗪的应用

聚苯并噁嗪由于其突出的性能，能够在电子电工、机车、航空航天等对使用条件要求较高(如高强、高温、阻燃、电绝缘、耐油等)的领域进行使用。目前，苯并噁嗪树脂已工业化生产并先后用于真空泵旋片、耐高温电工绝缘材料、摩擦材料、无卤阻燃印制电路基板等方面；正在开发的应用领域面向的是航天耐烧蚀材料、航空结构材料、电子封装材料、阻燃材料等，发展潜力巨大。国内在苯并噁嗪树脂的应用开发方面取得了较好的进展。

9.1 苯并噁嗪树脂基复合材料的研究
及其在真空泵上的应用

1994 年，四川大学在实现工业原料合成苯并噁嗪中间体溶液基础上，成功研制了高性能的苯并噁嗪树脂基玻璃布层压板(图 9.1)，完成了工业规模放大，将其作为直联式真空泵旋片材料在成都南光机械厂(现为成都南光机器有限公司)4B、2X等旋片式真空泵上批量应用(图 9.2)。该层压板具有刚性大、尺寸稳定性好、耐高温、低吸水性、耐磨和机械加工性优良等特点，是世界上第一个苯并噁嗪树脂基复合材料的工业化产品。该项树脂及层压板的制备技术已于 1999 年转化到四川东材科技集团股份有限公司，该材料在真空泵旋片及其他机械零件方面的应用不断发展。

图 9.1　苯并噁嗪树脂基玻璃布层压板

图 9.2　真空泵旋片

9.2 聚苯并噁嗪在电工绝缘材料上的应用

以四川大学苯并噁嗪树脂及复合材料制备技术为基础,自 1996 年 10 月以来,四川大学与四川东材科技集团股份有限公司共同承担并完成了"九五"国家重点科技攻关项目,155 级(F 级)和 180 级(H 级)两种耐高温苯并噁嗪树脂基玻璃布层压板投入工业生产。此后,四川东材科技集团股份有限公司开展改性研究,扩大苯并噁嗪树脂的生产,将苯并噁嗪树脂应用于绝缘油漆、电工层压、模压制品等领域,并取得了较大的经济效益与社会效益。图 9.3 分别是以苯并噁嗪为基体制作的干式变压器梳状撑条、高压开关绝缘子、耐高温绝缘零件、无卤阻燃板材。

图 9.3 以苯并噁嗪为原料制备的电绝缘制品

四川东材科技集团股份公司根据市场需求开发了 F 级、H 级电工层压板和层压管,产品通过 UL 认证。其中,F 级无卤阻燃高强度玻璃布层压板在干式变压器行业、真空泵行业、大型电机上获得了广泛的应用,2001 年被 ABB 变压器有限公司指定为进口替代材料,2003 年成都飞机工业(集团)有限责任公司将该材料作为该公司新型歼击机的结构材料,东方电机厂(现东方电气集团东方电机有限公司)将此材料作为三峡机组指定材料;H 级高强度无卤阻燃玻璃布层压板在耐氟电机、幅流电机、矿用隔爆式干式变压器、H 级非包封式干式变压器等领域获得了广泛的应用。全国绝缘材料标准化技术委员会根据行业发展要求制定了 GB/Z 21213—2007《无卤阻燃高强度玻璃布层压板》国家标准,主要产品及性能见表 9.1。

表 9.1　F 级无卤阻燃高强度玻璃纤维层压板性能

项目		单位	典型值		
			D327H 级无卤阻燃高强度玻璃布层压板	D328H 级无卤阻燃高强度玻璃布层压板	D331H 级无卤阻燃高强度玻璃布层压板
密度		g/cm³	1.82	1.86	1.83
吸水性		mg	9.2	10.8	9.7
垂直层向弯曲强度	常态	MPa	567	582	570
	热态		478(155℃)	479(155℃)	430(180℃)
冲击强度(简支梁，缺口)		kJ/m²	71.4	74.8	89.7
垂直层向压缩强度		MPa	651	568	623
绝缘电阻		MΩ	6.5×10^6	8.1×10^6	1.1×10^7
1MHz 介电常数		—	4.7	4.5	4.6
1MHz 介电损耗因数		—	0.0076	0.0092	0.019
介电强度(1mm 板)		MV/m	26.2	28.3	25.2
平行层向击穿电压		kV	35.7	38.9	35.1
极限氧指数		%	47.1	59.5	—
可燃性		—	FV1	FV0	FV0

此外，针对传统的酚醛改性二苯醚树脂存在的游离酚含量高、固化时放出小分子、制品孔隙率较大、击穿电压低、层压制品热态机械强度保持率低等缺点，开发了苯并噁嗪二苯醚树脂，应用于电工层压板和层压管。制备的高强度二苯醚玻璃布层压板达到了聚酰亚胺层压板的性能水平，产品应用于中国南车集团株洲电力机车有限公司香港地铁变压器、矿用隔爆式干式变压器、H 级非包封式干式变压器、风力发电设备等领域。全国绝缘材料标准化技术委员会根据行业发展要求制定了 GB/Z 21215—2007《改性二苯醚玻璃布层压板》国家标准，产品性能见表 9.2。

表 9.2　改性二苯醚玻璃布层压板

性能		单位	典型值
密度		g/cm³	1.87
吸水性(2mm 板)		mg	7.2
垂直层向弯曲强度(纵向)	常态	MPa	682
	180℃±2℃		457
平行层向冲击强度(纵向，简支梁，缺口)		kJ/m²	57
平行层向剪切强度		MPa	39
拉伸强度		MPa	320
垂直层向介电强度(2mm 板，90℃±2℃油中)		MV/m	22.1
1MHz 介质损耗因数		—	0.0071
1MHz 介电常数		—	5.2
绝缘电阻		MΩ	8.9×10^5
平行层向击穿电压(90℃±2℃油中)		kV	≥35

9.3　聚苯并噁嗪在覆铜板行业的应用

　　随着印制电路板向着多功能化、小型化、轻量化、环保化方向发展，尤其是为应对欧盟 WEEE 指令和 RoHS 指令，满足覆铜板行业无卤、无铅化的发展，人们对基板材料的树脂体系提出了更高的要求。苯并噁嗪树脂因其低固化收缩率、低热膨胀系数和低吸水率、较高的玻璃化转变温度(T_g)、高阻燃性和优异的电气性能，受到印制电路板行业的广泛关注。以改性苯并噁嗪为基体树脂的高 T_g、无铅兼容 FR-4 覆铜板，无铅兼容无卤阻燃覆铜板，高 T_g、无卤阻燃覆铜板等产品已进入批量生产应用。广东生益科技股份有限公司、宏仁电子工业有限公司等大型覆铜板企业积极推动着苯并噁嗪树脂的应用。图 9.4 为使用苯并噁嗪树脂压制的覆铜板及蚀刻掉铜箔后的基板。表 9.3 列出了广东生益科技股份有限公司研发的新一代由改性苯并噁嗪树脂制备的无卤、高 T_g、低介电常数覆铜板基板的综合性能，这种覆铜板适用于智能手机、笔记本电脑、平板电脑、仪表、VCR、电视、游戏机、通信设备等领域。

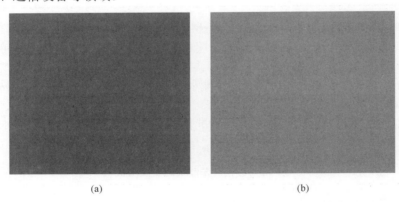

(a)　　　　　　　　　　　　　　　(b)

图 9.4　以苯并噁嗪树脂为基体压制的覆铜板和基板
(a)基板；(b)覆铜板

表 9.3　无卤、高 T_g、低介电常数覆铜板基材的综合性能

测试项目	测试条件	单位	性能数据	
			指标	典型值
T_g	DSC	℃	≥170	185
	TMA		—	180
	DMA		—	200
体积电阻率	干燥后	MΩ·cm	≥10^6	4.76×10^8
	E-24/125		≥10^3	5.00×10^6

续表

测试项目		测试条件	单位	性能数据	
				指标	典型值
表面电阻		干燥后	MΩ	$\geqslant 10^4$	1.84×10^7
		E-24/125		$\geqslant 10^3$	5.00×10^6
耐电弧		D-48/50+D-0.5/23	S	$\geqslant 60$	181
击穿电压		D-48/50+D-0.5/23	kV	$\geqslant 40$	45
D_k(树脂含量 72%,1GHz)		C-24/23/50	—	$\leqslant 5.4$	3.44
D_f(树脂含量 72%,1GHz)		C-24/23/50	—	$\leqslant 0.035$	0.0066
热应力	刻蚀前	288℃，浸焊	—	$>10s$ 无分层	通过
	刻蚀后				
剥离强度(铜箔厚度 18μm)		288℃/10s	N/mm	$\geqslant 1.05$	1.1
		125℃		$\geqslant 0.70$	1.1
弯曲强度	径向	常温常压	MPa	$\geqslant 415$	595
	纬向			$\geqslant 345$	547
吸水率		D-24/23	%	$\leqslant 0.5$	0.07
热膨胀系数 (Z-轴)	达 T_g 前	TMA	ppm/℃	$\leqslant 60$	45
	达 T_g 后	TMA	ppm/℃	$\leqslant 300$	250
	50～260℃	TMA	%	$\leqslant 3.0$	2.6
T_d		10℃/min，N_2，5%热失重	℃	$\geqslant 340$	390
t_{288}		TMA	min	$\geqslant 5$	>60

9.4　聚苯并噁嗪在航空航天材料上的应用

苯并噁嗪树脂基纤维增强复合材料具有突出的综合性能，已在航空航天领域获得实际应用，并在不断扩大应用范围。图 9.5 是四川大学研制的无卤、无磷、阻燃、高性能苯并噁嗪树脂基玻璃布层压板，图 9.6 是采用 RTM 工艺成型的苯并噁嗪树脂基耐高温三维编织复合材料制品。这些材料和制品均已获得小批量应用，表 9.4 列出了层压板的主要性能。图 9.7 是四川大学与四川省新万兴碳纤维复合材料有限公司合作研发的碳纤维布预浸料及复合材料，这种预浸料是采用改性苯并噁嗪树脂经热熔工艺制备的，适用于热压成型制备高 T_g、高模量的碳纤维复合材料工装模具。表 9.5 和表 9.6 列出了改性树脂浇铸体的高温性能和碳纤维层压板的力学性能。

图 9.5　无卤无磷阻燃型高性能层压材料

图 9.6　RTM 工艺成型的三维编织复合材料制品

表 9.4　层压板的主要性能

主要性能		单位	性能测试值
垂直层向弯曲强度	纵向	MPa	458
	横向		490.23
拉伸强度	纵向	MPa	393
	横向		311
黏合强度		N	7640
冲击强度(简支梁，缺口)	纵向	kJ/m²	108.8
	横向	kJ/m²	98.9
介电常数(浸水 24h，1MHz)		—	4.97
介电损耗因数(浸水 24h，1MHz)		—	0.037
相比漏电起痕指数		V	375
平行层向击穿电压[(90±2)℃油中 1min]		kV	50
垂直层向介电强度[(90±2)℃油中]		MV/m	19.4
可燃性		—	FV0

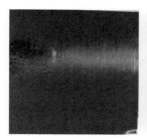

碳纤板

图 9.7　高 T_g、高模量的碳纤维布预浸料及复合材料

表 9.5　树脂浇铸体耐热性能

50℃储能模量/GPa	218℃储能模量/GPa	$T_g(\tan\delta)/℃$
4.82	3.19	272.7

表 9.6　碳纤维层压板的力学性能

测试温度	测试项目	单位	平均值
(22±4)℃	0°拉伸强度	MPa	720
	0°拉伸模量	GPa	63
185℃	0°拉伸强度	MPa	761
	0°拉伸模量	GPa	63
(22±4)℃	0°压缩强度	MPa	756
	0°压缩模量	GPa	62
185℃	0°压缩强度	MPa	558
	0°压缩模量	GPa	54
(22±4)℃	径向弯曲强度	MPa	837
	径向弯曲模量	GPa	59
185℃	径向弯曲强度	MPa	701
	径向弯曲模量	GPa	52

9.5　总　　结

近年来，随着苯并噁嗪基础研究的不断深入及应用领域不断扩展，作为一种新型酚醛树脂，聚苯并噁嗪的突出性能正越来越受到行业的关注。尽管在过去一段时期，我国在苯并噁嗪树脂的应用开发方面取得了一些成绩，甚至在某些地方还处于国际领先地位，但是与国外的整体研究水平相比，国内的发展仍相对滞后和落后。因此，加强苯并噁嗪树脂合成、固化反应、结构与性能关系的基础研究，加强苯并噁嗪树脂合成及应用的工程研究，提升产品的性能和质量，不断拓宽苯

并噁嗪树脂的应用领域，是今后的重要任务。由于苯并噁嗪是一类新型树脂，研究中很多问题尚无明确的结论或存在争议，加上我们水平有限，本书中只是以四川大学的工作为主体，简要地介绍了聚苯并噁嗪研究和应用的基本情况，未能进行深入的分析讨论。

关键词索引